UTB 2190

Eine Arbeitsgemeinschaft der Verlage

Wilhelm Fink Verlag München
A. Francke Verlag Tübingen und Basel
Paul Haupt Verlag Bern · Stuttgart · Wien
Hüthig Fachverlage Heidelberg
Verlag Leske + Budrich GmbH Opladen
Lucius & Lucius Verlagsgesellschaft Stuttgart
Mohr Siebeck Tübingen
Quelle & Meyer Verlag Wiebelsheim
Ernst Reinhardt Verlag München und Basel
Ferdinand Schöningh Verlag Paderborn · München · Wien · Zürich
Eugen Ulmer Verlag Stuttgart
Vandenhoeck & Ruprecht Göttingen und Zürich
WUV Wien

Robert Costanza, John Cumberland, Herman Daly,
Robert Goodland und Richard Norgaard

Einführung in die Ökologische Ökonomik

Deutsche Ausgabe herausgegeben von
Thiemo W. Eser, Jan A. Schwaab,
Irmi Seidl und Marcus Stewen

übersetzt von Hermann Bruns

mit weiteren Beiträgen von
Hermann Bartmann, Marianne Beisheim, Lisa Benz, Hans C. Binswanger, Raimund Bleischwitz, Andreas A. Busch, Thomas Döring, Friedrich Hinterberger, Martin Junkernheinrich, Klaus Kubeczko, Stefan Kuhn, Margareta E. Kulessa, Eva Lang, Fred Luks, Gerhard Maier-Rigaud, Mohssen Massarrat, Axel Michaelowa, Jörg Minsch, Hans G. Nutzinger, Armin Sandhövel, Dieter Schäfer, Gerhard Scherhorn, Kai Schlegelmilch, Karl Schoer, Harald Spehl, Rolf Steppacher, Ernst U. von Weizsäcker, Hubert Wiggering und Werner Zohlnhöfer

Lucius & Lucius · Stuttgart

Titel der amerikanischen Originalausgabe:

Robert Costanza, John Cumberland, Herman Daly, Robert Goodland und Richard Norgaard:
An Introduction to Ecological Economics.

Copyright 1998 CRC Press LLC, Boca Raton FL/USA

Die Deutsche Bibliothek – CIP-Einheitsaufnahme

Einführung in die Ökologische Ökonomik / Robert Costanza ... Dt. Ausg. hrsg. von Thiemo W. Eser ... Übers. von Hermann Bruns. Mit weiteren Beitr. von Hermann Bartmann ... — Stuttgart : Lucius und Lucius, 2001

(UTB für Wissenschaft ; 2190)
ISBN 3-8252-2190-3 (UTB)
ISBN 3-8282-0152-0 (Lucius & Lucius)

© für die deutsche Ausgabe: Lucius & Lucius Verlagsgesellschaft mbH Stuttgart 2001, Gerokstr. 51, D-70184 Stuttgart

Das Werk einschließlich aller seiner Teile ist urheberrechtlich geschützt. Jede Verwertung außerhalb der engen Grenzen des Urheberrechtsgesetzes ist ohne Zustimmung des Verlages unzulässig und strafbar. Das gilt insbesondere für Vervielfältigung, Übersetzungen, Mikroverfilmungen und die Einspeicherung, Verarbeitung und Übermittlung in elektronischen Systemen.

Druck und Einband: F. Pustet, Regensburg

Printed in Germany

UTB-Bestellnummer: ISBN 3-8252-2190-3

Vorwort zur deutschsprachigen Ausgabe

Mit dem vorliegenden Buch soll eine Lücke geschlossen werden. Es entstand aus der Erkenntnis, dass bisher kein Lehrbuch in deutscher Sprache vorliegt, das sich originär – und zwar nicht nur als Anhang zur traditionellen Umweltökonomik – mit der Ökologischen Ökonomik befasst. Die vorliegende (deutschsprachige) Literatur zur Ökologischen Ökonomik konzentriert sich zudem entweder auf die ökonomische Theorie der Umwelt oder auf spezielle umweltpolitische Anwendungen. Damit fehlt jedoch eine übergreifende Darstellung des *State-of-the-art in der Ökologischen Ökonomik*, was sich angesichts des noch recht jungen Alters und der transdisziplinären Ausrichtung dieses Ansatzes recht gut nachvollziehen lässt. Für Weiterentwicklung und Verbreitung dieser Disziplin sind Einführungsbücher allerdings unabdinglich.

Das vorliegende Buch will verschiedene Brücken schlagen. Das Lehrbuch „An Introduction in Ecological Economics" von Robert Costanza, John Cumberland, Herman Daly, Robert Goodland and Richard Noorgard ist unserer Einschätzung nach ein Meilenstein - im Hinblick auf eine verständliche, z. T. auch sehr prononcierte Darstellung der Integration von Ökologie und Ökonomie zur neuen Disziplin der Ökologischen Ökonomik. Den Autoren kommt das Verdienst zu, seit den 1970er Jahren die Diskussion zur Herausbildung der Ökologischen Ökonomik entscheidend geprägt zu haben. Dieser Erfahrungsschatz soll nun mit der vorliegenden Übersetzung auch dem deutschsprachigen Leserkreis zugänglich gemacht werden. Als Herausgeber möchten wir den Autoren und dem Verlag St. Lucie Press an dieser Stelle ganz herzlich für ihr Einverständnis zur Übersetzung danken.

Darüber hinaus zeigt die vorliegende deutschsprachige Ausgabe die Besonderheiten des europäischen Raumes und seines Erfahrungshintergrundes auf. Unseres Erachtens ist es von besonderem Interesse, europäische und amerikanische Positionen nebeneinander zu stellen, um damit den Diskurs anzuregen. Hierzu haben wir kurze Beiträge von ausgewiesenen deutschsprachigen Expertinnen und Experten aufgenommen und an thematisch passenden Stellen dem Originaltext (in Form von klar abgegrenzten Boxen) beigefügt.[1] Diese Beiträge sind thematisch koordiniert, inhaltlich jedoch nicht in ein zu enges Korsett gezwungen und zeigen verschiedene methodische und (wirtschafts-) politische Zugänge zur Ökologischen Ökonomik auf. Unser herzlicher Dank

---

[1] In Kapitel 4 wurden zudem einige wenige, sehr spezielle amerikanische Beispiele in Absprache mit den US-Autoren weggelassen.

gilt allen Autorinnen und Autoren für diese Beiträge, von denen jeder einzelne eine Bereicherung des Ganzen darstellt.

Insgesamt hoffen wir damit einen umfassenden Einblick in die Ökologische Ökonomik zu vermitteln, der die gesamte Bandbreite der aktuellen, internationalen und hiesigen Diskussion widerspiegelt und der zugleich den für ein Lehrbuch wichtigen Anspruch der Anleitung, Orientierung und Stoffvermittlung erfüllt. Ergänzend werden zahlreiche Hinweise zur Vertiefung einzelner Themenbereiche gegeben. Insofern ist dieses Buch gleichermaßen für Studierende, Praktiker und Praktikerinnen und all diejenigen geeignet, die sich für die Zusammenhänge von Ökologie, Ökonomie, Politik und Gesellschaft interessieren.

Neben dem Engagement der Autorinnen und Autoren war die Übersetzung, das Lektorat, die Koordination und die Fertigstellung des druckfertigen Manuskriptes nur mit Hilfe großzügiger finanzieller Unterstützung möglich. Wir möchten uns deshalb herzlich bedanken bei der *Schweisfurth-Stiftung*, München, der *K.K. und L.L. Kapp Stiftung*, Basel, der deutschsprachigen *Vereinigung für Ökologische Ökonomie*, Heidelberg, dem *Zentrum für Umweltforschung an der Johannes Gutenberg-Universität Mainz* und dem *TAURUS Institut an der Universität Trier*. Unser Dank gilt auch Herrn Dr. W. v. Lucius, für sein (sofortiges) Interesse an der Verlegung dieses Buch und der Unterstützung bei den Lizenzverhandlungen. Herr Dipl.-Vw. Hermann Bruns hatte die nicht immer einfache Aufgabe der Übersetzung, Frau cand. rer. pol. Diana Eckhardt war für Layout und Recherche in vollem Einsatz, und Herr Heiko Beckert, M. A., sorgte für den letzten sprachlichen Schliff – Ihnen allen gilt unser herzlicher Dank. Schließlich möchten wir uns bei Prof. Dr. Alfred Seitz und Dipl.-Biol. Hans-Christian Schaefer für ihre Geduld bei der Beantwortung inhaltlicher Fragen aus dem uns nicht so vertrauten ökologischen Terrain bedanken. Letztendlich wäre dieses Buch nicht zu Stande gekommen, wenn das Herausgeberteam nicht reibungslos und, trotz aller Transaktionskosten und einer Menge an Aufwand, mit großem Spaß zusammengearbeitet hätte.

Abschließend sei folgendes angemerkt: die Abgrenzung eines von sich aus offenen Paradigmas wie das der Ökologischen Ökonomik ist per se kein einfaches Unterfangen. Um so mehr hoffen die Herausgeberin und die Herausgeber, dass die hier dargestellte methodische wie auch politische Vielfalt zur Diskussion anregt. Mit den zusammengestellten Beiträgen soll deshalb auch das Signal verbunden sein, diesen Band nicht als in sich abgeschlossen, sondern im Sinne einer lebendigen Disziplin als für eine Weiterentwicklung offen zu betrachten. Insofern nehmen wir Rückmeldungen und Anregungen gerne auf.

Unerwartet verstarb kürzlich Prof. Dr. Hermann Bartmann (Universität Mainz). Seine ideelle Unterstützung unseres Vorhabens gab uns einen förderlichen Rahmen. Ihm sei unsere Arbeit gewidmet.

Mainz, Trier und Zürich im Januar 2001

Thiemo W. Eser
Jan A. Schwaab
Irmi Seidl
Marcus Stewen

Grußwort

Bei der Gründungsversammlung der deutschsprachigen Vereinigung für Ökologische Ökonomie (VÖÖ) im April 1996 in Heidelberg betonten viele Teilnehmer/innen den dringenden Bedarf für ein einführendes Lehrbuch zur Ökologischen Ökonomie. Eine daraufhin gegründete Arbeitsgruppe sondierte den Markt und die Realisierungsmöglichkeiten für ein solches Lehrbuch. Sie entschied sich schließlich zur Erarbeitung der vorliegenden Version - der Übersetzung eines Lehrbuches aus der Feder führender Vertreter der Disziplin ergänzt um Beiträge ausgewiesener deutschsprachiger Autoren/innen.

Ich freue mich, dass dieses Buch mit immaterieller und materieller Unterstützung der VÖÖ entstehen konnte und hoffe sehr, dass es dazu beiträgt, die junge, erfolgreiche und rege sich entwickelnde Disziplin der Ökologischen Ökonomie zu festigen und weiter zu verbreiten.

Prof. Dr. Christiane Busch-Lüty
Gründungsvorsitzende der Vereinigung für
Ökologische Ökonomie e.V. (bis 1999)

Vorwort der amerikanischen Ausgabe

Dieses Buch ist weder ein für sich eigenständig stehendes ökonomisches Lehrbuch, noch eine umfassende Darstellung der großen Bandbreite von Themen, die auf dem transdisziplinären Gebiet der Ökologischen Ökonomik gegenwärtig diskutiert werden. Vielmehr handelt es sich um eine Einführung in die Ökologische Ökonomik aus einer bestimmten Perspektive. Das Buch kann im Grund- und Hauptstudium als einführender Text verwendet werden, sei es als zentrales Lehrbuch oder zusammen mit anderen Texten. Darüber hinaus ist es für alle an der Ökologischen Ökonomik interessierte Leser als Einführungslehrbuch geeignet.

Das Buch ist in vier Kapitel unterteilt. Wir beginnen im ersten Kapitel mit einer Darstellung einiger aktueller gesellschaftlicher Probleme und der ihnen zugrunde liegenden Ursachen. Wir führen dabei die Ursachen für die genannten Probleme auf traditionelle wissenschaftliche Denkmuster (Paradigmata) zurück. Von besonderem Interesse ist die Rolle des Menschen in den jeweiligen Paradigmata. Die Ökologische Ökonomik stellt im Wesentlichen eine Neudefinition der grundlegenden Beziehung von Mensch und Umwelt dar, und sie analysiert die Auswirkungen dieser neuen Denkweise auf die Gestaltung unseres Lebens und der Erde. In Kapitel 2 stellen wir in einem historischen Überblick dar, wie sich die verschiedenen Weltbilder im Laufe der Zeit entwickelt haben. Diese waren in der Tat einem starken Wandel unterworfen. Wir skizzieren darüber hinaus den nächsten Entwicklungsschritt, d. h. den unseren Erachtens anstehenden bzw. notwendigen Wandel. Die verschiedenen Vorstellungen und Theorien werden dabei nicht in Form einer Aufzählung von sterilen Abstraktionen dargeboten, sondern als lebendige Erzählung in ihrem historischen Kontext. Das dritte Kapitel enthält die unserer Meinung nach wesentlichen und grundlegenden Prinzipien der Ökologischen Ökonomik, die das Ergebnis dieses evolutionären Prozesses sind. Das vierte Kapitel beschreibt Politikstrategien, die aus den Prinzipien folgen, und Instrumente, die zur Durchführung dieser Politikstrategien verwendet werden können. Wir begründen darin die Auffassung, dass die Entwicklung eines gemeinsamen Leitbilds eine wichtige Grundlage für die Verwirklichung einer nachhaltigen Entwicklung ist. In einem kurzen Schlusskapitel werden die wichtigsten Ergebnisse zusammengefasst und ein Ausblick auf die Zukunft gegeben.

Dieses Buch ist Teil einer zusammenhängenden Reihe von vier Publikationen und einem Video, die bislang allesamt nur auf Englisch erhältlich sind. Das vorliegende Buch wurde für den fortgeschrittenen Leser und als Grundlage für Veranstaltungen im Grund- und Hauptstudium an Universitäten verfasst. Daneben ist ein technisch ausgerichtetes Werk für Praxisanwender der Ökologischen Ökonomik verfügbar (Jansson et al. 1994), ferner eine leicht verständliche Version für die breitere Öffentlichkeit (Prugh et al. 1995) und eine Kurzzusammenfassung für politische Zwecke. Darüber hinaus ist ein 43-minütiges Video erhältlich, das gut geeignet ist, unterschiedlich zusammengesetzte Gruppen auf schnelle Weise mit den grundlegenden Ideen vertraut zu machen. Unser Anliegen war es, diese Ideen für die verschiedenen Adressaten aufzubereiten, so dass möglichst viele Interessierte erreicht werden. Viele Leser dürften an der gesamten Reihe interessiert sein, da die einzelnen Teile sich gegenseitig ergänzen.

Danksagung

Vielen Menschen und Institutionen schulden wir Dank für ihre Unterstützung und Hilfe bei der Erstellung dieses Buches. Die *Jesse Smith Noyes Foundation* und die *Bauman Foundation* stellten direkte finanzielle Unterstützung für das Projekt zur Verfügung. Die *Pew Charitable Trusts*, das *University of Maryland Institute for Ecological Economics* und das *Beijer International Institute for Ecological Economics* ließen uns während der Anfertigung des Manuskripts Unterstützung zuteil werden. Carl Folke und Richard Howarth machten detaillierte und hilfreiche Kommentare zu früheren Entwürfen. Sandra Koskoff und Sue Mageau übernahmen redaktionelle Arbeiten und halfen auch bei Design und Layout des Buches. Lisa Speckhardt war für die technische Endredaktion und das endgültige Layout und Design verantwortlich.

Robert Costanza
John Cumberland
Herman Daly
Robert Goodland
Richard Norgaard

1997

Inhaltsverzeichnis

Vorwort zur deutschsprachigen Ausgabe	V
Grußwort	VIII
Vorwort der amerikanischen Ausgabe	IX
Boxenverzeichnis	XV
Abbildungsverzeichnis	XVII

1 Das gegenwärtige Dilemma der Menschheit   1

  1.1 Das globale Ökosystem und das ökonomische Subsystem   6
  1.2 Von lokalen zu globalen Grenzen   8
      Erster Hinweis auf Grenzen: Aneignung der Biomasse durch den Menschen   9
      Zweiter Hinweis auf Grenzen: Klimawandel   10
      Dritter Hinweis auf Grenzen: Abbau der Ozonschicht   12
      Vierter Hinweis auf Grenzen: Zerstörung des Bodens   14
      Fünfter Hinweis auf Grenzen: Abnehmende Biodiversität   15
  1.3 Bevölkerung und Armut   15
  1.4 Über Brundtland hinaus   17
  1.5 Auf dem Weg zu einer nachhaltigen Entwicklung   18
  1.6 Die Trennung von Wirtschafts- und Naturwissenschaften   19

2 Die historische Entwicklung von Ökonomik und Ökologie   21

  2.1 Die anfänglich gemeinsame Entwicklung von Wirtschafts- und Naturwissenschaften   25
      Adam Smith und die „unsichtbare Hand"   27
      Thomas Malthus und das Bevölkerungswachstum   29
      David Ricardo und die räumliche Wirtschaftsstruktur   30
      Sadi Carnot, Rudolf Clausius und die Thermodynamik   32
      Charles Darwin und das Paradigma der Evolution   33
      John Stuart Mill und die stationäre Wirtschaft   36
      Karl Marx und das Ressourceneigentum   37
      W. Stanley Jevons und die Knappheit der Bestände   42
      Ernst Haeckel und die Anfänge der Ökologie   42
      Alfred J. Lotka und das Systemdenken   44

		Arthur C. Pigou und das Marktversagen	45
		Harold Hotelling und die effiziente Nutzung der Ressourcen im Zeitverlauf	51
	2.2	**Spezialisierung von Ökonomik und Ökologie**	55
	2.3	**Die Reintegration von Ökologie und Ökonomik**	69
		Allgemeine Systemtheorie	61
		Das Management öffentlicher Güter und gesellschaftliche Institutionen	64
		Energetik und Systeme	68
		Raumschiff Erde und „Steady-State"-Ökonomie	74
		Adaptives Umweltmanagement	75
		Koevolution von ökologischen und ökonomischen Systemen	76
		Die Rolle des neoklassischen Ansatzes in der Ökologischen Ökonomik	81
		Weitere wichtige Ansätze	86
		Schlussfolgerungen	92

3 Fragestellungen und Grundlagen der Ökologischen Ökonomik   93

	3.1	**(Ökologisch) Nachhaltige Größenordnung („Scale"), gerechte Verteilung und effiziente Allokation**	96
		Prioritäten zwischen den Problembereichen	98
		Von Ökonomik der „leeren Welt" zur Ökonomik der „vollen Welt"	101
		Gründe für die Nichtbeachtung des Wendepunkts	102
		Komplementarität versus Substituierbarkeit	103
		Wirtschafts- und umweltpolitische Implikationen der Wende	105
		Reaktionen der Politik auf die historische Wende	112
	3.2	**Ökosysteme, Biodiversität und ökologische Leistungen**	112
		Biodiversität und Ökosysteme	114
		Ökosysteme und ökologische Leistungen	115
		Definition und Prognose einer ökologischen Nachhaltigkeit	117
		Ökosysteme als nachhaltige Systeme	120
	3.3	**Substituierbarkeit versus Komplementarität von Natur-, Human- und produziertem Kapital**	121
		Wachstum versus Entwicklung	123
		Mehr zum Thema „Komplementarität versus Substituierbarkeit"	125
		Mehr zum Thema „Naturkapital"	126
		Nachhaltigkeit und die Erhaltung des Naturkapitals	127

3.4	**Bevölkerung und Tragfähigkeit**	129
3.5	**Die Messung von Wohlfahrt**	133
	Das Bruttosozialprodukt (BSP) und seine politische Bedeutung	133
	BSP: Begriffe und Messverfahren	136
	Vom BSP zum Hicks'schen Einkommensbegriff und zur nachhaltigen Entwicklung	141
	Vom BSP zu einem Maß für die wirtschaftliche Wohlfahrt	149
	Der Index of Sustainable Economic Welfare (ISEW)	153
	Auf dem Weg zu einem ganzheitlichen Wohlfahrtsmaß	159
	Alternative Wohlstands- und Nutzenmodelle	163
3.6	**Bewertung, Entscheidung und Unsicherheit**	164
	Präferenzen und Konsumentensouveränität	165
	Bewertung von Ökosystemen und Präferenzen	166
	Unsicherheit, Wissenschaft und Umweltpolitik	168
	Fortschrittsoptimismus versus besonnener Skeptizismus	172
	Soziale Fallen	175
	Vermeidung sozialer Fallen	177
	Das Dollar-Auktions-Spiel	179
3.7	**Freie Märkte, Handel und soziale Gemeinschaft**	180
	Freihandel?	182
	Soziale Gemeinschaft und Homo oeconomicus	183
	Gemeinschaft, Umweltmanagement und Nachhaltigkeit	185
	Globalisierung, Transaktionskosten und Umweltexternalitäten	191
	Politische Empfehlungen	197

4 Politiken, Institutionen und Instrumente 209

4.1	**Zur Notwendigkeit eines gemeinsamen Leitbilds für eine nachhaltige Gesellschaft**	210
4.2	**Geschichte der Umweltinstitutionen und –instrumente**	216
4.3	**Zur umweltschutzpolitischen Umsetzung: Herausforderungen und ökologisch-ökonomische Lösungsansätze**	226
	Stärkung der Nicht-Regierungs-Organisationen in der Umweltpolitik	229
	Lernfähige ökologisch-ökonomische Risikobewertung und -politik	232
	Naturschutz, intergenerative Transfers und Gerechtigkeit	234
4.4	**Umweltpolitische Instrumente**	237
	Ordnungsrechtliche Instrumente	245

	Anreizorientierte Systeme: Alternativen zum ornungsrechtlichen Ansatz	249
	Drei Politikstrategien für eine nachhaltige Entwicklung	260
	Ein transdisziplinäres umweltpolitisches Instrumentarium	272
4.5	**Angemessene Politikstrategien, Instrumente und Institutionen auf den verschiedenen räumlichen Ebenen**	**277**
	Die lokale Ebene	277
	Die regionale Ebene: Verminderung des kontraproduktiven interregionalen Wachstumswettbewerbs	287
	Die nationale Ebene: Informationsrechte, Umweltzeichen und andere Instrumente	291
	Die internationale Ebene und die sog. „Dritte" Welt	300
	Die globale Ebene	304

5. Schlussfolgerungen 309

Autoren- und Herausgeberverzeichnis 313

Literaturverzeichnis 319

Weiterführende Literatur zur Ökonomischen Ökonomik 337

Register 345

Boxenverzeichnis

1. Die Physiokraten (H. G. Nutzinger) — 26
2. Stationärer Zustand, „Steady-State" und Scale (F. Luks) — 37
3. Ökonomie und Ökologie aus ordnungspolitischer Sicht: Marktversagen als Ursache des Umweltproblems (W. Zohlnhöfer) — 49
4. Der Zinssatz* — 51
5. Artensterben ohne Marktversagen* — 54
6. Wege zur Erhaltung des Naturkapitals* — 54
7. Die Trennung von Ökologie und Ökonomie in der allgemeinen Gleichgewichtstheorie (J. A. Schwaab / M. Stewen) — 57
8. K. William Kapp (1910–1976), ein Pionier der ökologischen ökonomischen Theorie (R. Steppacher) — 66
9. Die Sanduhr-Analogie* — 71
10. Das Gesetz der maximalen Energie* — 72
11. Neue Institutionenökonomie und Coase-Theorem (H. Bartmann) — 84
12. Wie und warum messen wir den Materialstrom? Argumente für eine inputorientierte Umweltpolitik (F. Hinterberger) — 88
13. Der Zwang zum Wachstum in der Geldwirtschaft (H. C. Binswanger) — 100
14. Steigerung der Ressourcenproduktivität: Mehr Beschäftigung und besserer Umweltschutz (R. Bleischwitz / E. U. Weizsäcker) — 106
15. Umweltökonomische Gesamtrechnungen und Nachhaltigkeitsindikatoren (D. Schäfer / K. Schoer) — 161
16. Ein ökologischer Rahmen für die Marktwirtschaft (G. Maier-Rigaud) — 190
17. Globalisierung, Umweltschutz und Weltwirtschaftsordnung (M. E. Kulessa / J. A. Schwaab) — 195
18. Wie wird der Kapitalismus zukunftsfähig? (G. Scherhorn) — 202
19. Neue Wohlstandsmodelle – Was ist ein zukunftsfähiger Lebensstil? (G. Scherhorn) — 211

---

* Boxen vom amerikanischen Originaltext übernommen.

20.	Die Diskussion zum Leitbild „Sustainability" im deutschsprachigen Raum (R. Bleischwitz)	214
21.	Geschichte der Umweltpolitik (T. W. Eser / L. Benz / K. Kubeczko / I. Seidl)	218
22.	Umweltpolitik und ökologische Gratiseffekte oder: Warum der Himmel über dem Ruhrgebiet wieder blau ist? (M. Junkernheinrich)	224
23.	Die Neue Politische Ökonomie als Methode der Umweltpolitikanalyse (M. Stewen)	227
24.	NGOs als Akteure in der internationalen Umweltpolitik (M. Beisheim)	230
25.	Beurteilungskriterien für umweltpolitische Instrumente (A. A. Busch)	239
26.	Prinzipien der Umweltpolitik (H. Wiggering / A. Sandhövel)	242
27.	Debatte umweltpolitischer Instrumente in Deutschland (E. Lang)	247
28.	Der Standard-Preis-Ansatz – eine Alternative zum theoretischen Königsweg (M. Junkernheinrich)	256
29.	Lokale Agenda 21 (S. Kuhn)	278
30.	Nachhaltige Regionalentwicklung (H. Spehl)	285
31.	Föderalismus, Subsidiarität und Nachhaltigkeit (T. W. Eser)	287
32.	Ökologische Steuerreform (ÖSR) in Europa (K. Schlegelmilch)	293
33.	Merkantilischische Wirtschaftspolitik und Umweltzerstörung (J. Minsch)	296
34.	Umweltpolitik in der Europäische Union (EU) (T. Döring)	298
35.	Nord-Süd-Verteilungskonflikte und das Konzept Ökologischer Nachhaltigkeit (M. Massarrat)	302
36.	Globale Klimapolitik (A. Michaelowa)	307

Abbildungsverzeichnis

1.1	Das ökonomische Subsystem als Teil des endlichen globalen Ökosystems	7
2.1	Lebensspannen der im Text genannten Persönlichkeiten	25
2.2	Thomas Malthus Modell zu Bevölkerungswachstum und Zusammenbruch	30
2.3	Ricardos Erklärung der Rente	31
2.4	Marktversagen durch externe Effekte	46
2.5	Optimale Baumwachstums- und Erntezeiten	53
2.6	Das Verhältnis von Ökologischer Ökonomik, traditioneller Ökonomik, Ökologie und Umwelt- und Ressourcenökonomik	60
2.7	Management von Fischressourcen	65
2.8	Trade-off zwischen Effizienz und Leistung	73
2.9	Der Prozess der koevolutionären Entwicklung	79
3.1	Disziplinäre, interdisziplinäre und transdisziplinäre Sichtweise	94
3.2	Nachhaltigkeit als skalen-, zeit- und raumabhängiges Konzept	118
3.3	Gegenüberstellung der zwei Indizes Pro-Kopf-BIP und Pro-Kopf-ISEW für fünf OECD-Länder	157
3.4	Alternative Modelle wirtschaftlicher Aktivität	163
3.5	Drei Typen der Wissenschaft	171
3.6	Auszahlungsmatrix bei optimistischer bzw. pessimistischer Strategie	174
4.1	Optimale Emissionsmenge und Umweltqualität	251
4.2	Ein ökologisch-ökonomischer Ansatz zur Emissionskontrolle	273

1. Das gegenwärtige Dilemma der Menschheit

> „... Großbritannien benötigte die Hälfte der Ressourcen der Erde, um seinen Wohlstand aufzubauen; wie viele Planeten sind für ein Land wie Indien erforderlich ...?" (Mahatma Gandhi auf die Frage, ob Indien nach der Unabhängigkeit den britischen Lebensstandard erreichen könne.)

Historisch gesehen haben die Menschen immer erst mit Verspätung erkannt, wie schädlich die Konsequenzen ihrer Handlungen waren, sodass Bemühungen zur Schadensbegrenzung stets eher eingeschränkt ausgefallen sind. Selbst heute noch ignorieren Fortschrittsoptimisten und viele andere Menschen die überwältigenden Hinweise auf die globale Umweltzerstörung – solange, bis ihre persönliche Wohlfahrt unausweichlich betroffen ist. Auch besorgtere Zeitgenossen lassen sich durch die folgenden Argumente in trügerischer Ruhe wiegen:

- Das Bruttoinlandsprodukt nimmt beinahe überall zu.
- In vielen Ländern steigt die Lebenserwartung.
- Die empirischen Daten zum Klimawandel sind widersprüchlich.
- Einige Behauptungen über das Ausmaß von Umweltschäden sind übertrieben.
- Frühere Vorhersagen von Umweltkatastrophen haben sich nicht bewahrheitet.

Jede dieser Aussagen ist richtig. Doch keine ist Grund für Selbstzufriedenheit. Zusammen sollten sie als eindeutiger Hinweis für die Notwendigkeit innovativer Ansätze bei der Umweltanalyse und -politik betrachtet werden. Das Bruttoinlandsprodukt (BIP) und andere geläufige Maße für das Volkseinkommen legen tendenziell auf Marktransaktionen ein zu starkes Gewicht. Dadurch werden der Ressourcenverbrauch und die Kosten für die Beseitigung von Umweltschäden nicht ausreichend berücksichtigt; die tatsächlichen Änderungen der Lebensqualität werden nicht korrekt erfasst (siehe Kapitel 3.5). So zeigt beispielsweise der alternative Wohlstandsindex „Index of Sustainable Economic Welfare" (Daly und Cobb 1989; Cobb et al. 1994; Max-Neef 1995), dass die tatsächlichen Wohlstandsverbesserungen, die durch die Steigerungen der Intensität des Ressourcenabbaus erzielt wurden, wesentlich geringer waren als durch das BIP gemessen (siehe Abschnitt 3.5, Abbildung 3.3). Die in vielen Ländern gestiegene Lebenserwartung ist dagegen ein eindeutiges Anzeichen für Wohlstandsteigerungen. Doch wenn diese Entwicklung nicht mit einem Rückgang der Geburtenraten einhergeht, besteht die Gefahr eines beschleunigten Bevölkerungswachstums, welches alle anderen Umweltprobleme verstärkt. In der ehemaligen Sowjetunion deuten die schnell steigende Kindersterblichkeit und der Rückgang der Lebenserwartung auf die Gefährdung der Menschen durch massive Umweltverschmutzung und die Vernachlässigung der öffentlichen Gesundheit hin (Feshbach und Friendly 1992).

Die divergierenden Ansichten der Wissenschaftler und Wissenschaftlerinnen über den Treibhauseffekt lenken von der allgemeinen Unsicherheit hinsichtlich der Funktionsweise unserer ökologischen Lebenserhaltungssysteme ab und verdeutlichen die Notwendigkeit, in der Umweltpolitik vorbeugende, (Mindest-) Sicherheitsstandards einzuführen. Dass einige Umweltprobleme überschätzt wurden und das Ausmaß einzelner Probleme geleugnet oder bestritten werden kann, enthebt uns nicht der dringenden Aufgabe, den an den Indikatoren ablesbaren Wandel des „irdischen Gleichgewichts" zu erforschen (Gore 1992).

Erst in jüngster Zeit ist aufgrund der Fortschritte in den Umweltwissenschaften, bei der globalen Fernerkundung und anderer Messverfahren eine umfassendere Einschätzung der lokalen und globalen Umweltzerstörung möglich geworden. Es gibt immer deutlichere empirische Hinweise auf die beschleunigte Vernichtung des Regenwaldes, die Ausrottung von Arten, die Ausbeutung der maritimen Fischbestände, den Trinkwassermangel in einigen Regionen und größere Überschwemmungsgefahren in anderen, die Bodenerosion, die Ausbeutung und Verschmutzung der Grundwasservorkommen, den quantitativen und qualitativen Rückgang der Bewässerungs- und Trinkwasserreserven sowie die wachsende weltweite Umweltverschmutzung der Atmosphäre und der Ozeane (selbst in den Polarregionen) (Brown 1997a). Offensichtlich werden andere Tier- und Pflanzenarten durch das exponentielle Wachstum der Menschheit in immer stärkerem Maße verdrängt, noch bevor uns unsere Abhängigkeit von der Artenvielfalt richtig bewusst geworden ist. Auch wenn die Konflikte nach dem Ende des Kalten Kriegs (wie beispielsweise in Haiti, Somalia, Ruanda, und im Sudan) teilweise auf ethnischen Problemen beruhen, spielen Faktoren wie die regionale Überbevölkerung und Nahrungsmangel ebenfalls eine Rolle. Diese Konflikte sind ein Frühindikator für die wachsenden weltweiten Umweltprobleme.

Die Reaktionen der Politik sind bis heute zumeist lokal begrenzt, inadäquat und erfassen allenfalls Teilaspekte. Die frühen politischen Debatten und die daraus resultierenden Maßnahmen beschränken sich in der Regel auf die Symptome der Umweltzerstörung, setzten aber nicht an den zugrunde liegenden Ursachen an. Die politischen Instrumente werden in der Regel nicht anhand der Kriterien Effizienz, Gerechtigkeit und ökologischer Nachhaltigkeit entwickelt, sondern haben den „Ad-hoc"-Charakter einer Notlösung. In den 1970er Jahren beispielsweise lag das Hauptaugenmerk des Umweltschutzes auf End-of-the-pipe-Lösungen (z. B. Filter), mit deren Hilfe die Schadstoffemissionen bestehender Produktionstechnologien vermindert wurden. Im

Prinzip ist das Schadstoffproblem ernst zu nehmen, ist aber letztlich nur ein Symptom wachsender Gesellschaften; die ausschließliche Konzentration auf End-of-the-pipe-Lösungen ist lediglich ein Reflex der vorherrschenden ineffizienten Technologien, die das exponentielle Wachstum der Material- und Energieströme[1] fördern und die regenerativen Kräfte des ökologischen Lebenserhaltungssystems der Erde gefährden.

Immerhin führten die frühen Erkenntnisse über die Umweltzerstörung zu Politikstrategien und Instrumenten zur Bekämpfung der Umweltverschmutzung. Diese Erkenntnisse helfen bei der Lösung der hier behandelten komplexeren Umweltprobleme. Als grundlegende Probleme, für die wir innovative Politikansätze und Instrumente benötigen, sind zu nennen:

- die große und weiter wachsende, nicht nachhaltige Weltbevölkerung, welche die Tragfähigkeit der Erde übersteigt;
- die Verwendung von Technologien, die natürliche Ressourcen der Erde ausbeuten, Emissionen verursachen, die Luft, Wasser und Boden verschmutzen und damit die Entropieprozesse stark beschleunigen;
- eine Bodennutzung, die den Lebensraum für Pflanzen und Tiere zerstört, die Prozesse der Bodenerosion verstärkt und den Rückgang der Artenvielfalt beschleunigt.

Wie im Folgenden herausgearbeitet wird, deuten diese Probleme darauf hin, dass die Größenordnung (engl. „scale") der durch menschliche Aktivitäten erzeugten Stoffströme die Tragfähigkeit der Erde auf nicht nachhaltige Weise überstrapaziert. Wir sind der Auffassung, dass die Lösung dieser Probleme eine Strategie verlangt, die auf einer gerechten Verteilung der Ressourcen und der Möglichkeiten zur Nutzung der Umwelt auf die gegenwärtigen und zukünftigen Generationen (intergenerative Gerechtigkeit) sowie auf die verschiedenen Gruppen innerhalb der heutigen Generationen (intragenerative Gerechtigkeit) basiert. Diese Strategie sollte auf eine wirtschaftlich effiziente Allokation (d. h. Verteilung) der Ressourcen basieren, durch die das bestehende Naturkapital geschützt wird. In diesem Kapitel werden die historische Entwicklung und der sich herausbildende transdisziplinäre Charakter der Ökologischen Ökonomik untersucht, um mögliche Politikstrategien und Instrumente für eine nachhaltige Entwicklung von Wirtschaft und Gesellschaft zu erhalten.

---

[1] Anmerkung des Übersetzers: Der im Englischen häufig verwendete Begriff „throughput" wurde, da der Begriff „Durchsatz" im Deutschen nicht gebräuchlich ist, zumeist mit „Stoffströme" übersetzt, „throughput growth" mit „materielles Wachstum" oder „Zunahme der Stoffströme".

Historisch gesehen begann die durch Menschen verursachte Umweltzerstörung in einigen Regionen der Erde zu dem Zeitpunkt, als die Menschen in der Landwirtschaft Technologien anzuwenden lernten, die den Entropieprozess stark beschleunigten. Verschärft wurde das Problem während der industriellen Revolution in Europa durch die fabrikmäßige Warenproduktion. Die frühen Reaktionen der Politik waren schwach bis nicht vorhanden, sodass die Produzenten, deren politische und wirtschaftliche Macht die des Adels bald in den Schatten stellte, faktisch die Eigentumsrechte an den Kollektivgütern Luft und Wasser erlangten und somit ungehemmt Abgase und Abfälle emittieren konnten. In England wurden durchgreifende umweltschutzpolitische Maßnahmen erst durchgeführt, als den Mitgliedern des Parlaments die mit dem Wachstum Londons einhergehende Luftverpestung durch die Kohlenfeuerung unangenehm wurde. Mitte des 20. Jahrhunderts wurden die ersten durch Abgase von Kraftfahrzeugen und der modernen Industrie verursacht Todesfälle nachgewiesen. In den USA war die Stahlfabrik in Donora, Pennsylvania, im Jahre 1948 während einer Inversionswetterlage für einen „Killer-Smog" verantwortlich, der mehrere Menschen tötete und bei Tausenden von Menschen Krankheiten auslöste. In London starben in einer Winternacht des Jahres 1952 mehrere Tausend Menschen aufgrund eines Smogs, der durch Verbrennung von Kohle in den Haushalten und Industrieanlagen erzeugt wurde. Diese Vorfälle führten schließlich dazu, dass Gesetze zur Luftreinhaltung verabschiedet und verbesserte Technologien eingeführt wurden.

Selbst die noch zahlreicheren Todesfälle aufgrund verschmutzter Gewässer wurden solange als menschliches Schicksal hingenommen, bis neue wissenschaftliche Erkenntnisse über die Bedeutung von Mikroorganismen für die Wasserreinhaltung die Einführung von Kläranlagen und Wasseraufbereitungsanlagen begründeten. Enorme Ausgaben der Städte für diese Systeme führten schließlich dazu, dass die unkontrollierte Verschmutzung der Oberflächengewässer abnahm und die Zahl der getöteten und geschädigten Menschen zurückging. Die Anwendung entsprechender wissenschaftlicher Erkenntnisse, adäquater Technologien und der gesellschaftliche Wille waren notwendig, um die kostspieligen Verluste an Menschenleben zu reduzieren, die auf das starke Bevölkerungswachstum, die Konzentration von Menschen in ungeplanten, „wild" wachsenden Stadtteilen und die unkompensierte Aneignung von Kollektivgütern für die Zwecke der Müllablagerung und Emission zurückzuführen waren.

Die Menschheit befindet sich in ihrer relativ langen und (bis dahin) außerordentlich erfolgreichen Geschichte an einem Wendepunkt. Die Aktivitäten unserer Spezies auf dem Planeten Erde haben nunmehr eine solche Größenordnung erreicht, dass sie das globale ökologische Lebenserhaltungssystem zu gefährden beginnen. Das Konzept des wirtschaftlichen Wachstums (definiert als steigender materieller Konsum) muss heute überdacht werden, insbesondere inwieweit es sich eignet, die immer zahlreicher werdenden sozialen, wirtschaftlichen und ökologischen Probleme zu lösen. Was wir jetzt brauchen, ist eine echte wirtschaftliche und soziale Entwicklung (qualitative Verbesserungen ohne wachsende Stoffströme) und eine ausdrückliche Anerkennung der Tatsache, dass alle Aspekte des Lebens auf unserem Planeten miteinander verknüpft und voneinander abhängig sind (siehe Kapitel 3.3 für eine eingehendere Behandlung des wichtigen Unterschieds zwischen Wachstum und Entwicklung). Wir müssen die Wirtschaftswissenschaften, die die genannten Interdependenzen ignorieren, zu einer Disziplin fortentwickeln, die diese Interdependenzen anerkennt und von ihnen ausgeht. Wir müssen eine Ökonomik entwickeln, die hinsichtlich der Probleme, mit denen wir an diesem entscheidenden Punkt der Geschichte konfrontiert sind, einen fundamental ökologischen Standpunkt einnimmt.

In Kapitel 2 zeigen wir, dass die Ökologische Ökonomik eine Rückbesinnung auf die klassischen Wurzeln der Volkswirtschaftslehre bedeutet, eine Rückbesinnung auf eine Zeit, in der die Ökonomik und die anderen Wissenschaften noch integriert und noch nicht voneinander isoliert waren, wie dies heute der Fall ist. Die Ökologische Ökonomik stellt einen Versuch dar, die engen Grenzen der Disziplin, die in den letzten 90 Jahren gezogen wurden, zu überschreiten, um die gesamten intellektuellen Ressourcen für die Lösung der gewaltigen Probleme zu erschließen, mit denen wir konfrontiert sind.

Das Dilemma, in dem sich die Menschheit derzeit befindet, kann in ökologischer Hinsicht wie folgt charakterisiert werden: Von einer einstmals „leeren Welt" („empty world") – leer in Bezug auf die Zahl der Menschen und ihrer Erzeugnisse, aber voll an natürlichem Kapital-, in der das Hauptaugenmerk auf schnellem Wachstum und rascher Ausdehnung, hartem Wettbewerb und offenen Stoffkreisläufen lag, haben wir uns zu einer „vollen Welt" („full world") entwickelt (siehe Abbildung 1.1). Ob die Entscheidungsträger dies wahr haben wollen oder nicht: Es besteht die Notwendigkeit, die Verbindungen zwischen den natürlichen und gesellschaftlichen Systemen qualitativ zu verbessern („Entwicklung"), kooperative Allianzen zwischen Ökonomie und Ökologie zu fördern und die Abfälle und Emissionen in „geschlossene Kreisläufe" einzubinden.

Können wir die Dringlichkeit dieses fundamentalen Wandels erkennen und unsere Gesellschaft schnell genug umorganisieren, sodass katastrophale Entwicklungen vermieden werden? Vermögen wir die großen damit einhergehenden Unsicherheiten zu erkennen, sodass wir uns vor den schlimmsten Konsequenzen schützen können? Können wir in einer Welt, in der das simple Heilmittel „mehr Wachstum" keine Lösung mehr ist, eine wirksame Politik zur Bekämpfung der schwerwiegenden Probleme der Wohlstandsverteilung, des Bevölkerungswachstums, des internationalen

Handels und der Energieversorgung entwickeln? Können wir die staatlichen Institutionen auf internationaler, nationaler und lokaler Ebene besser an die neuen und großen Herausforderungen anpassen?

Die Menschheit hat in der Vergangenheit mehrfach große Herausforderungen gemeistert. Die Einführung der Landwirtschaft führte zur Ablösung der Jäger- und Sammlerkultur. Wir schufen die Industriegesellschaft, um das Potenzial der Arbeitsteilung und Spezialisierung zu nutzen. Nun besteht die Herausforderung darin, auf nachhaltige Weise innerhalb der materiellen Grenzen eines Planeten mit endlichen Ressourcen zu leben. Die Menschen besitzen in stärkerem Maße als jede andere Spezies die Fähigkeit, ihre Welt intellektuell zu erfassen und die Zukunft vorherzusehen. Die Autoren dieses Buches hoffen, dass wir, die Menschen, diese intellektuellen Fähigkeiten nutzen können, um die neue Aufgabe – nämlich die Einleitung einer nachhaltigen Entwicklung – zu bewältigen. Die Ökologische Ökonomik nimmt diese Herausforderung an.

1.1 Das globale Ökosystem und das ökonomische Subsystem

Ein brauchbarer Indikator für das Ausmaß unserer Umweltprobleme stellt der Faktor „Bevölkerung mal Pro-Kopf-Ressourcenverbrauch" dar (Tinbergen und Hueting 1992; Ehrlich und Ehrlich 1990). Dies ist ein Wert für die Größenordnung der Ökonomie („scale") im Vergleich zum globalen Ökosystem, von dem das anthropogene Subsystem abhängt und dessen Teil es darstellt. Das globale Ökosystem ist die Quelle aller materiellen Inputs für das Subsystem Wirtschaft; gleichzeitig nimmt es die Abfälle und Emissionen auf. Der Wert „Bevölkerung mal Pro-Kopf-Ressourcenverbrauch" ist der gesamte Strom (Durchsatz) von Ressourcen, die aus dem Ökosystem in das ökonomische Subsystem und zurück zum Ökosystem als Abfall und Emissionen gelangen (wie in Abbildung 1.1 dargestellt). Der obere Teil der Abbildung stellt eine vergangene Zeit dar, in der das ökonomische Subsystem (dargestellt durch das Quadrat) im Vergleich zum globalen Ökosystem noch relativ klein war („leere Welt"). Der untere Teil der Abbildung stellt die aktuelle Situation dar, in der das ökonomische Subsystem im Vergleich zum globalen Ökosystem relativ groß ist („volle Welt").

Die Kapazitäten des globalen Ökosystems als Ressourcenquelle und Senke für anthropogene Emissionen und Abfälle sind zwar groß, aber sie sind nicht unbegrenzt. Um die globale Wirtschaft langfristig zu erhalten, besteht die Aufgabe also darin, zu verhindern, dass das Wirtschaftssystem die natürlichen Grenzen des Ökosystems überschreitet. Die gegenwärtige Wachstumstendenz des ökonomischen Systems droht dagegen zu verstoßen. Fast die gesamte Menschheitsgeschichte wurde benötigt um eine jährliche Produktion in Höhe von 600 Milliarden Dollar im Jahre 1900 zu erreichen. Heute wächst die Weltwirtschaft alle zwei Jahre um diesen Betrag.

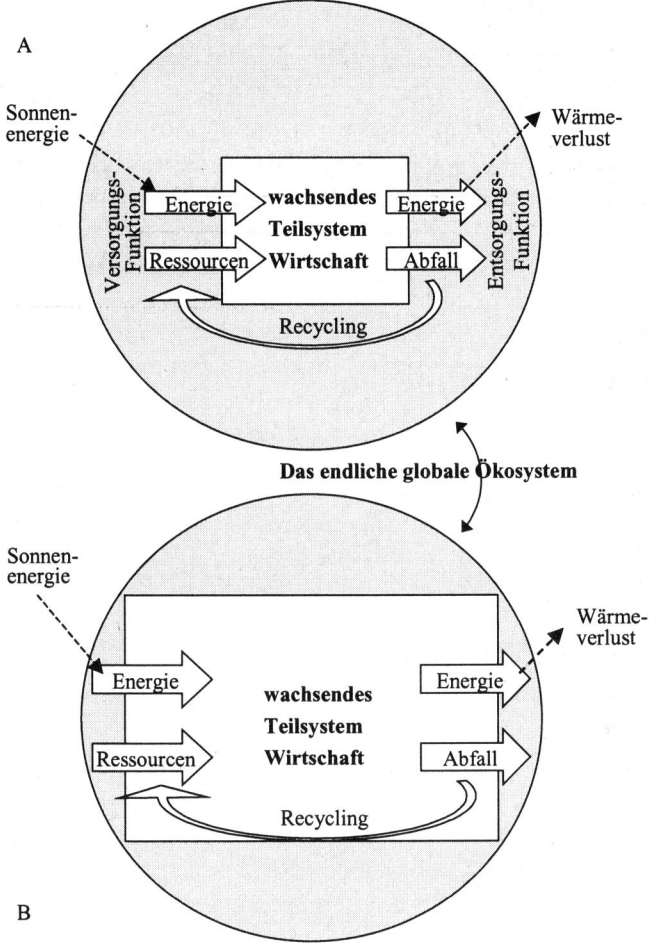

Abbildung 1.1: Das ökonomische Subsystem als Teil des endlichen globalen Ökosystems (nach Goodland, Daly und El Serafy 1992)

Bei gleichbleibendem Trend könnte sich der heutige Wert von 16 Billionen Dollar pro Jahr für die Weltwirtschaft in etwa einer Generation verfünffacht haben. Es scheint unwahrscheinlich, dass die Welt eine Verdoppelung der Stoffströme aushalten kann, geschweige denn die von die Brundtland-Kommission postulierte „Verfünf- bis Verzehnfachung" (WCED 1987). Ein weiterer Zuwachs der Stoffströme wird einer nachhaltigen Entwicklung nicht gerecht – wir können nicht zur Nachhaltigkeit „wachsen".

Das globale Ökosystem, das die Quelle aller für das ökonomische Subsystem benötigten Ressourcen darstellt, ist endlich und hat begrenzte regenerative und assimilative Kapazitäten. Eine Verdoppelung der Menschheit im nächsten Jahrhundert erscheint unausweichlich. Diese Menschen werden Ressourcen benötigen und Abfälle erzeugen; doch es muss bezweifelt werden, dass all diese Menschen auf nachhaltige Weise ein Wohlstandsniveau erreichen können, das mit dem Materialverbrauch der westlichen Industrienationen verbunden ist. Einige Grenzen des materiellen Wachstums haben wir bereits heute erreicht. Der Weg zur Nachhaltigkeit führt nicht über quantitative Steigerungen sondern über qualitative Verbesserungen der Stoffströme.

1.2 Von lokalen zu globalen Grenzen

Das ökonomische Subsystem hat die Aufnahmefähigkeit des Ökosystems für Abfälle und Emissionen bereits erreicht oder überschritten. Einige Teile unseres Planeten sind bereits zerstört, und es existiert auf der Erde praktisch kein Ort mehr, an dem der Mensch keine Spuren hinterlassen hat. Vom Zentrum der Antarktis bis zum Gipfel des Mount Everest: überall sind anthropogene Abfälle unübersehbar. Und ihre Menge nimmt weiter zu. Es ist unmöglich, dem Ozean eine Wasserprobe zu entnehmen, in der keine Spuren der 20 Milliarden Tonnen Abfälle, die jährlich darin abgelagert werden, zu finden sind. PCB (Polychlorierte Biphenyle), andere dauerhaft toxische Chemikalien wie DDT sowie Schwermetallverbindungen haben sich bereits im gesamten Ökosystem der Meere angesammelt. Ein Fünftel der Weltbevölkerung atmet eine Luft, deren Belastung die Empfehlungen der Weltgesundheitsorganisation (WHO) überschreiten. So dürfte eine ganze Generation von Kindern in Mexiko (Stadt) aufgrund von Bleivergiftungen von einer verzögerten geistigen Entwicklung betroffen sein.

Seit im Jahre 1972 der Club of Rome „Die Grenzen des Wachstums" veröffentlichte, hat sich die Aufmerksamkeit von der Begrenztheit der Ressourcen auf die Grenzen der Belastbarkeit der Ökosysteme verlagert. Ressourcen können leichter substituiert, einfacher in Privatbesitz überführt werden und sind lokaler begrenzt. Infolgedessen können sie leichter durch Märkte und Preise gesteuert werden. Die Aufnahme- und Belastungsfähigkeit natürlicher Systeme weisen im Gegensatz dazu den Charakter öffentlicher Güter auf und können daher nicht über die Mechanismen des Marktes gesteuert werden. Seit 1972 ist immer deutlicher geworden, dass das Wachstum der Stoffströme besonders durch die Belastbarkeitsgrenzen der Natur eingeschränkt wird (Meadows, Meadows und Randers 1992). Einige dieser Grenzen sind deutlich sichtbar und werden von der Politik beachtet, wie zum Beispiel durch das Verbot von FCKW im Rahmen der Montrealer Konvention. Andere Grenzen sind weniger sichtbar, wie die steigenden CO_2-Emissionen und das hohe Ausmaß der Aneignung von Biomasse durch die Menschen. Ein weiteres Beispiel ist die Tatsache, dass neue Deponieplätze immer schwieriger zu finden sind. Auf der Suche nach Deponieplätzen wird der Müll heutzutage manchmal über Tausende von Kilometern aus Industrieländern in Entwicklungsländer transportiert. Bisher ist es der Atombehörde der USA (*Nuclear Regulatory Commission*) nicht gelungen, für 100 Millionen US-Dollar eine atomare Endlagerstätte zu mieten. Die Deutsche Kraftwerk-Union hat mit der Volksrepublik China im Jahre 1987 eine Vereinbarung getroffen, um atomare Abfälle in der Wüste Gobi in der Mongolei ablagern zu können. Diese Fakten weisen darauf hin, dass es immer schwieriger wird, Deponieplätze für toxische und radioaktive Abfälle zu finden. Auch der Verbrauch fossiler Energieträger wird durch die begrenzte Aufnahmefähigkeit der Senken limitiert. Daher ist das Tempo des Übergangs zu erneuerbaren Energiequellen (einschließlich Solarenergie) ein Gradmesser für das Tempo des Übergangs zur Nachhaltigkeit. Optimistische Technologieprognosen weisen auf die Möglichkeit billiger Fusionsenergie etwa ab dem Jahr 2050 hin. Angesichts der großen Unsicherheiten sollten wir jedoch nicht zu viele Hoffnungen auf die Entdeckung und rechtzeitige Entwicklung neuer technischer Lösungen setzen. Wir sollten durchaus eine nachhaltige technologische Entwicklung fördern, uns aber nicht darauf verlassen, dass sie alle Umweltprobleme löst. Da sich die Forschung erst seit kurzem mit der Verringerung der Input-Mengen beschäftigt und bislang kaum mit dem Management von Senken, besteht in diesen Bereichen vermutlich der größte Spielraum für erhebliche technologische Verbesserungen.

Erster Hinweis auf Grenzen: Aneignung der Biomasse durch den Menschen

Einen ersten, deutlichen Hinweis darauf, dass die menschliche Nutzung der Natur zunehmend an die Grenzen des ökosystemar Verträglichen stößt, liefern die Berechnungen von Vitousek et al. (1986), nach denen die Menschheit gegenwärtig auf direkte oder indirekte Weise etwa 40 % der Nettoproduktion an Biomasse konsumiert, die weltweit auf den Landflächen durch Photosynthese erzeugt wird („net primary product of terrestrial photosynthesis"). (Dieser Wert fällt auf 25 %, wenn die Ozeane und andere Wassersysteme bei der Berechnung berücksichtigt werden.) Zudem nehmen Wüstenbildung, Ausbreitung der Städte in agrarische Gebiete, Bodenversiegelung, Bodenerosion und Umweltverschmutzung zu, ebenso wie der Nahrungsbedarf einer wachsenden Bevölkerung. Dies bedeutet, dass eine einfache Verdopplung der Weltbevölkerung in etwa 40 bis 45 Jahren den Verbrauch auf 80 % anwachsen lassen dürfte; kurze Zeit später würden 100 % erreicht. Daly (1991c, 1991d) weist darauf hin, dass eine Aneignungsrate von 100 % ökologisch unmöglich ist, doch selbst wenn sie möglich wäre, wäre sie gesellschaftlich nicht wünschenswert. In einem einzigen

Verdopplungszeitraum wird die Welt vom Zustand „halb leer" auf „voll" übergehen, ungeachtet der Höhe der Verschmutzungsmengen und des Ressourcenverbrauchs.

Zweiter Hinweis auf Grenzen: Klimawandel

Der zweite Hinweis darauf, dass (Tragfähigkeits-) Grenzen überschritten werden, besteht im Klimawandel. Das Jahr 1990 war das wärmste Jahr seit über 100 Jahren systematischer Temperaturmessung. Die sieben heißesten Jahre waren es in den letzten 11 Jahren. Allein zwischen den 1860er und 1990er Jahren stieg die Durchschnittstemperatur auf der Erde um etwa 0,5° Celsius. Dies steht im alarmierenden Gegensatz zur Temperaturkonstanz in der vorindustriellen Zeit. In den letzten Tausend Jahren hat die Erdtemperatur um nicht mehr als 1-2° Celsius geschwankt. Die gesamte soziale und kulturelle Infrastruktur der Menschheit hat sich in den letzten 7000 Jahren unter globalen Klimabedingungen entwickelt, die niemals um mehr als 2° Celsius von den heutigen Werten abwichen. Noch ist es zu früh, um absolut sicher sagen zu können, dass ein globaler Klimawandel begonnen hat, oder ob sich die Veränderungen noch im Bereich normaler Klimaschwankungen abspielen. Hinsichtlich der möglichen Auswirkungen bestehen sogar noch größere Unsicherheiten. Doch vieles weist darauf hin, dass sich der globale Klimawandel bereits vollzieht, dass die CO_2-Akkumulation gemäß der Prognose von Svante Arrhenius aus dem Jahre 1896 bereits vor vielen Jahren begonnen hat und dass sich die Lage rasch verschlechtert. Die Wissenschaftler/innen stimmen heute im Großen und Ganzen darin überein, dass es einen Wandel geben wird; unterschiedliche Auffassungen bestehen hinsichtlich seiner Geschwindigkeit und der Auswirkungen. Die *U.S. National Academy of Science* hat davor gewarnt, dass der globale Klimawandel das drängendste Problem des nächsten Jahrhunderts werden könne. Nur eine schwindende Minderheit der Wissenschaftler/innen bestreitet die Klimaveränderungen. Der Streit dreht sich eher um die Art der zu ergreifenden politischen Maßnahmen als um die Vorhersagen.

Die Größenordnung der auf fossilen Energieträgern basierenden ökonomischen Aktivitäten ist die wichtigste Ursache für die Akkumulation der Treibhausgase. Das CO_2, das bei der Verbrennung von Kohle, Öl und Erdgas entsteht, hat den größten Anteil am Treibhauseffekt und reichert sich in der Atmosphäre weiter an. Heute verbrennt jeder der 5,8 Milliarden Menschen jährlich im Durchschnitt fossile Energieträger, deren Energiewert mehr als einer Tonne Kohle entspricht.

Die nächstwichtige Ursache für den Klimawandel liegt in der Emission von weiteren Stoffen, die die Absorptionskapazitäten der Biosphäre überstrapazieren: Methan, FCKW und Stickoxide (NO_x). Ihre Menge ist zwar weit geringer, aber diese Stoffe erzeugen einen weit größeren Treibhauseffekt als Kohlendioxid. Der Preis, den die

Emittenten gegenwärtig für die Verwendung der Absorptionskapazitäten der Atmosphäre zahlen müssen, ist gleich Null, während die wahren Opportunitätskosten sich als sehr hoch erweisen dürften. Einige Ökonomen vertreten nach wie vor die Meinung, dass die Kosten der CO_2-Emissionen externalisiert bleiben sollten, obwohl bis zum Jahr 1993 mehr als 180 Nationen Verträge zur Internalisierung dieser Kosten unterzeichnet hatten.

Es mag auch positive Aspekte der globalen Erwärmung geben, wie beispielsweise das schnellere Pflanzenwachstum unter CO_2-reichen Laborbedingungen, in denen Wasser und Nährstoffe unbegrenzt zur Verfügung stehen. Es erscheint jedoch wahrscheinlicher, dass die Wachstumsgürtel der Pflanzen nicht mit dem Tempo des Klimawandels schritthalten und sich nicht schnell genug verschieben werden; außerdem werden die Pflanzen nicht schneller wachsen, da andere Faktoren nur begrenzt zur Verfügung stehen (z. B. geeignete Böden, Nährstoffe und Wasser). Das fruchtbare Klima über der Kornkammer Nordamerikas könnte sich in der Tat nach Norden verschieben, aber das bedeutet nicht, dass die Kornkammer mitwandern wird, denn die nährstoffreichen Prärieböden werden bleiben, wo sie sind, und die borealen kanadischen Böden und Muskeg-Sümpfe sind eher unfruchtbar.

Die Kosten für den Fall, dass die Treibhaushypothese abgelehnt wird und der Klimawandel tatsächlich eintritt, sind wesentlich größer als die Kosten für den Fall, dass diese Hypothese akzeptiert wird und sich als falsch erweist. Wenn solange gewartet wird, bis die Beweise für einen Klimawandel unwiderlegbar sind, könnte es zu spät sein, um die dadurch entstehenden hohen Kosten noch abzuwenden, wie z. B. der Strom von Millionen von Flüchtlingen aus den tiefliegenden Küstengebieten (55 % der Weltbevölkerung leben an der Küste oder an Flussmündungen), die Schäden an den Häfen und Küstenstädten, die erhöhte Sturmintensität und, was am wichtigsten erscheint, die Schäden für die Landwirtschaft. Allein die Gefahr eines globalen Klimawandels reicht als Rechtfertigung für sofortige Maßnahmen aus, und sei es nur im versicherungstechnischen Sinne. Heutzutage stellt sich die Frage, in welcher Höhe eine Versicherung abgeschlossen werden soll.

Es lässt sich nicht zu bestreiten, dass große Unsicherheiten herrschen. Sie bestehen in beiden Richtungen. Angesichts des Ausmaßes der betroffenen Bereiche wäre ein „Business as usual" oder eine Politik des „Aussitzens" eine unkluge, wenn nicht gar aberwitzige Strategie. Dass der Klimawandel und die Gefahren durch den Abbau der Ozonschicht unterschätzt werden, ist zwar im Prinzip ebenso wahrscheinlich wie eine Überschätzung; doch jüngste Studien weisen darauf hin, dass wir Risiken bisher in der Regel unterschätzt haben. Im Mai 1991 korrigierte die *US EPA* (die US-Umweltbehörde) ihre Schätzung der Todesfälle aufgrund von UV-Strahlung um den 20fachen

Wert nach oben, und die Absorptionskapazität der Erde für Methan wurde im Juni 1991 um 25 % nach unten revidiert. Angesichts der Unsicherheiten hinsichtlich des globalen Umweltzustands sollten Weitsicht und Vorsicht höchste Priorität haben.

Den entscheidende Faktor in diesem Zusammenhang bildet die enge Beziehung zwischen dem freigesetzten CO_2 und der Größenordnung der Stoffströme. Die weltweiten CO_2-Emissionen haben sich seit der industriellen Revolution in jedem Jahr erhöht, die Wachstumsrate liegt jetzt bei 4 % jährlich. In dem Maße, in dem der Energieverbrauch im Zuge des Wirtschaftswachstum zunimmt, sind die CO_2-Emissionen ein Indikator für die Größenordnung der Stoffströme. Der Anteil der fossilen Energieträger an der gesamten Energieerzeugung beträgt in den USA 78 %.

Die Verringerung dieses Anteils ist in allen Industrieländern, aber auch in den größeren Entwicklungsländern wie China, Brasilien und Indien, möglich. Eine Steigerung des Energieverbrauchs ohne eine Steigerung des CO_2-Ausstoßes bedeutet vor allem den Übergang zu erneuerbaren Energiequellen: Bioenergie, Solarenergie und Wasserkraft. Die andere bedeutende Quelle von CO_2-Emission, die Waldzerstörung, entwickelt sich ebenfalls parallel zum Wachstum der Wirtschaft. Immer mehr Menschen, die immer mehr Land benötigen, drängen den Wald immer weiter zurück. Die sieben Milliarden Tonnen CO_2, die jedes Jahr durch menschliche Aktivitäten freigesetzt werden (durch die Verwendung fossiler Energieträger und Waldzerstörung) akkumulieren in der Atmosphäre, und diese Akkumulation von CO_2 ist praktisch irreversibel – und damit von großer Bedeutung für eine nachhaltige Entwicklung und die zukünftigen Generationen. Nicht zuletzt auch aus ökonomischer Sicht: Die Verringerung von CO_2-Emissionen durch Verflüssigung oder chemische Abgasreinigung könnte die Elektrizitätskosten verdoppeln. Mit technischen Mitteln können diese hohen Kosten allenfalls reduziert, nicht jedoch vermieden werden.

Dritter Hinweis auf Grenzen: Abbau der Ozonschicht

Der dritte Hinweis auf globale Grenzen der anthropogenen Belastung der Umweltgüter zeigt sich im Abbau der (stratosphärischen) Ozonschicht. Es gibt wohl kaum einen zwingenderen Beleg für die Schädigung der lebenserhaltenden Systeme durch menschliche Aktivitäten als die gewaltigen Löcher in der Ozonschicht. Bereits im Jahre 1974 sagten Sherwood Rowland und Mario Molina voraus, dass die Fluorchlorkohlenwasserstoffe (FCKW) die Ozonschicht schädigen würden. Doch als die Schäden 1985 über dem Südpol zum ersten Mal festgestellt wurden, war der Unglauben so groß, dass die Daten auf fehlerhafte Messgeräte zurückgeführt wurden. Weitere Tests und die Analyse bis dahin nicht verarbeiteter Messdaten bestätigten nicht nur, dass das Loch im Jahre 1985 bestand, sondern dass es seit 1979 in jedem Frühling aufgetreten war. Die

Menschheit ist lange nicht in der Lage gewesen, ein gigantisches Loch zu entdecken, das größer war als die Vereinigten Staaten und höher als der Mount Everest und das menschliche Leben und die Nahrungsmittelproduktion bedroht.

Alle weiteren Untersuchungen haben seitdem ergeben, dass die Ozonschicht weltweit wesentlich schneller abnimmt als aufgrund von Modellen vorhergesagt wurde. Über dem Nordpol wurde ein zweites Loch entdeckt, und kürzlich wurde eine Ausdünnung der Ozonschicht sowohl im Süden als auch im Norden der gemäßigten Breiten, einschließlich Nordeuropa und Nordamerika, festgestellt. Darüber hinaus haben die Ozonlöcher in den gemäßigten Breiten nicht nur im (weniger gefährlichen) Winter Bestand, sondern auch im Frühling und stellen daher eine Bedrohung für das Pflanzenwachstum und die Menschen dar.

Die Beziehung zwischen einer erhöhten Intensität der UV-B-Strahlung, welche die geschädigte Ozonschicht passiert, und der Häufigkeit von Hautkrebs und grauem Star ist relativ gut erforscht: Eine Abnahme der Ozonschicht um 1 % führt zu 5 % mehr Fällen von bestimmten Hautkrebsarten. In einigen Regionen ist die Situation bereits alarmierend (z. B. im australischen Queensland). Die Menschheit scheint sich auf eine Milliarde zusätzlicher, oftmals lebensbedrohlicher Fälle von Hautkrebs einstellen zu müssen. Möglicherweise hat die Schwächung des Immunsystems sogar schlimmere Folgen für die menschliche Gesundheit, denn dadurch wächst die Anfälligkeit für bestimmte Tumore, Parasiten und Infektionskrankheiten. Mit zunehmender Ausdünnung der Ozonschicht nehmen darüber hinaus die Ernteerträge und Fischfangmengen ab. Die schwerwiegendste Folge könnte jedoch in gesteigerter Unsicherheit bestehen, z. B. über Störungen des normalen Gleichgewichts der natürlichen Vegetation. Bestimme Arten, von deren Existenz das Überleben anderer Arten abhängt, könnten abnehmen, sodass die Natur viele Dienstleistungen nicht mehr erbringen kann und das Artensterben beschleunigt wird.

Jährlich gelangen etwa eine Million Tonnen FCKW in die Biosphäre. Und es dauert ungefähr zehn Jahre, bis sie die Ozonschicht erreichen und ihr Zerstörungswerk mit einer Halbwertszeit von rund hundert Jahren beginnen. Die heutigen Schäden sind zwar beträchtlich, sie sind jedoch nur das Ergebnis relativ niedriger FCKW-Emissionen in den frühen 1980er Jahren. Selbst wenn die FCKW-Emission heute gestoppt würden, würden die Schädigungen in den nächsten Jahrzehnten unweigerlich zunehmen. Danach würde sich die Lage im Laufe der nächsten hundert Jahre allmählich bessern und der Zustand vor Beginn der Schädigungen wieder erreicht werden.

Dies zeigt, dass die Absorptionsfähigkeit von FCKWs des globalen Ökosystems bereits überstrapaziert ist. Da die Grenzen bereits erreicht und überschritten wurden, sind Schäden an der natürlichen Umwelt, der menschlichen Gesundheit und der Nahrungsmittelproduktion unvermeidlich. 85 % der FCKW wurden in den Industriestaaten im Norden freigesetzt, das größte Ozonloch entstand jedoch in der Atmosphäre über der Antarktis in 20 Kilometer Höhe. Das zeigt, dass die Schäden wahrhaft globaler Natur sind.

Vierter Hinweis auf Grenzen: Die Zerstörung des Bodens

Die Zerstörung des Bodens ist keine neue Erscheinung. Der Boden wird seit Tausenden von Jahren von der Zivilisation genutzt und geschädigt. Auch vor langer Zeit zerstörte Böden haben sich in vielen Fällen bis heute nicht wieder erholt. Das Ausmaß der Zerstörung hat gegenwärtig stark zugenommen. Dies ist deshalb von so großer Bedeutung, da praktisch die gesamte Nahrung (97 %) auf Böden produziert wird und nur ein kleiner Teil aus den Oberflächengewässern und Ozeanen stammt. Bereits 35 % der gesamten Bodenfläche der Erde sind zerstört, und diese Entwicklung dürfte sich weiter fortsetzen. Darüber hinaus kann die Zerstörung in für die menschliche Gesellschaft akzeptablen Zeiträumen nicht rückgängig gemacht werden. Dies sind Hinweise darauf, dass wir die regenerativen Kapazitäten der Böden unseres Planeten überstrapaziert haben.

Pimentel et al. (1987) sowie Kendall und Pimentel (1994) haben festgestellt, dass die Bodenerosion in den meisten Agrargebieten der Erde bereits ernsthafte Ausmaße angenommen hat und dass sich die Probleme in dem Maße verschärfen, in dem Grenzböden in die Produktion einbezogen werden. Die Bodenverlustraten, die im allgemeinen zwischen 10 und 100 Tonnen je Hektar und Jahr liegen, sind um mehr als das Zehnfache größer als die Bodenaufbauraten. Die Landwirtschaft führt zu Erosion, Versalzung und Überflutung von schätzungsweise sechs Millionen Hektar pro Jahr. Dadurch wird die Nahrungsmittelversorgung weltweit ernsthaft gefährdet.

Die Überschreitung der Grenzen führt im Falle dieser natürlichen Ressource zu steigenden Nahrungsmittelpreisen und verstärkt die Einkommensdisparitäten in einer Zeit, da bereits etwa eine Milliarde Menschen nicht ausreichend mit Nahrungsmitteln versorgt sind. In einer Situation, in der bereits ein Drittel der Bevölkerung in den Entwicklungsländern unter einem Mangel an Brennholz leidet, werden Ernterückstände und Mist (der als Dünger benötigt wird) als Energieträger verwendet, statt in der Landwirtschaft zu verbleiben. Die beschriebene Verlagerung und die Übernutzung der Holzbestände verstärken die Bodenzerstörung, den Hunger und die Armut.

Fünfter Hinweis auf Grenzen: Abnehmende Biodiversität

Die Wirtschaft hat eine solche Größenordnung erreicht, dass nicht mehr für alle Arten Platz ist auf der Erde. Die Rate der Zerstörung natürlicher Lebensräume und das Ausmaß des Artensterbens sind heute so hoch wie niemals in der Menschheitsgeschichte zuvor, und die Entwicklung beschleunigt sich weiter. Der artenreichste Lebensraum, der Regenwald, ist bereits zu 55 % zerstört. Gegenwärtig werden mehr als 168.000 Quadratkilometer pro Jahr vernichtet. Da die Gesamtzahl aller existierenden Arten noch völlig unbekannt ist (die Schätzungen reichen von 5 Millionen bis 30 Millionen und mehr), kann das Artensterben nicht exakt beziffert werden. Aber selbst nach konservativen Schätzungen werden jedes Jahr mehr als 5000 Arten unwiderruflich ausgelöscht und verschwinden aus dem irdischen Genpool. Damit liegt das aktuelle Artensterben etwa 10.000 Mal höher als in prähistorischer Zeit. Nach weniger konservativen Schätzungen sterben gar 150.000 Arten pro Jahr aus (Goodland 1991). Viele Menschen empfinden den dahinter stehenden Anthropozentrismus als arrogant und unmoralisch. Überdies werden dadurch die Risiken des Überschießens erhöht. Zwar stellt Redundanz (d. h. die Fähigkeit eines Systems, nach exogenen Störungen seine Struktur und Funktionsweise wieder herzustellen, auch „Resilienz"; Anm. d. Hrsg.) ein Element vieler biologischer Systeme dar, doch wir wissen nicht, wie nah wir uns den Schwellenwerten eines irreversiblen Verlusts der Artenvielfalt bereits angenähert haben.

1.3 Bevölkerung und Armut

Armut fördert das Bevölkerungswachstum. Die direkte Linderung der Armut ist von großer Bedeutung, aber die alten Rezepte zur Armutsbekämpfung sind unverantwortlich. MacNeill (1989) drückt es deutlich aus: „Die Verringerung des Bevölkerungswachstums ist eine entscheidende Voraussetzung für eine nachhaltige Entwicklung." Dies gilt nicht nur für die Entwicklungsländer, sondern in gleichem, wenn nicht stärkerem Maße für die Industrieländer. In den Industrieländern wird pro Kopf zu viel konsumiert und somit auch zuviel verschmutzt, und daher haben sie den bei weitem größten Anteil daran, dass die Menschheit ihre natürlichen Grenzen zu überschreiten droht. Die reichsten 20 % der Weltbevölkerung verbrauchen über 70 % der weltweiten Primärenergie. In 25 Ländern stagniert die Bevölkerungszahl bereits. Realistischerweise dürfte zu erwarten sein, dass dem weitere Länder folgen werden.

Die Entwicklungsländer tragen zur Überschreitung der Grenzen bei, da sie heute sehr bevölkerungsreich sind (77 % der Gesamtbevölkerung der Erde) und da die Bevölkerung um weit größere Raten wächst, als ihre Volkswirtschaften zu versorgen in der Lage sind (90 % des weltweiten Bevölkerungswachstums). In einigen Ländern nimmt das reale Einkommen ab. Bei gleichbleibendem Trend könnte es bis zur Mitte des 21. Jahrhunderts dauern, bevor die Zahl der Geburten auf das gegenwärtige, bereits hohe Niveau zurückfällt. Das Bevölkerungswachstum in den Entwicklungsländern allein wird in diesem Szenario im Jahre 2025 für 75 % des Anstiegs des Energieverbrauchs verantwortlich sein, selbst wenn der Pro-Kopf-Energieverbrauch auf dem heutigen, inadäquaten Niveau verbleibt (OTA 1991). In diesen Ländern ist ein hohes Wachstum nur dann möglich, wenn in den Industrieländern der Übergang zu einer nachhaltigen Entwicklung gelingt.

Die Armen werden die berechtigte Forderung aufstellen, dass sie Zugang zu den verbleibenden natürlichen Ressourcen erhalten, damit sie einen akzeptablen materiellen Mindeststandard erreichen können. Wenn in den Industrieländern der Übergang vom Inputwachstum zur qualitativen Entwicklung gelingt, stehen mehr Ressourcen und Umweltfunktionen für das Wachstum in den Ländern des Südens zur Verfügung. Doch es liegt im Interesse der Entwicklungsländer und der ganzen Welt, dass dies nicht auf der Grundlage von fossilen Energieträgern erreicht wird. Und es liegt im Interesse der Industrieländer, Alternativen zu fördern und zu subventionieren. Diese Ansicht wird auch von Dr. Qu Wenhu von der Chinesischen Akademie der Wissenschaften vertreten: „Wenn zu den ‚Bedürfnissen' ein Automobil für jeden der eine Milliarde Chinesen gehört, dann können sie unmöglich erfüllt werden." Die Bevölkerung in den Entwicklungsländern konsumiert gegenwärtig nur 17 % der gesamten Energieerzeugung, doch bei gleichbleibendem Trend wird sich dieser Wert bis 2020 nahezu verdoppeln (OTA 1991).

Enorme Fortschritte könnten bereits durch die Einführung einer effektiven Familienplanung erzielt werden. Ein geeignetes Bildungsangebot und die Bereitstellung von Krediten für produktive Zwecke und Beschäftigungsmöglichkeiten für junge Frauen sind möglicherweise die nächst wirksamsten Maßnahmen. 25 % aller Geburten in den USA und wesentliche größere Prozentsätze in den Entwicklungsländern entfallen auf junge Mütter unter 20 Jahren, die ihre Kinder weniger gut betreuen und versorgen können. Viele dieser Geburten sind ungewollt, was die Kinderbetreuung weiter verschlechtert. Die internationalen Organisationen der Entwicklungszusammenarbeit sollten die Länder mit hohem Bevölkerungswachstum in einem ersten dringenden Schritt dabei unterstützen, ihr Bevölkerungswachstum einzudämmen, statt allein die Infrastrukturausstattung zu verbessern, ohne gleichzeitig Bevölkerungsmaßnahmen durchzuführen.

1.4 Über Brundtland hinaus

In dem Maße, in dem sich das ökonomische Subsystem in Relation zu seiner Basis, dem globalen Ökosystem, weiter vergrößert und die regenerativen und assimilativen Kapazitäten weiterhin überstrapaziert werden, wird das im Brundtland-Bericht (WCED 1987) geforderte Wachstum ausufern und die oben beschriebenen Grenzen überschreiten. Doch die Meinungen zum erforderlichen Wachstum gehen weit auseinander. MacNeill (1989) behauptet, „dass das Wachstum des Pro-Kopf-Einkommens mindestens 3 % jährlich betragen muss, damit in der ersten Hälfte des nächsten Jahrhunderts eine nachhaltige Entwicklung erreicht werden kann", was angesichts der derzeitigen Bevölkerungstrends ein noch höheres prozentuales Wachstum des Volkseinkommens erfordern würde. Hueting (1990) widerspricht dem und kommt zu dem Schluss, „dass für eine nachhaltige Entwicklung keinesfalls eine Steigerung des Volkseinkommens nötig ist." Eine nachhaltige Entwicklung werde nur in dem Maße erreicht, in dem das quantitative Wachstum der Stoffströme stabilisiert und durch eine qualitative Entwicklung, welche die Inputmengen konstant hält oder sogar verringert, ersetzt werde. Da die Größe einer Wirtschaft durch den Wert „Bevölkerung mal Pro-Kopf-Ressourcenverbrauch" gemessen werde, müssen sowohl der Pro-Kopf-Ressourcenverbrauch als auch die Bevölkerung abnehmen (vgl. auch Box 12, Anm. d. Hrsg.).

Der Brundtland-Bericht arbeitet in hervorragender Weise drei der vier notwendigen Bedingungen für eine nachhaltige Entwicklung heraus: 1. Mehr mit weniger produzieren (z. B. durch Naturschutz, (Ressourcen-)Effizienz, technologische Verbesserungen und Recycling), 2. Eindämmung der Bevölkerungsexplosion, 3. Umverteilung von den Reichen zu den Armen. Vermutlich aufgrund politischer Rücksichtnahmen wurde allerdings die vierte notwendige Bedingung unklar formuliert. Dies betrifft den Übergang von Inputwachstum und Größenwachstum der Wirtschaft zu einer qualitativen Entwicklung, durch welche die Größe der Wirtschaft den regenerativen und assimilativen Kapazitäten der globalen Lebenserhaltungssysteme angepasst wird. An verschiedenen Stellen enthält der Brundtland-Bericht entsprechende Hinweise. Allerdings fehlen klare Aussagen zur Abgrenzung von Wachstum und Entwicklung: Qualitativ verbesserte Ressourcen ersetzen abgewertete Ressourcen, und Geburten ersetzen Todesfälle, sodass sich der Wohlstand kontinuierlich erneuert und sogar verbessert (Daly 1990). Eine sich entwickelnde Volkswirtschaft wird besser, aber nicht notwendigerweise größer, sodass sich die Lebensqualität der (stabilen) Bevölkerung erhöht. Eine Volkswirtschaft hingegen, in der die Stoffströme zunehmen, wächst nur in ihrer Größe, überschreitet Grenzen und schädigt die auto-regenerativen Kapazitäten der Erde.

Die Armen haben nicht mehr reduzierbare Grundbedürfnisse: Nahrung, Kleidung und Behausung. Zur Erfüllung dieser Grundbedürfnisse ist in den armen Ländern ein Wachstum der Stoffströme notwendig, das durch entsprechende hohe Reduktionen in den reichen Ländern ausgeglichen werden muss. Abgesehen von den kolonialen Ressourcenplünderungen hat das Wachstum der Industrieländer in der Vergangenheit die Märkte für die Rohstoffe der Entwicklungsländer wachsen lassen, was den armen Ländern zugute gekommen ist. Das Wachstum in den Industrieländern muss abnehmen, damit ökologische Spielräume für das in den armen Volkswirtschaften notwendige Mindestwachstum eröffnet werden können. Unmißverständlich fordern daher Tinbergen und Hueting (1991): „Kein weiteres Produktionswachstum in den reichen Ländern mehr." Die Begrenzung des Ressourcenverbrauchs in den Industrieländern ist jedenfalls eine wichtige Bedingung auf dem Weg zu einer nachhaltigen Entwicklung, um die grundlegenden Ziele der Armutslinderung und Schadensbekämpfung an den globalen Lebenserhaltungssystemen zu erreichen.

1.5 Auf dem Weg zu einer nachhaltigen Entwicklung

Im Zuge des Wandels von der agrarischen über die industrielle zur dienstleistungsorientierten Wirtschaftsstruktur könnte sich das Wachstum der Stoffströme in ein Wachstum verwandeln, das ressourcenschonendere und weniger belastende Stoffströme etabliert (z. B. beim Übergang von Kohle und Stahl zu Glasfaser und Elektronik). Wir müssen schnell Produktionsweisen entwickeln, die weniger materialintensiv sind. Wir müssen die Erhöhung der Ressourcenproduktivität durch technische Weiterentwicklung forcieren („Mehr mit weniger produzieren" heißt es im Brundtland-Bericht; vgl. auch Box 14, Anm. d. Hrsg.). Dies ist es wahrscheinlich, was die Brundtland-Kommission und spätere Autoren (z. B. MacNeill 1989) mit „Wachstum, aber von einer anderen Art" meinen. Die konsequente Förderung dieses Trends wird den Übergang zu einer nachhaltigen Entwicklung in der Tat fördern und ist von grundlegender Bedeutung. Auch trifft es wahrscheinlich zu, dass Umweltschutz, Effizienzverbesserungen und Recycling profitabel werden, sobald die Umweltexternalitäten (z. B. CO_2-Emissionen) internalisiert werden.

Diese Strategie ist zwar notwendig, reicht aus vier Gründen jedoch nicht aus (Goodland 1995). Wegen der nicht umgehbaren thermodynamischen Gesetze werden durch jedes materielle Wachstum Ressourcen verbraucht und Abfälle erzeugt, auch bei dem nicht näher definierten Wachstum neuen Typs des Brundtland-Berichts. Erstens: In dem Maße, in dem wir die Grenzen der regenerativen und assimilativen Kapazitäten des Ökosystems erreicht haben, wird ein materielles Wachstum, das diese Grenzen überschreitet, keine nachhaltige Entwicklung zur Folge haben. Zweitens kann der

Dienstleistungssektor relativ zum produzierenden Gewerbe nicht unbegrenzt wachsen. Drittens sind auch viele Dienstleistungsbereiche mit recht hohen Stoffströmen verbunden, wie z. B. Tourismus, Hochschulbildung und Gesundheitswesen. Viertens muss betont werden, dass ein weniger materialintensives Wachstum high-tech-orientiert ist, d. h. die Länder, in denen es größeres Wachstum geben sollte (kleine, verarmte Entwicklungsländer) werden tendenziell weniger fähig sein, das im Brundtland-Bericht geforderte „neue" Wachstum zu erreichen.

1.6 Die Trennung von Wirtschafts- und Naturwissenschaften

Bevor wir uns mit den Fragen befassen, die in den vorigen Abschnitten aufgeworfen wurden, lassen Sie uns zunächst untersuchen, warum diese Fragen eigentlich so schwierig sind. Das Problem beruht vor allem auf der Art und Weise, wie wir unsere intellektuellen Tätigkeiten organisiert haben. Die oben beschriebenen Probleme sind globaler und langfristiger Natur, sie erfordern Beiträge von vielen wissenschaftlichen Disziplinen und insbesondere den Dialog zwischen den Disziplinen. Die einzelnen Wissenschaften stehen heutzutage jedoch isoliert nebeneinander, was zu den Schwierigkeiten bei der Diskussion der oben aufgeworfenen Fragen beiträgt. Doch das war nicht immer so.

Etwa bis zum Beginn des 20. Jahrhunderts war die Ökonomik mit den anderen Wissenschaften noch relativ eng verbunden. Bis dahin gab es noch relativ wenige Wissenschaftler/innen, und man könnte fast sagen, dass sie dazu gezwungen waren, sich mit Wissenschaftler/innen anderer Disziplinen auszutauschen, um überhaupt einen Gesprächspartner zu haben. Doch dann änderte sich das Weltbild. Die newtonsche Physik wurde zum beherrschenden Paradigma der Wissenschaft. Nach dieser Weltsicht ist die Welt in lineare, voneinander trennbare, mechanische Subsysteme unterteilt, die auf relativ einfache Weise zusammengefasst werden können, um das Verhalten des gesamten Systems zu beschreiben. Diese Ansicht förderte die Fragmentierung der Wissenschaft in verschiedene Disziplinen. Darüber hinaus besteht ein Größenproblem. Mit dem Wachstum von Wissenschaftsbetrieb und Wissensbestand wurde es immer schwieriger, die Gesamtheit des Wissens zu erfassen. Aus Gründen der Überschaubarkeit musste eine immer feinere Unterteilung vorgenommen werden.

Im nächsten Teil des Buches wird die Frühgeschichte der Wirtschaftswissenschaften und der Naturwissenschaften vor der Fragmentierung nachgezeichnet, als sie noch kontinuierlich aufeinander Bezug nahmen. Als eigenständige Wissenschaft entwickelte sich die Ökologie erst Mitte des 20. Jahrhunderts. Sie löste sich von der newtonschen Physik und entwickelte ein Weltbild, das mit komplexen lebenden Systemen umgehen kann. Dieses Weltbild ist evolutionär und nicht-linear und beruht auf der Erkenntnis, dass größere Systeme nicht durch bloße Addition entstehen (Costanza et al. 1993). Eine in diesem Sinne verstandene „Ökologie" entwickelt sich derzeit zum dominanten Wissenschaftsparadigma und stellt eine immanent interdisziplinäre „Systemperspektive" dar. Die Ökologische Ökonomik stellt einen Versuch dar, die Ökonomik auf der Basis dieses Wissenschaftsparadigmas neu zu definieren und die vielen wissenschaftlichen Bausteine neu zu ordnen, die nötig sind, um das komplexe theoretische Gebäude der nachhaltigen Entwicklung zu konstruieren.

2. Die historische Entwicklung von Ökonomik und Ökologie

Unser heutiges Weltbild ist im wesentlichen durch die geistige Neuorientierung der Aufklärung geprägt. Seit dreihundert Jahren entwickelt die Philosophie systematische und logisch schlüssige Theorien über die Natur des Kosmos, die soziale Ordnung und die moralischen Pflichten, die bis in unsere Zeit hineinwirken. Unter Empirismus verstand man damals überwiegend die Beschreibung von allgemeinen geographischen Unterschieden zwischen unterschiedlichen Regionen und Kulturen. Die Wissenschaften, so wie wir sie heute kennen, entstanden, als das systematische Denken mit der empirischen Untersuchung der unterschiedlichen Aspekte der natürlichen Welt verknüpft wurde. Francis Bacon (1561-1626) trat für die Verbindung von Logik und Empirie ein. Galileo Galilei (1564-1642) sammelte durch Beobachtung und unter Zuhilfenahme eines Teleskops Belege für die Richtigkeit der heliozentrischen Theorie von Nikolaus Kopernikus (1473-1543). Die Diskrepanzen zwischen der kopernikanischen Theorie und den astronomischen Beobachtungen wurden durch Isaac Newton (1642-1727) überwunden, welcher Fortschritte bei der Erklärung der Schwerkraft und des Wesens der Bewegung machte.[2] Danach begann der Aufstieg der wissenschaftlichen Disziplinen. Diese wurden nicht durch die angewendete Argumentationslogik definiert, sondern durch den Gegenstandsbereich, auf den diese Logik angewendet wurde. Nichtsdestoweniger forschten die einzelnen Wissenschaftler noch einige Jahrhunderte lang in mehreren Wissenschaftsgebieten zugleich. Newton schrieb nicht nur über Physik, sondern auch über Religion und Ethik. John Locke (1632-1704) machte medizinische Beiträge und trug zur Wiederentdeckung der Atomtheorie bei. Seine größten Leistungen erbrachte er jedoch im Bereich der Gesellschaftsphilosophie. Diese wissenschaftliche Tradition der transdisziplinären Forschung hatte bis zum Ende des 19. Jahrhunderts Bestand. Noch bis weit in das 20. Jahrhundert hinein hatten viele Wissenschaftler einen Überblick über die Entwicklungen außerhalb ihrer Spezialdisziplin. Frank Knight (1895-1973) beispielsweise erläuterte die jüngsten Entwicklungen in der Physik und deren Auswirkungen auf die volkswirtschaftliche Theorie und Methodik (Knight 1956). In der zweiten Hälfte des 20. Jahrhunderts wurde das transdisziplinäre Forschen jedoch sehr selten.

Die Ökonomik entstand, als die transdisziplinäre Tradition in voller Blüte stand. In der zweiten Hälfte des 17. Jahrhunderts, zu einer Zeit tiefgreifenden sozialen Wandels

---

[2] Bereits Johannes Kepler (1571-1630) postulierte Ellipsen als Planetenbahnen anstatt der von Kopernikus behaupteten Kreise. Aus den Keplerschen Gesetzen leitete Newton das Gravitationsgesetz ab (vgl. ausführlich Nutzinger 1999, S. 454; Anm. d. Hrsg.).

und großer wissenschaftlicher Hoffnungen, entwickelte sie sich als eigenständige Wissenschaft aus der Moralphilosophie (Canterbury 1987; Nelson 1991). Lang diskutierte ethische Fragen hinsichtlich der Verpflichtungen der Individuen gegenüber höheren gesellschaftlichen Zielen erschienen durch die Entstehung der Märkte und des wissenschaftlichen Fortschritts in neuem Licht, denn beide Entwicklungen eröffneten neue Möglichkeiten für höheren materiellen Wohlstand und nährten die Hoffnungen auf eine sorgenfreie Zukunft. In der zweiten Hälfte des 18. Jahrhunderts stellten sich die Menschen wie heute die Frage, ob die Verfolgung der eigenen Interessen der Gesellschaft insgesamt zum Nachteil gereicht. Die Ökonomie entwickelte das noch heute vertretene Argument, dass die Märkte das individuelle Verhalten wie durch eine „unsichtbare Hand" so steuern, dass das Gemeinwohl gesteigert wird.

Etwa ein Jahrhundert später entwickelte sich die Ökologie aus der Biologie und der Naturgeschichte. Wie die Wirtschaftswissenschaften beschäftigte sich auch die Ökologie mit der Frage, wie Systeme das Gemeinwohl der Arten, die diese Systeme bilden, fördern. Beide Wissenschaften haben einige theoretische Gemeinsamkeiten, und zu bestimmten Zeiten haben sie sich gegenseitig befruchtet. Wie zwei konzeptionell sich ähnelnde Disziplinen so gegensätzliche Erkenntnisse darüber entwickeln konnten, wie die Menschen mit ihrer Umwelt interagieren sollten, ist vor diesem Hintergrund verwunderlich (siehe Page 1995).

Diese Frage muss beantwortet werden, damit aus den getrennten Disziplinen eine Ökologische Ökonomik entstehen konnte. Die Abschnitte dieses Kapitels beschreiben kurz, wie sich die beiden Wissenschaften historisch entwickelt und gegenseitig befruchtet haben. Darüber hinaus wird dargestellt, wie sich auf der Basis ähnlicher konzeptioneller Grundlagen so unterschiedliche Positionen zur Umwelt bilden konnten. Die beiden Wissenschaften unterscheiden sich vor allem darin, dass die Wirtschaftswissenschaften in konzeptioneller Hinsicht zumeist monolitisch strukturiert sind (vor allem in den USA und den internationalen Organisationen), während die Ökologie aus vielen konkurrierenden und sich ergänzenden konzeptionellen Ansätzen besteht. Auch die Umweltökonomik (eine Teildisziplin der neoklassischen Ökonomik, die sich mit Umweltproblemen beschäftigt), stellt eine intellektuell beeindruckende, zusammenhängende und in sich geschlossene Theorie dar. In den folgenden Kapiteln wird dargestellt, wie sich die heutige Umweltökonomik aus den früheren ökonomischen Theorien entwickelte. Die ihnen zugrundeliegenden Annahmen, aus denen sich die Politikempfehlungen ergeben, beruhen dabei auf populären Vorstellungen über Natur und technischen Fortschritt. Die frühen Theorien, die damals in der Ökonomik sehr einflussreich waren, liegen auch dem heutigen Bild der Umwelt zugrunde. Die Wissenschaft der Ökologie unterscheidet sich außer durch die nach wie vor bestehenden verschiedenen theoretischen Wurzeln auch dadurch von der Ökonomik, dass die

Ökologie auf einer ganz anderen, aber dennoch weit verbreiteten Einstellung gegenüber Natur und Technologie beruht.

Einige dieser verbreiteten Einstellungen haben eine lange Geschichte. Bis vor etwa 300 Jahren galt materieller Wohlstand als eine der Belohnungen für eine gute Lebensführung. Nach der Renaissance verbreitete sich jedoch die Auffassung, dass materieller Wohlstand eine Voraussetzung für moralischen Fortschritt sei. Knappheit verursachte Geiz und sogar Kriege, Knappheit trieb die Menschen dazu, so hart zu arbeiten, dass sie keine Zeit mehr hatten, sich der Heiligen Schrift zu widmen und ihr Leben nach ethischen Grundsätzen zu gestalten. Kurz gesagt, materieller Fortschritt galt als notwendige Bedingung für moralische Weiterentwicklung. Als die Ökonomik vor 200 Jahren entstand, galt das individuelle Streben nach materiellem Wohlstand als gerechtfertigt, und zwar unter der Annahme, dass die Menschen nach Erfüllung der grundlegenden materiellen Bedürfnisse wie Nahrung, Behausung und Kleidung die Zeit und die Mittel dafür haben würden, ihre persönliche Lebensführung zu verbessern und das gemeinschaftliche Wohl zu fördern. Heute sind die einstigen Gedanken hinsichtlich moralischer und gesellschaftlicher Weiterentwicklung so gut wie vergessen. Der individuelle materielle Wohlstand ist für viele Menschen zu einem Selbstzweck geworden.

Die Fortschrittsoptimisten sind heute wie vor 200 Jahren davon überzeugt, dass die Mehrung des menschlichen Wissens und die Beherrschung der grundlegenden Naturgesetze schließlich dazu führen werden, dass die wesentlichen Lebensziele erreicht werden. Diese Auffassung beruht auf der Annahme, dass es relativ wenige Naturgesetze gibt, deren Beherrschung unsere Abhängigkeit von der Natur verringert. Wenn das Augenmerk allein dem materiellen Wohlergehen gilt, bedeutet die Aussicht auf die Beherrschung der Natur, dass sich die Menschen nicht mit langfristigen Knappheiten und den Folgen ihrer Handlungen beschäftigen müssen (Simon 1981). In den letzten zwei Jahrhunderten haben die Wissenschaftler/innen immer wieder die Beherrschung der Natur auf ihre Fahnen geschrieben und ihre Forschungen auf dieser Basis gerechtfertigt. Der Gedanke, dass der wissenschaftliche Fortschritt zwangsläufig zur Beherrschung der Natur und zu materiellem Reichtum führen wird, ist immer noch weit verbreitet und wird häufig ausgesprochen, selbst in der Wissenschaft. Damit sollen das weitere Bevölkerungswachstum, der technologische Wandel und das Wirtschaftswachstum nach traditionellem, umweltschädigendem, nichtnachhaltigem Muster gerechtfertigt werden.

Die ökonomischen Theorien entwickelten sich im Kontext dieser vorherrschenden ethischen, materiellen und wissenschaftlichen Ansichten. Die tatsächliche Entwicklung genügt aber häufig nicht den Erwartungen. Die gesellschaftlichen Probleme und

Umweltschäden, die mit dem Wirtschaftswachstum einher gehen, haben das einstmals vorherrschende Weltbild rissig werden lassen und anderen Auffassungen zum Auftrieb verholfen. Die Naturhistoriker und nach ihnen die Ökologen hegen seit langer Zeit Zweifel an dem Sinn einer menschengerechten Umformung der natürlichen Umwelt. Die meisten Wissenschaftler/innen sind heute nicht mehr der Meinung, dass die Welt in naher Zukunft als System verstanden und unter Kontrolle gebracht werden wird. Die Welt wird vielmehr als ein sich entwickelndes, komplexes und unsicheres System betrachtet. Viele Wissenschaftler/innen vertrauen ihren Fähigkeiten zu Prognosen und Empfehlungen heute weniger; sie sind bescheidener geworden und verfolgen einen vorbeugenden Ansatz. Unter ihnen sind besonders die Umweltwissenschaftler/innen aus Ökologie und Biologie zu nennen, die die Auffassung vertreten, dass die besten wissenschaftlichen Kapazitäten und weit mehr Ausbildungsanstrengungen als bisher nötig sind, um zu lernen, wie wir *mit* der Natur leben und arbeiten können (Ehrenfeld 1978; Meffe 1992). Aus der Umweltethik wird darüber hinaus das Streben nach individuellem materiellen Wohlstand um seiner selbst willen kritisiert. Das ökonomische Gedankengut beginnt sich auf der Grundlage dieser neuen Erklärungsansätze zwar weiterzuentwickeln, doch noch immer herrscht in dieser Wissenschaft allgemein das traditionelle Weltbild vor, welches auch der Umweltökonomik zugrunde liegt.

In den folgenden Kapiteln wird dargestellt, dass sich die Wirtschafts- und Naturwissenschaften während langer Zeiträume ihrer Entwicklung gegenseitig intensiv befruchteten. Freilich gab es damals weniger Wissenschaftler/innen als heute, und Spezialisierung und Fragmentierung, die die Wissenschaften gegenwärtig kennzeichnen, hatten sich erst zu entwickeln begonnen. Die Ökologische Ökonomik stellt den Versuch dar, den Geist der integrierten und interaktiven Problemanalyse, welcher die Frühgeschichte der Wissenschaften auszeichnete, zu reaktivieren. Nur eine reintegrierte wissenschaftliche Analysemethode gibt uns Anlass zur Hoffnung, dass wir die drängenden und komplexen Probleme unserer Gesellschaft verstehen und lösen können.

Jeder der folgenden Abschnitte hat als Ausgangspunkt eine prominente Persönlichkeit, die eine bestimmte Forschungsrichtung initiierte, welche von nachfolgenden Wissenschaftler/innen bis heute fortgeführt und vertieft wurde. Die einzelnen Forschungslinien haben sich im Laufe der Jahre jedoch zu einem unübersichtlichen Gespinst verwoben. Die Ökologische Ökonomik versucht sie auf zusammenhängende Weise neu zu organisieren. Abbildung 2.1 zeigt die Lebensspannen der im folgenden behandelten Persönlichkeiten auf einer Zeitachse.

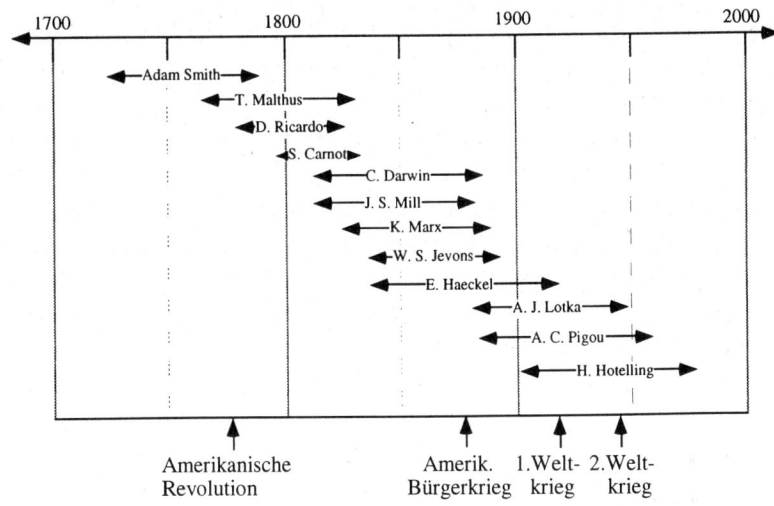

Abbildung 2.1: Lebensspannen der im Text genannten Persönlichkeiten

2.1 Die anfänglich gemeinsame Entwicklung der Wirtschafts- und Naturwissenschaften

> „In den Wirtschaftswissenschaften hat es niemals eine Revolution gegeben, und es ist unwahrscheinlich, dass es jemals eine geben wird. Die eigentliche Frage, die wir beantworten müssen, besteht darin, wie wir das von vergangenen Generationen angesammelte Wissen am besten verwenden können. Dafür müssen wir uns intensiver mit der Ökonomik des 19. Jahrhunderts beschäftigen." (William A. S. Hewins 1911, S. 905)

Unter den Naturwissenschaften gehört die Ökologie zu den „Spätentwicklern". An biologischen Fragen interessierte Menschen beschrieben auch zuvor schon die natürliche Umwelt und stellten Überlegungen über die historische Entwicklung der biologischen Systeme an, jedoch wurden diese empirischen Beschreibungen erst in der zweiten Hälfte des 19. Jahrhunderts mit einem systematischen Ansatz kombiniert. Aus diesem Grund beginnt unser historischer Abriss mit der Ökonomik.

Die „Physiokraten", eine Gruppe französischer Moralphilosophen, bildeten Mitte des 18. Jahrhunderts die erste Schule, die der als eigenständige Disziplin noch nicht etablierten Ökonomik zugerechnet werden kann. Die Physiokraten stellten die Suche nach einer auf dem Naturrecht basierenden Gesellschaftsordnung (*ordre naturel*) in den Mittelpunkt ihrer Analyse. Diese gesellschaftliche Ordnung bestand aus Bürgern mit souveränen Rechten auf die Erzeugnisse ihrer Arbeit.

Box 1: Die Physiokraten

Hans G. Nutzinger

In der Mitte des 18. Jahrhunderts, in der Umbruchzeit vom Absolutismus zum Liberalismus, bildete sich in Frankreich die Physiokratische Schule, deren Haupt François Quesnay (1694-1774), Leibarzt Ludwigs XV und Begründer der Idee des Wirtschaftskreislaufs in seinem „Tableau économique" war. Die Umbrüche und Spannungen jener Zeit spiegeln sich auch in Widersprüchen und Einseitigkeiten der physiokratischen Lehre wider. Erschwert wurde die Rezeption dieser Anschauungen auch dadurch, dass sie in den angloamerikanischen Sprachraum vor allem in Form einer nicht immer ganz fairen Kritik durch Adam Smith gelangt ist, der sich seinerseits als Begründer der klassischen Ökonomie von seinen physiokratischen Vorgängern abzugrenzen versuchte, denen er doch viel verdankte. Die Physiokratie (= Naturherrschaft) ist zentral von dem Gedanken bestimmt, dass der Boden die Quelle allen Reichtums ist, und das führt Quesnay zu einer (idealtypischen) Dreigliederung der Gesellschaft in eine produktive Klasse der in der Landwirtschaft Tätigen, eine unproduktive Klasse (classe stérile) der nicht in der Landwirtschaft Tätigen und in die Klasse der Grundeigentümer (classe des propriétaires). Die Physiokraten verstanden sich nicht nur als Ökonomen, sondern zugleich als Gesellschaftsreformer, die der bestehenden gesellschaftlichen Ordnung, dem „ordre positif", die Leitidee des „ordre naturel", der natürlichen Staats- und Gesellschaftsordnung, entgegenstellten. Diese Leitidee des „ordre naturel" ist sowohl durch „natürliche" wie auch „moralische" Gesetze bestimmt. Die (einseitige) Betonung des Bodens als Quelle des Wertes (mit weiteren Konsequenzen, etwa der Idee eines impôt unique, einer einzigen Steuer auf Boden) war historisch verankert in einer Krise der materiellen Produktionsbasis im Frankreich des 18. Jahrhunderts, nicht zuletzt als Folge von kriegerischen Zerstörungen und Raubbau sowie einer extremen steuerlichen Belastung der Landbevölkerung, die wirtschaftlichen Fortschritt im Agrarsektor behinderte, ja lähmte. Mit dem Gedanken des Wirtschaftskreislaufs und der Betonung der Notwendigkeit (physischer) Reproduktion, in moderner Sprache: des Ersatzes von verbrauchtem Naturkapital, sind die Physiokraten bei aller Einseitigkeit und Widersprüchlichkeit wichtige Vorläufer der modernen Ökologischen Ökonomie, denn unter „Physiokratie" ist nicht primär die Herrschaft physikalischer Gesetze, sondern vor allem die Bedeutung der Natur und natürlicher Grenzen für menschliches Wirtschaften zu verstehen.

Der in der mitteleuropäischen Forstwirtschaft aufgrund ökologischer Krisen entwickelte Gedanke der „Nachhaltigkeit", der in der älteren und jüngeren Historischen Schule der Nationalökonomie in Deutschland Eingang fand, ist mit der physiokratischen Vorstellung der (stofflichen) Reproduktion durchaus verwandt, während der Gedanke des Naturerhalts in der englischen und schottischen Klassik in den Hintergrund gedrängt und häufig durch die (implizite) Vorstellung ersetzt wurde, dass die Natur als ein prinzipiell unbegrenzter und wirtschaftlicher Nutzung zuzuführender Ressourcenvorrat zu betrachten sei.

Literatur: **Immler**, H. (1995): Natur in der ökonomischen Theorie, Teil 2: Die Physiokraten. Opladen: Westdeutscher Verlag.

Gemäß den Physiokraten galt die Bearbeitung des Bodens als die eigentliche und einzige wertschöpfende Tätigkeit. Der Nahrungsmittelgroßhandel, die Nahrungsmittelverarbeitung und die Einzelhändler lebten auf Kosten anderer, folglich sollte ihr Anteil an der Wertschöpfung minimiert werden (der Produktionsfaktor Natur stand somit noch im Mittelpunkt der physiokratischen Analyse, vgl. Box 1, Anm. d. Hrsg.).

Die Auffassung, dass die gesellschaftliche Ordnung durch das Naturrecht (*natural law*) bestimmt wird, hat seit den Physiokraten viele Formen angenommen und zwangsläufig zu Kontroversen geführt. Das Beharren der Physiokraten auf der Behandlung der Individuen als souveräne Einheiten (wie Atome) ist seither ein fester Bestandteil der herrschenden Meinung in den Wirtschaftswissenschaften. Dieser Ansatz steht in der Tradition von einflussreichen Moralphilosophen wie Hobbes und Locke, die die Gesellschaft als bloße Summe ihrer Individuen betrachteten. Nachfolgende Ökonomen wendeten schließlich die auf Newton zurückgehende mechanistische Denkweise auf die Theorie der Marktbeziehungen an, ohne jemals eine Erklärung dafür zu finden, auf welche Weise die Gesetze der Physik die Wirtschaft bestimmen. Häufig gilt Adam Smith als einer der Initiatoren dieser Argumentationsweise.

Adam Smith und die „unsichtbare Hand"

Adam Smith (1723-1790), der allgemein als der Gründer der modernen Volkswirtschaftslehre gilt, war ein Moralphilosoph. Während sich die Ökonomik nach Smith einen naturwissenschaftlichen Anstrich gab, standen Smiths Theorien noch in engem Zusammenhang mit ethischen Fragen. Die entscheidende ethische Frage lautete, ob die Verfolgung des Selbstinteresses im Interesse der ganzen Gesellschaft sein kann. Smith stellte die These auf, dass zwei Menschen, die vollständige Kenntnis über die Folgen ihrer Entscheidungen haben, Austauschbeziehungen zueinander aufnehmen, weil sich beide durch den Austausch besser stellen. Auf den jüdisch-christlichen Gott anspielend erfand Smith die Metapher der „unsichtbaren Hand"[3]. Diese Metapher wird allgemein so interpretiert, dass der Marktmechanismus die Menschen dazu anreizt, im Interesse des Gemeinwohls zu handeln, *als ob* sie von einer höheren Instanz geleitet würden.

Auch die moderne Volkswirtschaftslehre geht in der Regel nach wie vor von den Annahmen aus, dass die Gesellschaft einfach die Summe der Individuen darstellt, dass das Gemeinwohl der Summe der individuellen Bedürfnisse entspricht und dass die

---

[3] In seiner „Theory of Moral Sentiments" wird deutlich, dass Smith die Metapher der „unsichtbaren Hand" – die im Werk von Smith im übrigen nur am Rande erwähnt wird – „aus der (jüngeren) Stoa, speziell von Epiktet (ca. 50 bis ca. 140 n. Chr.) übernommen hat, der das harmonische Wirken einer göttlichen Allvernunft hinter dem Rücken der Menschen lehrte" (Nutzinger 1999, 455). Insbesondere in der „Theory of Moral Sentiments" spielt dabei die Notwendigkeit der moralischen Einbettung individueller Handlungen eine große Rolle (Anm. d. Hrsg.).

Märkte die individuellen Handlungen so steuern, dass automatisch das Gemeinwohl gefördert wird. Bis Ende des 19. Jahrhunderts wurde dieses Marktmodell von Smiths Nachfolgern mathematisch formalisiert. Die mathematischen Methoden waren die gleichen, die Newton für die Beschreibung mechanischer System verwendet hatte. Die atomistische Sichtweise der Individuen und das mechanistische Bild des Gesellschaftssystems stehen in scharfem Gegensatz zur organischen bzw. ökologischen Auffassung. Danach sind es die Beziehungen innerhalb einer Gemeinschaft, die die Merkmale der Menschen definieren, ihre Wünsche beeinflussen, kollektive Handlungen ermöglichen und selbst in einem Entwicklungsprozess stehen. Adam Smith war zwar ein Moralphilosoph, die einseitige Rezeption seiner ökonomischen Theorie stufte den Stellenwert der Ethik jedoch herab. Während des größten Teils der Menschheitsgeschichte beruhte die Identität der Menschen darauf, dass sie innerhalb einer Gemeinschaft und deren moralischen Grundsätze lebten. Heute ist diese Einstellung bei denjenigen Menschen, die materiellen Reichtum bereits erreicht haben oder danach streben, immer weniger verbreitet. Von den zahlreichen Ursachen für die Verschlechterung der Umweltsituation wurde die Rolle des Materialismus und seine Beziehung zum moralischem Verhalten kaum untersucht. Dieses Thema sollte in Wissenschaft und Öffentlichkeit eingehender und ernsthafter diskutiert werden. In späteren Kapiteln wird es genauer behandelt.

Der Siegeszug von Individualismus und Materialismus in der Moderne und der damit einhergehende Niedergang des Gemeinsinns und der Beschäftigung mit den Fragen eines „guten Lebens" sind nicht Adam Smith zuzuschreiben, aber er spielte eine entscheidende Rolle dabei, diejenige Theorie zu entwickeln, die das Selbstinteresse rechtfertigte (Lux 1990). In einer Zeit, als die Europäer und Nordamerikaner gegen die Tyrannei von Kirche und Staat rebellierten und die Gesellschaftsphilosophen Theorien entwarfen, die vom Individuum aufwärts zur Gemeinschaft führen und nicht von der Gemeinschaft abwärts zum Individuum, entwickelte Adam Smith das Argument, dass der Markt das individuelle Streben mit dem Gemeinwohl verbindet. Seit Adam Smith wird die entscheidende Frage diskutiert (wenn auch all zu selten), ob die Märkte diese Funktion wirklich so gut ausüben, wie viele glauben. Ein krasser Widerspruch besteht darin, dass das ökonomistische Gesellschaftsmodell davon ausgeht, dass das individuelle Verhalten das Gemeinwohl fördere, während zugleich argumentiert wird, die Gemeinschaft (als Institution) sei nicht notwendig, da die Märkte für das Gemeinwohl sorgen. Die Beziehung von Markt und Gemeinschaft wird seit Ende des 20. Jahrhunderts von zahlreichen Wissenschaftlern untersucht, die die Auffassung vertreten, dass die Gemeinschaft bzw. die gesellschaftlichen Institutionen auf den verschiedenen räumlichen Ebenen notwendig sind, um das Gemeinwohl zu definieren, die gesellschaftliche Ordnung anzupassen und das Umweltsystem zu kontrollieren (Bellah et al. 1991; Daly and Cobb 1989; Etzioni 1993; Norgaard 1994).

Thomas Malthus und das Bevölkerungswachstum

Thomas R. Malthus (1766-1834), der Geistlicher und Ökonom war, erklärte das Auftreten von Kriegen und Seuchen als weltliche, materielle Phänomene, die nicht auf Handlungen Gottes beruhen. Seine These lautete, dass sich die menschliche Bevölkerung solange exponentiell entwickeln wird, wie ausreichend Nahrung verfügbar ist und andere Grundbedürfnisse befriedigt werden (Malthus 1963 [1798]). Ferner nahm er an, dass die Menschen das Nahrungsangebot durch neue Technologien und Ausdehnung der Anbauflächen auf arithmetische Weise steigern können. Wenn die Bevölkerung in geometrischer Reihe wächst, das Nahrungsangebot aber nur in arithmetischer Reihe, ergeben sich zwangsläufig Situationen, in der die Nahrungsnachfrage der schneller wachsenden Bevölkerung das Nahrungsangebot übersteigt (Abbildung 2.2). In einer solchen Lage zerstören die Menschen nach Malthus die Böden, führen wegen Nahrungsmangel Kriege und müssen Seuchen und Hunger erleiden. Die Zahl der Menschen sinkt dadurch wieder auf ein tragfähiges Niveau, sodass der Prozess von neuem beginnt. Dieses grundlegende volkswirtschaftliche Modell wird auch heute noch vielfach in der Biologie angewandt.

Malthus Modell ist betörend einfach, wird aber durch die demographischen Daten nicht präzise bestätigt. Zu bestimmten Zeiten und an bestimmten Orten trifft Malthus Modell jedoch zu. Die Geschichte wird zeigen, ob es sich auch weltweit bestätigt wird. Nur wenige Wissenschaftler/innen stellen die Frage, ob die Bevölkerung nicht irgendwann stabilisiert werden muss, damit der Lebensstandard der Menschen auf einem angemessenen Niveau erhalten werden kann. Die Ausdehnung des menschlichen Lebensraums auf zuvor unberührte oder nur gering besiedelte Regionen, die wachsende Menge des gesammelten Brennholzes und die Steigerung der Nahrungsmittelproduktion – selbst mittels moderner agrochemischer, monokultureller Techniken, die sich negativ auf die Biodiversität auswirken – werden langfristig gesehen durch das Bevölkerungswachstum verursacht. In den ärmsten Ländern verhindert das nach wie vor sehr hohe Bevölkerungswachstum die Linderung der Armut. Hierdurch werden die Aussichten reduziert, dass die Menschen in diesen Ländern jemals ein Konsumniveau erreichen, das dem in den reichen Ländern entspricht, in denen moderne Umwelttechnologien verwendet werden, die die Umweltzerstörungen in Grenzen halten.

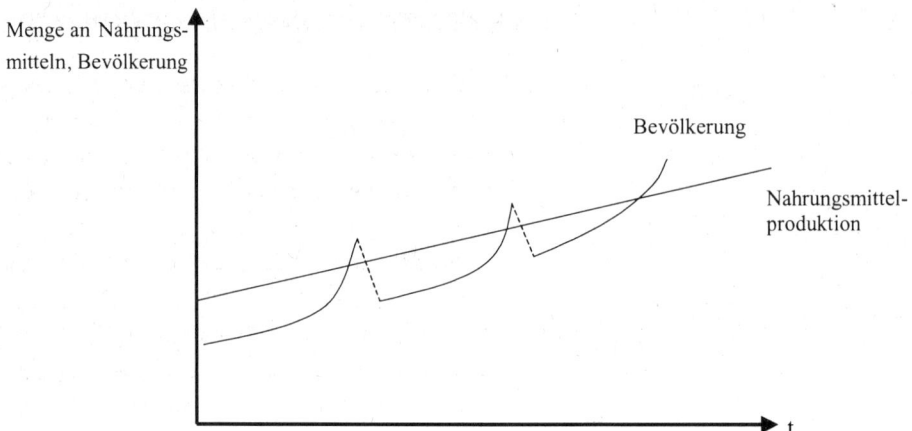

Abbildung 2.2: Thomas Malthus Modell zu Bevölkerungswachstum und Zusammenbruch

Malthus Modell ist Teil des menschlichen Grundwissens geworden. Dadurch ist es schwierig, Überlegungen über Bevölkerungsfragen und die Auswirkungen des Bevölkerungswachstum auf die Umwelt anzustellen, geschweige denn Diskussionen über diese Probleme zu führen, ohne dass Malthus Fassung der Theorie zum zentralen Thema wird. Der Erfolg von Malthus Modell beruht auf seiner Einfachheit, doch die Dynamik des Bevölkerungswachstums und die Beziehung von Mensch und Umwelt sind weit komplexer als das Modell suggeriert. Malthus gab uns somit zwar eine kraftvolle Theorie, doch ihre Einfachheit schränkt ihren Nutzen für die Entwicklung von Maßnahmen ein, die nicht auf der simplen These beruhen, dass weniger Menschen für eine nachhaltige Entwicklung wahrscheinlich besser wären als mehr.

Neben seinem Einfluss auf die volkswirtschaftliche und demographische Theoriebildung hatte Malthus großen Einfluss auf andere bedeutende Wissenschaftler. Charles Darwin und Alfred Russell Wallace gaben an, dass Malthus ihnen entscheidende Einsichten vermittelt habe, die zur Theorie der natürlichen Selektion führten. Karl Marx entwickelte viele seiner Ansichten in Gegensatz zu Malthus. Sogar John Maynard Keynes (1883-1946) war durch Malthus Theorie beeinflusst und integrierte sie in seine Theorie der effektiven Nachfrage, der Lagerbestandsänderungen und des Konjunkturzyklus.

David Ricardo und die räumliche Wirtschaftsstruktur

David Ricardo (1772-1823) entwickelte eine zweite Theorie zur Beziehung von wirtschaftlichen Aktivitäten und Umwelt. Ausgangspunkt war jedoch nicht die Beschäftigung mit den Themen der Umweltzerstörung und des Überlebens der Mensch-

2. Die historische Entwicklung von Ökonomik und Ökologie   31

heit, sondern die Frage, warum Grundbesitz seinen Eigentümern eine Rente einbringt (Ricard 1926). Ricardo ging davon aus, dass die Menschen zuerst die Böden bewirtschaften, auf denen ein gegebener Ertrag mit dem geringsten Arbeitsaufwand (Arbeit je Nahrungseinheit, y-Achse in Abbildung 2.3) erzielt wird. Mit steigender Bevölkerung werden die Anbauflächen auch auf weniger fruchtbare Böden ausgedehnt, die mehr Arbeitsaufwand erfordern (Grenzböden). Die Nahrungsmittelpreise müssen steigen, damit die Kosten für den zusätzlichen Arbeitsaufwand auf den weniger fruchtbaren Böden gedeckt werden. Das bedeutet für die zuerst bebauten, fruchtbaren Böden, dass sie eine Rente abwerfen, einen Ertrag über die Produktionskosten hinaus, der in Abbildung 2.3 durch die graue Fläche dargestellt wird. Höhere Nahrungsmittelpreise führen wiederum zu einer intensiveren Nutzung der besseren Böden (Grenzertrag). Dieses Modell erklärt, wie eine steigende Bevölkerung dazu führt, dass die Menschen in zuvor unberührten Regionen Landwirtschaft betreiben, und es erklärt, wie höhere Preise zu intensiverer Bewirtschaftung und zu verstärkter Anwendung von Düngern und Pestiziden auf den besseren Böden führen. Das Modell vermittelt darüber hinaus Einsichten über die Fluktuationen der Nahrungsmittelpreise und die dadurch bewirkten Markteinund -austritte von Landwirten auf den Grenzböden und die Änderung der Bebauungsmethoden zur Steigerung der Grenzerträge.

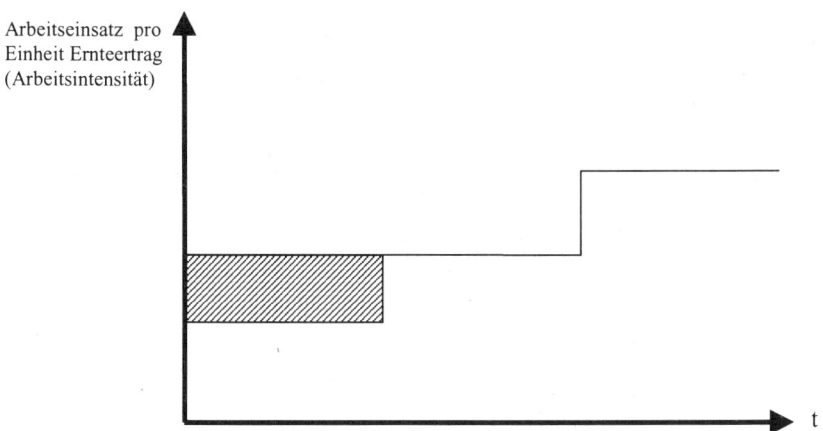

Abbildung 2.3: Ricardos Erklärung der Rente (symbolisiert durch das graue Rechteck)

Ricardos Theorie über die räumliche Verteilung der landwirtschaftlichen Aktivitäten als Reaktion auf das Bevölkerungswachstum und die Änderungen von Nahrungsmittelpreisen ist von zentraler Bedeutung für unser Verständnis des komplexen Zusammenhangs zwischen dem Überleben der Menschheit und den ökologischen Lebenserhaltungssystemen. Ricardos Theorie über die räumliche Struktur der Ressourcennutzung ähnelt den Überlegungen der Geowissenschaftler zur Nutzung der Erzvorkommen. Geologen und Mineralogen gehen wie Ricardo in der Regel davon aus, dass die besten Ressourcen als erste genutzt werden. Doch die Geschichte zeigt, dass ein großer Teil der Ressourcen mit der höchsten Qualität häufig erst entdeckt wurde, nachdem Ressourcen mit geringerer Qualität bereits ausgeschöpft worden waren.

Wegen der Theorien von Malthus und Ricardo wurde die klassische Volkswirtschaftslehre auch als „triste Wissenschaft" („dismal science") bezeichnet. Die Grenzen der Tragfähigkeit in Malthus Modell und die geringere Qualität der nächstbesten Ressource in Ricardos Modell standen mit anderen Auffassungen im Widerspruch, die im 19. Jahrhundert verbreitet waren. Die ricardianische Theorie der Differentialrente hatte darüber hinaus auch verteilungstheoretische Konsequenzen, denn ein steigender Anteil des Gesamtertrags des Bodens kommt den Grundbesitzern zugute.

Heute werden die Theorien von Ricardo und Malthus von vielen Umweltwissenschaftlern/erinnen propagiert, die sich mit dem Bevölkerungswachstum, übermäßigem Konsum und Umweltzerstörung beschäftigen. Die herrschende Meinung in den Wirtschaftswissenschaften steht ihnen jedoch kritisch gegenüber. Im 20. Jahrhundert waren die Ökonomen und Ökonominnen überwiegend damit beschäftigt, auf der Grundlage von unterschiedlichen Annahmenkombinationen weitere Theorien zu entwickeln, die ihren Glauben an das unbegrenzte materielle Wachstum stützen sollten.

Sadi Carnot, Rudolf Clausius und die Thermodynamik

Sadi Carnot (1796-1832) begründete im Jahre 1824 mit seiner klassischen Untersuchung zur Effizienz von Dampfmaschinen (*Reflections on the Motive Power of Fire*) die Thermodynamik. Carnot erkannte als erster, dass die verfügbare Arbeitsmenge von dem Temperaturunterschied zwischen Quelle und Senke abhängt. Damit entdeckte er Gesetzmäßigkeiten, die von Rudolf Clausius (1822-1888) ein Vierteljahrhundert nach Carnots Tod als die zwei Hauptsätze der Thermodynamik formalisiert wurden. Der Erste Hauptsatz der Thermodynamik besagt, dass Energie weder geschaffen, noch vernichtet werden kann. Das zweite Gesetz, das auch als Entropie-Gesetz bezeichnet wird, besagt, dass die Menge der verfügbaren Arbeitsenergie in einem geschlossenen System im Laufe der Nutzung immer weiter abnimmt. Bei der Entwicklung von ökologischen Theorien wird häufig auf die thermodynamischen Gesetze Bezug genommen, und auch für Theorien zur Beziehung Mensch-Umwelt finden sie Anwendung (H. T. Odum 1971; Georgescu-Roegen 1971; Hannon 1973; Costanza 1980).

Durch den Zweiten Hauptsatz der Thermodynamik wird auch die Physik zu einer „tristen Wissenschaft", denn er besagt, dass die nutzbare Energie in einem geschlossenen Universum, der Betrag der Arbeit, die verrichtet werden kann, beständig abnimmt. Da jede Aktivität Energie erfordert, geht jede heutige Aktivität auf Kosten von möglichen Aktivitäten in der Zukunft. Auf welche Entwicklung können wir hoffen in einem Universum, in dem die verfügbare Arbeitsenergie beständig abnimmt? Diese Frage wird seit über einem Jahrhundert immer wieder untersucht. Die Antwort hängt davon ab, wie schnell die Entropie im Universum zunimmt, und wann wir hiervon in der Zukunft betroffen sein werden (siehe Norgaard 1994, S. 213-216 zu den Auswirkungen des Zweiten Hauptsatzes der Thermodynamik).

An dieser Stelle muss darauf hingewiesen werden, dass die Erde energetisch ein „offenes" System darstellt, d. h. selbst wenn die Entropie im Universum insgesamt zunimmt, kann die Entropie auf der Erde (bei entsprechender Nutzung der zuströmenden Sonnenenergie; Anm. d. Hrsg.) abnehmen (wenn auch natürlich um einen kleineren Betrag). Die Thermodynamik von offenen, ungleichgewichtigen Systemen wurde erst viel später untersucht. Wir behandeln dieses Thema in Kapital 2.3.

Charles Darwin und das Paradigma der Evolution

Die ökonomischen Theorien von Malthus beeinlussten auch Charles Darwin (1809-1882) als dieser über die Frage nachdachte, warum es so viele unterschiedliche Tier- und Pflanzenarten gibt. Nach vielen Jahren der Beobachtung sowohl von unberührten als auch von Menschen beeinflussten Ökosystemen seiner Zeit (vor allem in seiner Funktion als Naturforscher an Bord der H.M.S. Beagle auf seiner Reise um die Welt von 1831 bis 1836) und des Nachdenkens über die obige Frage fand er eine Antwort, die ihm als einzige mögliche Erklärung erschien. Diese Antwort, die zum Eckpfeiler der modernen Biologie und Ökologie geworden ist, lautet, dass sich die Entwicklung der Arten in einem Prozess der Anpassung und natürlichen Selektion vollzieht. Der Bevölkerungsdruck und die damit verbundene Fähigkeit der Arten, ihre Zahl bis an die Grenze der Tragfähigkeit ihrer Umwelt zu erhöhen, begünstigt das Überleben von den Individuen, die sich aufgrund spezifischer Merkmale effektiver reproduzieren können.

Darwin wartete mit der Veröffentlichung seiner Ergebnisse bis zum Ende seiner beruflichen Laufbahn. Sein Werk *On the Origin of Species by Natural Selection* (dt. „Über die Entstehung der Arten durch natürliche Zuchtwahl") wurde zuerst im Jahre 1859 veröffentlicht, als der Autor das 50. Lebensjahr erreicht hatte (in demselben Jahr übrigens, als Karl Marx die „Kritik der politische Ökonomie" veröffentlichte). Sofort wurde Darwin von Zeitgenossen angegriffen, die die damals vorherrschende Theorie der „göttlichen Schöpfung" vertraten. Das evolutionäre Paradigma wird von den Adepten des „Kreationismus" zwar immer noch angegriffen, doch trotz seiner Fehler liefert keine andere Theorie eine ähnliche gute Erklärung wie die Evolutionstheorie.

Seit Darwins Tagen wurde das Evolutionsparadigma getestet und auf ökologische und ökonomische Systeme angewandt (Arthur 1988; Boulding 1981; Lindgren 1991; Maxwell und Costanza 1993). Es dient dazu, unser Verständnis von Anpassung und Lernverhalten in nicht gleichgewichtigen, dynamischen Systemen zu formalisieren. Das allgemeine evolutionäre Paradigma postuliert einen Anpassungs- und Lernmechanismus in komplexen Systemen jeder Größenordnung mittels dreier grundlegender, interagierender Prozesse: 1) Informationssammlung und -übertragung, 2) Entwicklung neuer Alternativen und 3) Auswahl überlegener Alternativen aufgrund verschiedener Leistungskriterien.

Das evolutionäre Paradigma unterscheidet sich vom konventionellen ökonomischen Paradigma in mindestens vier wichtigen Aspekten (Arthur 1988): 1) Die Evolution ist pfadabhängig, d.h. der genaue geschichtliche Werdegang und die Dynamik des Systems sind von Bedeutung. 2) Die Evolution kann multiple Gleichgewichtszustände einnehmen. 3) Aufgrund der Pfadabhängigkeit und der Empfindlichkeit gegenüber Störungen gibt es keine Garantie dafür, dass in einem evolvierenden System volle Effizienz oder irgendein anderes optimales Ergebnis erreicht wird. 4) Unter der Bedingung steigender Erträge sind „Lock-in"-Situationen möglich (Überleben des Ersten statt des Besten). Im Gegensatz zur konventionellen ökonomischen Theorie, die wie Arthur (1988) schreibt, „vor allem auf der Annahme abnehmender Grenzerträge beruht (lokale negative Rückkopplung)", kann das Leben selbst als positiv rückgekoppelter, selbstverstärkender, autokatalytischer Prozess charakterisiert werden (Günther und Folke 1993; Kay 1991). In ökonomischen und ökologischen Systemen sind somit steigende Erträge, Lock-in-Situationen, Pfadabhängigkeit, multiple Gleichgewichte und suboptimale Effizienz eher die Regel als die Ausnahme.

Bei der biologischen Evolution sind die Gene das Medium für die Informationsspeicherung. Die Schaffung von neuen Alternativen geschieht durch Rekombination der Gene bei der Zeugung oder durch genetische Mutation. Die Auslese findet in der Natur gemäß dem Kriterium der „Fitness" bzw. Stärke statt. Sie bestimmt den Erfolg bei der Reproduktion. Der gleiche Entwicklungsprozess ist auch in anderen ökologischen, ökonomischen und kulturellen Systemen zu beobachten, auch wenn die einzelnen Funktionselemente des Prozesses andere sind. Bei der kulturellen Evolution zum Beispiel, stellt die Kultur das Speichermedium dar (orale Tradition, Bücher, Filme und andere Speichermedien für die Weitergabe von Verhaltensnormen), die Erzeugung von Alternativen geschieht durch Innovationen einzelner Mitglieder oder Gruppen der jeweiligen Kultur, und die Auslese basiert wiederum auf dem reproduktiven Erfolg der erzeugten Alternativen. Die Reproduktion durch Verbreiten und Kopieren des Verhaltens wird aber nicht durch biologische Reproduktion, sondern durch die Kultur selbst bewirkt. Man kann auch von einer „ökonomischen Evolution" als einer Untermenge der kulturellen Evolution sprechen, bei der es um die Erzeugung, Speicherung und Auswahl von alternativen Produktionsweisen und Allokationsmechanismen zur Verteilung der Produktionsergebnisse geht. Einige evolutionäre Ansätze wurden in der Volkswirtschaftslehre bereits erfolgreich auf die Probleme des technischen Fortschritts, die Entwicklung neuer Institutionen und die Entwicklung von Zahlungsweisen angewendet (Day 1989; Day und Groves 1975; England 1994; Nelson und Winter 1974).

Bei großen, langsam wachsenden Lebewesen wie dem Menschen ist die genetische Evolution sehr langfristig orientiert. Für die Änderung der genetischen Strukturen einer Art müssen die Merkmale (der Phänotyp) durch reproduktiven Erfolg ausgewählt und angesammelt werden. Das von einem Individuum während der Lebenszeit erlernte oder erworbene Verhalten kann genetisch nicht weitergegeben werden. Die genetische Evolution ist daher gewöhnlich ein recht langsamer Vorgang, bei dem viele Generationen erforderlich sind, um die physischen und biologischen Merkmale einer Art zu ändern.

Die kulturelle Evolution hat in der Regel eine wesentlich größere Geschwindigkeit. Der technische Fortschritt ist vielleicht der wichtigste und sich am schnellsten entwickelnde kulturelle Prozess. Erlerntes Verhalten, das sich als erfolgreich erwiesen hat, kann zumindest kurzfristig fast umgehend auf andere Mitglieder der betreffenden Kultur übertragen werden und auf mündliche, schriftliche oder bildliche Weise festgehalten werden. Die schnellere Anpassung durch diesen Prozess ist der Hauptfaktor für den erstaunlichen Erfolg des *Homo sapiens* bei der Aneignung der Ressourcen der Erde. Wie bereits erwähnt, kontrollieren die Menschen heute etwa 25 % bis 40 % der gesamten primären Produktion der irdischen Biosphäre (Vitousek et al. 1986). Dies beginnt starke Auswirkungen auf die Biosphäre zu haben, auch hinsichtlich der Veränderung des globalen Klimas und des Abbaus der die Erde schützenden Ozonschicht.

Die potenziellen Kosten des hohen Tempos der kulturellen Evolution sind folglich sehr hoch. Wie bei einem beschleunigenden Auto sind die Menschen in größer werdender Gefahr, von der Straße abzukommen oder einen Abhang hinabzustürzen. Bei der kulturellen Evolution fehlt im Unterschied zur genetischen Evolution die eingebaute längerfristige Orientierung. Daher ist sie anfällig für hypereffiziente kurzfristige Anpassungen, die langfristig zu katastrophalen Entwicklungen führen können.

Ein weiterer wichtiger Unterschied zwischen kultureller und genetischer Evolution könnte jedoch einen ausgleichenden Effekt haben. Arrow hat darauf hingewiesen, dass die kulturelle und ökonomische Evolution im Gegensatz zur genetischen Evolution zumindest bis zu einem bestimmten Maße auf Voraussicht beruht (Arrow 1962). Wenn die Gesellschaft eine nahende Katastrophe rechtzeitig erkennt, kann diese vielleicht verhindert werden.

Die Marktkräfte treiben Anpassungsprozesse zwar voran (Kaitala and Pohjola 1988), die evolvierenden Systeme sind jedoch nicht notwendigerweise optimal, sodassdie folgende Frage zu beantworten bleibt: Welche externen Einflüsse sind nötig, und wann sollten sie wirksam werden, damit sich das ökonomische System im Rahmen eines evolutionären Anpassungsprozesses verbessern kann? Die Herausforderung bei der Modellierung ökonomisch-ökologischer Systeme besteht erstens darin, Modelle zu entwickeln, mit denen Vorhersagen getroffen werden können, und zweitens darin, die Systemrückkopplungen auf eine Weise zu berücksichtigen und zu beherrschen, dass vorhersehbare Katastrophen nach Möglichkeit vermieden werden (Foike und Berkes 1994). Ferner besteht die Herausforderung darin, Politikinstrumente zu entwickeln und Anreize zu schaffen, durch die diese Einsichten im Rahmen einer kurzfristigen evolutionären Dynamik in wirksame Änderungen umgesetzt werden (Costanza 1987).

John Stuart Mill und die stationäre Wirtschaft

John Stuart Mill (1806-1873) war der Sohn des Gesellschaftsphilosophen James Mill (1773-1836), welcher sich ebenfalls mit ökonomischen Themen beschäftigte. Die Leistung von John Stuart Mill besteht in einer genaueren Analyse der von Adam Smith postulierten Beziehung zwischen dem individuellen Verhalten und dem Gemeinwohl. Er vertrat die Auffassung, wettbewerblich organisierte Ökonomien sollten auf allgemeinen Regeln für die Nutzung des Eigentums sowie auf einen gewissen Sinn für soziale Verantwortung gegenüber dem Gemeinwohl basieren. Darüber hinaus war er der Meinung, dass Wettbewerbsmärkte eine wichtige Grundlage einer freiheitlichen Gesellschaft darstellen. Als Gesellschaftsphilosoph beschäftigte sich Mill eingehend mit dem Freiheitsbegriff. Mill vertrat die Auffassung, dass die Unterjochung der Frauen durch die Männer unmoralisch sei und zu einer Verschwendung von produktiven Fähigkeiten führe. Seine Auseinandersetzung mit dem Gender-Problem war zwar zu instrumentell, doch er sah materiellen Wohlstand nicht als Selbstweck an. Auch glaubte er nicht, dass eine immer währende Steigerung des materiellen Lebensstandards möglich sei. Mill war einer der ersten Ökonomen, der sich für die Erhaltung der Biodiversität und gegen die Umformung des gesamten natürlichen Kapitals in anthropogenes Kapital aussprach. Er erwartete, dass die Volkswirtschaft einen reifen, „stationären Zustand" erreichen würde, in dem die Menschen in der Lage sein würden, die Früchte ihrer früheren Ersparnisse und der materiellen Abstinenz, welche für die Akkumulation des Industriekapitals notwendig gewesen sei, zu genießen. Die Vorstellung, dass die Wirtschaft einen stationären Zustand erreichen würde, war sowohl mit dem newtonschen Systemverständnis zu vereinbaren, das zur damaligen Zeit eine beherrschende Stellung einnahm, als auch mit natürlichen Erscheinungen. Unendliches Wachstum wird in der Natur nicht beobachtet. Nicht zufällige Änderungen, sondern stationäre Zustände werden als „natürlich" betrachtet. Hermann Dalys Ansichten beruhen auf Mills Theorien: Er plädiert für eine stationäre Wirtschaft („steady-state economy"), in der die Ressourcenströme, die in die Güterproduktion fließen, und die in die natürliche Umwelt zurückfließenden Abfälle auf einem konstanten Niveau gehalten werden sollen (vgl. Box 2, Anm. d. Hrsg.). Die Metapher des stationären Zustands hat eine entscheidende Bedeutung für die Entwicklung eines allgemein geteilten Leitbilds einer nachhaltigen Entwicklung (Daly 1977).

> **Box 2: Stationärer Zustand, „Steady-State" und Scale**
>
> *Fred Luks*
>
> Die ökonomischen Klassiker von Smith bis Mill waren davon überzeugt, dass die kapitalistische Entwicklung auf einen wachstumslosen Endpunkt hinläuft: den stationären Zustand. Unendliches Wachstum war für diese Ökonomen unvorstellbar. Unter den klassischen Nationalökonomen war es einzig John Stuart Mill, der den stationären Zustand positiv bewertete und ihm geradezu freudig entgegensah. Im Abschnitt *Of the Stationary State* seiner *Principles of Political Economy* machte Mill (1848, 752ff.) deutlich, dass er die Abneigung der "Ökonomen alter Schule" gegen den stationären Zustand nicht nachvollziehen konnte. Er vertrat im Gegenteil die Auffassung, dass ein solcher Zustand einen Fortschritt bedeuten würde. Dabei dachte Mill auch an die natürliche Umwelt: "Wenn die Erde jenen großen Bestandteil ihrer Annehmlichkeiten verlieren müsste, den sie jetzt Dingen verdankt, die der unbegrenzte Zuwachs an Vermögen und Bevölkerung ihr entziehen würde, nur zu dem Zweck, eine größere, aber nicht bessere oder glücklichere Bevölkerung unterhalten zu können, so hoffe ich von ganzem Herzen um der Nachwelt willen, dass lange bevor die Notwendigkeit dazu zwingt, man sich mit einem stationären Zustand zufrieden gibt." 150 Jahre nach Erscheinen dieser Zeilen ist Mill einer der meistzitierten Autoren in der Ökologiedebatte. Auch einer der wichtigsten Vertreter der Ökologischen Ökonomik knüpft unmittelbar an Mill an: Herman Daly (1991; 1996).
>
> Durch das Werk Dalys ist „Steady State" zum Schlüsselbegriff der Ökologischen Ökonomik geworden. Der Steady-State ist bei Daly eine Wirtschaft, deren physischer Umfang konstant ist. Dieser Umfang – der *scale* der Wirtschaft – ist der Material- und Energiedurchsatz (also der *throughput*) einer Volkswirtschaft oder einer Region. Dalys Steady-State-Begriff bezieht sich also auf einen physischen Parameter und nicht auf das Sozialprodukt. Hier liegt ein zentraler Unterschied zu Mill, für den – wie für alle Klassiker – der stationäre Zustand durch Stationarität von Kapital und Bevölkerung gekennzeichnet war. Vom erst durch Boulding (1966) in den ökonomischen Diskurs eingeführten Durchsatz („throughput") hatten die Klassiker keine Vorstellung.
>
> .../

Auch wenn vieles bei Mill in beeindruckender Weise zur Debatte über nachhaltige Entwicklung "passt", sollte die Anknüpfung an Mill mehr als bisher den historischen Hintergrund der Klassik berücksichtigen (Luks 2001). Dies gilt umso mehr, als der stationäre Zustand der Klassiker nichts mit dem Steady-State-Begriff des ökonomischen Mainstream gemeinsam hat: Aus dem klassischen *stationären* Zustand mit Nicht-Wachstum von Kapital und Bevölkerung ist der *stetige* Zustand der neoklassischen Wachstumstheorie geworden, der sich vor allem durch die Stetigkeit von *Wachstums*raten auszeichnet.

Dieser Steady-State hat mit Dalys Konzept so gut wie nichts zu tun. Dies wird auch deutlich, wenn man sich den unterschiedlichen "physischen Gehalt" des Begriffs in Neoklassik und Ökologischer Ökonomik verdeutlicht: Ist er in der neoklassischen Theorie seiner physischen Dimension weitgehend entledigt, erscheint er bei Daly *ausschließlich* als physische Größe. Der Steady-State ist bei Daly durch das Nicht-Wachstum des Material- und Energiedurchsatzes gekennzeichnet. Die Scale-Definition des Steady-State hat aber auch mit dem stationären Zustand der Klassiker nur dann gewisse Gemeinsamkeiten, wenn physische Begrenzungen sich in der Stationarität von Wertgrößen (z. B. Sozialprodukt) niederschlagen. Wenn Daly von langfristigen Grenzen der Entkopplung (z. B. von Scale und Sozialprodukt) ausgeht, ist er gewiss repräsentativ für die ökologisch-ökonomische Theoriebildung. Nicht zuletzt der durch die ökonomische und kulturelle "Globalisierung" beschleunigte Strukturwandel und die rasant zunehmende Bedeutung von Informations- und Biotechnologie lassen freilich zumindest Zweifel aufkommen, ob ein stabilisierter Scale tatsächlich zu einem ökonomisch stationären Zustand der Wirtschaft führt. Denn *wenn* technologischer Fortschritt und Strukturwandel dazu führen, dass die Wertschöpfung sich weitgehend vom Material- und Energiedurchsatz entkoppelt, ließen sich physischer Steady-State und Wachstumswirtschaft vereinbaren. Aber (wie Georgescu-Roegen uns gelehrt hat): Politik darf sich nicht auf vermutete oder gar erhoffte technische Entwicklungen verlassen, sondern muss sich an biophysikalischen Gegebenheiten orientieren. Steady-State und Scale sind zentrale Konzepte für den Beitrag der Ökologischen Ökonomik zu einer solchen Politik, die die ökologische Dimension des Wirtschaftens ebenso ernst nimmt wie die fundamentalen Auswirkungen, die diese Dimension für das Verhältnis von Wirtschaftswachstum und sozioökonomischer Entwicklung hat.

Literatur: **Boulding**, K. E. (1973 [1966]): The Economics of the Coming Spaceship Earth, in: Daly, H. E. (Hg.): Toward a Steady-State Economy. San Francisco: Freeman. S. 121–132; **Daly**, H. E. (1991): Steady State Economics, 2. Aufl., Washington: Island Press; **Daly**, H. E. (1996): Beyond Growth. Boston: Beacon Press. (dt. Wirtschaft jenseits von Wachstum. Salzburg/München: Anton Pustet.); **Georgescu-Roegen**, N. (1971): The Entropy Law and the Economic Process. Cambridge: Harvard University Press; **Luks**, F. (2001): Die Zukunft des Wachstums – Über den Beitrag der Theoriegeschichte zur Ökologisierung der Ökonomik. Marburg: Metropolis; **Mill**, J. S. (1965 [1948]): Principles of Political Economy with Some of Their Applications to Social Philosophy. In: Collected Works of John Stuart Mill, Vol. II & III. Toronto/Buffalo: University of Toronto Press, London: Routledge & Kegan Paul.

Karl Marx und das Ressourceneigentum

Karl Marx (1818-1883) übte nicht nur Kritik an vielen Aspekten des Kapitalismus, er untersuchte auch die Frage, wie die Konzentration von Bodenbesitz und Kapital auf einen kleinen Teil der Gesellschaft die Funktionsweise der Wirtschaft beeinflusst. Die Zahl der durch Marx beeinflussten wissenschaftlichen Werke ist sehr hoch. Einige davon behandeln das Thema der nachhaltigen Entwicklung und die Frage, wie die Verteilung des Ressourceneigentums die gesellschaftliche Entwicklung bestimmt (Blaikie und Brookfield 1987; Redcliff 1984). Auch die neoklassischen Modelle zeigen, wie die Verteilung des Ressourceneigentums die Verwendung der Ressourcen beeinflusst. Doch aufgrund verschiedener politischer Gründe wurde diese Facette des neoklassischen Modells während des Kalten Krieges im Westen ignoriert. In den USA wurden Ökonomen/innen, die sich mit der *Verteilung* des Ressourceneigentums beschäftigten, sogar politisch entmachtet, da sie sich mit einem zentralen Thema von Marx auseinandersetzten. Die neoklassischen Ökonomen/innen im Westen, zu denen auch die Ressourcen- und Umweltökonom/innen zählen, behandelten die Frage der *effizienten Allokation* der Ressourcen, nahmen jedoch die ursprüngliche Verteilung der Ressourcen auf die Menschen als gegeben hin und stellten sie nicht in Frage. Heute wird nicht bestritten, dass die Anfangsverteilung der Rechte an den Ressourcen und Umweltleistungen von entscheidender Bedeutung für die Erhaltung von Ressourcen, den Umweltschutz und die Aussichten auf eine nachhaltige Entwicklung sind (Howarth and Norgaard 1992).

Seit langem ist bekannt, dass die Allokation der Ressourcen' auf verschiedene Verwendungsweisen in einer Wirtschaft davon abhängt, wie die Ressourcen den Menschen zugeteilt sind, das heißt, ob sie sich in Privatbesitz befinden oder auf andere Weise kontrolliert werden. Landwirte und andere Individuen, welche die Böden bearbeiten und mit biologischen Ressourcen interagieren, die sich nicht in ihrem Besitz befinden, sind kaum geneigt, diese Böden und biologischen Ressourcen zu schützen. Die Grundbesitzer können diese fehlenden Anreize nur ausgleichen, indem sie ihre Arbeitsressourcen oder die ihrer Verwalter von anderen produktiven Tätigkeiten abziehen und diese darauf verwenden, ihre Schutzinteressen zu kontrollieren und durchzusetzen. Diese Umwidmung von menschlichem Potenzial ist nicht notwendigerweise mit einer gleichmäßigeren Verteilung der Kontrollrechte verbunden. Darüber hinaus haben vor allem die Großgrundbesitzer nur wenig Interesse daran, bestimmte Böden oder biologische Ressourcen um ihrer Nachfahren willen zu schützen, sofern sie sich im Besitz von so großen Landflächen befinden, dass die Nachfahren auf absehbare Zeit mit großer Sicherheit ein gutes Auskommen haben werden.

Die Bedeutung der Verteilung für die Art der Ressourcennutzung kann an einem Beispiel veranschaulicht werden: Gegeben seien zwei Länder mit identischer Bevölkerung und identischen Ressourcen, die über vollkommene Märkte alloziiert (d.h. verteilt) werden. Im ersten Land seien die Rechte an den Ressourcen etwa gleich verteilt, die Menschen haben ähnliche Einkommen, und sie konsumieren ähnliche Produkte, z. B. Mais, Hähnchen und Baumwollkleidung. Im zweiten Land seien die Rechte auf wenige Menschen konzentriert, die sich Luxusgüter leisten können, wie Rindfleisch, Wein, Kaviar, Modekleidung und Tourismus, während die anderen Menschen mit wenigen Rechten an Ressourcen fast nur von ihrer Arbeit leben und nur die wichtigsten Güter wie Reis und Bohnen konsumieren. In beiden Ländern werden die Ressourcen als Inputfaktoren für die Produktion über die Märkte auf effiziente Weise verteilt. Die Verwendung des Bodens, die Art der hergestellten Produkte und die Verteilung auf die Konsumenten hängt jedoch davon ab, wie die Nutzungsrechte an den Ressourcen verteilt sind. Unterschiedliche Verteilungen der Rechte bedingen unterschiedliche, effiziente Verteilungen der Ressourcen.

Im Rahmen der weltweit stattfindenden Diskussion über Entwicklungspolitik wurde im 20. Jahrhundert häufig die Auffassung vertreten, dass die wirtschaftlichen Ungerechtigkeiten innerhalb der Länder und zwischen den Ländern die Entwicklungsmöglichkeiten der armen Länder beschnitten haben und damit langfristig auch die der reichen Ländern einschränken. In der internationalen Umweltdiskussion zum Ende des 20. Jahrhunderts existiert die ähnliche These, dass ökologische Ungerechtigkeiten und die internationale Umweltordnung die Möglichkeiten des Umweltschutzes einschränken. Die große Mehrheit der Erdbevölkerung konsumiert nach wie vor sehr wenig. Die Armen sind dabei aus zwei Gründen arm. Erstens haben sie keinen ausreichend langfristigen Zugang zu Ressourcen, um ihre materiellen Bedürfnisse zu befriedigen. Zweitens sind sie sich durchaus der Tatsache bewusst, dass andere wesentlich mehr konsumieren als sie selbst, dass ihre Armut relativ ist, und dass ihr Streben nach einer Verbesserung ihrer relativen Stellung gerechtfertigt ist. Das Streben nach Befriedigung ihrer materiellen Bedürfnisse und Hoffnungen und das Fehlen eines sicheren, langfristigen Zugangs zu adäquaten Ressourcen lässt den Armen keine andere Wahl, als die ihnen zur Verfügung stehenden Ressourcen auf eine nicht nachhaltige Weise zu nutzen. Da die Armen keinen Zugang zu den produktiven, fruchtbaren Böden und den von den Reichen kontrollierten fossilen Energieressourcen haben, sind sie gezwungen, Böden zu bearbeiten, die aufgrund ihrer Empfindlichkeit und geringen landwirtschaftlichen Produktivität zuvor nicht bearbeitet wurden: Regenwälder, Steilhänge und Trockengebiete.

Ein Teil der Umweltbewegung stellt die Frage, ob es gerecht sein kann, den Armen den Großteil der Umweltkosten des Wachstums aufzubürden. Arme leben häufig in der

Nähe von Mülldhalden und arbeiten häufiger unter gesundheitsschädlichen Bedingungen. Thematisiert wird auch der zu hohe Material- und Energieverbrauch der wohlhabenden 20 % bis 30 % der Weltbevölkerung, die aus den Mittel- und Oberklassen der nördlichen Industrieländer sowie aus den Oberklassen in Ländern mit mittlerem Volkseinkommen und einigen ärmeren Länder besteht. Die Reichen verbrauchen den Großteil der Ressourcen und sind für viele unserer Umweltprobleme verantwortlich. Da die Reichen weltweit den Zugang zu den Ressourcen kontrollieren und die Nutzung häufig über große Entfernungen stattfindet, treten viele Umweltwirkungen außerhalb des Gesichtsfelds der Reichen auf, außerhalb der von ihnen wahrgenommenen Verantwortung und somit außerhalb einer wirksamen Kontrollmöglichkeit. Der Zusammenhang zwischen dem ungleichen Zugang zu den Ressourcen, der Nicht-Nachhaltigkeit der allgemeinen Entwicklung und insbesondere der Rückgang der Biodiversität waren die Hauptthemen der Konferenz über Umwelt und Entwicklung, die im Juni 1992 von den Vereinten Nationen in Rio de Janeiro veranstaltet wurde. Verständlicherweise haben die Reichen und die Politiker der nördlichen Industrieländer in der Regel einige Schwierigkeiten, an solchen Diskursen teilzunehmen. Hinsichtlich der Entwicklung von neuen globalen Institutionen, die sich dem Thema der ungleich verteilten Umweltzerstörung widmen, ist die Teilnahmebereitschaft sogar noch geringer.

Unser Verständnis der ökologischen Konsequenzen der Konzentration der Eigentums- und Kontrollrechte beruht auf ökonomischen Theorien, insbesondere auf denen von Karl Marx. Verteilungsfragen sind für den Prozess der Umweltzerstörung und die Möglichkeit einer nachhaltigen Entwicklung von großer Bedeutung. So wurde die Besiedelung und ökologische Umformung des Amazonas-Beckens durch zwei Faktoren vorangetrieben: erstens durch die Konzentration des Bodeneigentums in den fruchtbareren Regionen der Amazonas-Anrainerstaaten, zweitens durch die wirtschaftliche Macht und den entsprechend großen politischen Einfluss der reichen Staaten, der bewirkte, dass Bodenspekulationen und die Beteiligung an Rinderfarmen subventioniert wurden. Die fortgesetzten Bemühungen um die Verabschiedung internationaler Abkommen zu den Themen Biodiversität und Klimawandel wurden immer wieder durch Diskussionen über Eigentumsfragen und die Verfügungsgewalt über die Ressourcen vereitelt. In den Diskussionen geht es jedoch nicht einfach nur um Gerechtigkeit. Die Struktur der Weltwirtschaft und die zukünftige Beziehung zwischen den jeweiligen Ökonomien zu ihrer natürlichen Umwelt hängen davon ab, welche Staaten die „Rente" aus der Ressourcennutzung erhalten: die Ursprungsländer oder die Länder im Norden mit wirtschaftlichen Interessen, die vermutlich weitere Nutzungsmöglichkeiten für zuvor nicht verwertete Arten entdecken werden.

Während Marx und seine Nachfolger das Schwergewicht auf die gerechte Verteilung legten, vernachlässigten sie die Frage der allokativen Effizienz. Das hatte in den sozialistischen Ländern erheblich negative Folgen. Die ideologisch bedingte Ablehnung von Rente und Zinsen als notwendige Preise und das Beharren auf der Arbeit als alleinigen Wertmaßstab – womit der Beitrag der Natur zur Wertschöpfung verleugnet wurde – waren für einen Großteil der Umweltzerstörung in den kommunistischen Staaten verantwortlich.

W. Stanley Jevons und die Knappheit der Bestände

W. Stanley Jevons (1835-1882) forschte zunächst in den Bereichen Meteorologie, Logik, Induktion und Statistik, bevor er auch Beiträge zur Ökonomik machte. Er war einer der Pioniere der Grenznutzentheorie (vgl. Box 7, Anm. d. Hrsg.). Für die Ökologische Ökonomik relevant ist seine Erkenntnis, dass Energie (zu seiner Zeit die Kohle) für die wirtschaftliche Entwicklung eine große Bedeutung hat. Seine Behauptung, dass die britische Wirtschaft und der Erfolg des britischen Weltreiches auf der Kohle, einer schnell abnehmenden Ressource, basierten (*The Coal Question*, 1865), machte ihn als Ökonom bekannt und brachte ihm einen Lehrstuhl in Volkswirtschaftslehre ein. Erst später verfasste er seine Beiträge zur mathematischen Formalisierung der Volkswirtschaftslehre (*The Theory of Political Economy,* 1871), schrieb wissenschaftstheoretische Abhandlungen (*The Principles of Science,* 1874) und stellte Spekulationen über den Zusammenhang zwischen dem Auftreten von Sonnenflecken und Finanzkrisen an (*Investigations in Currency and Finance,* 1884).

Ernst Haeckel und die Anfänge der Ökologie

Die Ursprünge der Ökologie können bis zur altgriechischen Philosophie von Hippokrates, Aristoteles und Theophrast zurückgeführt werden, im 18. Jahrhundert bei der Naturgeschichte von Linnaeus und Button oder in Darwins und Wallaces evolutionärer Biologie gefunden werden. Die Ökologie als eine eigenständige wissenschaftliche Disziplin entstand jedoch erst, als Ernst Heinrich Haeckel (1834-1919) im Jahre 1866 das Wort „Ökologie" zum ersten Mal verwendete. Verbreitung fand diese Bezeichnung dann ab den 1890er Jahren (Allee et al. 1949). Im Jahre 1895 veröffentlichte Eugenius Warming (1841-1924) den ersten ökologischen Text (Goodland 1975). Die ersten formellen ökologischen Gesellschaften wurden in den 1920er Jahren gegründet. Als praktizierte Wissenschaft ist die Ökologie also eine Erscheinung des 20. Jahrhunderts.

Im Jahre 1866 definierte Haeckel als erster Ökologie als „die gesamte Wissenschaft von den Beziehungen des Organismus zur umgebenden Außenwelt" (S. 286), und

1869 spricht er von „Tierökologie" als der

> „Lehre von der Ökonomie, von dem Haushalt der tierischen Organismen. Diese hat die gesamten Beziehungen des Tieres sowohl zu seiner anorganischen als zu seiner organischen Umgebung zu untersuchen, vor allem die freundlichen und feindlichen Beziehungen zu denjenigen Tieren und Pflanzen, mit denen es in direkte oder indirekte Berührung kommt; oder mit einem Worte alle diejenigen verwickelten Wechselbeziehungen, welche Darwin als die Bedingungen des Kampfes ums Dasein bezeichnet." (zit. nach Bick 1989, S. 1).

Haeckel stellt somit eine enge begriffliche Beziehung zur Ökonomik her. Die Ökologie ist nach Haeckels Worten die Wissenschaft von der Ökonomik der Natur. Die Ökonomik kann umgekehrt als die Ökologie der Menschen bezeichnet werden. Historisch gesehen entwickelte sich die Wissenschaft der Ökologie jedoch aus der Biologie und der Ethologie (der Wissenschaft vom Verhalten der Tiere), sodass ihre geistigen Wurzeln ganz andere als die der Wirtschaftswissenschaften sind. Die Ökologie wurde so zur Wissenschaft von der Ökonomie des „menschenfreien" Teils der Natur.

Seit Haeckels ursprünglicher Definition sind entsprechend den unterschiedlichen Interessen und Schwerpunkten zahlreiche weitere Definitionen von Ökologie verwendet worden. Als das Augenmerk auf die Entwicklung der Populationen von Tieren gelegt wurde, definierte man die Ökologie als „die Wissenschaft von der Verteilung und der Vielzahl der Tiere" (Andrewartha and Birch 1954). Später, als die Ökosysteme in den Mittelpunkt der Betrachtung rückten, wurde Ökologie definiert als „die Wissenschaft von der Struktur und Funktion der Ökosysteme" (E. P. Odum 1953). Der Kern aller Definitionen ist jedoch gleich geblieben: die Beziehung der Organismen zu ihrer Umwelt. Dies gilt auch für die dominante Art auf der Erde, den *Homo sapiens*, und seine Beziehung zur Umwelt.

Seit den Anfängen der Ökologie als Wissenschaft wird also immer wieder der Versuch unternommen, die Menschen und die Sozialwissenschaften zu integrieren. Die meisten dieser Versuche waren jedoch nur wenig erfolgreich. In den Sozialwissenschaften bestand die Tendenz, die Menschen als Wesen zu betrachten, die außerhalb der Gesetze und Beschränkungen stehen, die für andere Lebewesen gelten. Andererseits waren die Ökologen nicht ausdauernd oder wirksam genug bei ihren Versuchen, das ökologische Denken auf den *Homo sapiens* auszudehnen. McIntosh schrieb 1985:

> „Wenn menschliche Faktoren außerhalb der ökologischen Betrachtungsweise stehen, was ist dann unter humaner Ökologie zu verstehen? Es ist nicht gewiss, ob die Ökologie die Sozialwissenschaften einschließen kann und sich zu einer ökologischen Metawissenschaft entwickeln wird. Die Alternative besteht in einer wirk-

sameren interdisziplinären Beziehung zwischen der Ökologie und den verschiedenen Sozialwissenschaften" (S. 319).

Die Ökologische Ökonomik kann als Versuch betrachtet werden, diese wirksamere interdisziplinäre Beziehung herzustellen und dadurch einen Weg zu einer wahrhaft umfassenden Wissenschaft vom Menschen als einem Teil der Natur zu bahnen, welche die ursprünglichen Ziele der Ökologie erfüllt. Diese Reintegration von Ökologie, Wirtschafts- und anderen Sozialwissenschaften wird im letzten Abschnitt dieses Kapitels untersucht.

Alfred J. Lotka und das Systemdenken

Alfred J. Lotka (1880-1949) studierte physikalische Chemie, doch seine breitgefächerten Interessen in Chemie, Physik, Biologie und Volkswirtschaftslehre führten ihn zu einer weitreichenden Synthese dieser Bereiche, die auch die Thermodynamik einschloss. Im Jahre 1925 veröffentlichte er seine Erkennntisse in dem Buch *Elements of Physical Biology* (Lotka 1956 [1925]). Lotka unternahm als erster den Versuch, ökologische und ökonomische Systeme mit Hilfe quantitativer und mathematischer Begrifflichkeiten zu integrieren. Er betrachtete die Gesamtheit der interagierenden belebten und unbelebten Komponenten als ein System, in dem jedes einzelne Element mit allen anderen Elementen verknüpft ist, und in dem ohne Verständnis des Gesamtsystems nichts verstanden werden kann. Darüber hinaus betonte er die Notwendigkeit, die Systeme aus energetischer Sicht zu betrachten.

Lotkas Werk hatte einen hohen Anspruch. Obwohl die Rezeption nur langsam in Gang kam, beeinflusste Lotka schließlich sowohl Ökologen (wie E. P. Odum und H. T. Odum) als auch Ökonomen (wie Paul Samuelson, Henry Schultz und Herbert Simon) (Kingsland 1985). Lotka schuf sein Werk in dem der Synthese verpflichteten, transdisziplinären Geist des 19. Jahrhunderts, jedoch zu einer Zeit, als die Fragmentierung der Disziplinen bereits begonnen hatte. Erst spät in seiner Karriere wurde Lotka zu einem Berufsakademiker. Die Tatsache, dass er dem Druck des akademischen Lebens lange Zeit nicht ausgesetzt war, gab ihm vermutlich den Freiraum, seinen umfassenden Ansatz zu entwickeln und beizubehalten.

Den größten Bekanntheitsgrad erreichte Lotka durch seine Gleichungen zur Bevölkerungsdynamik zweier Populationen (die zur gleichen Zeit von Vito Volterra entdeckt wurde und als Lotka-Volterra-Gleichungen bezeichnet werden). Diese füllen jedoch nur zwei Seiten seines Buches von 1925. Aus Sicht der Ökologischen Ökonomik bestand sein weit wichtigerer Beitrag in dem Versuch, Ökologie und Ökonomik als eine integrierte Gesamtheit zu behandeln, die auf nichtlinearer Dynamik beruht und durch Energieströme strukturiert und beschränkt wird. Er versuchte mehr oder weniger explizit, ein Modell der Ökonomie der Natur aufzustellen und entwickelte zur Lösung dieses Problems einen allgemeinen evolutionären Ansatz. Da er an Systemen interessiert war und nicht nur an Arten und Populationen, leitete er Kriterien zur Beschreibung evolutionärer Systemprozesse ab. Die heute als „Lotkas Energiegesetz" (*Lotkas energy principle*) oder „Lotkas Prinzip der Kraft" *(Lotkas power principle)* bekannte These besteht darin, dass Systeme überleben, indem sie den Energiefluss maximieren. Der Energiefluss ist definiert als die Rate der effektiv genutzten Energie. In Populationen mit nur einer Art reduziert sich dieses Gesetz auf das Kriterium des reproduktiven Erfolges dieser einen Art. Lotkas Gesetz erlaubt jedoch eine Verallgemeinerung für alle Systeme, von einfachen chemischen Systemen bis hin zu biologischen, ökologischen und ökonomischen Systemen. Lotkas Theorien nahmen die Entwicklung der allgemeinen Systemtheorie (die weiter unten behandelt wird) vorweg und übten starken Einfluss auf spätere Versuche zur Reintegration von Ökologie und Ökonomik aus.

Arthur C. Pigou und das Marktversagen

Arthur C. Pigou (1877-1959) legte auf formale Weise dar, wie das Umweltverhalten des Menschen dadurch beeinflußt wird, daß Kosten und Nutzen von menschlichen Aktivitäten nicht oder nur unvollständig in Marktpreisen enthalten sind. Aus Pigous Sicht beruht das Umweltproblem auf negativen externen Effekten. Externe Effekte sind all die Wirkungen zwischen Personen, die von den Marktteilnehmern nicht bei ihren Entscheidungen berücksichtigt werden. Ein Markpreissystem ist nach neoklassischer Theorie nur dann „korrekt", wenn es die bestehenden relativen Knappheiten widerspiegelt. Das verzerrte Preissystem hat zur Folge, dass zu viele Güter mit und zu wenige ohne schädlichen Nebenprodukten zu hergestellt werden.

Ein Beispiel ist die Verwendung von Pestiziden in der Landwirtschaft und der damit verbundene Rückgang der Biodiversität. Die Linie S_0 in Abbildung 2.4 zeigt, welche Nahrungsmittelmengen die Landwirte zu verschiedenen Preisen anzubieten bereit sind. Mit steigenden Nahrungsmittelpreisen (y-Achse) bieten die Landwirte höhere Mengen an (x-Achse). Die Linie D repräsentiert die Nachfragekurve, gemäß derer die Menschen um so größere Mengen an Nahrungsmitteln zu kaufen bereit sind, je niedriger der Preis ist. Beim Preis P_0 und der Menge Q_0 besteht ein Marktgleichgewicht, d.h. eine Situation, in der die angebotene der nachgefragten Menge genau entspricht.

46 Einführung in die Ökologische Ökonomik

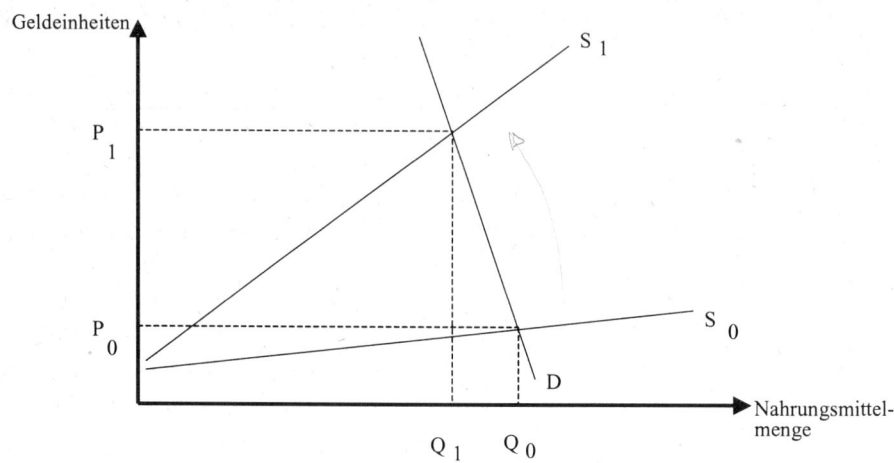

Abbildung 2.4: Marktversagen durch externe Effekte

Wir nehmen nun an, dass wir den Rückgang der Biodiversität aufgrund des Pestizideinsatzes messen (bewerten) können. Nehmen wir weiter an, diese (sozialen) Kosten der verringerten Biodiversität würden zu den Pestizidkosten addiert, z. B. durch eine entsprechende gesetzliche Regelung. Die nunmehr höheren Pestizidkosten verringern die Nahrungsmittelmenge, welche die Landwirte bei einem gegebenen Preis produzieren, sodasssich beispielsweise die Angebotskurve S_1 ergibt. Im neuen Marktgleichgewicht besteht der höhere Preis P_1 und die nachgefragte und produzierte Menge beträgt Q_1. Durch die Einbeziehung der (sozialen), der Gesellschaft aufgrund des Rückgangs der Biodiversität entstehenden Kosten in den Preis der Pestizide, werden Kosten beim Verursacher (den Landwirten) internalisiert, die zuvor außerhalb des Marktes anfielen und von den Verursachern nicht berücksichtigt wurden. Die Verursacher werden nunmehr die durch ihr ökonomisches Tun verursachten Kosten in ihr Entscheidungskalkül einbeziehen. Nach dieser von Pigou in der nachfolgend sich etablierenden Umweltökonomik vertretenen Logik werden die Biodiversität und andere Umweltressourcen deshalb nicht angemessen geschützt, weil ihr Wert in den Marktsignalen, welche die ökonomischen Entscheidungen der Produzenten und Konsumenten und damit alle Vorgänge des Wirtschaftssystems steuern, nicht enthalten ist. Der Markt kann das Problem der externen Effekte „von sich aus" also nicht lösen („Marktversagen"; vgl. Box 3, Anm. d. Hrsg.). Die Theorie des Marktversagens führt die Ökonomen/innen und auch immer mehr Biologen/innen zu dem Schluss, dass die wichtigsten Umweltressourcen in das Marktsystem integriert und externe Effekte damit "internalisiert" werden müssen. Pigou (1920) schlug hierfür die Einführung einer Steuer vor (Hanemann 1988; McNeely 1988; Randall 1988, vgl. zur Weiterentwicklung der Pigousteuer, dem Standard-Preis-Ansatz Box 28, Anm. d. Hrsg.).

Wie der Staat einzugreifen hat, ist jedoch auch in der neoklassischen Umweltökonomie umstritten: Eine Internalisierung kann alternativ auch dadurch geschehen, dass nur private Einzelpersonen das Recht erhalten, bestimmte Umweltressourcen zu nutzen (hierzu müßten, wie Coase [1960] vorschlägt, Eigentumsrechte („*property rights*") an Umweltgütern verliehen werden, vgl. Box 11, Anm. d. Hrsg.). Individuen haben in diesem Falle nicht nur den ökonomischen Nutzen aus einer eventuellen Nutzung der Ressourcen, sondern profitieren auch von der Erhaltung der Ressourcen, die dann für eine spätere Verwendung zur Verfügung stehen. Unabhängig von der Art der Internalisierung zahlen die Konsumenten, so die Theorie, in jedem Falle einen höheren Preis, der die Kosten für einen nachhaltigen Umgang mit den Arten widerspiegeln sollte. Es ist jedoch darauf hinzuweisen, dass die Integration der natürlichen Ressourcen in das Marktsystem nicht notwendigerweise ihre Erhaltung bedeutet, sondern ihre Ausrottung sogar beschleunigen kann. Natürliche Ressourcen, die sich innerhalb des Marktsystems befinden, werden beispielsweise dann nicht erhalten, wenn die Erwartung besteht, dass das Wachstum ihres Werts unter dem Zinssatz liegt, es sei denn es werden weitere Maßnahmen zur Kontrolle der Ausbeutung getroffen (siehe Abschnitt über Hotelling und die Box 4: „Der Zinssatz").

Die verschiedenen Ursachen für den Rückgang der Biodiversität, um beim Beispiel zu bleiben, stehen darüber hinaus in Wechselwirkung miteinander, und zwar im Rahmen eines allgemeinen Prozesses mit positiven Rückkopplungen. Die Zerstörung eines Areals erhöht den wirtschaftlichen Druck auf andere Gebiete. Das Aussterben von Baumarten des Waldes durch den Klimawandel verringert das Potenzial der Kohlenstoffabsorption und die Fähigkeit zur Abschwächung des weiteren Klimawandels. Um ein System ins Gleichgewicht zu bringen, sind aber auch negative Rückkopplungen nötig. Die Ökonomik verbessert das Verständnis der Gründe für den Rückgang der Biodiversität, indem sie darauf hinweist, dass die genetischen Eigenschaften, die Arten und die Ökosysteme nur selten einen Marktpreis haben. Marktpreise sind jedoch die Grundlage für die negativen Rückkopplungen, welche die Marktwirtschaft ins Gleichgewicht bringen: In Marktsystemen steigen die Preise, wenn das Angebot gering ist, sodassdie nachgefragte Menge reduziert wird, und die Preise fallen, wenn das Angebot hoch ist, sodassdie nachgefragte Menge steigt. Auf diese Weise bleiben Nachfrage und Angebot im Gleichgewicht. Aus ökologischer Sicht besteht das Problem darin, dass Biodiversität und Ökosysteme verloren gehen, weil ihnen keine Preise zugeordnet werden und somit diejenigen negativen Rückkopplungen fehlen, die die Nutzung und Erhaltung der Ökosysteme im Gleichgewicht hielten. Wenn die Populationsdichte einer Art schrumpft, steigt derzeit der Preis der Umweltnutzung in der Regel nicht an, und die verwendete Menge nimmt nicht ab. Würde den Arten ein ökonomischer Wert zugewiesen und dieser von den Marktsignalen widergespiegelt, könnte der Rückgang der Biodiversität verringert werden. Darüber hinaus hat der ökonomische Erklärungs- und Lösungsansatz grundlegende Implikationen. Während Bioreservate den anthropogenen Druck auf die Arten in den geschützten Gebieten zwar verringern, diesen Druck in anderen Gebieten aber erhöhen, würde die allgemeine Einbeziehung des Wertes der Biodiversität in das Preissystem die Entscheidungen in jedem Sektor der Wirtschaft vorteilhaft beeinflussen.

Der Gedanke, dass wir den ökonomischen Wert der Arten kennen sollten, entspricht der Auffassung der Biologen, dass mehr Arten überleben würden, wenn der wahre Nutzen dieser Arten für die Gesellschaft erkannt würde. Freilich, wenn wir den Wert der biologischen Ressourcen kennen würden, könnten wir besser mit ihnen umgehen. In dem Maße, in dem diese Werte in das Marktsystem integriert würden, trüge dies zu einer verstärkten Erhaltung der Biodiversität bei. Die Situation kann häufig bereits dadurch verbessert werden, dass die Marktsignale teilweise angepasst werden. Andererseits darf nicht vergessen werden, dass die Marktwerte nicht die alleinige Form der Bewertung darstellen, sondern in ein übergeordnetes Wertesystem eingebettet sein müssen, das für viele Menschen aus ethischen oder religiösen Gründen die Erhaltung der Natur einschließt (Sagoff 1988). Auch wenn die Arten durch den Markt nicht besser geschützt werden können, so kann die Kenntnis ihres ökonomischen Werts doch dazu beitragen, die Menschen und ihre politischen Vertreter zu überzeugen, dass Biodiversität geschützt werden muss. Die Bewertung der Umwelt kann ferner die Art und Weise verbessern, wie Nutzen und Kosten von denjenigen Projekten analysiert werden, welche die Artenvielfalt beeinflussen. Eine Bewertungsmethode besteht darin, durch Fragebögen die Zahlungsbereitschaft der Menschen für die Erhaltung der Artenvielfalt zu bestimmen, eine andere in der Ermittlung der Ausgaben, die von den Menschen getätigt werden, damit sie interessante Natur und bestimmte Tier- und Pflanzenarten beobachten können (Mitchell and Carson 1989).

Die verschiedenen Methoden zur Schätzung des Wertes von Umweltgütern zeigen interessante Ergebnisse. Die Bewertung ist dabei keineswegs eine einfache Aufgabe, und die jeweiligen Schätzungen sollten mit Vorsicht interpretiert werden. Große Schwierigkeiten bestehen aufgrund des Systemcharakters der Wirtschaft, des Ökosystems und des Prozesses der Umweltzerstörung. Die Marktsysteme verknüpfen alles mit allem. Wenn sich beispielsweise die Ölpreise ändern, ändern sich auch die Erdgaspreise, die Nachfragemengen und somit auch die Preise der Produkte, die auf Kraftstoffe angewiesen sind (z. B. Automobilpreise), sowie die Nachfrage nach und der Preis von Kohle usw. Die Märkte bringen die Preise ins Gleichgewicht. Ihre Flexibilität ist daher von wesentlicher Bedeutung. Analog dazu ist der „richtige" Preis für eine Art oder ein Ökosystem ferner abhängig vom Vorhandensein von zahlreichen, damit verknüpften anderen Arten und Ökosystemen sowie von anderen Arten und Ökosystemen, die als Ersatz oder Ergänzung genutzt werden können. Die Auffassung, dass eine Art oder ein Ökosystem nur einen bestimmten Wert hat, vernachlässigt die Tatsache, dass sowohl zwischen ökologischen als auch zwischen ökonomischen Systemen zahlreiche Interdependenzen bestehen. Trotz dieser Schwierigkeiten kann eine ökonomische Bewertung der Umwelt dazu beitragen, dass zumindest die grundlegende Bedeutung der ökologischen Leistungen erkannt wird und dass diese Erkenntnis in die öffentliche Debatte eingeht und die Suche nach konsensfähigen Strategien im politischen Prozess fördert.

Box 3: Ökonomie und Ökologie aus ordnungspolitischer Sicht: Marktversagen als Ursache des Umweltproblems

Werner Zohlnhöfer

Zentrale Aufgabe staatlicher Wirtschaftspolitik ist es, die rechtlich-institutionellen Rahmenbedingungen zu setzen, die für die Entfaltung und Sicherung einer leistungsfähigen Marktwirtschaft von grundlegender Bedeutung sind (Ordnungspolitik). Selbst bei sachgerechter Ausgestaltung dieser Rahmensetzung gibt es jedoch Märkte, die zu gesamtwirtschaftlich unbefriedigenden Ergebnissen führen. Ursächlich hierfür ist sog. Marktversagen. Es liegt vor, wenn der Wettbewerb aufgrund (markt)struktureller Besonderheiten auf einzelnen Märkten die ihm üblicherweise übertragenen Funktionen nicht (voll) zu erfüllen vermag. Die Forderung nach Umweltschutz wird mit einer bestimmten Fallkategorie von Marktversagen begründet, nämlich mit der Existenz externer Effekte. Liegen externe Effekte vor, so kommt es dadurch zu Marktversagen, dass mit einzelwirtschaftlichem Verhalten Auswirkungen in Gestalt von Vor- oder Nachteilen für Dritte verbunden sind, die nicht in die Preisbildung eingehen und daher auch nicht über Marktbeziehungen abgegolten werden. Da m. a. W. unter diesen Bedingungen Leistungen vom Markt nicht honoriert oder Kosten (i. S. von realem Ressourcenverzehr) nicht angelastet werden, kommt es zu einer Fehlsteuerung in Gestalt einer Unter- oder Überversorgung auf den relevanten Märkten und einer entsprechenden Unter- oder Übernutzung der falsch bewerteten Ressourcen.

Nicht das einzige, aber das praktisch bedeutsamste Beispiel dieser Art von Marktversagen bildet das Umweltproblem: Haushalte und Unternehmen belasten Umweltmedien (wie Luft und Gewässer) z. B. durch Rohstoffentnahmen und mit sog. Schadstoffen verschiedenster Art, die nicht nur bei Dritten Vermögens- oder sogar Gesundheitsschäden hervorrufen, sondern auch zu einer Überbeanspruchung und damit zu einer Gefährdung der Umwelt führen.

.../

Ursächlich dafür ist die Tatsache, dass die Umwelt weit gehenden Kollektivgutcharakter hat und Wirtschaftssubjekte daher nicht ohne weiteres von deren Nutzung ausgeschlossen werden können und sollen. Folglich wurde aus dem zunächst freien, öffentlichen Gut „Umweltnutzung" im Zuge zunehmender Industrialisierung, Urbanisierung und Bevölkerungsdichte ein knappes Gut, ohne dass es zur Herausbildung entsprechender (Knappheits-)Preise kam, die eine sparsame Nutzung von Umweltmedien erzwungen hätten.

Deshalb gibt es auch keine marktwirtschaftlichen "Selbstheilungskräfte", die einer zunehmenden Umweltzerstörung Einhalt gebieten könnten. Tatsächlich ist das Gegenteil zu erwarten. Je intensiver der Wettbewerb, desto höher die Umweltbelastung; denn der von wirksamem Wettbewerb ausgehende Leistungsdruck führt nicht nur zu einem möglichst sparsamen Einsatz teurer Faktoren. Er bringt auch eine möglichst umfassende Nutzung von (freien oder mindestens stark unterbewerteten) Umweltmedien mit sich. Als Folge setzt sich auch eine entsprechend umweltfeindliche Technologie durch.

Dieser Entwicklung kann nur durch politisches Handeln Einhalt geboten werden. Umweltschutz wird damit zu einer unabdingbaren, ja vorrangigen Aufgabe staatlicher Wirtschaftspolitik: Sie hat dafür Sorge zu tragen, dass jedem Wirtschaftssubjekt (auch) die Folgen seines Handelns für die Umwelt möglichst umfassend angelastet werden. Nur in dem Maße, wie die Nutzung von Umwelt(medien) mit Kosten verbunden ist, kann mit einer spürbaren Entlastung der Umwelt gerechnet werden. Das dafür grundsätzlich geeignete Instrumentarium ist breit gefächert. Es reicht von Auflagen über Abgaben bis hin zu Umweltlizenzen und einer Verschärfung der mit Eigentumsrechten verbundenen Haftungsregeln. Da (die bisher gewählten Gestaltungsmuster der) Auflagen jedoch unnötig kostspielig sind und Innovationen entmutigen, wird die Umweltpolitik weitere Erfolge zu vertretbaren Kosten nur erzielen können, wenn sie künftig mehr als bisher auf sog. marktwirtschaftliche, d. h. marktkonforme Instrumente zurückgreift (wie Abgaben, Zertifikate und Haftungsregeln). Nur auf diese Weise nämlich kann es gelingen, den Wettbewerb von einer Quelle der Umweltgefährdung zum Motor des Umweltschutzes zu machen (Zohlnhöfer 1981, 28f.) – eine Entwicklung, die ganz im Sinne der Gestaltungspostulate staatlicher Wirtschaftspolitik in der Ökologischen und Sozialen Marktwirtschaft liegt.

Dabei sollte sich die Umweltschutzpolitik solcher Instrumente bedienen, die auf langfristige Sicht dazu führen, dass sich die gesamte Produktionstechnik von Grund auf ändert. Dabei sollte eine Abkehr von der „end of the pipe-technology" erfolgen, d. h. von einer Umwelttechnik, die darin besteht, bisherige, im Ganzen eben nicht umweltschonende Produktionsverfahren durch Filter und andere Zusatzgeräte etwas umweltfreundlicher zu machen. Es muss vielmehr versucht werden, auf mittlere bis lange Sicht alle Produkte und Produktionsverfahren so zu konzipieren, dass der Ressourcenverbrauch minimiert wird und Schadstoffe möglichst erst gar nicht entstehen. Deshalb sollte der technische Fortschritt nicht mehr primär darauf abstellen, vor allem Arbeit, sondern Umweltmedien zu sparen. Wirksame Anreize dieser Art sind bisher aber noch kaum gesetzt worden.

.../

> *Literatur:* **Zohlnhöfer**, W. (1981): Umweltschutz und Wettbewerb – Grundlegende Analyse, in: Gutzler, H. (Hg.), Umweltpolitik und Wettbewerb, Baden-Baden: Nomos, S. 15–56; **Zohlnhöfer**, W. (1984): Umweltschutz in der Demokratie, Jahrbuch für Politische Ökonomie, Bd. 3, Tübingen: Mohr, S. 101–121; **Zohlnhöfer**, W. (1990): Was kann die Wirtschaft für die Umwelt tun?, in: Zeitwende, 61 (4), S. 193–205; **Zohlnhöfer**, W. (1997): Die ordnungspolitischen Grundlagen der Ökologischen und Sozialen Marktwirtschaft, in: Rüther, G. et al. (Hg.), Ökologische und Soziale Marktwirtschaft, 3. Aufl., Bonn, S. 19–41.

Harold Hotelling und die effiziente Nutzung der Ressourcen im Zeitverlauf

Harold Hotelling (1895-1973) entwickelte ein Modell zur effizienten intertemporalen Ressourcennutzung, welches das Verständnis darüber verbesserte, unter welchen Bedingungen Ressourcen im Zeitverlauf ausgebeutet bzw. erhalten werden (Hotelling 1931). Hotelling ging davon aus, dass Eigentümer von mineralischen Ressourcen zwei Optionen haben: zum einen die Ausbeutung der Ressourcen und das Anlegen der Gewinne zur Erzielung von Zinserträgen; zum anderen den Nichtabbau der Ressourcen aufgrund von erwarteten Wertsteigerungen. Der Eigentümer wählt nur dann die zweite Option, wenn die erwarteten Gewinne des späteren Ressourcenabbaus schneller ansteigen als der Zinsertrag. Nur unter dieser Bedingung ist es rational, die Ressourcen nicht abzubauen. Hotelling argumentierte weiter, dass sich konkurrierende Bergbauunternehmen unter bestimmten Bedingungen so verhalten würden, dass der Wert der Ressourcen bis zur Höhe des Zinssatzes ansteigt, denn unter dieser Bedingung ist es den Eigentümern der Ressourcen gleichgültig, ob sie eine weitere Mengeneinheit abbauen oder nicht.

> **Box 4:** **Der Zinssatz**
>
> Hotellings Modell zeigt, wie wichtig der Zinssatz für den Umgang mit biologischen Ressourcen ist. Wenn eine Person durch eine Investition auf den Wertpapiermärkten einen Ertrag von 8 % pro Jahr erzielen kann, besteht kaum ein Anreiz, in Bäume zu investieren, deren Wert nur um 3 % pro Jahr ansteigt, oder in den Schutz des Regenwaldes, der kaum wirtschaftliche Erträge abwirft. Nach ökonomischer Logik sollten die biologischen Ressourcen, deren Wert nicht mindestens mit einer Rate ansteigt, die der Höhe des Zinssatzes entspricht, ausgebeutet und die Erträge auf Kapitalmärkten angelegt werden. Die Höhe des Zinssatzes bestimmt auch, wie die Menschen die Zukunft bewerten. Wenn der Zinssatz 10 % beträgt, ist ein in einem Jahr eingenommener Euro heute nur 0,91 € wert, da 0,91 €, die heute angelegt werden, bei einem Zinssatz von 10 % in 1 Jahr 1,00 € wert sind. Das Problem besteht darin, dass ein in zehn Jahren verdienter Euro bei einem Zinssatz von 10 % heute nur 0,34 € Wert ist und ein in zwanzig Jahren verdienter Euro heute nur 0,11 €. .../

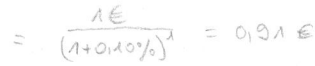

$$= \frac{1\,€}{(1+0{,}10\%)^1} = 0{,}91\,€$$

Folglich muss bei einem Zinssatz von 10 % eine Tier- oder Pflanzenart in der fernen Zukunft einen sehr hohen Wert haben, um heute nicht verwendet zu werden. Bei einem niedrigeren Zinssatz wird die Art weniger stark diskontiert und wäre heute folglich mehr wert. Daraus folgt offensichtlich, dass ein niedriger Zinssatz die Erhaltung der natürlichen Ressourcen fördert.

Ein altes Beispiel ist, dass Bäume, die mit einer Rate wachsen, die unter der Zinsrate liegt, nicht wirtschaftlich sind. Nehmen wir an, dass das Pflanzen eines Setzlings 10 € kostet und der Zinssatz 10 % beträgt. Ein Unternehmer hat die Wahl, 10 € anzulegen und 10 % pro Jahr zu verdienen oder den Setzling zu pflanzen und eines Tages eine Ernte zu haben. Das angelegte Geld (Kurve AG in Abbildung 2.5) steigert seinen Wert: auf $10\ € \cdot 1{,}1 = 11{,}00\ €$ bis zum Ende des ersten Jahres, auf $10\ € \cdot 1{,}1^2 = 12{,}10\ €$ bis zum Ende des zweiten Jahren, auf $10\ € \cdot 1{,}1^3 = 13{,}31\ €$ bis zum Ende des dritten Jahres usw. Solange der Wert des Baumes schneller zunimmt als der des angelegten Geldes, handelt es sich um eine wirtschaftliche Baumsorte (WBS), und die Investition in den Baum macht sich bezahlt. Mit fortschreitender Zeit wird der Baum schließlich langsamer wachsen, und ab dem Zeitpunkt, ab dem sein Wert nur noch ebenso schnell wächst wie der des angelegten Geldes (Zeitpunkt t_h in Abbildung 2.5), zahlt es sich aus, den Baum zu schlagen. Doch wenn der Wert eines Baumes niemals schneller wächst als der des angelegten Geldes, handelt es sich um eine unwirtschaftliche Baumsorte (UWBS). Es ist nicht rentabel, einen solchen Baum zu pflanzen. Langsam wachsende Bäume wie Teak-Bäume und viele andere Harthölzer werden folglich geschlagen und nicht wieder aufgeforstet, selbst wenn der Zinssatz relativ niedrig ist. Die Weltbank erachtet Erträge in Höhe von 15 % pro Jahr als angemessen und hat folglich nur selten andere forstwirtschaftliche Projekte finanziert als solche mit schnell wachsenden Arten wie Eukalyptus. Die Entwicklungszusammenarbeit, die auf diesem Verständnis von ökonomischer Effizienz beruht, tendiert traditionell dazu, das Ersetzen artenreicher Naturwälder durch Monokulturen schnell wachsender Baumarten zu finanzieren. Hohe Zinssätze fördern also die Transformation von Ökosystemen zu solchen mit schnell wachsenden Arten.

Wenn diese Bedingung nicht besteht, bauen entweder alle Bergbauunternehmen mehr ab, da sie größere Einkünfte durch die Zinserträge der angelegten Gewinne erzielen können (wodurch die Preise der Ressourcen und damit die Gewinne sinken), oder alle bauen weniger ab, da sie größere Einkünfte durch den Nichtabbau der Ressourcen erwarten. Die Zukunftserwartungen sind in Hotellings Modell von entscheidender Bedeutung. Sie drücken sich in Form des erwarteten Zinssatzes und des erwarteten zukünftigen Ressourcenpreises aus (vgl. Box 4: „Der Zinssatz").

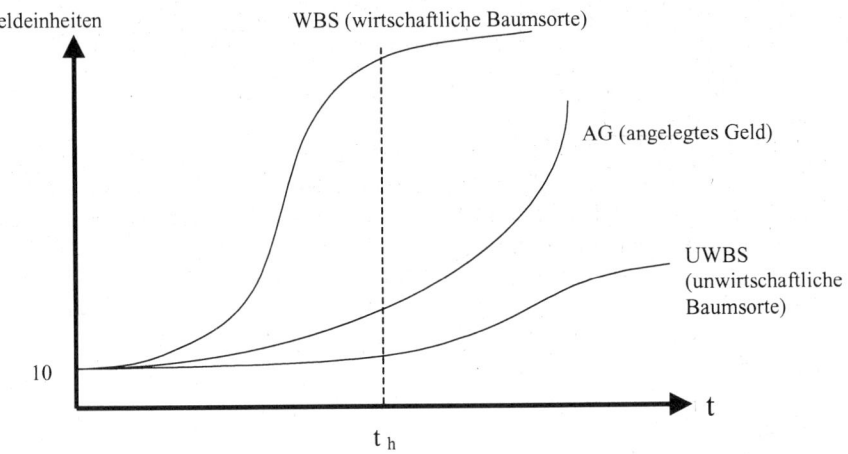

Abbildung 2.5: Optimale Baumwachstums- und Erntezeiten

Der Zinssatz beeinflusst also die Nutzung der biologischen Ressourcen und somit auch die Rate und die Richtung der Transformation des Ökosystems und das Ausmaß des Artensterbens (siehe Box 5: „Artensterben"). Arten oder Ökosysteme, die einen Strom von Leistungen je Zeiteinheit erzeugen, dessen Wert kleiner als der Zinssatz ist, „sollten" genutzt werden (siehe Abbildung 2.5). Da selbst viele Ökonomen eine Ausbeutung bis hin zur Ausrottung als übertrieben empfinden, wurde viel Aufmerksamkeit der Frage gewidmet, ob der auf den privaten Kapitalmärkten gebildete Zinssatz die gesellschaftlichen Interessen widerspiegelt, und ob die Berücksichtigung dieser Interessen zu einem gesellschaftlichen Zinssatz führt, der wesentlich niedriger als der private Zinssatz ist. Könnte es nicht sein, dass die privaten Kapitalmärkte unvollkommen sind und einen Zinssatz hervorbringen, der zu hoch ist und daher zu übermäßiger Ressourcenausbeutung führt (Marglin 1963)? Es besteht Grund zur Annahme, dass ein niedrigerer Zinssatz die Erhaltung der Ressourcen fördern würde, auch wenn es Situationen gibt, in denen dies nicht der Fall ist. Ein niedriger Zinssatz zieht Investitionen von den am schnellsten wachsenden Unternehmungen ab, erhöht jedoch die Zahl der profitablen Projekte. Hinsichtlich der Allokationseffekte fördert ein niedriger Zinssatz also die Erhaltung von Ressourcen, während er aufgrund der Steigerung der Größenordnung („Scale") negative Auswirkungen hat. Dies sind keine akademischen Spitzfindigkeiten. Die Weltbank hat mittlerweile erkannt, dass ihre Evaluierungspolitik den Rückgang der Biodiversität beschleunigt hat, und vermeidet unter anderem aus diesem Grund in letzter Zeit, die Transformation des Lebensraumes Wald zu Monokulturen zu finanzieren (vgl. Box 4: „Der Zinssatz").

> **Box 5:** **Artensterben ohne Marktversagen**
>
> Selbst wenn die Marktpreise den Wert der Arten vollständig widerspiegeln würden, wäre es gemäß Hotellings Modell effizient, eine Art bis zur Ausrottung auszubeuten oder ein Ökosystem völlig zu zerstören, wenn der Wert der Arten oder des Ökosystems im Laufe der Zeit nicht mindestens so schnell zunimmt wie zinstragend angelegtes Geld. Hotellings Gedankengang ist frustrierend einfach. Wenn der Wert einer biologischen Ressource nicht mindestens mit einer Rate wächst, die dem Zinssatz entspricht, stellen sich sowohl ein einzelner Eigentümer einer biologischen Ressource als auch die Gesellschaft insgesamt wirtschaftlich gesehen besser, wenn die Ressource schnell ausgebeutet wird und die sich daraus ergebenden Gewinne zinstragend angelegt und in die Bildung von anthropogenem Kapital investiert werden, das höhere Erträge als der Zinssatz abwirft. Aufgrund dieser Sichtweise sind biologische Ressourcen eine Form von Naturkapital, das in anthropogenes Kapital umgewandelt werden kann. Das sollte immer dann geschehen, wenn das Naturkapital niedrigere Erträge abwirft als das anthropogene Kapital.
>
> Diese Argumentation stellt eine Erklärung dafür dar, warum rationale Besitzer biologischer Ressourcen diese bis zur Zerstörung ausbeuten, und sie stellt zugleich eine Begründung für die Forderung dar, dass sie sich so verhalten „sollten". Selbst wenn die Märkte die wahren Werte widerspiegeln würden, wäre der Rückgang der genetischen Vielfalt und der Vielfalt der Arten und Ökosysteme effizient und „sollte" stattfinden.
>
> Hotellings Argumentationsweise beherrscht derzeit die Ressourcenökonomik und liegt vielen politischen Ratschlägen der Ökonomik zugrunde. Was die intergenerative Gerechtigkeit betrifft, sind Hotellings Thesen für einen Großteil der Naturschutzpolitik keine geeignete Grundlage.

> **Box 6:** **Wege zum Erhalt des Naturkapitals und der Biodiversität**
>
> Hotellings Theorie zur effizienten Nutzung der Ressourcen im Zeitverlauf liegen zahlreichen Annahmen zugrunde: über die Charakteristika des Naturkapitals und des anthropogen produzierten Kapitals, über künftige technische Entwicklungen, über die begrenzte Fähigkeit der Menschen, komplexe gesellschaftliche und ökologische Zusammenhänge und deren weitere Entwicklung zu erfassen, ebenso wie über die Angemessenheit der Tatsache, dass die heutigen Menschen die künftigen Generationen dem Risiko aussetzen, keine biologische Vielfalt mehr vorzufinden, die letztere als wertvoll ansehen könnten.
>
> .../

Dies hat bei einigen Ökonomen/innen zur Auffassung geführt, dass es angesichts der Irreversibilität des Verlustes von Biodiversität (Fisher und Hanemann 1985) angebracht sei, biologische Vielfalt teilweise zu erhalten, um Optionen offen zu halten, auch wenn rein ökonomische Kriterien anderes nahelegen würden.

Abgeleitet aus dem Vorsichtsprinzip und als eine Möglichkeit, die Erhaltung einer Ressource zu fördern, werden Optionswerte diskutiert, die einen Aufschlag auf die bestehenden Marktpreise darstellen (Bishop 1978). Alternativ werden *safe minimum standards* als quantitative Untergrenzen für die Menge der Ressourcen, die in jedem Fall erhalten werden sollte, vorgeschlagen (Ciriacy-Wantrup 1952).

2.2 Spezialisierung und Trennung von Ökonomik und Ökologie

> „Jeder Beruf stellt eine eigene Welt dar. Die von ihren Bewohnern gesprochene Sprache, die ihnen bekannten Wegweiser, ihre Gebräuche und Konventionen können nur von denen beherrscht werden, die in dieser Welt wohnen." (Carr-Saunders und Wilson 1933, S. iii.)

Ende des 19. Jahrhunderts wurde der Trend zur Spezialisierung und Professionalisierung in den Wissenschaften immer stärker. Auch die Nationalökonomie wurde zu einem immer populäreren Berufsfeld (Coats 1993). Das später als „reduktionistisch" bezeichnete Paradigma gewann zunehmend an Bedeutung. Dieses Paradigma geht davon aus, dass die Welt in relativ isolierte Einheiten aufgeteilt werden kann, die als solche untersucht und erklärt werden können und nach ihrer Zusammenfügung wieder ein Bild des Ganzen ergeben. Da die Komplexität der Wissenschaften zunahm, war dies eine nützliche Vorstellung, denn dadurch konnten Probleme zum Zwecke intensiverer Analyse in kleinere, besser handhabbare Teile zerlegt werden. Chemiker/innen beispielsweise konnten ihre Wissenschaft betreiben, ohne von anderen Aspekten des Systems, das sie untersuchten, abgelenkt zu werden. Auch die wachsende Zahl der Wissenschaftler/innen führte zu einer stärkeren Ausdifferenzierung der Disziplinen. Als sachlogisch und nützlich erschien die Aufteilung in verschiedene Disziplinen. Nachdem für die einzelnen Disziplinen Fachbereiche an den Universitäten eingerichtet worden waren, kam es aufgrund interner Verstärkungsmechanismen nur noch Arbeiten gewürdigt, die sich innerhalb einer Disziplin bewegten. Dies führte schnell zu einem Rückgang der Kommunikation zwischen den Disziplinen, die wiederum eigene Sprachen, Kulturen und Weltbilder entwickelten.

In den Wirtschaftswissenschaften führte dies zu einer Vernachlässigung der natürlichen Ressourcen (z. B. des Bodens), die bei den Klassikern neben Arbeit und Kapital noch zu den drei zentralen Produktionsfaktoren gezählt wurden. Dadurch nahm die Isolierung von den Naturwissenschaften immer weiter zu. In den wirtschaftswissenschatlichen Fachbereichen wurde der Trend immer stärker, die Theorie gegenüber der Praxis zu bevorzugen. Als Disziplin versuchte sich die Ökonomik nach dem Vorbild der Physik zu strukturieren, die als das erfolgreichste Beispiel für die vorteilhafte Aufteilung der Wissenschaft in einzelne Disziplinen galt.

Dieser Trend setzte sich bis Mitte des 20. Jahrhunderts fort. Als sich Anfang der 1970er Jahre ein neues Umweltbewusstsein entwickelte, waren die Wirtschaftswissenschaften hoch spezialisiert, und die natürliche Umwelt fand im Gegensatz zu früheren Zeiten kaum noch Beachtung. Die VWL-Lehrbücher aus dieser Zeit erwähnten die Umweltprobleme kaum und legten das Schwergewicht auf die mikroökonomische Analyse von Angebot, Nachfrage und Preisbildung sowie auf die makroökonomische Analyse des Wachstums des produzierten Kapitals und des Bruttosozialprodukts. Gleichzeitig nahm die Professionalisierung immer weiter zu. Im Jahre 1993 stellt A. W. Coats fest:

„Spätestens seit der marginalistischen Revolution der 1870er Jahre strebt die Mehrzahl der Ökonomen danach, ihre intellektuelle Autorität und Selbständigkeit dadurch zu erhöhen, indem sie bestimmte Fragen ausschließen, die entweder heikel sind (wie die Verteilung von Einkommen und Wohlstand und die Rolle der wirtschaftlichen Macht in der Gesellschaft) oder die durch die bevorzugten wissenschaftlichen Methoden und Techniken nicht analysiert werden können oder auf die beides zutrifft. Genau dies aber sind die Fragen, die von kritischen Fachleuten und Laien immer wieder aufgeworfen werden. In jüngster Zeit werden sie auch wieder von vielen bekannten Ökonomen gestellt, die von ihren Berufskollegen nicht als unwissend oder inkompetent abgestempelt werden können." (A. W. Coats 1993, S. 27).

In der Ökologie nahm die Entwicklung eine etwas andere Richtung. Wie wir oben bereits angemerkt haben, ist die Ökologie eine viel jüngere Wissenschaft, die seit jeher stärker pluralistisch und interdisziplinär ausgerichtet war. Doch ihre Wurzeln reichen tief in die Biologie hinein, die sich fast ebenso entwickelte wie die anderen Wissenschaften. Der anfänglichen Trennung in Botanik und Zoologie folgte eine weitere Spezialisierung in Biochemie, Biophysik, Molekularbiologie usw. In der Ökologie selbst gab es so etwas wie eine Trennung zwischen den Populationsökologen (z. B. Robert MacArthur), die sich auf einzelne Populationen von Organismen konzentrierten, und Systemökologen (z. B. E. P. und H. T. Odum), die komplette Ökosysteme untersuchten. Diese Trennung ging jedoch nie so weit, dass es zu einer Aufteilung in unterschiedliche Fachbereiche und Disziplinen kam, auch wenn viele Forschungsprogramme einer der beiden Untersuchungsrichtungen zugeordnet werden konnten.

Ökologen haben in größerem Maße, als dies in anderen Disziplinen der Fall ist, die Kommunikation mit den meisten anderen Naturwissenschaften aufrechterhalten. Um Ökosysteme untersuchen zu können, müssen z. B. Hydrologie, Bodenkunde, Geologie, Klimatologie, Chemie, Botanik, Zoologie, Genetik und viele andere Disziplinen integriert werden. Für die Ökologen gibt es nur eine bestimmte Trennlinie, den *Homo sapiens*. Obwohl Haeckels ursprüngliche Definition die Menschen explizit einschließt und viele Ökologen die Umsetzung dieser Integration gefordert und angestrebt haben, liegt das Studium menschlicher Gesellschaften für die große Mehrheit der Ökologen außerhalb ihres Gegenstandsbereichs und wird den Sozialwissenschaften überlassen. Die meisten Ökologen siedelten ihre Forschungsfelder sogar möglichst weit entfernt von menschlichen Aktivitäten an. Die Ökologische Ökonomik ist ein Versuch, gleichzeitig die Tendenz zur Vernachlässigung der Menschen in der Ökologie und die Vernachlässigung der natürlichen Umwelt in den Sozialwissenschaften zu korrigieren.

Box 7: Die Trennung von Ökologie und Ökonomie in der allgemeinen Gleichgewichtstheorie

Jan A. Schwaab und Marcus Stewen

Wesensmerkmal der ökonomischen Standardtheorie ist die Ausblendung der Interdependenzen zwischen ökonomischen und ökologischen Systemen bis hin zur „Naturvergessenheit" (Altner 1991). Entscheidender theoriegeschichtlicher Ausgangspunkt für diese Entwicklung ist im Übergang von der Klassik zur Neoklassik am Ende des 19. Jh. zu sehen: Bei der Entstehung der allgemeinen Gleichgewichtstheorie werden – im Gegensatz zu Physiokraten und Klassikern – die Naturbedingungen ökonomischen Handelns wie viele anderen grundlegenden Einflussfaktoren langfristiger wirtschaftlicher Entwicklung (z. B. Technologien, Präferenzen, Institutionen) als gegeben betrachtet und in den exogenen Datenkranz ökonomischer Modellierung verbannt (Leipert 1994, 54 ff). Neben C. Menger (Grundsätze der Volkswirtschaftslehre, 1871) war es vor allem auch W.S. Jevons (Theory of Political Economy, 1871), der die Fundamente der neoklassischen Grenznutzentheorie legte. Dabei ist es bezeichnend, dass Jevons in seinem Hauptwerk „seine bahnbrechenden Einsichten über die Bedeutung erschöpflicher fossiler Energiequellen (in seinem Fall der Kohle) bemerkenswerterweise nicht einfließen ließ, mit der Folge, dass sich die wirtschaftswissenschaftliche Analyse dieser für die Ecological Economics so zentralen Fragestellung um gut 60 Jahre verzögerte, bis sie Harold Hotelling (1931) im Kontext der effizienten Nutzung erschöpflicher Ressourcen im Zeitablauf wieder aufnahm" (Nutzinger 1999, 456). L. Walras schließlich ging in seinen „Elements of Pure Economics" (1874) noch über Menger und Jevons hinaus und entwickelte das totale mikroökonomische Konkurrenzmodell (vgl. für eine formale Darstellung und die Kritik: Bartmann 1996, 17, 29 ff.). Walras setzte sich gegenüber den Bedenken von Menger durch, der der Realitätsnähe von Gleichgewichtsbetrachtungen und dem Gebrauch der Mathematik noch äußerst kritisch gegenüber stand (Blaug 1986, 160 f.). .../

Stattdessen hat Walras mit der Mathematisierung den Pfad der Ökonomie für die nächsten Jahrzehnte bestimmt und eine Entwicklung eingeleitet, die sich seit 1870 durch die gesamte ökonomische Standardtheorie (seit den 1960er in ihrer vorherrschenden Ausprägung als neoklassisch-keynesianische Synthese) hindurchzieht und im Wesentlichen bis heute unverändert geblieben ist: Der (rein monetäre) ökonomische Kreislauf wird als grundlegendes Bild mikro- und makroökonomischer Systembeziehungen vermittelt, ohne ihn durch eine physische Sichtweise des Wirtschaftsprozesses zu ergänzen, wie z. B. in der Stoffflussökonomie als entropischer Umwandlungsprozess von Energie und Materie.[4]

Durch die Dominanz der neoklassischen Gleichgewichtstheorie werden damit die Austauschsysteme der wirtschaftlichen mit den ökologischen Systemen in der Standardökonomie ausgeblendet, eine Perspektive, die – wie es H. Daly (1995, 149) formuliert – in etwa so wäre, „als ob ein Biologe davon ausginge, dass ein Tier zwar über einen Blutkreislauf, nicht aber über einen Verdauungstrakt verfüge". Die analytische Trennung von Natur und Ökonomie äußert sich (unter anderem) in einer Reihe von folgenschweren Einschätzungen:

1. Die ökologische Krise wird primär als Effizienzproblem betrachtet und nicht grundlegend erörtert. Die Natur erscheint als (isoliertes) System, das durch geeignete Internalisierungspolitiken "nur" wieder in Ordnung gebracht werden müsste

2. Die Ökonomie behandelt dabei nur das, was in Geldeinheiten – dem universalen Rechenmittel der Ökonomie – bewertbar ist. Das führt mittel- bis langfristig zur Ausbeutung nicht monetarisierbarer und nicht bewertbarer Güter.

3. Naturkapital wird als substituierbar angesehen. Wegen der Endlichkeit von Ressourcen und Tragekapazitäten wird auf zunehmenden technischen Fortschritt gesetzt. Dies ist partiell richtig, kann aber wegen Komplementaritäten nicht auf die Gesamtheit des Naturkapitals angewandt werden (siehe dazu auch die Ausführungen in Kapitel 3.3 dieses Buches).

4. Die Rationalitätsannahme der Gleichgewichtstheorie wird zum Imperativ der Präferenzensouveränität. Wettbewerbliche Marktprozesse sollen über die „effiziente" Nutzung der Umwelt entscheiden. Apriorische ethische Nutzungsgrenzen werden abgelehnt, soweit sie nicht in den Präferenzen enthalten sind.

Erkennbare Rationalitätsdefizite der individuellen Präferenzen, Komplexitätsphänomene, Informationsmangel und Wettbewerbsbeschränkungen etc., die in der Realität anzutreffen sind, werden heute in der ökologischen Ökonomie zum Anlass für eine kritische Sicht auf die Trennung von Natur und Ökonomie genommen. Sie führen unter anderem zu einem "holistischen" Gegenentwurf, wie er in diesem Buch skizziert wird.

.../

---

[4] Vgl. dazu auch Box 12, Anm. d. Hrsg.

> *Literatur:* **Altner**, G. (1991): Naturvergessenheit, Darmstadt: WBG; **Bartmann**, H. (1996), Umweltökonomie – ökologische Ökonomie. Stuttgart u.a.: Kohlhammer; **Blaug**, M. (1986), Great Economists before Keynes. Cambridge u.a.: University Press; **Daly**, H. E. (1995), Ökologische Ökonomie: Konzepte, Fragen, Folgerungen, in: Altner, G. et al., Jahrbuch Ökologie 1995, München: Beck, S. 147–161; **Leipert**, C. (1994), Die ökologische Herausforderung der ökonomischen Theorie, in: Biervert, B./Held, M. (Hg.), Das Naturverständnis der Ökonomik. Frankfurt/New York: Campus; **Nutzinger**, H. G. (1999), Rezension von Costanza, R. et al.: An Introduction to Ecological Economics, in: Meyerhoff, J. (Hg.), Jahrbuch Ökologische Ökonomik, Marburg: Metropolis, S. 453–462.

2.3 Die Reintegration von Ökologie und Ökonomik

Im 20. Jahrhundert wurden Ökologie und Ökonomik überwiegend als getrennte Disziplinen betrieben. Zwar haben beide von der jeweils anderen Disziplin theoretische Konzepte entliehen und von der Physik und anderen Wissenschaften Denkweisen übernommen, doch sie behandeln unterschiedliche Themen, legen ihren Erklärungsversuchen unterschiedliche Annahmen zugrunde und unterstützen unterschiedliche politische Interessen. Einzelne Wissenschaftler/innen versuchten durchaus, die von den Naturwissenschaften behandelten Themen in die Ökonomik einzubeziehen, aber sie wurden von den Ökonomen insgesamt systematisch abgelehnt (Martinez-Alier 1987). In den populären Fassungen von Ökologie und Ökonomik standen sich diese beiden Wissenschaften sogar diametral wie Glaubensgemeinschaften gegenüber, was die gemeinsame Forschung und Lösung zahlreicher Probleme im Grenzbereich zwischen Sozial- und Naturwissenschaften verhinderte.

Die Ökologische Ökonomik entstand während der 1980er Jahre in einer Gruppe von Wissenschaftler/innen, die erkannten, dass eine bessere Umweltpolitik und die Berücksichtigung des Wohlergehens der künftigen Generationen davon abhängen, dass diese Wissenschaftsbereiche wieder integriert werden. Zahlreiche Versuche in Form von gemeinsamen Treffen von Wissenschaftler/innen aus Ökonomik und Ökologie fanden statt, um die Möglichkeiten zur Zusammenarbeit auszuloten (Jansson 1984; Costanza und Daly 1987). Unterdessen wuchs auch die Unzufriedenheit über die Mängel der Volkswirtschaftlichen Gesamtrechnungen, die zwar die wirtschaftliche Aktivität (z. B. durch das Bruttoinlandsprodukt) messen, aber die Nutzung des natürlichen Kapitals durch den Abbau von Ressourcen (z. B. Öl) und durch Umweltzerstörung nicht berücksichtigten (Hueting 1980). Ökonomen und Ökologen forderten die wichtigsten internationalen Organisationen dazu auf, eine Gesamtrechung zu entwickeln, die die Umwelt miteinbezieht (Ahmad, El Serafy und Lutz 1989). Angespornt durch solche Bestrebungen wurde auf einem Workshop, der im Herbst 1987 in Barcelona stattfand, die *International Society for Ecological Economics* (ISEE) gegründet. Im Jahre 1989 wurde dann die Zeitschrift *Ecological Economics* ins Leben gerufen. Seit dieser Zeit gab es große internationale Konferenzen für Ökologen und Ökonomen, überall in der Welt wurden Institute für Ökologische Ökonomik gegründet und zahlreiche Bücher veröffentlicht, deren Titel die Begriffe „ecological economics" („Ökologische Ökonomik") enthalten (z. B. Costanza 1991; May 1995; Feet 1992; Bartmann 1996; Meyerhoff (Hg.) 1999).

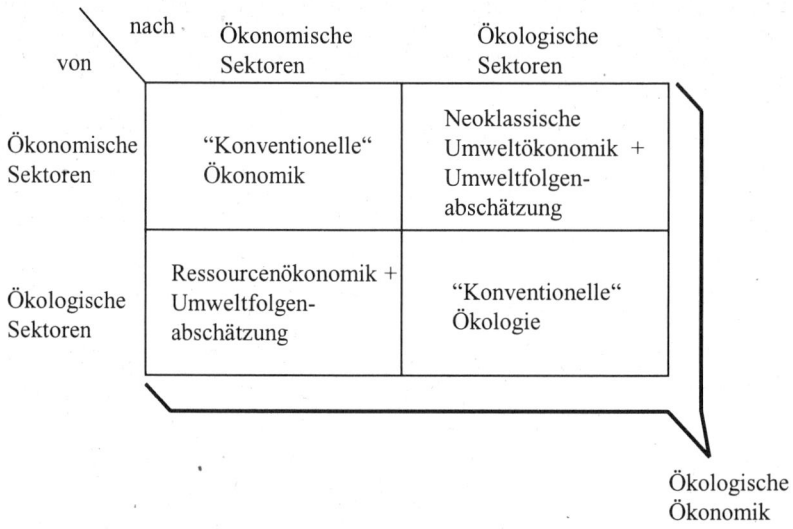

Abbildung 2.6: Das Verhältnis von Ökologischer Ökonomik, traditioneller Ökonomik, Ökologie und Umwelt- und Ressourcenökonomik (Costanza, Daly und Bartholomew 1991)

Die Ökologische Ökonomik bildet kein geschlossenes – allgemein geteiltes – Paradigma fest gefügter Prämissen und Theorien, sondern sie steht vielmehr für das Streben von Ökonom/innen, Ökolog/innen und anderen Wissenschaftler/innen, voneinander zu lernen, neue Arten des gemeinsamen Denkens zu erkunden und die Entwicklung und Anwendung von neuen wirtschafts- und umweltpolitischen Strategien zu fördern. Bis heute ist die Ökologische Ökonomik hinsichtlich der vertretenen Konzeptionen bewusst pluralistisch angelegt, auch wenn einzelne Vertreter das eine dem anderen Paradigma vorziehen (Norgaard 1989). Die Ökologische Ökonomik kann als eine Wissenschaft aufgefasst werden, die einen leitbildartigen Rahmen sowohl für die Ressourcen- und Umweltökonomik als auch für alternative Ansätze bietet, wie in Abbildung 2.6 dargestellt. Die Ökologische Ökonomik interpretiert Ökologie und

Ökonomik neu, indem sie beispielsweise die stofflichen und energetischen Paradigmen der Ökologie auf ökonomische Fragestellungen anwendet (Ayres 1978; Costanza and Herendeen 1984; Hall, Cleveland und Kaufman 1986), die ökonomischen Konzepte für ein besseres Verständnis des Wesens der Biodiversität fruchtbar macht und/oder biologische Theorien zum Ausgangspunkt nimmt, um zu erklären, wie sich natürliche und gesellschaftliche Systeme gemeinsam entwickeln, ohne dass eines vom anderen getrennt erklärt werden kann (Norgaard 1981).

Die Ökologische Ökonomik verdankt den Wissenschaftler/innen viel, die den transdiziplinären Ansatz praktizieren und seine Vorteile aufzeigen, auch wenn sie selbst vor allem als Ökologen/innen oder Ökonomen/innen tätig sind. Im folgenden beschreiben wir die neuen Denkansätze, die von diesen Wissenschaftlern und Wissenschaftlerinnen eingeführt wurden, wobei wir uns der Tatsache bewusst sind, dass noch viele andere auf unterschiedliche Weise zur Grundlegung der Ökologischen Ökonomik beigetragen haben.

Allgemeine Systemtheorie

Die Systemtheorie ist die Wissenschaft von den Systemen. Ein System kann definiert werden als eine Menge von interagierenden, interdependenten Elementen, die durch komplexe Austauschbeziehungen von Energie, Materie und Informationen miteinander verknüpft sind. Zwischen klassischer (Natur-)Wissenschaft und Systemwissenschaft gibt es einen entscheidenden Unterschied. Die klassische Wissenschaft beruht auf der Aufteilung bzw. Reduzierung der Phänomene auf isolierbare kausale Beziehungen und der Suche nach grundlegenden, „atomaren" Einheiten oder Teilen des Systems. Diese reduktionistischen Ansätze sind angemessen, wenn es zwischen den einzelnen Teilen keine bzw. nur eine schwache Wechselwirkungen bestehen, oder wenn der Zusammenhang mehr oder weniger linear ist, sodassdie Teile zwecks Beschreibung des Gesamtsystems addiert werden können. Während diese Bedingungen auf einige physikalische und einfache chemische Systeme zutreffen, werden sie fast nie in komplexeren, lebenden Systemen erfüllt. Ein „lebendes System" ist durch starke und in der Regel nichtlineare Beziehungen zwischen den einzelnen Elementen charakterisiert. Solche komplexen Rückkopplungen erschweren die Aufteilung in einzelne Kausalbeziehungen oder machen sie unmöglich. Daher können die Beziehungen auf der Mikroebene nicht einfach „addiert" werden, um Ergebnisse auf der Makroebene zu erhalten. Dies hat die Wissenschaftler freilich nicht davon abgehalten, lebende Systeme auf einzelne Kausalbeziehungen und einzelne Elemente zu reduzieren. Es erklärt jedoch, warum Umweltwissenschaft und Ökonomik unangemessene Politikempfehlungen und Management-Strategien entwickelt haben.

Wie oben bereits bei der Beschreibung des Werkes von A. J. Lotka angemerkt wurde, haben sich einige Wissenschaftler/innen schon vor längerer Zeit mit der Funktionsweise komplexer Systeme beschäftigt. Die formale Behandlung der Systemtheorie wurde jedoch erst durch einen Aufsatz von Ludwig von Bertalanffy aus dem Jahre 1950 vorangetrieben. Dieser Aufsatz zog die Aufmerksamkeit von weiteren Wissenschaftlern/innen auf sich, die daraufhin beschlossen, diese Thematik gemeinsam zu bearbeiten. In *General System Theory* (1968) stellten Bertalanffy und seine Kollegen die These auf, dass sehr unterschiedliche Systeme ähnliche Beziehungsmuster aufweisen können. Sie vertraten die Auffassung, dass alle Systeme erklärt werden könnten, sobald diese grundlegenden Strukturen verstanden worden seien. Diese These hat sich zwar nicht als zutreffend erwiesen, doch ein Mitglied dieser Forscher-Gruppe, Kenneth Boulding, schrieb eine Reihe von Büchern, in denen er Parallelen zwischen ökonomischen und ökologischen Systemen zog. Dadurch inspirierte er spätere Ökologische Ökonom/innen während ihrer Lehrjahre. Später half er, die Ökologische Ökonomik formal zu begründen (Boulding 1978 and 1985).

Ökologische und ökonomische Systeme weisen offensichtlich die Merkmale lebender Systeme auf und sind daher mit den Methoden der klassischen, reduktionistischen Wissenschaft nur begrenzt analysierbar. Zwar kann jeder Teil des Universums als „System" betrachtet werden; die Systemanalytiker versuchen die Systeme jedoch so abzugrenzen, dass die Interaktionen zwischen dem untersuchten System und dem Rest des Universums möglichst minimal sind, und damit die Aufgabe einfacher wird. Einige Systemtheoretiker vertreten die Auffassung, dass die Natur selbst eine Hierarchie von Größenordnungen mit interaktionsminierenden Grenzen darstellt. Dabei reicht die Skala von Atomen und Molekülen über Zellen, Organe und Organismen bis hin zu Populationen, Gesellschaften und Ökosystemen (einschließlich ökonomischer bzw. von Menschen bestimmter Ökosysteme) und weiter bis zu Bioregionen, zum Erdsystem und darüber hinaus. Durch die Untersuchung der Ähnlichkeiten und Unterschiede zwischen den verschiedenen Arten von Systemen auf den einzelnen Größenordnungsstufen können Hypothesen entwickelt und gegenüber anderen Systemen getestet werden, um ihr Maß der Allgemeinheit und Vorhersagbarkeit zu erforschen.

Die Systemanalyse könnte als eine wissenschaftliche Methode definiert werden, die sowohl innerhalb als auch zwischen Disziplinen, Größenordnungen und Systemtypen angewandt werden kann. Mit anderen Worten, sie ist eine integrierte Variante der wissenschaftlichen Methode, während die meisten traditionellen bzw. klassischen Wissenschaften dazu neigen, ihren Gegenstand in immer kleinere Elemente aufzuteilen, und hoffen, die Probleme auf diese Weise auf das Wesentliche zu reduzieren. Die Systemanalyse ist daher als wissenschaftliche Grundlage und Weltsicht besser für die ihrem Wesen nach integrative und transdisziplinäre Wissenschaft der Ökologischen

Ökonomie geeignet als der klassische, reduktionistische Ansatz. In der Regel verwendet die Systemanalyse mathematische Modelle zur Lösung integrativer Probleme. Dies ist zwar weder eine notwendige, noch eine hinreichende Bedingung für Systemanalysen. Sie ist jedoch ein allgemeines Merkmal, auch wenn der Grund dafür nur darin zu sehen ist, dass die Systeme gewöhnlich komplex sind und mathematische Modelle (insbesondere Computermodelle) häufig nötig sind, um die Komplexität zu bewältigen. Nach Bertalanffy „besteht das Systemproblem im wesentlichen in dem Problem der Begrenzung der analytischen Verfahren in der Wissenschaft" (Bertalanffy 1968, S. 18). In den letzten Jahren haben sich die technischen Möglichkeiten, diese Begrenzungen zu überwinden und das komplexe, nicht-lineare und größenabhängige Verhalten der Systeme zu modellieren, enorm verbessert. Aus diesem Grund ist die Geschichte der Systemanalyse eng verknüpft mit der Geschichte der elektronischen Datenverarbeitung. Die ersten Computer wurden in den 1940er und 1950er Jahren entwickelt, eine größere Verbreitung begann jedoch nicht vor den 1960er und 1970er Jahren, und erst in den 1980er Jahren fanden sie allgemeine Verwendung. Im Zuge der besseren Verfügbarkeit, größerer Leistungsfähigkeit und leichterer Bedienbarkeit der Computer wurde auch die Systemanalyse immer mehr erleichtert. Heutzutage können sich viele Menschen einen Personalcomputer und die benötigte Software leisten und eine Systemanalyse durchführen. Die Beschränkungen bestehen jetzt vor allem in der begrenzten Verfügbarkeit von Daten.

Die Möglichkeit dieser Art von Analyse wurde frühzeitig erkannt. Praktische Anwendungen wurden mehr oder weniger unabhängig voneinander in der Ökonomie, Ökologie, in Unternehmen und der damals Kybernetik (Weiner 1948) genannten Systemwissenschaft entwickelt. Zu den frühen „Systemtheoretikern" gehörten Wassily Leontief (1941), John von Neumann und Oscar Morgenstern (1953), die sich insbesondere statischen Input-Output-Modellen und Spielen widmeten. Jay Forrester vom *Massachusetts Institute of Technology* (MIT) begann in den frühen 1960er Jahren mit der Modellierung von komplexen Wirtschaftssystemen (Forrester 1961) und gründete eine der fruchtbarsten Schulen der Systemwissenschaft. Im Bereich der Ökologie gehörten H.T. Odum (1971), B.C. Patten (1971-1976) und Bruce Hannon (1973) zu den ersten Anwendern von dynamischen Computersimulationen und statischen Netzwerkanalysen. Das *International Biosphere Program* (IBP) war ein frühes Großprojekt, das ökologische Systemanalysen für eine Reihe von Ökosystemen durchführte (Innis 1978). Studenten von Jay Forrester entwickelten das Weltmodell, das in dem Buch *The Limits to Growth* (Meadows et.al. 1972) verwendet wurde, eine intensive Diskussion auslöste (Cole et al. 1973; Oltmans 1974) und Modellerweiterungen anregte (Ehrlich und Holdren 1988; Meadows, Meadows und Randers 1992; Mesarovic und Pestel 1974; Pestel 1989).

Das Management öffentlicher Güter und gesellschaftliche Institutionen

Wenn Natur in einzelne Eigentumsobjekte unterteilt werden kann, die in individuellem Besitz sind, dann haben diese Eigentümer einen Anreiz, ihren Besitz sorgfältig zu behandeln, damit sie ihn auch in Zukunft noch nutzen können. Wenn die Natur allerdings nicht auf diese Weise aufgeteilt werden kann und viele Menschen die verfügbaren Ressourcen gemeinsam nutzen, können Probleme entstehen. Ressourcen, die von vielen genutzt werden, ohne dass Regeln für ihre Nutzung bestehen, werden übernutzt. Sowohl traditionelle als auch moderne Gesellschaften haben gewöhnlich Regeln für die Nutzung von Ressourcen aufgestellt, die sich im Gemeinbesitz befinden. Der entscheidende Punkt besteht darin, dass die Natur nur selten in wirklich getrennte Einheiten aufgeteilt werden kann, was die Grundannahme der im vorigen Abschnitt behandelten Systemtheorie darstellt. Probleme aufgrund kollektiver Nutzung von Ressourcen müssen also immer berücksichtigt werden. Mit steigender Bevölkerung und zunehmendem Materialverbrauch werden die Widersprüche zwischen Unteilbarkeit der Natur und Nutzung von Privateigentum, mit denen die Umweltpolitik konfrontiert ist, immer größer.

In den 1920er Jahren behandelte A. C. Pigou das Problem der kollektiven Ressourcen (vgl. den Abschnitt zu Pigou sowie Box 3, Anm. d. Hrsg.). Das Phänomen der gemeinsamen Nutzung von Ressourcen wurde jedoch erst durch Garret Hardin's allgemeinverständlichen Artikel in *Science* „The Tragedy of the Commons" („Die Tragödie der Kollektivgüter") von einer breiteren Öffentlichkeit zur Kenntnis genommen (Hardin 1968). Hardin behandelte genauer gesagt jedoch weniger das Problem der Kollektivgüter als das des „offenen Zugangs". Das Gemeineigentum selbst stellt nicht das Problem dar, denn viele Ressourcen in Gemeineigentum wurden erfolgreich verwaltet und nachhaltig genutzt. „Offener Zugang", d.h. die Nicht-Ausschließbarkeit vom Konsum der Ressourcen, kann entstehen, wenn diejenigen gesellschaftlichen Institu-tionen zerstört werden, die die Nutzung gemeinsam genutzter Ressource regeln. Dies kann tragische Konsequenzen nach sich ziehen. Gesellschaften, die sich im Übergang von traditionellen zu modernen Strukturen befinden, machen häufig die negative Erfahrung der Übernutzung ihrer Ressourcen, wenn traditionelle Kontrollmechanismen außer Kraft gesetzt werden und sich noch keine modernen Formen gesellschaftlicher Kontrolle entwickelt haben. Darüber hinaus werden häufig diejenigen Ressourcen übernutzt, bei denen die Einschränkung der Zugangsmöglichkeiten ohnehin schwierig ist, wie z. B. im Fall von Grenzen auf offener See oder bei wildlebenden Tieren, die nationale Grenzen überschreiten (Berkes 1989). Das Fehlen oder die Auflösung von Institutionen zur Regelung des Gemeineigentums hat zum Aussterben und zur genetischen Verarmung zahlreicher Arten geführt.

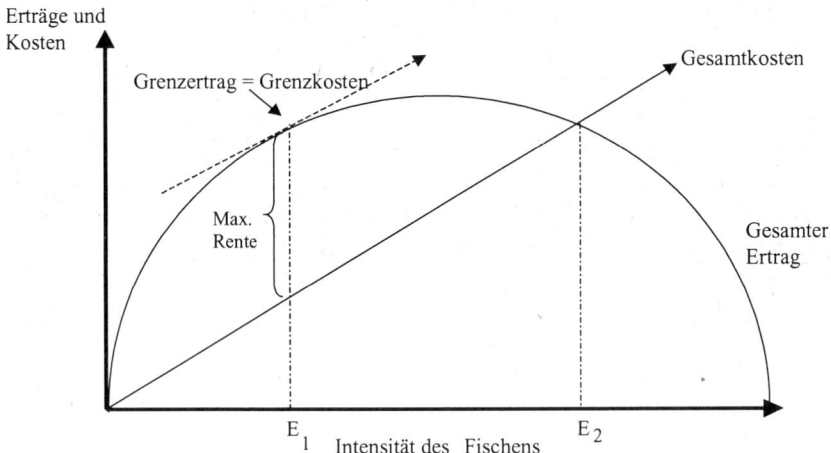

Abbildung 2.7: Bei freiem Zugang zu den Fischgründen tritt Überfischung ein, da die Fischer ihre Aktivitäten intensivieren und neue Fischer hinzukommen, bis ein Punkt jenseits vom gewinnmaximalen Aktivitätsniveau E_1 erreicht wird. Alle Fischer steigern ihre Gewinne, bis das Aktivitätsniveau E_2 erreicht wird, bei dem die Gesamteinnahmen genauso hoch wie die Gesamtkosten sind. Fischfang jenseits dieses Punkts ist unwirtschaftlich, da die Kosten die Einnahmen übersteigen.

H. Scott Gordon (1954) stellte das Problem der frei zugänglichen Ressourcen grafisch dar (siehe Abbildung 2.7). Gegeben sind frei zugängliche Fischgründe. Die gesamten Kosten und gesamten Einnahmen, die mit dem Fischfang verbunden sind, werden durch die entsprechenden Kurven angezeigt. Der Gewinn aus dem Fischfang ist auf dem Niveau E_1 maximal. Wenn der Zugang jedoch unbeschränkt ist, wird solange weitergefischt, bis E_2 erreicht wird. Bei diesem Niveau erbringt das Fischen keinen Gewinn mehr. Das Fischen wird eingestellt, da sonst die Kosten größer wären als die Einnahmen. Da bei größerer Fischfangaktivität mehr Fische gefangen werden, ist bei frei zugänglichen Fischgründen ein Überfischen wahrscheinlicher als bei Fischgründen, die als Gemeineigentum verwaltet werden und deren Zugang dadurch beschränkt ist .

Wenn sich Biodiversität in Form von genetischen Eigenschaften, Arten und Ökosystemen nicht im Eigentum von Einzelpersonen befindet und nicht in das Marktsystem integriert werden kann, sind gesellschaftliche Institutionen nötig, um die Biodiversität für unsere Nachfahren zu erhalten. Ende des 20. Jahrhunderts wurden die ersten internationalen Abkommen über Biodiversität verabschiedet und implementiert. Zuweilen können traditionelle Institutionen zur Verwaltung des Gemeineigentums und zum Schutz der Biodiversität auch im Zeitalter der Modernisierung erhalten werden. Häufig müssen jedoch neue Institutionen geschaffen werden. Institutionen zur Verwaltung des Gemeineigentums können auf kommunaler, regionaler, nationaler oder globaler Ebene angesiedelt sein. Die Qualität dieser Institutionen auf all diesen Ebenen ist für die Erhaltung der biologischen Vielfalt und der Funktionsfähigkeit des Ökosystems von entscheidender Bedeutung. Aus diesem Grunde stehen die gesellschaftlichen Institutionen bei vielen ökologischen Ökonomen/innen im Mittelpunkt der Forschung (Hanna und Munasinghe 1995a, 1995b). Inzwischen wird allgemein nicht mehr bestritten, dass das globale Klimasystem eine gesellschaftliche Ressource ist, die einer gesellschaftlichen Institution zur Regelung der Nutzung bedarf. Jahrhunderte lang haben die Industrienationen Kohlendioxid, ein Nebenprodukt der Verbrennung fossiler Brennstoffe, und andere Treibhausgase in die Atmosphäre abgegeben, ohne die Auswirkungen auf das irdische Klimasystem zu berücksichtigen. Derzeit werden einige internationale Abkommen zur globalen Klimapolitik verabschiedet und implementiert.

Der Biologe Garre Hardin „entdeckte" zwar ein Phänomen, das in der Ökonomik bereits zwar seit langem theoretisch erfasst war, aber er konnte dessen große Bedeutung einer breiteren Öffentlichkeit verständlich machen und den Naturwissenschaftler/innen verdeutlichen, welch entscheidende Rolle Institutionen für den Umweltschutz haben. Sein Artikel gehört in umweltwissenschaftlichen Kursen häufig noch immer zur Pflichtlektüre. Indem Hardin die Grenzen der Disziplinen überschritt und die Bedeutung der Verbindung von Ökonomik und Ökologie aufzeigte, trug er zum Aufstieg der Ökologischen Ökonomik bei.

Box 8:	**K. William Kapp (1910 – 1976),**
	ein Pionier der ökologischen ökonomischen Theorie

Rolf Steppacher

Mit seinem 1950 bei Harvard University Press erschienenen „The Social Costs of Private Enterprise" gehört K. W. Kapp zur kleinen Minderheit jener Ökonomen, die der ökologischen Gefährdung früh Rechnung getragen haben. Theoretisch und empirisch fundiert behandelt Kapp die Sozialkosten der Beeinträchtigung und Zerstörung biotischer Ressourcen, der Bodenerosion und Entwaldung, sowie der vorzeitigen Erschöpfung mineralischer Ressourcen und der Luft- und Wasserverschmutzung. „Die Absicht der ursprünglichen Ausgabe", so Kapp in seiner Einführung zur amerikanischen Neuauflage von 1971, „war eine Kritik der Theorie und Praxis der Marktwirtschaft.

.../

Das Buch sollte einerseits die in den Kalkulationen der Unternehmer nicht berücksichtigten Kosten aufzeigen, und andererseits darlegen, dass die vorherrschende Nationalökonomie es unterlassen hat, jene Sozialkosten angemessen – oder überhaupt – in Betracht zu ziehen, mit denen wir heute in Form einer ernsthaften Gefährdung der natürlichen und sozialen Umwelt des Menschen konfrontiert sind." Kapps Kritik an der Mikro- und Makroökonomie aus sozialökologischer Perspektive (bereits 1936 in seiner Dissertation entwickelt), hat zu einer widersprüchlichen Aufnahme seines in viele Sprachen übersetzten Buches geführt. Oft als klassisches Werk der Umweltökonomie bezeichnet, hat Kapp die Partialintegration seiner Theorie in die neoklassische Umweltökonomie als unzureichend kritisiert.

Was ihn als Vertreter der ökologischen, der kritisch-institutionellen und der evolutorischen ökonomischen Theorie ausweist, ist sein integrativer offener Systemansatz auf der Grundlage der sich in den 50er Jahren entwickelnden Theorie lebender Systeme. In „Toward a Science of Man in Society – A Positive Approach to the Integration of Social Knowledge" (The Hague: Martinus Nijhoff 1961) (deutsch: Erneuerung der Sozialwissenschaften – Ein Versuch zur Integration und Humanisierung, Frankfurt a. M.: Fischer 1983) stellte Kapp die mehrfache Bedeutung des Begriffs der Offenheit ins Zentrum seiner Betrachtung. Lebende Systeme können ihre Struktur nur erhalten, wenn sie aus der natürlichen Umwelt Niedrig-Entropie entnehmen und hohe an diese abgeben. Kapps frühe Beschäftigung mit der Bedeutung des Entropie-Gesetzes für lebende Organismen machte es ihm später leicht, die Relevanz der von Nicholas Georgescu-Roegen entwickelten Implikationen des Entropie-Gesetzes für den Wirtschaftsprozess und den industriellen Metabolismus als Grundlage der ökologischen Ökonomie anzuerkennen und als unverzichtbaren Teil des ökonomischen Lehrprogramms zu empfehlen.

Die besondere Offenheit der menschlichen Struktur, in Kapps bio-kulturellem Menschenbild vor allem aus den quasi-embryonalen Geburtsbedingungen abgeleitet, erlaubt eine Aktualisierung der universalen menschlichen Potenziale nur in einem sozialen Kontext, was kulturspezfische Konditionierung als wichtiges Element des Denkens, Fühlens und Handelns mit sich bringt. Der Bedeutung kulturspezifischer Institutionen für Orientierung, Emächtigung und Beschränkung wirtschaftlichen Handelns und damit für Ressourcenge- und verbrauch und Umweltgefährdung hat Kapp als Vertreter der institutionellen Ökonomie größte Aufmerksamkeit geschenkt. Seine mehrjährigen Lehr- und Forschungsarbeiten in Entwicklungsländern haben ihn die komplexen Verflechtungen wirtschaftlichen Handelns in verschiedenen öko-sozialen Kontextbedingungen thematisieren lassen. Zirkuläre Verursachungen zwischen irreversibler entropischer Degradierung, zunehmenden sozialen Ungleichheiten, dynamischer Technik und relativ stabiler institutioneller Bedingungen, ineffizienter Verwaltungen und internationaler Abhängigkeiten sind zentrale evolutorische Fragestellungen seiner Forschung über wirtschaftliche Entwicklung. Mit seiner Theorie substantiver Rationalität, gleichzeitig von menschlichen Grundbedürfnissen und ökologischen Mindestanforderungen ausgehend suchte Kapp nach empirisch fundierten Grundlagen einer Umweltpolitik, die über eine auf die Umwelt erweiterte formale Marktrationalität hinausgehen. Zur Stockholmer UNO-Konferenz von 1972 hat Kapp wesentliche Beiträge über Umwelt und Entwicklung geleistet, eine Fragestellung, die damals noch nicht als „nachhaltige", sondern als „Ökoentwicklung" bezeichnet wurde.

.../

> *Literatur:* **Kapp**, K. W. (1979): Soziale Kosten der Marktwirtschaft, Frankfurt a.M.: Fischer (engl.: Social Costs of Business Enterprise, Bombay: Asia Publishing House 1963); **Kapp**, K. W. (1987): Für eine ökosoziale Ökonomie, Entwürfe und Ideen – Ausgewählte Aufsätze (Hg.: Leipert, C./Steppacher, R.), Frankfurt a.M.: Fischer; **Heidenreich**, R. (1994): Ökonomie und Institutionen, Eine Rekonstruktion des wirtschafts- und sozialwissenschaftlichen Werks von K. W. Kapp, Frankfurt a.M.: Lang; **Steppacher**, R., **Zogg-Walz**, B., **Hatzfeldt**, H. (1977) (Hg.): Economics in Institutional Perspective, Memorial Essays in Honor of K. William Kapp, Lexington: Lexington Books.

Energetik und Systeme

Im Jahre 1971 veröffentlichten zwei Autoren, ein bekannter Ökologe und ein bekannter Ökonom, die bis dahin noch nichts voneinander gehört hatten, zwei einflussreiche Bücher. Die Bücher waren hinsichtlich des Stils und vieler anderer Aspekte sehr unterschiedlich, doch beide handelten von Energie, Entropie, Systemen und Gesellschaft. Und beide trugen wesentlich dazu bei, die Bühne für die Ökologische Ökonomik zu bereiten. Bei den beiden Büchern handelte es sich um *Environment, Power, and Society* von Howard T. Odum und *The Entropy Law and the Economic Process* von Nicholas Georgescu-Roegen.

Zu dieser Zeit interessierten sich nur relativ wenige Menschen für die große Bedeutung der Energie für die modernen Volkswirtschaften. Allerdings wurde die Aufmerksamkeit der Öffentlichkeit schlagartig wachgerufen, als sich die Organisation erdölexportierender Länder (OPEC) 1973 dazu entschloss, die Ölpreise beträchtlich zu erhöhen. Die nachfolgenden weiteren Energiepreisanstiege und der darauf folgende starke Rückgang des Ölpreises Mitte der 1980er Jahre beeinträchtigten die Volkswirtschaften der Industrie- sowie der Entwicklungsländer erheblich. Im Laufe dieser Entwicklung erhielt die Energie eine zentrale Bedeutung für unser Verständnis ökonomischer Systeme und unserer Beziehungen zur Umwelt (Odum and Odum 1976; Hall, Cleveland und Kaufman 1986).

Nicholas Georgescu-Roegen (1906-1994) wurde in Rumänien geboren und studierte in Frankreich mathematische Statistik. Er war in seinem Geburtsland als Akademiker und Ministerialbeamter tätig, bis er nach dem Zweiten Weltkrieg in die Vereinigten Staaten floh, wo er als Ökonom an der Harvard University mit Professor Joseph Schumpeter zusammenarbeitete. Seine Beiträge zur weiteren mathematischen Verfeinerung der traditionellen neoklassischen Ökonomik in den Bereichen Nutzentheorie und Konsumentenentscheidungen, Produktionstheorie, Input-Output-Analyse und Entwicklungsökonomie wurden honoriert, als er von der *American Economic Association* als *Distinguished Fellow* ausgezeichnet wurde. Den größten Bekanntheitsgrad erlangte er jedoch durch seine Beiträge zur Übertragung von Erkenntnissen der Thermodynamik, insbesondere Überlegungen zur Entropie, auf ökonomische Prozesse, die unter den Ökonomen nach wie vor kontroverse Diskussionen auslösen.

Georgescu-Roegen stellte fest, dass alle ökonomische Prozesse mit dem Verbrauch von Energie einhergehen und dass der Zweite Hauptsatz der Thermodynamik, das Entropiegesetz, klar aufzeigt, dass die in einem geschlossenen System zur Verrichtung von Arbeit verfügbare Energie auf jeden Fall abnimmt. Wie andere vor ihm beobachtete er ferner eine Parallele zwischen der abnehmenden Verfügbarkeit von Energie und der Degradierung von Stoffen. Die Wirtschaftsaktivitäten gehen beispielsweise häufig mit der Nutzung von relativ konzentrierten Eisenerzen einher, die unter Einsatz von Energie zu Eisen und Stahl konzentriert werden, schließlich jedoch als Rost und Abfall verstreut werden und dann in weniger konzentrierter Form als das ursprüngliche Eisenerz vorliegen. Neue Technologien „schaffen" keine neuen Ressourcen, sie erlauben uns nur, die Energie, die stoffliche Ordnung und den biologischen Reichtum schneller zu degradieren.

Die Kritiker argumentieren, dass das Entropiegesetz keine Bedeutung hat, da die Erde kein geschlossenes System darstellt. Sie empfängt das tägliche Sonnenlicht, und das wahrscheinlich noch einige Milliarden Jahre lang. Die Wirtschaft der modernen Industrieländer beruht jedoch auf fossilen Brennstoffen, die das Ergebnis von in der Vergangenheit aufgenommener Sonnenenergie sind und deren Vorkommen ohne Zweifel begrenzt sind. Gleichzeitig stellt die Sonnenenergie einen begrenzten Energiestrom in relativ geringer Konzentration dar.

Georgescu-Roegens Thesen geben unter anderem deshalb zu Kontroversen Anlass, weil sie im Widerspruch zum Fortschrittsglauben stehen, dem viele Ökonomen/innen immer noch anhängen. Seine Botschaft ist darüber hinaus schwierig zu interpretieren, da sie keinen Aufschluss darüber gibt, in welchem Zeitraum wir den Übergang von (nicht regenerativen) Beständen von Energieressourcen (z. B. Reserven fossiler Energie) zu Strömen regenerativer Energieressourcen (Sonne, Wind) bewerkstelligen müssen. Vor diesem Hintergrund ist darauf zu achten, welche Ressourcenbeschränkungen bestehen und welche Aufnahmefähigkeit das globale System für Kohlendioxid und die anderen Treibhausgase hat. Das Entropiegesetz selbst gibt keine weiteren Informationen. Es stellt jedoch immerhin einen Ausgangspunkt derjenigen Wissenschaftler/innen dar, die vor dem Klimawandel, dem Rückgang der Biodiversität und der Bodenzerstörung warnen.

Nicholas Georgescu-Roegen regte nicht nur einen seiner Studenten, Herman Daly, an, die langfristige Entwicklung der Menschheit zu untersuchen, sondern inspirierte viele andere Wissenschaftler/innen, darüber nachzudenken, auf welche verschiedenen

Arten das Entropiegesetz dazu beiträgt, Irreversibilität, Systeme und Organisationen zu erklären und die künftige Entwicklung abzuschätzen (siehe z. B. Kapitel 3 in Ayres 1978 und Kapitel 6 und 7 in Faber, Manstetten und Proops 1996).

Die Sanduhr-Analogie (siehe Box 9: „Sanduhr") kann erweitert werden, indem der Sand in der oberen Kammer mit der Energiemenge der Sonne verglichen wird. Die Sonnenenergie erreicht die Erde als ein Strom, dessen Umfang durch die Verengung der Sanduhr in der Mitte eingeschränkt wird, welche die Rate bestimmt, mit der der Sand fällt. Nehmen wir nun an, dass in frühen Erdzeiten eine bestimmte Menge des fallenden Sandes am inneren Rand des oberen Teils der unteren Kammer kleben geblieben ist, bevor er ganz nach unten fiel. Dies entspricht den irdischen Reserven an niedriger Entropie, ein Kapital, das wir unseren Wünschen gemäß verbrauchen können. Wir nutzen es, indem wir Löcher in die Erde bohren, durch die der an den Wänden der Sanduhr haftende Sand auf den Boden der unteren Kammer fallen kann. Diese irdische Quelle von niedriger Entropie kann mit einer selbstgewählten Rate genutzt werden, und zwar anders als die Sonnenenergie, die mit einer bestimmten Strömungsrate die Erde erreicht. Wir können die Sonne nicht „abbauen", um das morgige Sonnenlicht heute zu nutzen, doch die irdischen Energiespeicher können wir durchaus abbauen, und in gewissem Sinne verbrauchen wir heute das Öl von morgen.

Es gibt also eine wichtige Asymmetrie zwischen den beiden Quelle niedriger Entropie. Die Sonnenenergie ist als Bestand im Überfluss vorhanden, als Strom jedoch begrenzt. Die irdische Quelle ist als Bestand begrenzt, als Strom jedoch im Überfluss vorhanden (zumindest für einen begrenzten Zeitraum). Die agrarischen Gesellschaften lebten vom Strom der Sonnenenergie; die industriellen Gesellschaften haben sich dagegen in die Abhängigkeit von nicht nachhaltigen irdischen Energieressourcen begeben.

Die Umkehrung dieser Abhängigkeit würde eine enorme evolutionäre Veränderung bedeuten. Georgescu-Roegen glaubte, dass die bisherige Evolution in der langsamen Entwicklung unserer endosomatischen Organe (Herz, Lunge usw.), die Sonnenenergie benötigen, bestand. Heute ist die Evolution charakterisiert durch schnelle Anpassungen unser exosomatischen Organe (Autos, Flugzeuge usw.), die von irdischen Quellen niedriger Entropie abhängen. Für Georgescu-Roegen war die ungleichmäßige Verteilung des Eigentums an exosomatischen Organen und den irdischen Quellen niedriger Entropie, aus denen erstere bestehen, im Unterschied zur gleichmäßigen Verteilung des Eigentums an endosomatischem Kapital die Wurzel der sozialen Konflikte in den modernen Industriegesellschaften. Nebenbei: Im Unterschied zur echten Sanduhr kann die metaphorische Sanduhr nicht umgedreht werden!

> **Box 9:** **Die Sanduhr-Analogie**
>
> Viele der Erkenntnisse von Georgescu-Roegen können mithilfe seiner „Sanduhr-Analogie" veranschaulicht werden.
>
> Erstens handelt es sich bei einer Sanduhr um ein geschlossenes System: Kein Sand kommt hinzu, kein Sand geht verloren.
>
> Zweitens findet innerhalb des Glases weder Erzeugung noch Vernichtung von Sand statt; die Menge des Sandes im Glas ist konstant. Dies entspricht dem Ersten Hauptsatz der Thermodynamik: Erhaltung der Materie/Energie.
>
> Drittens nimmt die Menge des Sandes in der oberen Kammer kontinuierlich ab, während sie in der unteren Kammer zunimmt. Der Sand in der unteren Kammer hat sein Potenzial, herunterzufallen und Arbeit zu verrichten, verbraucht und weist hohe Entropie auf bzw. stellt nicht verfügbare Materie/Energie dar. Der Sand in der oberen Kammer hat noch das Potenzial zu fallen und weist deshalb niedrige Entropie auf bzw. stellt verfügbare Materie/Energie dar. Dies entspricht dem Zweiten Hauptsatz der Thermodynamik: In geschlossenen Systemen nimmt die Entropie zu. Die Sanduhr-Analogie ist besonders geeignet, da die Entropie in der physikalischen Welt der Ausdruck des Vergehens von Zeit ist.

Howard T. Odum wurde im Jahre 1924 in Durham, North Carolina als Sohn von Howard W. Odum, einem bekannten Soziologen, geboren. Während des Zweiten Weltkriegs war er in den amerikanischen Tropen als Meteorologe tätig, 1947 schloss er sein Studium in Zoologie an der *University of North Carolina* ab, und 1951 erhielt er an der *Yale University* unter dem Ökologen G. Evelyn Hutchinson den Doktortitel. Er beschäftigte sich mit den Stoff- und Energiekreisläufen in Ökosystemen und erstellte in seiner berühmten Studie über Silver Springs, Florida, eine der ersten Beschreibungen eines Energiekreislaufes für ein komplettes Ökosystem (H. T. Odum 1957). Darüber hinaus trug er viel bei zu den *Fundamentals of Ecology*, dem einflussreichen Lehrbuch seines Bruders Eugene P. Odum, das zuerst 1953 veröffentlicht wurde (E. P. Odum 1953). Mehrere Jahrzehnte lang war dieses Buch das Standardlehrbuch für Ökologie. Es führte mehrere wichtige ökologische Begriffe ein, und zwar nicht nur in die Wissenschaft, sondern auch in die öffentliche Debatte. Insbesondere wurde der Begriff des Ökosystems vollständig ausgearbeitet und unter Verwendung von Energie- und Stoffströmen quantifiziert.

Außer durch Hutchinson und seinen Vater H. W. Odum war H. T. Odums Denken beeinflusst durch Lotka und von Bertalanffy. Überdies beschäftigte er sich teilweise mit den gleichen Problemen wie Georgescu-Roegen. Sein Ansatz war jedoch allgemeiner als der von Georgescu-Roegen und ging über ökonomische und thermodynamische

Fragen hinaus. Der Ansatz betraf Systeme im Allgemeinen, von einfachen physikalischen Systemen bis hin zu biologischen, ökologischen, ökonomischen und sozialen Systemen. In *Environment, Power, and Society* (1971) nahm er eine umfassende Integration der Systeme vor, wobei der Energiestrom den integrierenden Faktor darstellte (siehe Box 10: „Gesetz der maximalen Energie"). Er entwickelt sogar eine eigene symbolische Sprache (die in Ausrichtung und Verwendung der Systemdynamik-Symbolik von Forrester entsprach), mit der er die allgemeinen Merkmale von Systemen beschrieb und modellierte.

Box 10:   **Das Gesetz der maximalen Energie**

Odum verwendete Lotkas Energiegesetz als ein evolutionäres Kriterium für die Analyse von Systemprozessen und verfeinerte es. Er unterschied deutlich zwischen Energieeffizienz von Systemen (das Verhältnis von nützlichem Output und gesamtem Input) und Leistung (die Quote der verrichteten nützlichen Arbeit) und stellte beide Konzepte in Beziehung zueinander (Odum and Pinkerton 1955). Wie Abb. 2.8 zeigt, beträgt bei Null Effizienz auch die Leistung Null, da keine Arbeit verrichtet wird. Aber bei maximaler Effizienz ist die Leistung wiederum Null, da die Prozesse zur Erreichung maximaler Effizienz reversibel sein müssen, was für thermodynamische Systeme bedeutet, dass sie unendlich langsam sind. Daher beträgt der Wert der geleisteten Arbeit auch in diesem Fall Null. Die maximale Leistung wird bei einer mittleren Effizienz erreicht (bei der ein großer Prozentsatz der Energie „verschwendet" wird). Betrachten wir ein einfaches Beispiel: die Atwood-Maschine. Bei dieser Maschine wird ein Gewicht, das an einem Seilende hängt, dazu verwendet, über eine Rolle ein anderes, tieferhängendes Gewicht am anderen Seilende anzuheben. Wenn an das untere Seilende kein Gewicht angehängt wird, fällt das obere Gewicht sehr schnell herab; weil dabei nichts angehoben wurde, wurde keine Arbeit verrichtet. Dies entspricht in Abb. 2.8 einer Effizienz von Null. Wenn ein Gewicht an das untere Ende angehängt wird, das dem anderen Gewicht am oberen Ende exakt entspricht, befindet sich das System in Abb. 2.8 am Punkt der maximalen Effizienz. Auch dieses Mal ist die verrichtete Arbeit gleich Null, da sich das untere Gewicht nicht bewegt, weil die Gewichte sich gegenseitig perfekt ausgleichen. Wenn das untere Gewicht 50 % des oberen Gewichts beträgt, wird die verrichtete Arbeit bzw. Leistung maximiert, wie in Abb. 2.8 gezeigt. Dies bedeutet, dass diejenigen Konfigurationen von Systemen einen selektiven Vorteil haben, die nicht die Effizienz, sondern die Leistung maximieren (das betrifft sowohl ökologische als auch ökonomische Systeme). Damit lebende Systeme funktionieren können, ist Dissipation von Entropie nötig.

.../

In dynamischen adaptiven Systemen bestehen jedoch Grenzen für den Grad der Effizienz, mit dem dies geschieht. Diese Effizienzgrenzen liegen weit niedriger als dies theoretisch bei reversiblen Werten (d. h. unendlich langsamen Bewegungen) möglich wären. So liegt die Effizienz von Kraftwerken beispielsweise viel näher bei der maximalen Leistungseffizienz als bei der maximal möglichen Effizienz.

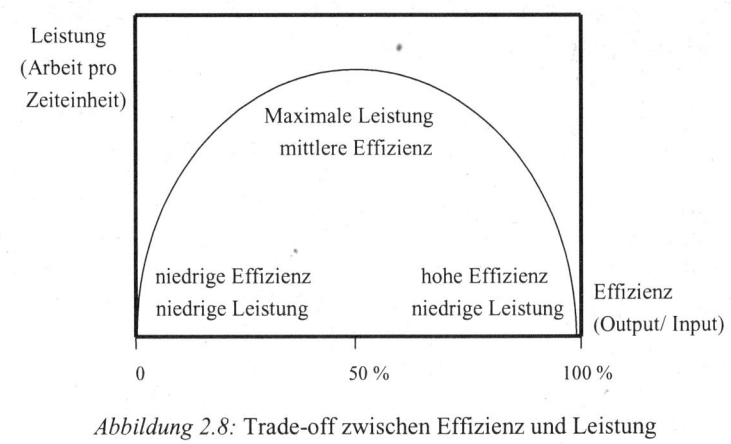

Abbildung 2.8: Trade-off zwischen Effizienz und Leistung

Diese Sprache war einerseits ein unverzichtbares Hilfsmittel für die Fachleute, um ihnen das Verständnis der Systembegriffe zu erleichtern, andererseits stellte sie für Laien ein Hindernis dar, eben diese Begriffe zu verstehen.

Odums Untersuchungen zum Energiefluss in Systemen und die Modelle von dynamischen Systemen waren die Keimzelle oder zumindest der Anlass für eine Vielzahl von Studien seiner Studenten/innen und anderer Wissenschaftler/innen. Dabei reicht die Palette von Input-Output-Analysen von Energie- und Stoffströmen in ökologischen und ökonomischen Systemen (Hannon 1973; Ayres 1978; Costanza 1980; Cleveland et al. 1984) bis hin zu dynamischen Simulationsmodellen von kompletten Ökosystemen und integrierten ökonomisch-ökologischen Systemen (Costanza, Sklar und White 1990; Bockstael et al. 1995). Die prägnanteste und umfassendste Anwendung vieler von H. T. Odums Ideen auf die Ökologische Ökonomik ist wahrscheinlich das im Jahre 1986 erschienene Buch von C. A. S. Hall, C. Cleveland und R. Kaufmann mit dem Titel *Energy and Resource Quality: The Ecology of the Economic Process.*

Das Werk von E. P. und H. T. Odum hat eine ganze Generation von Ökologen dazu animiert, die Ökologie als eine Systemwissenschaft zu betreiben und sie mit der Ökonomik sowie anderen Disziplinen zu verknüpfen. Auch wenn viele, wenn nicht die meisten Thesen von H. T. Odum umstritten waren, so haben sie jedoch unseres Erachtens Diskussionen über richtige Fragen ausgelöst: Wie funktionieren Systeme? Wie entstehen sie und wie ändern sie sich? Wie interagieren das anthropogene und ökologische System im Zeitverlauf? Wie können wir ein interdisziplinäres Verständnis von Systemen erreichen? Welche Pfade der Menschheitsentwicklung sind nachhaltig? All diese Fragen wurden von H. T. und E. P. Odum bereits in den 1950er, 1960er und 1970er Jahren gestellt. Noch heute gehören sie zu den zentralen Fragen der Ökologischen Ökonomik.

Raumschiff Erde und „Steady-State" -Ökonomie

Kenneth Bouldings klassisches Werk *The Economics of the Coming Spaceship Earth* (Boulding 1966) bereitete das Feld für die Ökologische Ökonomik, indem es den Übergang von der „frontier economics" (dt. etwa: „Eroberungsökonomik") der Vergangenheit, in der das Wachstum des menschlichen Wohlstands mit wachsendem Materialverbrauch einherging, zur „spaceship economics" („Raumschiffökonomik") der Zukunft, in der das Wachstum des Wohlstands nicht mehr auf dem Wachstum des Materialverbrauchs beruhen kann, beschrieb. Dieses völlig neue Leitbild und Paradigma wurde von Daly (1968) weiter ausgearbeitet, indem er die Ökonomik als „life science" neu definierte und so die Verwandschaft mit der Biologie und vor allem mit der Ökologie betonte, während er sie dadurch von der Physik oder der Chemie abgrenzte. Dieser Wandel der „vor-analytischen Vision" (Schumpeter 1950) kann hinsichtlich seiner Bedeutung kaum überschätzt werden. Er impliziert eine grundlegend veränderte Wahrnehmung der Probleme der Ressourcenallokation und ihrer Lösungen. Insbesondere bedeutet er eine Verlagerung des analytischen Schwerpunkts von Ressourcen, die auf Märkten gehandelt werden, zu den biophysischen Grundlagen interdependenter ökologischer und ökonomischer Systeme (Clark 1973; Martinez-Alier 1987; Cleveland 1987; Christensen 1989).

Daly hat dieses Thema in seinen Arbeiten zur stationären Wirtschaft („steady state economics") weiter bearbeitet (Daly 1973, 1977 und 1991) (vgl. auch Box 2, Anm. d. Hrsg.). Er beschäftigte sich mit den Auswirkungen folgender Annahmen: (1) die Erde ist in materieller Hinsicht endlich und wächst nicht, und (2) die Wirtschaft ist ein Teilsystem des endlichen globalen Systems. Die Schlussfolgerung daraus besteht darin, dass die Wirtschaft nicht für immer wachsen kann (zumindest nicht im materiellen Sinne) und dass letztlich ein nachhaltiger stationärer Zustand erreicht werden muss. Dieser *steady state* ist nicht zwangsläufig völlig stabil und unveränderlich. Wie in Ökosystemen ändern sich die Verhältnisse in einer stationären Wirtschaft fortwährend (sowohl regelmäßig als auch unregelmäßig). Der entscheidende Punkt ist, dass diese Änderungen begrenzt sind und es im System keinen langfristigen Trend in Richtung materiellem Wachstum gibt. Dalys Werk über die *steady-state*-Ökonomie kann als direkter Vorläufer der Ökologischen Ökonomik betrachtet werden.

Adaptives Umweltmanagement

In den späten 1970er Jahren wurde der kanadische Ökologe C. S. Holling Direktor des *International Institute for Applied Systems Analysis* (IIASA). Seine früheren Arbeiten über den Holzschädling *Choristoneura fumiferana* (*nordamerikanischer Tannenknospenwickler*) und seinen Befall nördlicher borealer Wälder hatten ihn zu einer komplexen und dynamischen Sichtweise von Ökosystemen gebracht und vom bislang gebräuchlichen Gleichgewichtsbegriff weggeführt. Er beschäftigte sich darüber hinaus mit der Frage, wie Menschen mit Ökosystemen interagieren und warum die Versuche, natürliche Systeme zu steuern, so kläglich scheitern (wie z. B. in den vom *nordamerikanischen Tannenknospenwickler* befallenen Wäldern). Auf diesen Grundlagen beruhte sein 1978 veröffentlichtes, bahnbrechendes Werk *Adaptive Environmental Assessment and Management* (Holling 1978).

Das adaptive Umweltmanagement definiert die traditionellen Grenzlinien neu, indem Wissenschaft und Management integriert werden. Holling erkannte, das Laborexperimente und kontrollierte Feldexperimente in Teilen des ökologischen Systems nicht zu einer Erklärung des Ganzen führen können. Am besten ließen sich neue Erkenntnisse ableiten, wenn versucht würde, ganze Ökosysteme zu managen. Auch dann könnte aus den Experimenten nur gelernt werden, wenn sie ausreichend überwacht werden, eine hinreichende Zahl von Experimenten durchgeführt wird und die Bereitschaft vorhanden ist, aus den Ergebnissen zu lernen. Folglich sollten sich Umweltministerien und -behörden weniger an der „reinen" Wissenschaft orientieren, um zu lernen, was ein gutes Umweltmanagement ist, sondern sich in größerem Maße selbst als ein Teil des Prozesses des Experimentierens und Lernens begreifen. Darüber hinaus vertrat Holling die Auffassung, dass Ökosysteme nicht nur einen Gleichgewichtszustand haben, in dem sie bevorzugt verharren. Vielmehr können sie verschiedene Gleichgewichtszustände einnehmen und sich im Laufe der Zeit weiterentwickeln. Folglich müssen die Wissenschaftler/innen und Umweltbehörden, die mit den Ökosystemen arbeiten, ihre Steuerungsexperimente fortwährend anpassen, um das sich wandelnde System verstehen zu können (Gunderson, Holling, and Light 1995; Holling 1978; Lee 1993; Walters 1986). Das bedeutet, dass die auf den Experimenten basierenden Modelle und Politikstrategien nicht als endgültige Lösung betrachtet werden können, sondern als Leitbild eines flexiblen Experimentierprozesses innerhalb eines regionalen Systems. Anstatt Modelle nur dafür zu nutzen, eine Politik zu verwässern und zu rechtfertigen, die der Realität nicht entspricht, sollten die Modellvorstellungen laufend überprüft und verbessert werden. Überwachung und Rückkopplung erhalten somit in diesem Konzept ein größeres Schwergewicht.

Ein derartiges anpassungsfähiges („adaptives") Umweltmanagement hat sich als effektiver Versuch erwiesen, um komplexe, sich wandelnde, mit großen Unsicherheiten behaftete Systeme zu analysieren und zu managen. Dieser Ansatz hat sich zwar aus der Ökologie und ihrer politischen Anwendung entwickelt, hat jedoch auch weitreichende Auswirkungen auf die gesellschaftlichen Organisationsformen. Umweltpolitiker/innen, Bürger und Bürgerinnen in betroffenen Gemeinden und die breitere interessierte Öffentlichkeit sollten die traditionellen Methoden hinterfragen, sich an der Überwachung beteiligen und am Lernprozess teilhaben. Dies ist eine ganz andere Sichtweise als diejenige objektiver Wissenschaft, welche die Wahrheit über diejenigen Umweltsteuerungssysteme zu erforschen sucht, die von der Verwaltung umgesetzt werden und von der die Bevölkerung passiv profitiert. Der Ansatz beruht auf der Erkenntnis der koevolutionären Entwicklung der ökologischen und ökonomischen Systeme (die im folgenden Abschnitt behandelt wird) und ist ein zentrales Konzept der Ökologischen Ökonomik.

Koevolution von ökologischen und ökonomischen Systemen

Eines der größten Hindernisse für die Vereinigung von Ökonomik und Ökologie ist die Annahme, dass ökologische und ökonomische Systeme getrennt voneinander behandelt werden können und nicht im Zusammenhang analysiert werden müssen. Wirtschaftswissenschaftler/innen sind vielfach der Auffassung, dass ökonomische Systeme von der Natur unabhängig sind; analog dazu glaubt die große Mehrheit der Naturwissenschaftler/innen, dass die natürlichen Systeme von der menschlichen Gesellschaft unabhängig sind. Viele Sozialwissenschaftler/innen glauben sogar, dass sämtliche sozialen Phänomene kulturell bestimmt sind. Wenn Naturwissenschaftler/innen soziale Phänomene untersuchen, suchen sie „natürlich" nach einem Naturgesetz, um sie zu erklären. Deshalb lässt sich in vielen Fällen eine Trennlinie zwischen Kultur- und Umweltdeterministen ausmachen, wobei die Ökonomen/innen zur ersten Kategorie und die Ökologen/innen zur zweiten gehören. Wie bereits erwähnt, beruht diese Unterscheidung auf traditionellen westlichen Vorstellungen über Systeme und Wissenschaft, die zu einem Teil des Problems wurden und eine Ursache für die mangelnde Nachhaltigkeit der modernen Gesellschaften sind.

Die Evolutionsökologen Paul Ehrlich und Peter Raven waren die ersten, die die wissenschaftliche Gemeinschaft von der Bedeutung der Koevolution der Arten zu überzeugen versuchten (Ehrlich and Raven 1964). Der Lebensraum, in dem sich die einzelnen Arten entwickeln, wird häufig als ein feste, physikalische Nische begriffen. Wenn die Merkmale eines Lebensraum festgelegt sind, ist die Evolution gerichtet. Die Evolution wird häufig so beschrieben, dass die einzelnen Arten sich nach und nach immer besser an diese Merkmale anpassen. Daher wird die Geschichte der Evolution oft als eine Fortschrittsgeschichte dargestellt, mit der Entwicklung des Menschen als dem krönenden Höhepunkt. Der koevolutionäre Ansatz geht demgegenüber davon aus, dass die Merkmale des Lebensraums einer Art zu jedem gegebenen Zeitpunkt vor allem durch andere Arten und ihre Merkmale bestimmt sind. Folglich werden die Merkmale jeder Art im Zusammenhang mit den Merkmalen anderer Arten selektiert und umgekehrt, sodasssich die Arten in koevolutionärer Weise entwickeln. Damit wirft der koevolutionäre Ansatz die Vorstellung der gerichteten Evolution und deren Pendant, den westlichen Fortschrittsglauben, über Bord, und erklärt, warum die Arten sich gemeinsam in die Ökosysteme einfügen, und sich Arten und Ökosysteme gleichzeitig weiterentwickeln.

Norgaard (1994) erläutert in seinem Buch, wie das Verständnis des koevolutionären Prozesses hilft, die Zusammenhänge zwischen natürlichen und sozialen Systemen und beider Wandel zu begreifen. Davon ausgehend schlägt er eine Neuausrichtung der gesellschaftlichen Organisation vor, um eine nachhaltige Entwicklung zu erreichen, die soziale Gerechtigkeit zu verbessern und die menschliche Würde besser zu schützen. Entwicklung kann als ein Prozess der Koevolution von Wissen, Werten, Organisation, Technologie und Umwelt aufgefasst werden (Abbildung 2.9). Jedes dieser Subsysteme hängt mit jedem anderen Subsystem zusammen, wobei sich jedes zugleich ändert und (über Selektion) andere Systeme beeinflusst. Geplante Innovationen, zufällige Entdeckungen und Veränderungen treten in jedem Subsystem auf und wirken durch natürliche Selektion auf die Verteilung und Eigenschaften der Komponenten in allen anderen Subsystemen. Ob sich die neuen Systemkomponenten als überlebensfähig erweisen, hängt von den Merkmalen der einzelnen Subsysteme ab. Jedes Subsystem übt auf alle anderen Subsysteme einen Anpassungsdruck aus, sodasssie sich in einem koevolutionären Prozess entwickeln, bei dem jedes Subsystem die Entwicklung aller anderen widerspiegelt. Auf diese Weise hängt alles mit allem zusammen, während sich zugleich alles ändert.

Die Subsysteme der Umwelt und die anthropogenen Subsysteme Werte, Wissen, soziale Organisation und Technologie werden gemäß diesem koevolutionären Erklärungsansatz gleich behandelt. Beispielsweise üben neue Technologien einen Selektionsdruck auf Arten aus, während neue Merkmale von Arten ihrerseits zur Auswahl unterschiedlicher Technologien führen. Auf ähnliche Weise helfen ökosystemare Veränderungen der Wissenschaft alte Erklärungsansätze über die Funktion der Biosphäre zu falsifizieren und zur Entwicklung neuer beizutragen.

Zum Beispiel führt die Verwendung von Pestiziden zu Resistenzen und einem sekundären Schädlingsbefall, was neue Pestizide und systematischere Wege der Schädlingsbekämpfung erforderlich macht. Schädlinge, Pestizide, Pestizidherstellung und Pestizidregulierungen, unser Verständnis von Schädlingsbekämpfung und die Bewertung des Einsatzes chemischer Mittel in der Umwelt zeigen, wie eng verzahnt und schnell die Koevolution in der zweiten Hälfte des 20. Jahrhunderts verlief. Aus kurzfristiger Perspektive kann man davon ausgehen, dass Menschen aufgrund vorhandener oder fehlender Marktsignale mit ihrer Umwelt interagieren. Der koevolutionäre Ansatz bringt jedoch die längerfristigen evolutionären Rückkopplungen ins Blickfeld. Die Betonung der koevolutionären Prozesse bedeutet keine Verleugnung der Tatsache, dass die Menschen direkt in die Umwelt eingreifen und sie ändern. Der koevolutionäre Ansatz legt den Schwerpunkt auf die Kette von Ereignissen, die danach eintreten und auf die Frage, wie die verschiedenen Eingriffe den selektiven Druck ändern und damit auch nach der relativen Bedeutung von Umweltmerkmalen. Letztere wiederum beeinflussen die Selektion von Werten, Wissen, Organisationsformen, Technologien und weiteren Eingriffen in die Umwelt.

Auch wenn im koevolutionären Ansatz Veränderungen in den verschiedenen Subsystemen im Prinzip symmetrisch zu behandeln sind, soll dieser Modellansatz hier allein auf das Beispiel der technischen Entwicklung angewandt werden. Die Menschen standen über Jahrtausende auf mannigfaltige Art und Weise mit ihrer Umwelt im Austausch – häufig auf nachhaltige Weise, oftmals aber auch nicht. Einige traditionelle landwirtschaftliche Methoden haben die Biodiversität wahrscheinlich erhöht. Es ist vielfach belegt, dass traditionelle Bewirtschaftungstechnologien auf dem früheren Anwendungsniveau unter anderem in Regeln zur Erhaltung der Biodiversität bestanden. Heute gilt die Technik jedoch als eine Hauptursache für den Verlust an Biodiversität. Die modernen landwirtschaftlichen Technologien setzen sich über die Natur hinweg, was jedoch räumlich und zeitlich nur beschränkt funktionieren kann. Sie „beherrschen" die Natur keineswegs. Die eingesetzten Pestizide töten einige Schädlinge und verhindern die akute Gefährdung der Ernte. Doch die von den getöteten Schädlingen nicht mehr besetzte Nische wird kurz darauf von einer zweiten Schädlingsart besetzt (oder die ursprüngliche Schädlingsart entwickelt Resistenzen). Außerdem reichern sich die Pestizide und ihre Nebenprodukte in den Böden und im Grundwasser an, was über viele Jahre negative Folgen für die Produktion und die menschliche Gesundheit haben kann. Jeder Landwirt strebt danach, die Natur zu beherrschen, schafft jedoch über seinen eigenen Bereich hinaus und in den Folgejahren neue Probleme. Aufgrund all dieser Effekte, die zeitlich und räumlich über den einzelnen Betrieb hinaus wirken, bewegt sich trotz des enorm gestiegenen Pestizideinsatzes der

Anteil der Ernte, der durch Schädlingsbefall verloren geht, mit rund 35 % immer noch auf dem Niveau des Zweiten Weltkriegs.

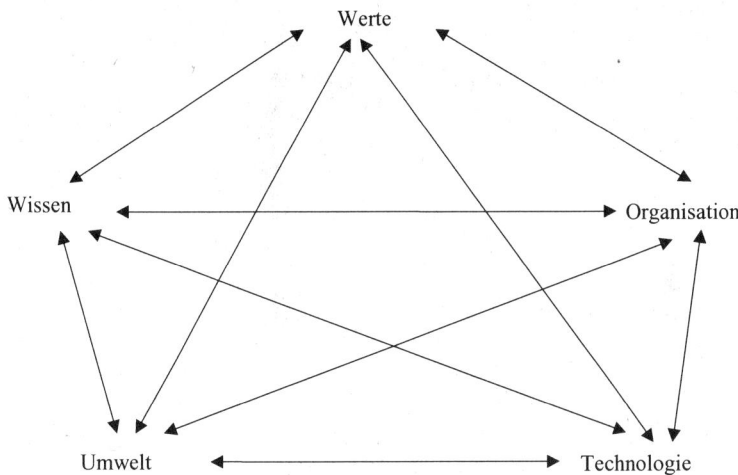

Abbildung 2.9: Der Prozess der koevolutionären Entwicklung (Quelle: Norgaard 1994, S. 27)

Dringend notwendig sind daher neue Technologien, die sich nicht über natürliche Prozesse hinwegsetzen, sondern sich in sie einfügen. In den letzten beiden Jahrhunderten wurden die eingesetzten Techniken überwiegend aus Erkenntnissen in der Physik, der Chemie und allenfalls noch der Mikrobiologie abgeleitet. Ökologen/innen und Evolutionsbiologen/innen wurde keine Gelegenheit gegeben, diese Techniken systematisch zu untersuchen; auch ist es generell fraglich, ob das Wissen über ökologische Zusammenhänge und die Evolution ausreicht, um die Folgen des Einsatzes neuer Technologien angemessen abzuschätzen. Nur wenige landwirtschaftliche Technologien wie die biologische Schädlingsbekämpfung wurden auf der Basis biologischer und ökologischer Kenntnisse entwickelt. Die Forschung und Entwicklung zur biologischen Schädlingsbekämpfung war beinahe aufgegeben worden, als nach dem Zweiten Weltkrieg das DDT in die Landwirtschaft eingeführt wurde. Erst nachdem die Energiepreise in den 1970er Jahren gestiegen waren und die Landwirtschaft in den Vereinigten Staaten in den frühen 1980er Jahren in eine finanzielle Krise geraten war, wurde die Forschung und Entwicklung von landwirtschaftlichen Technologien, die weniger Energie und materiellen Input benötigen, stark gefördert. Die Förderung von Agroökologie und von Technologien, die Komplementaritäten zwischen einer Vielzahl von Arten einschließlich der Bodenorganismen nutzen, ist jedoch noch immer gering.

Ebenso wird die Einführung erneuerbarer Energieressourcen ein langwieriger und komplizierter Prozess sein, da der Großteil unseres Wissen dafür entwickelt wurde, das Potenzial fossiler Brennstoffe zu erschließen. Hinzu kommt, dass unsere Universitäten und sonstigen Forschungseinrichtungen immer noch nach Fachbereichen strukturiert sind, somit kommt systemisches Denken kommt hier zu kurz. Ferner hat die breite Öffentlichkeit die Mängel der gegenwärtigen Technologien und die Möglichkeiten ökologischer Innovationen noch nicht erkannt. Wissenschaftler und Techniker reproduzieren sich selbst und ihre Institutionen durch direkte Kontrolle und Ausbildung. Daher verwundert es nicht, dass Wissenschaft und Technik manchmal nur langsam auf sich ändernde gesellschaftlichen Einstellungen gegenüber Umweltproblemen reagieren.

Aus koevolutionärer Perspektive können wir besser verstehen, wie sich die Ökonomien entwickelt haben, nämlich zunächst in Koevolution mit den Ökosystemen und dann in Koevolution mit Techniken zur Verbrennung von fossilen Energieträgern. Im Zuge dieses Transformationsprozesses wurden die Menschen von den ökologischen Rückkopplungen auf ihre ökonomischen Aktivitäten befreit, die sowohl auf Einzelpersonen als auch auf die Gemeinschaft relativ schnell wirkten. Diese Rückkopplungen bestehen aber noch weiter, sind jedoch nur langfristig sowie über größere Entfernungen wirksam und werden nur kollektiv und auf globaler Ebene erfahren, sodass ihre Konsequenzen schwieriger erkannt und bekämpft werden können. Durch den Einsatz fossiler Energieträger lösten sich die westlichen Gesellschaften zumindest kurz- bis mittelfristig von vielen komplexen Interaktionen mit der Umwelt. Traktoren ersetzten Tiere, Kunstdünger ersetzte den komplexen Mehrfruchtanbau, der z. B. einen Austausch von stickstoffbindenden Bakterien mit anderen Arten ermöglicht; Pestizide ersetzten die biologische Schädlingsbekämpfung, die komplexe landwirtschaftliche Ökosysteme voraussetzt. Darüber hinaus implizierten die geringen Energiepreise, dass Ernten über längere Zeiträume gelagert und über größere Distanzen transportiert werden konnten. Die Koevolution der gesellschaftlichen Organisationsformen vollzog sich im Rahmen dieser neuen Möglichkeiten sehr schnell. Dabei beruhten die einzelnen Erfolge auf dem partiellen Wissen verschiedener Wissenschaften und Technologien. Zumindest kurzfristig und „im eigenen Dunstkreis" schienen die einzelnen Anpassungen der Elemente in ein zusammenhängendes, stabiles Gesamtsystem eingefügt zu sein. Die Landwirtschaft entwickelte sich von einer agroökologischen Kultur mit relativ autarken Gemeinschaften zu einer agroindustriellen Kultur mit vielen getrennten, weit voneinander entfernten Akteuren, die über die Weltmärkte miteinander verbunden sind. Der enorme technologische und gesellschaftliche Wandel vermittelte den Menschen den Eindruck, die Natur zu beherrschen und in der Lage zu sein, die Zukunft bewusst gestalten zu können. Doch in Wahrheit wurden die Probleme nur nach außerhalb des eigenen Erfahrungshorizonts verlagert und zukünftigen Generationen aufgebürdet.

Koevolutionär lässt sich die mangelnde Nachhaltigkeit der modernen Gesellschaften folgendermaßen erklären: Die Entwicklung, die auf den fossilen Brennstoffen beruht, erlaubt Einzelpersonen, ihre unmittelbare Umgebung kurzfristig zu kontrollieren, während die Umweltwirkungen auf komplizierte und schwer durchschaubare Weise auf breitere Gesellschaftsschichten (und letztlich die gesamte Weltgesellschaft) sowie auf die kommenden Generationen verlagert werden. Die Untersuchung kollektiver, langfristiger und noch sehr unsicherer Zusammenhänge stellt in Zukunft eine große Herausforderung dar – schließlich steht das Vertrauen der Menschen in eine nachhaltige Entwicklung in direktem Zusammenhang mit ihrem Vertrauen auf die Möglichkeit neue Probleme zu lösen.

Der koevolutionäre Ansatz hilft uns zu erkennen, dass die Lösung der Probleme der Menschen in ihren Beziehungen zur Umwelt nicht nur darin bestehen, Marktanreize zu setzen oder angemessene Regeln für die Nutzung des Eigentums aufzustellen. Unsere Werte, unser Wissen und unsere soziale Organisation haben sich koevolutionär in Bezug auf die fossilen Energieträger entwickelt. Unsere auf fossile Brennstoffe beruhende Wirtschaft hat nicht nur die Umwelt verändert, sondern auch zur Entstehung von individualistischen, materialistischen Werten geführt, die Entwicklung einer reduktionistischen Sichtweise gefördert, die auf Kosten des Systemdenkens ging und bürokratische, zentralisierte Herrschaftsformen begünstigte, die besser für ein statisches Industriemanagment als für ein variables, dynamisches Ökosystemmanagement geeignet sind. Der koevolutionäre Ansatz macht darüber hinaus deutlich, wie beschränkt unsere Fähigkeiten sind, die Umweltprobleme auf Grundlage der vorherrschenden Formen des Bewertens, Denkens und Organisierens zu erfassen und zu lösen.

Der von Norgaard entwickelte koevolutionäre Ansatz ergänzt die Forschungen der Kulturökologen/innen im Bereich der Anthropologie (Boyd and Richerson 1985; Durham 1991). Er hat neue Entwicklungen im Bereich der Politischen Ökonomie ausgelöst (Stokes 1992) und inspiriert die Ökologische Ökonomik (Gowdy 1994).

Die Rolle des neoklassischen Ansatzes in der Ökologischen Ökonomik

Nach diesen Beschreibungen alternativer Paradigmen möchten wir nochmals darauf hinweisen, dass die Ökologische Ökonomik auf einem methodologischen Pluralismus beruht. Daher akzeptiert sie neben anderen Ansätzen auch den Analyseansatz der Neoklassik. Auch in der Ökologischen Ökonomik hat die neoklassische Marktanalyse einen hohen Stellenwert. Es gibt jedoch Unterschiede in einigen Argumentationsmustern und hinsichtlich bestimmter Annahmen. Wir haben bereits darauf hingewiesen, dass die meisten neoklassisch ausgerichteten Ökonomen/innen davon ausgehen, der technische Fortschritt lasse langfristig die Ressourcenknappheit überwinden, und die Leistungen des Ökosystems könne im Grunde auch durch (neue) Technologien erbracht werden. Demgegenüber gehen Ökologische Ökonomen davon aus, dass die Ressourcenbeschränkungen und die ökologischen Grenzen von entscheidender Bedeutung sind, und sie vertrauen viel weniger darauf, dass höhere Preise als Folge von Knappheiten den technischen Fortschritt ausreichend beschleunigen werden. Diese Unterschiede im Weltbild bedeuten jedoch nicht, dass neoklassisch und ökologisch ausgerichtete Ökonomen/innen nicht gleiche Argumentationsweisen teilen können.

Ein zentraler Unterschied zwischen Ökologischer Ökonomik und neoklassischer Denkweise ist – wie bereits erwähnt – die Vernachlässigung der Verteilungsfrage durch die Neoklassik, insbesondere wie sich die ursprüngliche Verteilung der Eigentumsrechte auf die marktliche Allokation und folglich auf die Verteilung der Ressourcen auf Produktionsergebnisse und Konsumenten auswirkt. Dass dieser Aspekt seit dem Zweiten Weltkrieg nicht berücksichtigt wird, hat vor allem zwei Gründe. Erstens thematisierte Karl Marx intensiv die Verteilung von Macht. Während des Kalten Kriegs berief sich die „andere Seite", die UdSSR, China und andere Nationen, auf Marx, um ihren gesellschafts- und entwicklungspolitischen Ansatz zu begründen. Im Westen, und besonders in den 1950er Jahren in den USA, wurde die Hinterfragung der Machtverteilung als subversiver Akt betrachtet. Zudem läßt sich ein zweiter Grund anführen, die ursprüngliche Verteilung der Eigentumsrechte an den Ressourcen zu vernachlässigen: Umverteilungen gehen mit politischen Schwierigkeiten einher; diese konnten in wachsenden Volkswirtschaften vermieden werden, indem im Zuge des Wachstumsprozesses jeder einzelne besser gestellt wurde. Dies wurde ein zentrales Argument zur Rechtfertigung eines immer größeren Wirtschaftswachstums, selbst in den Ländern, die bereits sehr reich waren.

Nach Ende des Kalten Kriegs hat die Sorge um eine nachhaltige Entwicklung die Gerechtigkeitsfrage wieder aufgeworfen. Nachhaltige Entwicklung bedeutet zweifellos den Transfer von Vermögen zugunsten künftiger Generationen. Es geht um die (Chancen-) Gleichheit zwischen den Generationen. Wird zur Anaylse nachhaltiger Entwicklung der neoklassische Ansatz gewählt, muss die Verteilung der Ressourcen auf die Generationen bzw. die intergenerative Gerechtigkeit ins Zentrum der Aufmerksamkeit rücken. Doch nachhaltige Entwicklung betrifft nicht nur die intergenerative Gerechtigkeit. In einer Welt, in der es gleichzeitig sehr reiche und sehr arme Menschen gibt, bewegt sich der Vermögenstransfer zwischen den Generationen vermutlich auf einem Niveau, das nicht nachhaltig ist. Die Reichen sind so reich, dass sie sich keine Sorgen darüber machen müssen, ob ihre Nachfahren versorgt sein werden. Anderseits sind die Armen so arm, das jede Generation die Ressourcen ausbeuten und die Umwelt zerstören muss, um ihr bloßes Überleben zu sichern. Für viele Ökologische Ökonomen/innen kennzeichnen diese Extreme die Welt, in der wir leben, und stellen eine der Hauptursachen für die mangelnde Nachhaltigkeit dar. Die auf internationaler Ebene so extremen Unterschiede zwischen den reichen und armen Nationen erschweren auch die internationale Verständigung über eine globale Politik zum Management der Kollektivgüter. Folglich ist nachhaltige Entwicklung auch eine Frage der intragenerativen und internationalen Gerechtigkeit. Die herrschende Meinung der neoklassisch ausgerichteten Ökonomen besteht nach wie vor darin, dass das Wirtschaftswachstum die Voraussetzungen für die Beseitigung der Ungerechtigkeiten schafft. Seit der Einführung von internationalen Entwicklungsprogrammen nach dem Zweiten Weltkrieg haben sich die Ungerechtigkeiten jedoch vergrößert, und dies obwohl das Wirtschaftswachstum bereits zwei Generationen lang angehalten hat. Die traditionelle Position verliert daher an Überzeugungskraft und wird zunehmend in Frage gestellt.

Es gibt noch einen dritten Grund, warum die Neoklassik die Verteilungsfrage traditionell nicht berücksichtigt. Wenn die Verteilung berücksichtigt wird, ist statt eines einzigen eine Vielzahl von effizienten Marktgleichgewichten möglich, die jeweils davon abhängen, wie die Eigentumsrechte an den Ressourcen auf die Wirtschaftssubjekte verteilt sind. Seit dem Zweiten Weltkrieg wurden Ökonomen jedoch von gesetzgebenden Institutionen und öffentlichen Behörden mit Kosten-Nutzen-Analysen über alternative staatliche Projekte und andere staatliche Entscheidungen beauftragt, um entscheiden zu können, welche Alternative die beste ist. Ausgehend von der gegebenen Verteilung der Eigentumsrechte erwarteten die Auftraggeber „die" Antwort und nicht eine Reihe von Antworten, welche auf unterschiedlichen Verteilungen der Eigentumsrechte beruhen. In der staatlichen Praxis gibt es folglich die fest verwurzelte Tradition, die gegebene Verteilung nicht zu hinterfragen und Gerechtigkeitsaspekte zu vernachlässigen.

Die Zusammenhänge sind jedoch noch komplizierter. Mithilfe der neoklassischen Methoden kann nicht bestimmt werden, ob eine bestimmte Verteilung von Ressourcen besser als eine andere ist (sofern Verteilungen verglichen werden, die gemäß dem Pareto-Kriterium jeweils als optimal anzusehen sind). Für eine solche Frage müssen ethische Kriterien herangezogen werden, und die Entscheidung muss letztlich im Rahmen eines politischen Prozesses getroffen werden. Doch der politische Entscheidungsprozess ist in der Regel eher von der bestehenden Machtverteilung bestimmt als von ethischen Erwägungen. Vielfach wurden Ökonomen mit (scheinbar objektiven) Kosten-Nutzen-Analysen beauftragt, um den machtpolitischen Erwägungen etwas entgegensetzen zu können. Die meisten Ökonomen/innen gehen davon aus, dass sie eher im öffentlichen Interesse handeln als Politiker/innen, die sich an machtpolitischen

Erwägungen und Interessengruppen orientieren. Doch die Empfehlungen aus der Ökonomik basieren ebenfalls auf der bestehenden Machtverteilung. Daher ist es schwierig vorherzusagen, wie Veränderungen in Richtung Nachhaltigkeit eingeleitet werden können. Wenn Nachhaltigkeit eine intergenerative und intragenerative Umverteilung erfordert, so muss eine ethische Diskussion geführt und die Demokratie gestärkt werden. Statt Kosten-Nutzen-Analysen für staatliche Institutionen durchzuführen, sollten die Ökonomen/innen lernen, wie ihr Wissen über den Trade-off alternativer Optionen die demokratische Debatte bereichern kann.

Die Erkenntnis, dass die Ökonomik im Rahmen einer demokratischeren Politik betrieben werden muss, geht einher mit der Notwendigkeit eines alternativen Forschungsstils, der im Rahmen der Entwicklung der Ökologischen Ökonomik entsteht. Die Einsicht, dass die Ökonomen/innen die Ökologie verstehen müssen und die Ökologen/innen die Ökonomik, führt zu der Frage, ob überhaupt irgendjemand von der Suche nach nachhaltiger Entwicklung ausgeschlossen werden kann. In dem Maße, in dem sich die sozialen und ökologischen Systeme in den verschiedenen Regionen unterscheiden, ist lokales, experimentelles Wissen für die Implementierung spezifischer Lösungen von entscheidender Bedeutung. Aus diesem Grund haben einige Vertreter/innen der Ökologischen Ökonomik damit begonnen, partizipative Forschungsmethoden anzuwenden, durch die Laien mit experimentellem Wissen in den Prozess einbezogen werden (z B. van den Belt, Deutsch und Jansson 1997).

Die Ökologische Ökonomik ist nicht an die historische Tradition der Neoklassik gebunden. Deren Methoden gehören zwar zu den verwendeten Ansätzen, doch die Ökologische Ökonomik ist weder auf diese Konzepte beschränkt noch durch die Weltbilder, Paradigmen und Politikstrategien früherer Ökonomen prädeterminiert (zu den Möglichkeiten und Grenzen neoklassischer Ansätze vgl. auch Box 11, Anm. d. Hrsg).

Box 11: Neue Institutionenökonomik und Coase-Theorem

Hermann Bartmann

Die neue Institutionenökonomik (NIÖK) hat sicherlich wesentlich zur Wiederentdeckung der Bedeutung von Institutionen für die ökonomische und gesellschaftliche Entwicklung beigetragen. Die Ausgestaltung der Institutionen spielt für den Fall mit Transaktionskosten (TK) und unvollständiger Information für die Ergebnisse der Ökonomie eine unter Umständen entscheidende Rolle. Für die Welt mit TK und Unsicherheit erfolgt die Festlegung von Institutionen nach Nutzen- bzw. Effizienzüberlegungen (Zweckrationalität, ökonomisches Prinzip, *Rational-choice*-Annahme).

.../

Damit steht die NIÖK im Gegensatz zum vor-neoklassischen Institutionalismus, bei dem Institutionen eher „exogen" durch Tradition, Sitte, Moral, Religion bzw. gesellschaftliche Übereinkunft festgelegt werden. NIÖK ist die Suche nach einer effizienten Organisation der Verfügungsrechte (*Property rights*), ihrer Zuordnung und Übertragung (Vertragstheorie). Das Zustandekommen, Benutzen und Sichern einer Institution kostet Ressourcen (TK). Die NIÖK umfasst daher *Property-rights*-Theorien, Transaktionskostenansätze und Vertragstheorien (insbesondere *Principal-agent*-Theorien).

Theoretischer Ausgangspunkt der NIÖK ist das Coase-Theorem, das das Problem des Marktversagens bei Vorliegen von externen Effekten durch Zuordnung von Eigentumsrechten zu überwinden sucht. Das Coase-Theorem lautet: In der Welt ohne Transaktionskosten, ohne Nutzungsbeschränkungen und ohne Unsicherheit wird unabhängig davon, wer Besitzer der *Property-rights* ist, das pareto-effiziente Ergebnis erzielt.

Der freie Transfer von Verfügungsrechten gewährleistet eine Internalisierung externer Effekte. Insoweit stellt das Coase-Theorem eine Basis für Verhandlungs- bzw. Kooperationslösungen, aber auch für Zertifikats- und Haftungslösungen dar. Die Ergebnisse gelten unkorrigiert nur für die grundlegenden neoklassischen Annahmen methodologischer Individualismus, stabile Präferenzordnungen, Rationalverhalten im ökonomischen Sinn der Maximierungsannahme, funktionsfähiger Wettbewerb, gelöste Verteilungsprobleme, hinreichend schnelle Stabilität, Abwesenheit öffentlicher Güter, Abwesenheit gesellschaftlicher Dauerkonflikte, vollständige Information. Zudem muss davon ausgegangen werden, dass die ökonomischen Aktivitäten keine unerkennbaren Auswirkungen auf die Ökologie haben. Insoweit scheint trotz aller Vorteile die Reichweite des Coase-Theorems und auch der NIÖK eher gering, weil sie im neoklassischen Gleichgewichtsparadigma verhaftet bleiben. Zwar hat die NIÖK im Rahmen diverser Vertragstheorien und Transaktionstheorien sich der Realität unvollständiger Information angenähert, sie bleibt aber neoklassische Gleichgewichtstheorie einerseits und setzt andererseits einseitig auf das Effizienzprinzip und vernachlässigt dabei gesellschaftlich anerkannte Prinzipien wie Freiheit, Nachhaltigkeit, Gerechtigkeit und Demokratie. Insoweit stellt die NIÖK nur einige Aspekte und Fragestellungen einer allgemeinen Institutionenanalyse dar.

Auch dabei zeigt sich, dass die rein ökonomische Betrachtung von Problemen zu kurz greift. Die Festlegung der institutionellen Ausstattung einer Gesellschaft hat neben Effizienzkriterien die oben genannten gesellschaftlichen Prinzipien zu berücksichtigen. Die institutionellen Bedingungen sind im Zuge der sozialen und historischen Evolution entstanden und werden durch umfassende gesellschaftliche Prozesse (heute auch diskursive Verfahren) weiterentwickelt.

Trotz dieser grundlegenden Kritik ist in einigen umweltpolitischen Anwendungsbereichen ein Rückgriff auf die NIÖK möglich:

- Sinnvoll ist in der Regel die Verbesserung der Funktionsbedingungen von Marktlösungen durch Stärkung der Geschädigten. Dies kann geschehen durch: Information, Bildung, Gefährdungshaftung, Erleichterung von Bürgerinitiativen u. a.

.../

- Unter Umständen empfiehlt sich eine Ausdehnung von Eigentumstiteln auf knappe Umweltgüter, wenn ein Ausschluss ohne hohe Kosten möglich und gesellschaftlich gewünscht ist. Zudem müssten vorab die Verteilungs- und Wettbewerbsprobleme gelöst werden, weil sonst eine Veränderung der Eigentumsordnung zu Gunsten der ökonomisch Starken zu erwarten ist.
- Empfehlenswert ist auch eine Verbesserung bestehender Eigentumsrechte, z. B. durch Zulassung von Popularklagen, Einführung der Produzentenhaftung und verschärfte Sanktionen.
- Unter Beachtung der genannten Probleme und Annahmen sind auch die Möglichkeiten von Kooperations- und Zertifikatslösungen angezeigt.

Literatur: **Bartmann**, H. (1996): Umweltökonomie – ökologische Ökonomie, Stuttgart, S. 176-185; **Coase**, R. H. (1960): The problem of social cost, Journal of Law and Economics 3, S. 1-44; **Commons**, J. R. (1931): Institutional Economics, American Economic Review 21, S. 648-657; **Held**, M., **Nutzinger**, H.G. (Hrsg.) (1999): Institutionen prägen Menschen. Bausteine zu einer allgemeinen Institutionenökonomik, Frankfurt, New York; **Richter**, R., **Furubotn**, E. (1999): Neue Institutionenökonomik, 2. Aufl., Tübingen.

Weitere wichtige Ansätze

Es kann nur schwer ermittelt werden, wo die Ökologische Ökonomik endet und wo andere Erklärungsansätze anfangen. Ökologische Ökonomen/innen haben sich noch weiteren theoretischen Ansätzen zugewandt und untersuchen eine breite Palette von Fragen. Andererseits haben sich Vertreter/innen anderer wissenschaftlicher Disziplinen mit der Ökologischen Ökonomik auseinandergesetzt. In Zukunft könnten sich diese Konzepte als äußerst wichtig erweisen, auch wenn sie derzeit noch in den Anfängen stehen oder eher zu den Nebensträngen der Ökologischen Ökonomik gehören.

Ansätze zur Steigerung der Ressourceneffizienz und Dematerialisierung

Unternehmer/innen und Konsumenten/innen haben immer Anreize gehabt, aus begrenzten Ressourcen den maximalen Ertrag zu erzielen. Wenn jedoch nur eine einzelne Person weniger verbraucht, kann diese – aufgrund der vielfältigen uns verbindenen ökosystemaren Interdependenzen – nur einen Bruchteil des (kollektiv erreichbaren) Nutzens realisieren. Die Entscheidung, weniger zu verbrauchen, muss also in vielen Fällen kollektiv getroffen werden, indem neue Technologien entwickelt, die Infrastrukturen verändert (die derzeit beispielsweise das Auto gegenüber dem öffentlichen Verkehr bevorzugt) und die Spielregeln und Rahmensetzungen für alle geändert werden. Eine Reaktion auf die Energiekrise der 1970er Jahre bestand darin, in die Entwicklung von energiesparenden Technologien zu investieren, den Stromverbrauch von Elektrogeräten zu kennzeichnen, einen niedrigeren Kraftstoffverbrauch für Automobile vorzuschreiben und die öffentlichen Stromversorger dabei zu unterstützen, den Elektrizitätsverbrauch der Kunden durch bessere Wärmedämmung zu verringern. Amory Lovins hat interessante Vorschläge gemacht, wie die Vereinigten Staaten durch eine dramatische Erhöhung der Energieeffizienz und den Übergang zu erneuerbaren Energien die negativen Umweltwirkungen fossiler Brennstoffe und der Atomenergie vermeiden könnten (Lovins 1977, 1996).

Am Wuppertaler Institut für Klima, Umwelt und Energie in Deutschland untersuchte eine Gruppe von Ökologischen Ökonomen/innen die Möglichkeiten für eine „Dematerialisierung", d. h. für einen gesellschaftlichen Entwicklungspfad, der mit geringeren materiellen (physischen) Stoffströmen im ökonomischen Subsystem einhergeht (z. B. Schmidt-Bleek 1994, Hinterberger/Luks/Stewen 1996, Hinterberger/ Stahel 1996). Ihre Thesen stehen denen von Lovins nahe, konkretisieren jedoch auch Herman Dalys Argument, dass der Stoffdurchsatz in der Wirtschaft stabilisiert und die Stoffströme reduziert werden müssen. Für zahlreiche Konsumgüter hat diese Gruppe den Indikator des Materialverbrauchs je Service-Einheit berechnet („material input per service unit" – MIPS). Die Materialflüsse bestehen dabei aus Strömen von Konsumgütern und Stoffen wie Erzen, Boden, Sand und Schotter. Wasser und Luft, die bewegt werden müssen, um die Verbrauchsgüter herzustellen, werden separat betrachtet. Der Materialverbrauch (ohne Wasser und Luft; „total material input") belief sich in Deutschland 1994 auf etwa 76 Tonnen pro Kopf bzw. 2,1 kg je ausgegebene DM (Adriaanse et al. 1998, 69). Dies zeigt, dass unscheinbare Konsumentenentscheidungen große Stoffströme verursachen können, während Alternativen durchaus denkbar wären. So könnten die Materialströme verringert werden, indem die Effizienz erhöht wird, mit der die Ressourcen produziert und verwendet werden. Auch könnte die Haltbarkeit der Verbrauchsgüter in Richtung Langlebigkeit erhöht werden. Die Forscher dieses „Wuppertaler Ansatzes" glauben, dass der Materialverbrauch langfristig um den Faktor 10 verringert werden könnte. Eine Umsetzung dieses Reduktionsziels scheint zwar noch in weiter Ferne zu liegen. Allerdings sind wir derzeit so weit von einem Stoffflussniveau, das mit natürlichen Flüssen konsistent ist, entfernt, dass dort, wo der Einsatz von Instrumenten zur Reduktion des Ressourcenverbrauchs denkbar wäre, eine signifikante Reduzierung von Materialflüssen bereits einen ersten Schritt in die richtige Richtung darstellt (vgl. Box 12 und auch Box 14, Anm. d. Hrsg.).

Box 12: Wie und warum messen wir den Materialstrom?
Argumente für eine inputorientierte Umweltpolitik

Friedrich Hinterberger

Physische Stoffströme sind ein zentraler Ansatzpunkt der Umweltpolitik. Aber: warum sollten sie reduziert werden? Und: wie misst man die Stoff- oder Materialströme? Jedes Produkt ist auf seinem ganzen Lebensweg mit dem Einsatz von Material- und Energieinputs verbunden. Diese Materialströme, die zur Erzeugung, Nutzung und Entsorgung eines Produktes in Bewegung gebracht werden, stellen dessen „ökologischen Rucksack" dar. So kann ein geringerer Spritverbrauch dem eventuell höheren gesamten ökologischen Rucksack eines neu konstruierten Autos gegenüber gestellt werden. Nur so ist eine systemweit stimmige ökologische Bewertung möglich.

Nicht nur der Abbau (nicht-erneuerbarer) natürlicher Ressourcen, sondern auch alle vom Menschen induzierte Stoffströme, die wirtschaftlich nicht verwertet werden (z. B. Abraumberge, Abpumpen von Grundwasser), und schließlich die Nutzung so genannter erneuerbarer Ressourcen (durch Anbau, Transport und Verarbeitung) verändern ökologische Gleichgewichte. Solche Auswirkungen werden von der Umweltpolitik bisher kaum berücksichtigt. Es gibt Beispiele für eine schon mittelfristig praktikable Vervierfachung der Ressourcenproduktivität (Weizsäcker/Lovins/Lovins 1995), wodurch sich letztlich auch die Emissionen und Abfälle drastisch reduzieren würden. Insgesamt scheint eine drastische Verringerung der stofflichen Inputs („Dematerialisierung") unerlässlich, insbesondere unter Berücksichtigung des zu erwartenden Wirtschafts- und Bevölkerungszuwachses in den Ländern des Südens. Die industrialisierten Länder des Nordens verbrauchten in den 80er Jahren mit 20 % der Bevölkerung über 80 % der globalen Ressourcen.

Diese ungleiche Verteilung der Umweltnutzung und das ethische Postulat, dass alle Menschen prinzipiell ein gleiches Anrecht auf Umweltnutzung haben sollen, führen zu der Notwendigkeit einer Reduzierung des Umweltverbrauchs durch Erhöhung der Ressourcenproduktivität in den hoch industrialisierten Ländern (z. B. um einen Faktor 10, Schmidt-Bleek 1994), um global die Stoffströme auf etwa die Hälfte zu reduzieren. Als weitere Gründe für eine inputorientierte Umweltpolitik werden genannt (Hinterberger/ Welfens 1996):

- *Eine inputorientierte Umweltpolitik setzt an den Ursachen der Umweltkrise* – an den Inputs und damit am Ressourcenverbrauch – statt an den Symptomen an. Jeder menschliche Eingriff in Ökosysteme zum Abbau natürlicher Ressourcen führt zu Veränderungen in der Natur – mit u. U. irreversiblen Folgen.

- *Eine inputorientierte Umweltpolitik wird dem begrenzten ökologischen Wissen besser gerecht.* Die Zusammenhänge in der Natur sind zu komplex, um alle potenziellen Folgen wirtschaftlicher Aktivitäten vorhersehen zu können. Die Reaktionen der Ökosysteme sind nur zum Teil prognostizierbar und viele Gefahren von gegenwärtigem Handeln werden erst in der Zukunft erkannt. Diese zukünftigen potenziellen externen Effekte zu reduzieren, ist Ziel inputorientierter Umweltpolitik im Sinne des Vorsichtsprinzips (Hinterberger/Luks/Stewen 1996, 71 f.).

.../

- *Eine inputorientierte Umweltpolitik ist effizienter als die konventionelle Umweltpolitik.* Die Anzahl der Stoffe auf der Inputseite ist bekannt und dadurch relativ einfach zu kontrollieren. Auf der Outputseite (Emissionen aller Art) kommt es zu räumlichen Schadstoffzerstreuungen, was die Kontrolle zum Teil unmöglich macht.

- *Eine inputorientierte Umweltpolitik schafft neue Anreize für ressourcensparenden technischen Fortschritt. Sie ist wettbewerbsfördernd und damit innovationsstimulierend.* Traditionelle Umweltpolitik schafft vor allem Anreize für Innovationen im Bereich nachsorgender Technik und wirkt durch die Orientierung am „Stand der Technik" innovationshemmend und kostentreibend. Bei inputreduzierendem technischen Fortschritt hingegen werden Innovationen auf allen Phasen des Produktlebens "von der Wiege bis zur Bahre" angestoßen, z. B. in den Bereichen Ressourcenmanagement, Öko-Design, Logistik oder neuen Nutzungskonzepten, wie Leasing, Sharing, Pooling.

- *Bei der Durchsetzung des inputorientierten Ansatzes werden die Produzenten und Konsumenten besser über die mit ihren Entscheidungen verbundene Umweltbelastung informiert,* z. B. in Form einer Materialintensitäts-Produktkennzeichnung, die den gesamten Material- und Energieverbrauch erfassen könnte. Die traditionelle Produktgütezeichnung, z. B. der „Blaue Engel" berücksichtigt hingegen meist nur einen ausgewählten Aspekt.

- *Die Daten im Bereich der (potenziellen) Umweltbelastung sind einfacher zu erfassen.* Eine Erfassung der Daten bezüglich Schadstoffen und ihrer Kombinationen stößt in vielen Fällen an messtechnische und wissenschaftliche Grenzen.

Dagegen ist die Erfassung von Inputdaten bei der Produktion einfacher realisierbar und kann für internationale Analysen zur Abschätzung der Umweltbelastungspotenziale, für Vergleiche der Ressourcenproduktivität (Adriaanse et al. 1995) oder als Ansatzpunkte für die Umweltgesamtrechnung genutzt werden.

Literatur: **Adriaanse**, A. et al (1997): Resource Flows. WRI, Wuppertal Institut et al.; **Hinterberger**, F., **Luks**, F., **Stewen**, M. (1996): Ökologische Wirtschaftspolitik. Berlin, Basel und Boston; **Hinterberger**, F., **Luks**, F., **Stewen**, M. (1999): Wie ökonomisch ist die Stoffstromökonomik?, In: Konjunkturpolitik 45. Jg., H. 4, 358-375; **Hinterberger**, F., **Welfens**, M. (1996), Warum inputorientierte Umweltpolitik? in: Köhn, J., Welfens, M. J. (Hg.): Neue Ansätze in der Umweltökonomie. Marburg; **Schmidt-Bleek**, F. (1994): Wieviel Umwelt braucht der Mensch? Berlin u.a.; **Weizsäcker**, E. U. von, **Lovins**, A., **Lovins**, H. (1995): Faktor Vier – Doppelter Wohlstand – halbierter Naturverbrauch, München.

Das Konzept der „Ecosystem Health" („Gesundheit von Ökosystemen")

Zwar werden inzwischen ganze Ökosysteme geschützt, doch bis heute findet ein Management nur für einzelne Arten statt. Auf der Basis der populationsbiologischen Erkenntnisse wurden Modelle erstellt, nach denen es z. B. theoretisch möglich ist, Douglastannen und Lachse auf nachhaltige Weise zu nutzen. Tannen und Lachse gedeihen jedoch nicht unabhängig von anderen Arten und zahlreichen anderen Faktoren, die das Ökosystem beeinflussen. Aus diesem Grund sind die Versuche, einzelne Arten auf Basis dieser Modelle zu managen, kläglich gescheitert (Botkin 1990; Holling 1978; Meffe 1992). Vor dem Hintergrund allgemeiner Fragen zur Erhaltung der Ökosysteme und des Scheiterns der Modelle für einzelne Arten versammelte sich Anfang der 1990er Jahre eine Gruppe von Ökologen/innen und Sozialwissenschaftler/innen, um das Konzept der Gesundheit von Ökosystemen zu diskutieren und zu propagieren (Costanza, Norton and Haskell 1992). Im Jahre 1995 wurde die Zeitschrift *Ecosystem Health* ins Leben gerufen. Zu jener Gruppe gehören viele Vertreter/innen der Ökologischen Ökonomik. Wie die Ökologische Ökonomik ist sie interdisziplinär ausgerichtet. Der metaphorische Begriff „Gesundheit" soll daran erinnern, dass für Menschen wie Ökosysteme gilt: „Vorbeugen ist besser als Heilen". Der Gesundheitsbegriff geht jedoch über eine Metapher hinaus, wenn wir seine Bedeutung ernsthaft definieren, uns über den erwünschten Zustand von Ökosystemen zu einigen versuchen und Management-Kriterien entwickeln, die für verschiedene Ökosysteme gelten und eine Vielzahl von möglichen Störungen vorweg nehmen sollen (Rapport 1995).

Andere Ökologen verwenden den Begriff „Integrität von Ökosystemen" („ecosystem integrity"), um neue Brücken zwischen Biologie und Politik zu schlagen. Daneben entstand in den 1980er Jahren die „Naturschutzbiologie" („Conservation biology") als Forschungsbereich unter Biologen/innen, die sich nicht damit zufrieden gaben, die Zerstörung von Ökosystemen zu untersuchen, sondern einen praktischen Beitrag zum Naturschutz leisten wollten. An diesen zahlreichen Bemühungen nahmen auch Wissenschaftler/innen teil, die sich als Ökologische Ökonomen/innen verstehen. All dies sind Beispiele, wie Wissenschaft für neue Ziele genutzt werden kann, indem alte Annahmen darüber, wie Wissen zusammenhängt und die Entwicklung beeinflusst, verworfen werden.

Umweltepistemologie

Der Zweig der Philosophie, der untersucht, wie wir „Wahrheit" erreichen können, wird Epistemologie oder Erkenntnistheorie genannt. Wenn der *Homo sapiens* sich dadurch auszeichnet, intelligenter als andere Tiere zu sein, dann müssen die speziellen Probleme, die wir selbst verursacht haben, zum Teil auch auf der Art und Weise beruhen, wie wir denken. Wenn wir glauben, dass die Wissenschaft die der Entwicklung zugrunde liegenden technologischen und in gewissem Maße auch die institutionellen Veränderungen mitbestimmt hat, dann muss die Art unseres wissenschaftlichen Denkens und Wissens auch teilweise für die ökologischen Auswirkungen dieser Entwicklung verantwortlich sein. Aus diesem Grund konnte die Umweltzerstörung in der zweiten

Hälfte des 20. Jahrhunderts die Annahmen erschüttern, die dem vorherrschenden westlichen Wissenschaftsverständnis zugrunde liegen. Die These der Ökologischen Ökonomik, dass die Trennung von Ökonomik und Ökologie ein Fehler ist, hat zugleich auch erkenntnistheoretische Konsequenzen. Vor diesem Hintergrund haben einige Vertreter der Ökologischen Ökonomik die Geschichte der Wissenschaften und die Wissenschaftstheorie analysiert, um die Entstehung der Umweltzerstörung zu erklären (Funtowicz and Ravetz 1991; Norgaard 1989,1994; O'Connor et al. 1996). Eine der wichtigsten Grundlagen der westlichen Wissenschaft besteht beispielsweise in der Vorstellung, dass sich die Natur auf vorhersehbare Weise und gemäß allgemeingültigen Gesetzen verhält, die, einmal entdeckt, überall anwendbar sind. Wenn sich die Natur jedoch an unterschiedlichen Orten überdies auf unterschiedliche Weise weiterentwickelt, kann die Annahme, dass es eine „Physik" der Natur gibt, die Menschen zu zahlreichen Fehlern verleiten. Wenn unsere Probleme aufgrundlegend falsch gesetzte Prämissen zurückzuführen sind, wäre es am wirksamsten, diese Prämissen direkt anzugreifen, *bevor* neue Erklärungsansätze entwickelt werden.

Politische Ökologie

Wie im vorigen Kapitel bereits erwähnt, hatte Karl Marx großen Einfluss auf die Sozialwissenschaften. Außer dass er unsere Aufmerksamkeit auf die Themen Macht und Ungerechtigkeit lenkte, trug Marx dazu bei, dass wir die Bedeutung historischer Zusammenhänge nicht aus den Augen verloren. Das Ausmaß der Umweltzerstörung in der zweiten Hälfte des 20. Jahrhunderts hat marxistisch orientierten Vertretern/innen aus Anthropologie, Ökonomik, Geschichtswissenschaft und Soziologie zu einer neuen Kapitalismus- und Entwicklungskritik angeregt. Aus dieser Kritik ist eine neue Disziplin namens Politische Ökologie entstanden (z. B. Blaikie 1985). Auch in diesem Fall gibt es große Überschneidungen zwischen den Vertretern/innen der Politischen Ökologie und der Ökologischen Ökonomik (siehe z. B. die Autoren/innen in O'Connor 1995). Die meisten Thesen zur Gerechtigkeitsproblematik in der Ökologischen Ökonomik sind zwar aus formaler Sicht neoklassischer Art (z. B. Howarth and Norgaard 1992), die Befassung mit diesem Thema wird jedoch ergänzt durch marxistisch orientierte Ansätze im Bereich der Politischen Ökologie über Macht, Armut und Umweltveränderungen. In der Ökologischen Ökonomik beginnen wir zu erkennen, dass sich die traditionell getrennten Zweige der Theorieentwicklung in der Ökonomik gegenseitig durchaus befruchten können (Martinez-Alier und O'Connor 1996).

Schlussfolgerungen

Die Ökologische Ökonomik entwickelt sich durch die gegenseitige Befruchtung unterschiedlicher theoretischer Ansätze mit verschiedenen wissenschaftlichen Wurzeln. Die Gründer der Ökologischen Ökonomik haben Erklärungsansätze aus unterschiedlichsten Gedankenwelten kombiniert, traditionelle Annahmen hinterfragt und das Risiko getragen, von ihren Kollegen/innen geächtet zu werden. Auf diejenigen, die an dieser Aufgabe teilnehmen möchten, warten viele weitere Gelegenheiten, Zusammenhänge herzustellen und Annahmen zu hinterfragen. Es ist zu hoffen, dass der Druck auf die Wissenschaftler/innen, innerhalb der Grenzen der einzelnen Disziplinen bleiben zu müssen, nachlassen wird. Trotz der Vielfalt innerhalb der Ökologische Ökonomik wird doch die Ausgangsprämisse weitgehend von allen geteilt, dass aufgrund natürlicher Nutzungsbegrenzungen und ökologischer Schwellen die Erde nur über eine begrenzte Tragfähigkeit verfügt, sodassihre Aufnahmefähigkeit für Menschen und ihre Erzeugnisse limitiert ist. Damit sich die Wirtschaft auf eine nachhaltige Weise innerhalb dieser Grenzen entwickeln kann, müssen spezifische ökologische Politikstrategien etabliert werden. Im folgenden dritten Kapitel beschreiben wir zunächst die „vor-analytische Vision" dieses Stranges der Ökologischen Ökonomik, bevor wir uns in Kapitel 4 mit dem bestehenden und den neu zu entwickelnden Institutionen und Instrumenten beschäftigen werden, die zur Erreichung des Ziels einer nachhaltigen Entwicklung beitragen sollen.

3. Fragestellungen und Grundlagen der Ökologischen Ökonomik

Im letzten Kapitel haben wir gezeigt, in welcher Weise die Ökologische Ökonomik das Ergebnis eines evolutionären historischen Prozesses ist. Sie setzt sich nicht aus einem statischen Set an Antworten, sondern aus dynamisch, sich fortwährend ändernden Fragen zusammen. Sie propagiert ein grundlegend anderes, transdisziplinäres Bild von Wissenschaftlichkeit mit einem besonderen Gewicht auf Dialog und kooperative Problemlösungen. Sie versucht, die intellektuellen Scheuklappen abzulegen, unter denen die Wissenschaft aufgrund ihrer disziplinären Struktur mit ihrer Tendenz zur Abgrenzung und Abschirmung leidet. Diese transdisziplinäre Sicht war bis zum 20. Jahrhundert verbreitet und wurde erst in jüngerer Zeit durch ein starreres Wissenschaftsleitbild abgelöst.

Abbildung 3.1 stellt die Unterschiede zwischen der transdisziplinären und der heute üblichen Sicht von Wissenschaft grafisch dar. Die obere Grafik zeigt die Sichtweise der Wissenschaft, die zu einer Abgrenzung und Abschirmung der einzelnen wissenschaftlichen Bereiche auf der intellektuellen Landkarte führt. Die scharfen Grenzen zwischen den einzelnen Disziplinen, die verschiedenen Sprachen und Kulturen innerhalb der Disziplinen sowie das Fehlen einer übergreifenden Sichtweise machen es schwierig, wenn nicht unmöglich, sich mit denjenigen Fragen zu befassen, welche die Grenzen der einzelnen Disziplinen überschreiten oder die in ein Niemandsland zwischen einzelnen Territorien fallen. Denn es gibt Bereiche auf dieser Landkarte, die von keiner Disziplin abgedeckt werden. Auf der Basis dieses Leitbildes zur Organisation von Wissenschaft könnte man den Stellenwert der Ökologischen Ökonomik darin sehen, das Niemandsland zwischen Ökonomik und Ökologie auszufüllen, während Ökonomie, Ökologie und Ökologische Ökonomik weiterhin scharf voneinander abgegrenzt blieben. Doch dies entspricht nicht der Sichtweise der Ökologischen Ökonomik.

Die mittlere Grafik in Abbildung 3.1 kennzeichnet den interdisziplinären Ansatz. Nach dieser Sichtweise dehnen sich zwar die Disziplinen aus und überlappen sich, um das Niemandsland auf der intellektuellen Landkarte auszufüllen, ihre Kerngebiete bleiben jedoch erhalten. In den sich überlappenden Bereichen werden Dialoge und Interaktionen unternommen, das Gesamtbild jedoch wirkt wenig zusammenhängend. Diese Struktur ist zwar ein Schritt in Richtung des transdisziplinären Ansatzes der Ökologischen Ökonomik, sie wird dem aber noch nicht gerecht.

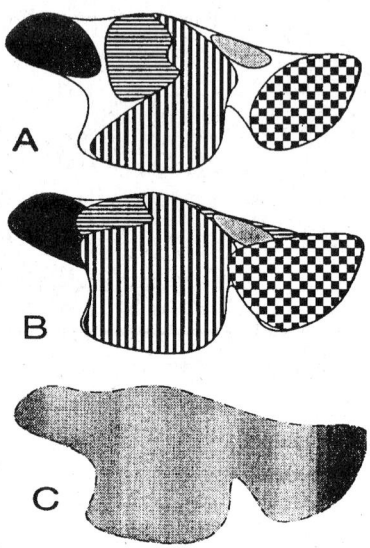

Abbildung 3.1: Disziplinäre, interdisziplinäre und transdisziplinäre Sichtweise.
A: Die übliche Sicht der Wissenschaft mit „intellektuellen Scheuklappen". Scharfe Grenzen zwischen den Disziplinen, verschiedene Sprachen und Kulturen innerhalb der Disziplinen sowie das Fehlen einer übergreifenden Sichtweise machen es schwierig, wenn nicht unmöglich, sich mit Fragen zu befassen, welche die Grenzen der einzelnen Disziplinen überschreiten.
B: Interdisziplinärer Ansatz, bei dem sich die Disziplinen ausdehnen und überlappen, um das Niemandsland auf der intellektuellen Landkarte auszufüllen.
C: Beim transdisziplinären Ansatz werden Fragen ganzheitlich untersucht und nicht auf der intellektuelle Landkarte aufgeteilt. Die Grenzen auf der intellektuellen Landkarte sind durchlässig und anpassungsfähig.

Die untere Grafik von Abbildung 3.1 stellt die ökologisch-ökonomische Vorstellung dar, bei der die Grenzen zwischen den Disziplinen völlig fehlen. Probleme und Fragen werden vor dem Hintergrund einer nahtlosen Gesamtheit auf einer intellektuellen Landkarte dargestellt, die sich ebenfalls wandelt und wächst. Diese Vorstellung steht neben und interagiert mit der traditionellen Sicht der Struktur der Wissenschaften, die für viele Fragen einen notwendigen und brauchbaren Ansatz darstellt. Die transdisziplinäre Sichtweise vermittelt eine übergreifende Perspektive, die das Wissen der einzelnen Disziplinen verbindet und eine Lösung der immer drängender werden Probleme ermöglicht, die innerhalb einzelner Disziplinen nicht gelöst werden können. In diesem Sinne ist die Ökologische Ökonomik nicht als Alternative zu einer der bestehenden Wissenschaften zu betrachten. Vielmehr beruht sie auf einer neue Sichtweise der Probleme, welche die bestehenden Ansätze ergänzt und einige Defizite des disziplinären

Ansatzes beseitigt. Es geht nicht um einen Gegensatz zwischen „konventionellen Wirtschaftswissenschaften" und „Ökologischer Ökonomik". Die konventionellen Wirtschaftswissenschaften sind (neben vielen anderen Fachgebieten) ein Bestandteil einer umfassenderen transdisziplinären Synthese.

Wir sind der Auffassung, dass die transdisziplinäre Sicht der Welt von grundlegender Bedeutung ist, um die drei interdependenten Ziele der Ökologischen Ökonomik, die im Folgenden untersucht werden, zu erreichen: ökologisch nachhaltige Größenordnung, gerechte Verteilung und effiziente Allokation. Dazu ist die Integration von drei Elementen erforderlich:

1. eine praktikable, allgemein geteilte Vorstellung darüber, was für die Welt verträglich ist und wie die nachhaltige Gesellschaft aussehen soll,

2. Methoden zur Analyse und Modellentwicklung, die auf die neuen Fragen und Problemstellungen, die sich aufgrund dieser Vorstellungen ergeben, zugeschnitten sind,

3. neue Institutionen und Instrumente, die diese Vorstellungen auf der Basis der Forschungsergebnisse effektiv umsetzen können.

Die Bedeutung der Integration dieser drei Komponenten kann nicht überschätzt werden. In unserer Diskussion über die praktische Anwendung wird zu oft der Umsetzungsaspekt betont. Dabei wird vergessen, dass eine geeignete Sichtweise der Welt und unserer Ziele häufig die besten Mittel sind, das Leitbild zu verwirklichen, und dass ohne angemessene Analysemethoden auch das beste Leitbild zum Trugbild werden kann. Hinsichtlich aller drei Komponenten kann auch die Bedeutung von Kommunikation und Ausbildung kaum überschätzt werden.

Über drei grundlegende Elemente des Leitbilds der Ökologischen Ökonomik besteht ein weitgehender Konsens:

1. Die Vorstellung der Erde als ein geschlossenes thermodynamisches und nicht materiell wachsendes System. Die Wirtschaft stellt ein Subsystem des globalen Ökosystems dar. Dies impliziert, dass Grenzen für die biophysischen Ressourcenströme bestehen, die vom Ökosystem zum ökonomischen Subsystem, durch dieses hindurch und in Form von Abfällen wieder zurück zum Ökosystem fliessen.

2. Das zukünftige Leitbild eines nachhaltigen Gesellschaftssystem mit einer hohen Lebensqualität für alle Bewohner/innen (sowohl der Menschen als auch aller anderen Arten) innerhalb der in 1. angesprochenen materiellen Grenzen.

3. Die Anerkennung der Tatsache, dass die Analyse von komplexen Systemen wie der Erde in jeglicher räumlicher und zeitlicher Größenordnung mit großen Unsicherheiten behaftet ist, die nicht beseitigt werden können. Einige Prozesse sind irreversibel und erfordern deshalb einen vorbeugenden Ansatz.

4. Die Notwendigkeit agierender statt reagierender Institutionen und Politiken: Im Ergebnis sollten einfache, flexible und durchführbare Politikstrategien verfolgt werden, die auf einem tiefen Verständnis der Systeme beruhen und die fundamentalen Unsicherheiten voll zur Kenntnis nehmen. Dies bildet die Basis für eine Politikumsetzung, die selbst nachhaltig ist.

3.1 (Ökologisch) Nachhaltige Größenordnung („Scale"), gerechte Verteilung und effiziente Allokation

Eine ergänzende Möglichkeit, die Ökologische Ökonomik zu beschreiben, besteht darin, die grundlegenden Probleme und Fragen aufzulisten, mit denen sie sich beschäftigt. Nach unserer Auffassung gibt es drei grundlegende Probleme: Allokation, Verteilung und Größenordnung (engl. „scale"). Die neoklassische Ökonomik hat sich mit der Allokation ausführlich, mit der Verteilung weniger und mit der Größenordnung überhaupt nicht befasst. Die Ökologische Ökonomik widmet sich allen drei Themen und übernimmt dabei einen Großteil der neoklassischen Allokationstheorie. Wir legen auf die Frage der Größenordnung deshalb ein so großes Gewicht, weil sie von den konventionellen Wirtschaftswissenschaften vernachlässigt wird. Die Beschäftigung mit der Größenordnung stellt den größten Hauptunterschied zwischen Ökologischer Ökonomik und neoklassischer Wirtschaftswissenschaft dar.

Der Problembereich der *Allokation* befasst sich mit der relativen Verteilung der Ressourcenströme auf alternative Verwendungen, also mit der Frage, was und wie viel für die Produktion von Autos, Schuhen, Pflügen, Teekannen, etc. aufgewendet werden soll. Wünschenswert ist eine *effiziente* Allokation, d. h. eine Allokation von Ressourcen zur Produktion von Konsumgütern entsprechend den individuellen Präferenzen, wobei diese nach der individuellen Zahlungsfähigkeit gewichtet werden. Um eine effiziente Allokation sicherzustellen, ist eine marktwirtschaftliche Wirtschaftsordnung zu schaffen, deren Preisbildung sich auf der Basis von Nachfrage und Angebot auf den verschiedenen Märkten vollzieht.

Der Problembereich der *Verteilung* bezieht sich auf die relative Verteilung der Ressourcenströme, d. h. von Endprodukten und Dienstleistungen, auf die verschiedenen Individuen. Es geht um die Frage, wie viel wir selbst, andere Menschen und zukünftige Generationen erhalten. Wünschenswert ist eine *gerechte bzw. faire* Verteilung, oder zumindest eine, bei der die Ungleichheit auf ein akzeptiertes Niveau begrenzt wird. Die Politikinstrumente zur Erzielung einer gerechteren Verteilung sind unter anderem Transfermechanismen wie Steuern und Sozialhilfe.

Der Problembereich der (ökologisch nachhaltigen) *Größenordnung* (engl. „scale") bezieht sich auf das Ausmaß des Durchsatzes bzw. des Stromes von Materie/Energie *aus* der Umwelt in Form von Rohstoffen mit niedriger Entropie und *zurück* zur Umwelt in Form von Abfällen mit hoher Entropie (siehe Abbildung 1.1) Ein möglicher Indikator ist das Produkt aus Bevölkerung und Ressourcenverbrauch pro Kopf. Dieser Indikator wird in physischen Einheiten gemessen. Letztlich steht er für die natürlichen Kapazitäten des Ökosystems, die entnommenen Ressourcen zu erneuern und die Abfälle zu absorbieren – und dies auf nachhaltigem Niveau.

Der vielleicht beste Indikator für die Größe des *scales* ist das reale Bruttoinlandsprodukt. Obwohl das reale Bruttoinlandsprodukt in Werteinheiten gemessen wird (P · Q, wobei P für Preis und Q für Menge steht), soll es vor allem als Indikator für Mengenveränderungen dienen (Veränderung von Q). In der Volkswirtschaftlichen Gesamtrechnung bemüht man sich daher, die Einflüsse von Änderungen der relativen Preise und des Preisniveaus möglichst weitgehend zu eliminieren. Für verschiedene Zwecke mag es sinnvoller sein, den Durchsatz mit Kenngrössen materialisierter Energie zu messen (Costanza 1980; Cleveland et al. 1984). Die Wirtschaft wird als ein offenes Subsystem des größeren, aber endlichen, geschlossenen und nicht wachsenden Ökosystems verstanden. Die relative Größenordnung der Wirtschaft ist insofern bedeutsam, als die Größe des Ökosystems unveränderbar ist. Wünschenswert wäre eine Größenordnung, die zumindest nachhaltig ist, d. h. bei der die Tragfähigkeit der Natur im Laufe der Zeit nicht abnimmt. Mit anderen Worten, die zukünftige Tragfähigkeit der Natur darf im Gegensatz zu den gegenwärtig praktizierten Kosten-Nutzen-Abwägungen nicht diskontiert werden. Eine optimale Größenordnung ist mindestens nachhaltig, sie sollte auch dadurch gekennzeichnet sein, dass keine Leistungen des Ökosystems geopfert werden, die derzeit marginal mehr wert sind als die Gewinne aus einer intensiveren Produktion und Ressourcennutzung.

Der Begriff der Größenordnung (engl. „scale") darf in diesem Zusammenhang nicht mit Größenvorteilen (engl. „economies of scale") verwechselt werden. Dieser Begriff bezieht sich auf Effizienzsteigerungen aufgrund von Änderungen der Betriebsgröße bzw. der Produktionsmenge in einem Unternehmen oder Wirtschaftszweig. Der Begriff der Größenordnung wird hier verwendet, um die absolute Größe der gesamten Volkswirtschaft und ihres Durchsatzes zu bezeichnen.

Prioritäten zwischen den Problembereichen

Die Bereiche der effizienten Allokation, gerechten Verteilung und nachhaltigen Größenordnung hängen zwar eng zusammen, lassen sich jedoch eigenständig behandeln. Das effektivste Vorgehen besteht darin, eine bestimmte Reihenfolge nach Prioritäten einzuhalten und jeweils unabhängige Politikinstrumente einzusetzen (Daly 1992). Es existieren unendlich viele effiziente Allokationen, doch nur jeweils eine für eine bestimmte Verteilung und Größenordnung. Deshalb ist eine effiziente Allokation keine hinreichende Bedingung für Nachhaltigkeit (Bishop 1993). Weiter ist klar, dass die Größenordnung nicht durch Preise bestimmt werden sollte, sondern durch einen gesellschaftlichen Entscheidungsprozess unter Berücksichtigung der ökologischen Grenzen. Die Verteilung sollte ebenfalls nicht durch Preise bestimmt werden, sondern durch gesellschaftliche Entscheidungsprozesesse auf Grundlage einer gerechten Vermögensverteilung. Abhängig von diesen gesellschaftlichen Entscheidungen können dann die knappen Ressourcen durch individuelles Handeln auf Märkten einer effizienten Allokation zugeführt werden.

Verteilung und Größenordnung berücksichtigen auch die Armen, die künftigen Generationen und andere Spezies, wobei die Beziehung zu diesen Gruppen dem Wesen nach nicht individueller, sondern gesellschaftlicher Art ist. Sowohl der *Homo oeconomicus* als selbständiges Atom des methodologischen Individualismus als auch das soziale Wesen kollektiver Theorien stellen eine starke Abstraktion dar. Unsere konkrete Erfahrung vom Menschen ist die einer „Person in einer Gemeinschaft". Wir sind Einzelpersonen, aber unsere individuelle Identität wird durch die Art unserer sozialen Beziehungen definiert. Unsere Beziehungen zueinander sind nicht nur externer Natur, sondern auch intern definiert. Ändern sich die Beziehungen zwischen den Einheiten, dann hat dies auch Konsequenzen für die Einheiten (uns) selbst. Wir stehen nicht nur durch das Geflecht der individuellen Zahlungsbereitschaften für verschiedene Dinge miteinander in Beziehung, sondern auch durch unsere Beziehungen in Form von Fürsorge für die Armen, die künftigen Generationen und andere Spezies. Der Versuch, von diesen konkreten Beziehungen der Fürsorge zu abstrahieren und alles auf die Frage der individuellen Zahlungsbereitschaften zu reduzieren, stellt eine Verzerrung unserer konkreten Erfahrungen als Gemeinschaftswesen dar. Dies ist ein Beispiel für A. N. Whiteheads „Trugschluss der unzutreffenden Konkretheit"[5] (Daly und Cobb 1989).

Preise, welche die Opportunitätskosten für eine Re-Allokation ausdrücken, haben keinen Bezug zu den Opportunitätskosten einer Umverteilung oder der Änderung der

---

[5] A. N. Whitehead: Wissenschaft und moderne Welt, Frankfurt 1984 (Suhrkamp Verlag), insbesondere S. 66 ff.; Anm. d. Hrsg.

Größenordnung. Alle Trade-off-Beziehungen zwischen den drei Zielen (z. B. eine bessere Verteilung auf Kosten einer ungünstigeren Größenordnung oder Allokation oder ungleichere Verteilung zugunsten stärkerer Anreize für eine bessere Allokation) bedeuten ethische Urteile über die Qualität der sozialen Beziehungen, und sind nicht Ausdruck von Zahlungsbereitschaftsanalysen. In den heutigen Wirtschaftswissenschaften scheint jedoch die gegenteilige Auffassung vorzuherrschen: Die Wahl zwischen den grundlegenden gesellschaftlichen Zielen und der Qualität der sozialen Beziehungen, die uns als Personen definieren, findet auf der Basis individueller Zahlungsbereitschaften statt – auf die gleiche Weise wie die Wahl zwischen Kaugummi und Schnürsenkel entschieden wird. Diese Denkweise ist Teil der rückschrittlichen, aber modernen Reduktion aller ethischen Entscheidungen auf persönliche Vorlieben, die gemäß dem Einkommen gewichtet werden.

Es ist aufschlussreich, sich die Versuche der mittelalterlichen Scholastiker vor Augen zu führen, Verteilung unter Allokation zu subsumieren bzw. Allokation unter Verteilung. Hier liegt die Wurzel der Doktrin vom „gerechten Preis", die später von der ökonomischen Theorie völlig verworfen wurde. Doch sie überlebt hartnäckig in der Politik der Mindestlöhne, Agrarpreisstützung oder Subventionen für Wasserkraft und Elektrizität. Im Allgemeinen werden jedoch die Kosten für eine gerechte Verteilung nicht internalisiert, d. h. Marktpreise nicht korrigiert. In den Wirtschaftswissenschaften werden Allokation und Verteilung heute getrennt voneinander behandelt und es herrscht die Meinung vor, dass Preise nur der effizienten Allokation dienen sollten, während davon unabhängig eine Transferpolitik verfolgt werden sollte, die sich an der Verteilungsgerechtigkeit orientiert. Dies entspricht Tinbergens Forderung nach der Entsprechung von politischen Zielen und Instrumenten: ein Instrument für jedes Politikziel. Zentral ist jedoch, dass wir das Politikziel „Verteilung" ebenso wenig wie das der „Größenordnung" unter „Allokation" subsumieren können.

Daher müssen wir die Probleme in der folgenden Reihenfolge behandeln: Zunächst sollten wir die ökologischen Grenzen einer nachhaltigen Größenordnung bestimmen und eine Politik betreiben, die gewährleistet, dass der Durchsatz der Wirtschaft innerhalb dieser Grenzen bleibt. Im zweiten Schritt müssen wir eine faire und gerechte Verteilung der Ressourcen erreichen, indem wir Eigentumsrechte zuweisen und Transfers durchführen. Diese Eigentumsrechte betreffen das ganze Spektrum vom privaten zum staatlichen Eigentum. Dabei sollte aber auch darüber nachgedacht werden Eigentumsrechte für Mischformen privater und öffentlicher Ressourcennutzung zu etablieren. Das gilt auch im Hinblick auf einzelne Leistungen und Funktionen der Ressourcennutzung (Young 1992). Nachdem die Probleme der Größenordnung und der Verteilung gelöst sind, können im dritten Schritt marktbasierte Mechanismen verwendet werden, um eine effiziente Allokation der Ressourcen zu erzielen. Das bedeutet auch die Ausweitung der Märkte, um die zahlreichen Umweltgüter und -leistungen einzubeziehen, die gegenwärtig nicht durch den Markt abgedeckt werden. Die Politikinstrumente zur Erreichung der drei Ziele der nachhaltigen Größenordnung, gerechten Verteilung und effizienten Allokation werden in Kapitel 4 detailliert behandelt. Doch zunächst wollen wir uns eingehender mit den Problemen der Größenordnung und der Verteilung beschäftigen.

Box 13:   Der Zwang zum Wachstum in der Geldwirtschaft

Hans Christoph Binswanger

In einem Zeitungsbericht der *Neuen Zürcher Zeitung* über die Ewenken und Burjaten, zwei sibirische Völker, die am Baikalsee leben, wird darauf hingewiesen, dass sie lange Zeit einen archaischen Lebensstil bewahren konnten und sich nur zögernd auf die moderne Lebensweise einlassen. In diesem Bericht schildert der Verfasser seinen Besuch bei einer Ewenkenfamilie. Er schreibt:

Zum Frühstück gibt's Tee, wie immer, Bratkartoffeln, weich gekochte Eier und rohen Fisch aus dem Baikalsee, den Schenja kurz vor der Jagd noch gefangen hatte. Wie schon sein Vater, fährt auch er auf den See hinaus und weiß alles über Wind und Tiere. Und doch unterscheidet sich Schenja von seinem Vater, der sagt: „Nimm so viele Fische aus dem See, wie du unbedingt zum Leben brauchst, nimm keinen Fisch mehr, die Natur will es so." Schenja fischt heimlich ein Mehrfaches und bringt die Fische an einen anderen Ort, bevor er ins Dorf zurückkehrt, damit sein Vater nichts davon erfährt.

Diese Schilderung von Schenja, der mehr fischt, als er unbedingt braucht, ist eine sehr genaue Darstellung des Anfangs des Wirtschaftswachstums. Es erhebt sich die Frage: Warum fängt der junge Fischer mehr Fische als sein Vater?

Was ist zu Ende des 20. Jahrhunderts so neu, dass es Schenja zur Änderung der Wirtschaftsweise bewegen kann? Die Antwort ist eindeutig. Neu ist die Möglichkeit, einen Mehrertrag der Fische nicht einfach nur selbst zu verspeisen oder allenfalls bei den Nachbarn, die sich mehr der Landwirtschaft widmen, gegen Brot und Gemüse einzutauschen, sondern ihn auf dem Markt gegen Geld zu verkaufen. Die Geldwirtschaft ist neu – die Geldwirtschaft, die in der sozialistischen Wirtschaft zweifellos langsamer Fuß gefasst hatte als bei uns. Sie prägte aber schon vor dem Zusammenbruch der Sowjetunion auch im Osten bis hin nach Sibirien immer mehr das Wirtschaftsleben.

Schenja bekommt Geld, wenn er die Fische verkauft. Das Geld aber lässt sich anhäufen. Es verdirbt nicht. Es lässt sich ständig vermehren. Man hat von ihm nie genug. Denn es ist geeignet, gegen x-beliebige Konsumgüter eingetauscht zu werden, auch gegen solche, die man noch gar nicht kennt, aber schon irgendwie erträumt. .../

Aber man kann Geld nicht nur gegen Konsumgüter eintauschen, sondern auch gegen Investitionsgüter, z. B. gegen ein größeres Boot, mit dem es möglich ist, noch mehr zu fischen, noch mehr Geld zu erwirtschaften. Oder man kann das Geld auf einem Sparguthaben anlegen, das einen Zins trägt, so daß sich das Geld, wie es scheint, von selbst vermehrt. Lohnt es sich wegen einer solchen Möglichkeit nicht, immer mehr Fische zu fangen? Schenja hat diese Frage mit Ja beantwortet.

Das Geld lässt den Menschen nicht mehr los, wenn er sich einmal seiner Logik unterworfen hat. Es gibt einen Zwang zum quantitativen Wachstum der Wirtschaft, d. h. zur forcierten Unterwerfung der Natur unter die Zwecke der Ökonomie – einen Zwang, der nicht gegeben ist außerhalb der Geldwirtschaft. Vielleicht ist er auch noch nicht gegeben am Anfang der Geldwirtschaft, in der Wirtschaftweise Schenjas. Er scheint aber zunehmend stärker zu werden, je mehr man das Geld vor allem zu Investitionszwecken sowie zum Ausbau der Infrastruktur benötigt, d. h. zur Bereitstellung von Geräten und Maschinen verwendet, die dazu dienen, die Natur noch besser, noch vollständiger in den Griff zu bekommen.

Vieles spricht dafür. Schon Schenja dürfte es schwer fallen, auf den größeren Fischfang zu verzichten, wenn er einmal ein Boot gekauft und dafür einen Kredit aufgenommen hat, in Erwartung künftiger Mehrerträge, wenn also das Boot zu Kapital geworden ist, das sich rentieren muss. Erst recht gilt dies aber für die heutige Wirtschaft, die in ihrer Gesamtheit auf ein dichtes Netz von Kreditbeziehungen aufbaut. Diese werden im Wesentlichen getragen vom Bankensystem, das über die Kreditgewährung neues Geld = Bankgeld (sowohl im Sinne von Papier- wie Buchgeld) schafft, wobei das neue stoffwertlose Geld gesamtwirtschaftlich nur so weit Geltung hat bzw. behält, als sich die Kredite durch Gewinne aus den mit diesen Krediten finanzierten Investitionen rechtfertigen. Das neue Geld ist ja nichts anderes als Schulden des Bankensystems, die man als Schulden (= Forderungen gegenüber der Bank) stehen bzw. gelten lässt, weil man über sie zu Zahlungszwecken, d. h. als Geld, verfügen kann. Dies setzt aber die Zahlungsmöglichkeit der Banken und als Grundlage dafür die Rentabilität der Wirtschaft voraus. Wenn diese nicht gegeben ist, wenn die Kapitalanlagen nicht halten, was sie versprechen, gerät das ganze Kreditnetz und damit die Wirtschaft in Unordnung und unter Umständen in eine Krise. Nicht nur das Kapital, sondern auch das neue Geld würde wertlos.

Literatur: **Binswanger**, H. C. (1998): Wo Geldwirtschaft entsteht, verändert sich der Mensch, in: Die Glaubensgemeinschaft der Ökonomen. Essays zur Kultur der Wirtschaft, München: Gerling Akademie Verlag, S. 207–118

Von der Ökonomik der „leeren Welt" zur Ökonomik der „vollen Welt"

Die Ökologische Ökonomik vertritt die These, dass die Entwicklung der Wirtschaft die Ära hinter sich gelassen hat, in der das anthropogene Kapital der begrenzende Faktor des wirtschaftlichen Wachstums war, und in eine Ära eingetreten ist, in der das verbleibende Naturkapital den begrenzenden Faktor darstellt. Gemäß der ökonomischen

Logik sollten wir die Produktivität des knappsten (begrenzenden) Faktors verbessern und gleichzeitig sein Angebot erhöhen. Demnach sollte eine Wirtschaftspolitik verfolgt werden, welche die Produktivität des natürlichen Kapitals und seinen Gesamtwert erhöht, anstatt die Produktivität des anthropogenen Kapitals und seine Akkumulation zu fördern. Letzeres war eine angemessene Politik, solange das anthropogene Kapital den begrenzenden Faktor darstellte. Im Folgenden werden wir die These vom Eintritt in die neue „Ära" begründen und einige Aspekte des umfassenden Politikwandels diskutieren, der sich dadurch sowohl für die allgemeine Entwicklung als auch für einzelne Institutionen ergibt.

Gründe für die Nichtbeachtung des Wendepunkts

Warum wurde der Übergang von einer Welt, in der relativ wenige Menschen lebten und die wenig anthropogenes Kapital verwendete, zu einer Welt, die relativ voll von anthropogenen Kapital ist, von den Wirtschaftswissenschaften nicht wahrgenommen? Wenn es tatsächlich einen solch tiefgreifenden Wandel der Knappheitsverhältnisse gegeben hat, wie wir glauben, warum konnte er von den Ökonomen übersehen werden, deren Aufgabe es doch ist, Knappheiten zu untersuchen? Einige Ökonomen wie Boulding (1966) und Georgescu-Roegen (1971) haben auf den Wandel durchaus hingewiesen, doch ihre Rufe sind größtenteils ungehört verhallt.

Ein Grund dafür ist die trügerische, exponentielle Beschleunigung des Wachstums. Bei einer konstanten Wachstumsrate wird eine „halbvolle" zu einer „vollen" Welt in derselben Zeit, die es braucht, die Nutzung natürlicher Ressourcen von 1 % auf 2 % zu verdoppeln. Darüber hinaus hat sich die Verdoppelungszeit verkürzt und sich damit die trügerische Beschleunigung erhöht. Wir werden nun wieder auf unser Beispiel der prozentualen Aneignung des Nettoprodukts der landbasierten Photosynthese durch die Menschen zurückkommen, der als Indikator dafür verwendet werden kann, wie „voll" die Welt an Menschen und ihren Erzeugnissen ist. Gemäß diesem Indikator können wir sagen, dass die Welt zu 40 % voll ist, da wir direkt oder indirekt etwa 40 % des Nettoprimärprodukts der landbasierten Photosynthese nutzen (Vitousek et al. 1986). Wenn wir 40 Jahre als den Verdoppelungszeitraum für die menschliche Ressourcennutzung annehmen (d. h. gemessen in Bevölkerung mal Ressourcenverbrauch pro Kopf) und zurückrechnen, gelangen wir von den heutigen 40 % zu dem Wert von 10 % in nur zwei Verdoppelungszeiträumen bzw. 80 Jahren, was in etwa der menschlichen Lebenserwartung in Europa oder Nordamerika entspricht. Unter einer „vollen Welt" verstehen wir einen Wert von 100 % Aneignung des Nettoprodukts der Photosynthese durch die Menschen, was jedoch unwahrscheinlich und gesellschaftlich unerwünscht ist (nur die zähesten Tier- und Pflanzenarten wären dann noch wildlebend, alle anderen würden zum Nutzen der Menschen domestiziert). Mit anderen Worten, eine volle Welt liegt effektiv bereits bei einem Wert von weniger als 100 % Aneignung der Nettoprimärproduktion vor. Darüber hinaus existieren viele Hinweise darauf, dass die langfristige Tragfähigkeit der Erde unter dem gegenwärtigen Wert von 40 % liegt (siehe Kapitel 1). Die Welt hat sich in kürzester Zeit von „relativ leer" (10 %) zu „relativ voll" (40 %) entwickelt. Auch wenn mit einem Wert von 40 % weniger als die Hälfte der Nettoprimärproduktion anthropogen genutzt wird, weist der Wert bereits auf eine relativ volle Welt hin; denn damit sind wir vom Wert 80 % nur einen Verdoppelungszeitraum entfernt. Diese Entwicklung der anthropogenen Aneignung von Naturkapital hat sich mit einer größeren Geschwindigkeit vollzogen als die, mit der sich ökonomische Paradigmen ändern. Dem Physiker Max Planck zu Folge setzt sich ein neues wissenschaftliches Paradigma nicht deshalb durch, weil die Mehrheit der Gegner überzeugt werden konnte, sondern weil die Gegner ausgestorben sind.[6] Das scheint auch für die Zunft der Ökonomen zu gelten. Zumindest vollzieht sich der Paradigmenwechsel nur sehr langsam. Doch auch wenn die Ökonomik der „vollen Welt" in akademischen Kreisen noch nicht anerkannt ist, gilt sie zunehmend als Herausforderung. Mit diesem Buch, einem Plädoyer für eine Ökonomik der „vollen Welt", versuchen wir hierzu einen Diskussionsbeitrag zu leisten.

Komplementarität versus Substituierbarkeit

Ein Hauptgrund dafür, dass der tiefgreifende Wandel der Knappheitsverhältnisse nicht bemerkt wurde, besteht darin, dass eine wichtige Erkenntnis von den Ökonomen/innen nicht wahrgenommen wurde: die geringe Substituierbarkeit der Produktionsfaktoren. Nur wenn diese als komplementär, d. h. sich ergänzend begriffen werden, können sie auch als limitational bzw. begrenzend wahrgenommen werden. Wenn Faktoren gute Substitute darstellen, d. h. wenn sie sich gegenseitig ersetzen können, dann hat der Mangel eines Faktors keine wesentliche Einschränkung auf die Produktivität eines anderen Faktors zur Folge. Eine Standardannahme der Neoklassik besteht darin, dass die Produktionsfaktoren in hohem Maße substituierbar sind. Obwohl es abweichende Theorien gibt, nach denen die betrachteten Faktoren keineswegs substituierbar sind (z. B. die totale Komplementarität im Leontief-Modell), herrscht nach wie vor die allgemeine Annahme der Substituierbarkeit vor. Daher ist die Vorstellung von begrenzenden Faktoren in den Hintergrund getreten. Es ergibt sich folgende Kette: Wenn

---

[6] Üblicherweise wird Thomas S. Kuhn mit dieser Ansicht in Verbindung gebracht. Vgl. T. S. Kuhn: The structure of Scientific Revolutions. 1962 (Anm. d. Hrsg.).

Faktoren nicht als komplementär zueinander, sondern als substituierbar gelten, dann kann es keine begrenzenden Faktoren geben und somit auch keine neue Ära, die auf dem Übergang von einem begrenzenden Faktor zu einem anderen begrenzenden Faktor beruht. Dies zeigt: es muss hinsichtlich der Frage Komplementarität oder Substituierbarkeit unbedingt Klarheit bestehen.

Die Produktivität des anthropogenen Kapitals wird in immer stärkerem Maße durch das abnehmende Angebot an natürlichem Kapitel begrenzt. In früheren Zeiten, als die Menschheit noch nicht so große Teile der Biosphäre vereinnahmt hatte, stellte das anthropogene Kapital den begrenzenden Faktor dar. Der Übergang vom anthropogenen zum natürlichen Kapital als begrenzendem Faktor ist folglich eine Funktion der wachsenden Größenordnung menschlicher Aktivitäten. Das Naturkapital ist eine Bestandsgröße, die einen Strom natürlicher Ressourcen hervorbringt (Flussgröße): Der Wald bringt zu schlagendes Holz hervor, die Ölvorkommen zu förderndes Rohöl, die Fischgründe im Meer nutzbare Fische. Das komplementäre Verhältnis von natürlichem und anthropogenem Kapital tritt zutage, wenn folgende Fragen gestellt werden: Welchen Wert hat ein Sägewerk ohne einen Wald? Welchen Wert hat eine Raffinerie ohne Ölvorkommen? Welchen Wert hat ein Fischerboot ohne Fischgründe? Jenseits eines bestimmten Punktes der Akkumulation von anthropogenem Kapital wird das verbleibende Naturkapital zum begrenzenden Produktionsfaktor. Einige Beispiele hierzu: Der begrenzende Faktor für die Höhe der Fischfangmengen ist die reproduktive Kapazität der Fischpopulationen, nicht die Zahl der Fischerboote. Der begrenzende Faktor für die Benzinmenge sind die Rohölreserven, nicht die Raffineriekapazitäten. Der begrenzende Faktor für viele Holzarten sind die restlichen Waldflächen, nicht die Kapazität der Sägewerke. Costa Rica und die Halbinsel Malaysia müssen heute Baumstämme importieren, um ihre Sägewerke auszulasten. Daran zeigt sich auch, dass ein Land nur dann über einen bestimmten Punkt hinaus anthropogenes Kapital akkumulieren und Naturkapital ausbeuten kann, wenn sich ein anderes Land in der Generierung anthropogenen Kapitals zurückhält. Die aufgrund der Komplementarität von anthropogenem und natürlichem Kapital bestehenden Zwänge können zwar von einzelnen Nationen auf Kosten anderer umgangen werden, doch auf globaler Ebene ist dies nicht möglich. Das Auflisten von immer mehr Beispielen für Komplementaritäten zwischen natürlichem und anthropogenem Kapital reicht freilich nicht aus, um daraus allgemeingültige Schlussfolgerungen ziehen zu können. Die angegeben Beispiele dienen jedoch zur Veranschaulichung der allgemeinen Begründung für die Komplementaritätsthese, die weiter unten vorgestellt wird (Kapitel 3.3).

Aufgrund der komplementären Beziehung zwischen anthropogenem und natürlichem Kapital übt die starke Akkumulation von anthropogenem Kapital Druck auf das natürliche Kapital aus, das einen immer größeren Strom von natürlichen Ressourcen hervorbringen muss. Wenn dieser Strom eine Größenordnung erreicht, die nicht länger aufrechterhalten werden kann, besteht eine große Versuchung, den jährlichen Strom auf nicht nachhaltige Weise zu erzeugen, indem Teile der natürlichen Kapitalbestände liquidiert werden, sodass der Wertverlust des komplementären anthropogenen Kapitals hinausgezögert werden kann. In der Ära der Ökonomik der leeren Welt galten die natürlichen Ressourcen und das Naturkapital (abgesehen von den Ausbeutungs- oder Erntekosten) sogar als freie Güter. Folglich war der Wert des anthropogenen Kapitals nicht durch die Knappheit eines komplementären Faktors gefährdet. In der Ära der Ökonomik der vollen Welt bedeutet dies eine echte Gefahr, der dadurch begegnet wird, dass Teile des natürlichen Kapitalbestands liquidiert werden, um den Strom derjenigen natürlichen Ressourcen für eine beschränkte Zeit fließen zu lassen, die den Wert anthropogenen Kapitals zu erhalten helfen.

Wirtschafts- und umweltpolitische Implikationen der Wende

In dieser neuen Ära der vollen Welt sollten Investitionen nicht nur zum Aufbau anthropogenen Kapitals verwendet werden, sondern verstärkt zur Erhaltung und Wiederherstellung des natürlichen Kapitals dienen. Darüber hinaus müsste die technische Entwicklung stärker auf die Produktivität des natürlichen Kapitals als auf die des anthropogenen Kapitals ausgerichtet sein. Wenn diese beiden Neuorientierungen ausbleiben, verhalten wir uns im wahrsten Sinne des Wortes „unwirtschaftlich". Konkret bedeutet dies: Der Schwerpunkt sollte von Technologien, die die Produktivität der Arbeit und des anthropogenen Kapitals erhöhen, auf diejenigen Technologien verlagert werden, welche die Produktivität des Naturkapitals steigern. Eine solche Entwicklung würden die Marktkräfte bewirken, wenn das Naturkapital mit steigender Knappheit teurer werden würde. Warum aber steigen die Preise nicht? In den meisten Fällen hat das Naturkapital keinen Eigentümer und wird folglich nicht auf Märkten gehandelt. Daher hat das Naturkapital auch keinen Preis, der Knappheiten sowie Kosten und Nutzen ausdrückt, und wird ausgebeutet, als betrüge sein Preis Null. Selbst in Fällen, in denen es einen Preis für natürliches Kapital gibt, reagieren die Märkte tendenziell kurzsichtig (myopisch), und die Kosten der künftigen Knappheit werden stark diskontiert. Das gilt insbesondere, wenn angenommen wird, dass die Akkumulation von anthropogenem Kapital ein nahezu perfektes Substitut für natürliche Ressourcen darstellt.

Die Produktivität des natürlichen Kapitals kann auf mehrere Arten erhöht werden: (1) Erhöhung des Stromes (Nettozuwachs) der natürlichen Ressourcen je Einheit des natürlichen Kapitalbestands (begrenzt durch die biologischen Wachstumsraten), (2)

Steigerung des Produktoutputs je Einheit Ressourceninput (begrenzt durch Massengleichgewicht) und vor allem (3) die Steigerung der Nutzungseffizienz, mit der die Ressourcen in (Dienst-)Leistungen für die Endverbraucher umgewandelt werden (begrenzt durch die Technologie). Wir haben bereits dargelegt, dass der Erfolg von Methode (2) durch die Komplementarität stark begrenzt wird. Der Erfolg von Methode (1) wird durch die komplexen ökologischen Zusammenhänge und die Massen- und Energieerhaltungsgesetze begrenzt. Daher betont die Ökologische Ökonomik die Bedeutung von Methode (3) (vgl. Box 14, Anm. d. Hrsg.).

Die soeben genannten Methoden, die Produktivität von Naturkapital zu erhöhen, begrenzen die Produktivität einerseits auf der Anbieterseite. Was die Nachfragerseite anbelangt, dürfte die ökonomische Produktivität des Naturkapitals stärker durch Präferenzen begrenzt sein als durch die Grenzen der biologischen Produktivität. Dazu ein Beispiel: Die Jagd und das Sammeln von Früchten und Nüssen im Regenwald dürften hinsichtlich der geernteten Biomasse weit produktiver sein als Rinderfarmen. Doch da Fleisch aus der Jagd und gesammelte Früchte nicht den Geschmack der Massen treffen, ist diese Nutzungsweise weniger einträglich als die biologisch weniger produktive Nutzung in Form von Rinderfarmen. In diesem Fall könnte also ein Wandel der Geschmäcker die biologische Produktivität erhöhen, mit der die Böden genutzt werden.

Box 14: Steigerung der Ressourcenproduktivität: Mehr Beschäftigung und besserer Umweltschutz

Raimund Bleischwitz und Ernst Ulrich v. Weizsäcker

Gegenwärtig ist das Ziel der Produktivitätssteigerung von Produktionsfaktoren einseitig auf den Faktor Arbeit ausgerichtet. Demgegenüber sind massive Produktivitätsverbesserungen bei der Ressourcennutzung nötig, um über eine Senkung des Ressourcenverbrauchs drängenden Umweltproblemen zu begegnen. So sind der Forschung zum *Treibhauseffekt* zufolge die Emissionen von CO_2 bis 2050 zu halbieren. Um dem *Verlust der biologischen Vielfalt* zu entgegnen, müssen die riesigen Materialflussmengen reduziert werden, die vom Rohstoffabbau bis zum Abfall Umweltbeeinträchtigungen erzeugen. Schmidt-Bleek (1998) hat eine weltweite Reduktion der Stoffströme um 50 % vorgeschlagen, wobei die beim Rohstoffabbau in Entwicklungsländern anfallenden „ökologischen Rucksäcke" (Abraum etc.) in das Ziel einzubeziehen sind.

Technologisch gesehen liegt also die Herausforderung in einem dramatischen Anstieg der *Energieproduktivität* – mittelfristig mindestens um einen Faktor Vier (Weizsäcker et al. 1995) – sowie der *Materialproduktivität*. Da Energie und Material natürliche Ressourcen sind, kann man von einem notwendigen Anstieg der *Ressourcenproduktivität* sprechen, also der erwirtschafteten Leistung im Vergleich zu den eingesetzten Ressourcenmengen; andere sprechen von „Öko-Effizienz". .../

3. Fragestellungen und Grundlagen der Ökologischen Ökonomik 107

Ähnlich wie seit Beginn der Industrialisierung die Arbeitsproduktivität um einen Faktor Zehn und mehr (Japan: vierzig) angestiegen ist (Maddison 1995), müsste künftig die Ressourcenproduktivität ansteigen. Warum sollte es nicht möglich sein, mit einer kWh oder einer Tonne Rohstoffe das Doppelte oder sogar das Zehn- bis Zwanzigfache an wirtschaftlichen Leistungen zu erzeugen? Offen ist, wie sich ein Anstieg der Ressourcenproduktivität auf die Arbeitsproduktivität auswirkt. In Deutschland war z. B. die Energieproduktivität 1973 – 1985 maßgeblicher Innovationsträger, die Ressourcenproduktivität konnte sogar um bis zu 8 % p.a. gesteigert werden (Bleischwitz 1998) – gleichzeitig verlangsamte sich der Anstieg der Arbeitsproduktivität deutlich. Dabei muss man fragen, ob angesichts hoher Arbeitslosigkeit ein hoher Anstieg der Arbeitsproduktivität gesamtwirtschaftlich erstrebenswert ist. Die Wachstumseffekte der Arbeitsproduktivität reichen seit Jahren in Europa nicht aus, um ihre Rationalisierungseffekte zu kompensieren. Eine stärkere Betonung der Ressourcenproduktivität und ein gemäßigter Anstieg der Arbeitsproduktivität können unter günstigen Rahmenbedingungen zu einem *arbeitsvermehrenden technischen Fortschritt* führen.

Ein Anstieg der Ressourcenproduktivität führt keineswegs zu einer Entindustrialisierung. Vielmehr werden industrielle Kompetenzen bei Werkstoffwahl, Stoffumwandlung und zwischenbetrieblicher Kooperation im Umgang mit Stoffen stärker denn je gefragt sein – eine Chance für innovative KMUs. Daneben wird der Rationalisierungsdruck auf die Arbeit nachlassen, weil sich Einsparinvestitionen zunehmend auf Energie und Material konzentrieren und Wachstum und Export entsprechender Produkte werden den Arbeitsmarkt unmittelbar stimulieren (Rennings 1998). Neben hoch qualifizierten Arbeitsplätzen werden bei Instand-setzung und Runderneuerung langlebiger Qualitätsgüter *Beschäftigungsmöglichkeiten für Geringqualifizierte* entstehen, denn Produkte müssen zurück- und auseinander genommen, gesäubert und repariert werden. Für solche arbeitsintensiven Tätigkeiten würden sich *Kooperationen zwischen mittelständischen Unternehmen und kommunalen Beschäftigungsinitiativen sowie Wohlfahrtsverbänden* anbieten. Hierfür wären staatliche Zuschüsse oder eine „negative Einkommenssteuer" erwägenswert.

Auch werden *Servicetätigkeiten* für Beratung, Wartung etc. zunehmen, die die Lebensdauer von Produkten verlängern und die Kaufentscheidung pro Qualitätsprodukt erleichtern . Darüber hinaus werden einige Tätigkeiten für einen Anstieg der Ressourcenproduktivität *Eigenarbeit* sein: einfache Reparaturarbeiten oder die Installation von Wasseraufbereitungsanlagen können do-it-yourself ausgeführt werden. Der Verleih professioneller Werkzeuge oder die Eigenversorgung durch den eigenen bzw. geteilten Garten kann Energie und Material einsparen. Insgesamt stärkt die Öko-Effizienz industrielle und industrienahe Aktivitäten und rückt schrittweise das „Ganze der Arbeit" (Scherhorn) – Erwerbs- Bürger- und Versorgungsarbeit – in den Mittelpunkt.

Bereits die frühere Umweltministerin Merkel legte 1998 eine Nachhaltigkeitsstrategie vor, nach der die Energie- und Materialproduktivität bis 2020 mindestens verdoppelt werden soll.

.../

> Österreich will bis 2050 die Materialproduktivität um einen Faktor Zehn steigern. Aus der OECD und von der UN-Generalversammlung liegen ähnliche Stellungnahmen vor. Von Interesse sind Initiativen verschiedener Unternehmen, etwa dem von Mitsubishi organisierten Netzwerk „Future 500", dem World Business Council for Sustainable Development sowie die internationale Faktor Vier+ Messe, (erstmals im Juni 1998 im österreichischen Klagenfurt). Nichtsdestotrotz müssen parallel die ökonomischen Rahmenbedingungen (z. B. Subventionsabbau für umweltintensive Produktion, ökologische Finanzreform) verändert werden. Erst im Miteinander von innovativen Unternehmen, Gesellschaft und Politik entsteht eine zukunftsfähige Langfristdynamik.
>
> *Literatur:* **Bleischwitz**, R. (1998): Ressourcenproduktivitität. Innovationen für Umwelt und Beschäftigung, Heidelberg / Berlin: Springer; **Maddison**, A. (1995): Monitoring the World Economy 1820–1992, Paris: OECD; **Rennings**, K. et. al. (1998): Beschäftigungswirkungen des Übergangs additiver zu integrierter Umwelttechnik, ZEW Mannheim; **Schmidt-Bleek**, F. (1998): Das MIPS-Konzept. Weniger Naturverbrauch – mehr Lebensqualität durch Faktor 10, München: Droemer/Knaur; **Weizsäcker**, E. U. v., **Lovins**, A. B., **Lovins**, L. H. (1995): Faktor Vier. Doppelter Wohlstand – Halbierter Naturverbrauch, München: Droemer/Knaur.

Wenn anthropogenes Kapital sich im Eigentum von Kapitalisten befindet, können wir davon ausgehen, dass es im Interesse einer Steigerung von Produktivität behandelt wird. Arbeitskraft kann in gleicher Weise wie anthropogenes Kapital behandelt werden. Aus dem Bestand an Arbeitskraft kommen nützliche Arbeitsleistungen hervor. Die Arbeitskraft ist anthropogener Natur und befindet sich im Eigentum der Menschen, die zugleich ein Interesse daran haben, ihre Arbeitskraft zu bewahren und ihre Produktivität zu steigern. Dagegen gibt es keine Eigentümer für das nicht auf Märkten gehandelte Naturkapital (Wasserkreislauf, Ozonschicht, Atmosphäre usw.). Folglich kann man sich nicht darauf verlassen, dass eine gesellschaftliche Gruppe, die ihr Eigeninteresse verfolgt, gegen eine Übernutzung des Naturkapitals eintreten wird.

Welche Folgerungen für die Politik ergeben sich, wenn die obige Argumentation akzeptiert würde? Die Rolle der Entwicklungsbanken würde in der neuen Ära darin bestehen, zunehmend Investitionen in Aktivitäten zu lenken, welche die Bestände und die Produktivität des Naturkapitals erhöhen. In der Vergangenheit zielten Investitionen zur Förderung der wirtschaftlichen Entwicklung vor allem darauf ab, Bestand und Produktivität des anthropogenen Kapitals zu erhöhen. Statt vor allem in Sägewerke, Fischerboote und Raffinerien zu investieren, sollte das Hauptaugenmerk nunmehr auf Wiederaufforstung, Aufstockung der Fischgründe und erneuerbare Substitute für die schrumpfenden Ölreserven liegen. Zum letztgenannten Punkt gehören auch Investitionen in die Energieeffizienz, denn es ist unmöglich, die Ölvorkommen wieder aufzustocken. Da das Naturkapital auch die wichtige Funktion der Absorption von Abfällen hat, erhalten auch die Investitionen, die diese Kapazität erhöhen (z. B. die Verringerung der Umweltverschmutzung), eine größere Priorität. Hinsichtlich des auf den Märkten gehandelten Naturkapitals bedeutet dies keine revolutionären Änderungen. Bei dem nicht auf Märkten gehandelten Naturkapital sind Investitionen schwieriger durchzuführen, doch auch in diesem Fall kann die ökonomische Entwicklung den Schwerpunkt auf komplementäre öffentliche Güter wie Erziehung, Rechtssystem, öffentliche Infrastruktur und Ausbildung legen. Weiter sind Investitionen in eine Begrenzung des Bevölkerungswachstums für das Management einer relativ vollen Welt von größter Bedeutung. Wie das anthropogene Kapital steht auch die menschliche Arbeitskraft zu den natürlichen Ressourcen in komplementärer Beziehung. Wachstum von anthropogenem Kapital und menschlicher Arbeitskraft kann dazu führen, dass die Nachfrage nach natürlichen Ressourcen über die Kapazitäten des Naturkapitals ein nachhaltiges Angebot zu erzeugen, hinausgeht.

Die offensichtlichste Schlussfolgerung aus der Erkenntnis, dass wir in einer vollen Welt leben, besteht für die Politik darin, dass die Pro-Kopf-Ressourcennutzung der reichen Länder bei der derzeitigen Größe der Weltbevölkerung nicht auf die gesamte Erdbevölkerung übertragbar ist. Die Gesamtnutzung der Ressourcen ist bereits heute nicht mehr nachhaltig. Ihre Vervielfachung um den Faktor 5 bis 10, wie im Brundtland-Bericht anvisiert (wenn auch mit beträchtlichen Einschränkungen), ist ökologisch gesehen unmöglich. Da die Möglichkeiten weiteren materiellen Wachstums immer geringer werden, nimmt die Bedeutung von Umverteilung und Bevölkerungspolitik als Maßnahmen zur Bekämpfung der Armut entsprechend zu. In einer vollen Welt müssen Bevölkerung und Pro-Kopf-Ressourcennutzung beschränkt werden. Die armen Länder können ihre Pro-Kopf-Ressourcennutzung nicht verringern. Sie müssen sie im Gegenteil sogar erhöhen, um einen zufriedenstellenden Versorgungsgrad zu erreichen. Daher müssen sie ihr Augenmerk vor allem auf die Bevölkerungskontrolle richten. In den reichen Ländern müssen beide Aspekte beachtet werden. Dort wo die Bevölkerungszahl sozial und ökonomisch gesehen angemessen ist, sollte man sich auf die Begrenzung des Pro-Kopf-Verbrauchs konzentrieren, damit Ressourcen freigesetzt werden, die die armen Länder zur Erreichung eines besseren Versorgungsgrades benötigen. Investitionen in Bevölkerungskontrolle und Umverteilung werden für die Entwicklung also immer wichtiger.

Investitionen in das nicht über Märkte gehandelte Naturkapital sind eine Infrastrukturinvestition – im eigentlichen Sinne und in großem Ausmaß. Das heißt, es geht um die biophysische Infrastruktur des Lebensraumes des Menschen und nicht nur um öffentliche Investitionen, die die Produktivität der privaten Investitionen erhöhen. Hier sprechen wir von Investitionen in die biophysische Infrastruktur („Infra-Infrastruktur") mit dem Ziel, die Produktivität aller bereits getätigten privaten und staatlichen Investitionen in anthropogenes Kapital zu erhalten, indem in den Wiederaufbau des verbleibenden Naturkapitals investiert wird, das zum begrenzenden Faktor geworden ist. Da unsere Kapazitäten neues Naturkapital zu bilden, begrenzt sind, werden die Investitionen indirekt sein müssen, d. h. sie müssen das verbleibende Naturkapital erhalten und sein natürliches Wachstum fördern, indem die derzeit bestehende Nutzungsintensität verringert wird. Investitionen in Wartezeiten (z. B. Brachen) sind seit Alfred Marshalls Thesen aus den 1890er Jahren anerkannt und akzeptiert. Dazu gehören Investitionen in Projekte, die den Druck auf das betreffende Naturkapital vermindern, indem das künstliche Naturkapital vergrößert wird (angepflanzte Wälder zur Minderung des Drucks auf die Naturwälder) und die Endverbrauchseffizienz der Produkte erhöht wird.

Die Schwierigkeiten mit solchen Infrastrukturinvestitionen sind zweifach: zum einen schlägt sich die Produktivität der Investitionen häufig in höheren Erträgen anderer Investitionen nieder. Das erschwert die Berechnung und Zuweisung der Kreditschuld. Zum anderen sind die ökologischen Infrastrukturinvestitionen unter den derzeitigen Bedingungen im wesentlichen defensiver und restaurativer Art, d. h. sie bewahren die bestehenden Ertragsraten nur davor, schneller abzunehmen, als dies ansonsten der Fall wäre. Sie bewirken jedoch keinen Anstieg der Ertragsraten. Dieser Umstand dürfte den politischen Enthusiasmus für solche Investitionen dämpfen. Dies ändert aber nichts an der ökonomischen Problematik, dass die früheren hohen Ertragsraten des anthropogenen Kapitals nur möglich waren, weil die natürlichen Ressourcen mit nichtnachhaltiger Intensität genutzt wurden was die systematische Vernichtung von Naturkapital zur Folge hatte. Seit einiger Zeit wissen wir, dass die Vernichtung von Naturkapital vom Volkseinkommen, das im Rahmen der Volkswirtschaftlichen Gesamtrechnung ermittelt wird, abgezogen werden muss (siehe Ahmad, El Serafy und Lutz 1989). In der neuen Ära der nachhaltigen Entwicklung wird die Vernichtung von Naturkapital nicht als Einkommen gemessen werden, was bedeutet, dass wir uns an niedrigere Ertragsraten des anthropogenen Kapitals gewöhnen müssen. Diese Ertragsraten werden näher am Niveau der biologischen Wachstumsraten des Naturkapitals sein, da es der begrenzende Faktor sein wird.

Sobald die Investitionen in Naturkapital zu Beständen geführt haben, die im Gleichgewicht sind, d. h. die Wachstumsrate entspricht der Nutzung (sodass sich ein konstanter Gesamtressourcenstrom ergibt), müssen alle weiteren Steigerungen des materiellen wirtschaftlichen Wohlstands durch reine Effizienzsteigerungen kommen, die auf technologische Entwicklungen und Wandlungen von Prioritäten beruhen. Gewiss, Investitionen zur Steigerung der biologischen Wachstumsrate werden auch heute vorgenommen, und die Gentechnik könnte einen weiteren großen Schub geben. Die bisher gemachten Erfahrungen (z. B. die grüne Revolution) deuten jedoch darauf hin, dass für eine Steigerung der biologischen Ertragsraten in der Regel andere nützliche Merkmale geopfert werden müssen (Resistenzen, Geschmack, etc.). Das Energieerhaltungsgesetz kann von der Gentechnik auf keinen Fall außer Kraft gesetzt werden: Soll eine Pflanze oder ein Tier mehr Nahrungsmittel erzeugen, muss entweder der Input erhöht werden oder der Anteil der Materie/Energie verringert werden, der für den Aufbau und die Funktionen der Pflanze/des Tieres verwendet wird, aus denen keine Nahrungsmittel hergestellt werden können (Cleveland 1994). Entwicklungsökonomen brauchen neue Denkweisen, damit die Argumente für Investitionen in Infrastruktur auf den Bereich der biophysischen bzw. Umweltinfrastruktur und die Problematik der Aufstockung des Naturkapitals übertragen werden können. Da ein Großteil des Naturkapitals nicht nur ein öffentliches Gut, sondern ein globales öffentliches Gut darstellt, sind die Vereinten Nationen offensichtlich am ehesten in der Lage, eine politische Führungsrolle zu übernehmen. Beispiele für Infrastrukturinvestitionen in die Biosphäre sind:

- Ein entwaldetes Land muss aufgeforstet werden, damit ein Wertverlust des komplementären anthropogenen Kapitals der Sägewerke (Zimmerhandwerk, Tischlerhandwerk usw.) vermieden wird.

- Wassereinzugsbereiche von Stauseen sind aufzuforsten oder die bestehenden Wälder zu schützen, um Erosion und Sedimentation vorzubeugen und so das anthropogene Kapital „Stausee" zu erhalten und das ferner damit verbundene anthropogene Kapital (Bewässerungsanlagen, Stromgewinnung) zu erhalten.

In einigen Fällen ist es unklar, an welcher Stelle Infrastrukturinvestitionen in die Biosphäre ansetzen sollten.

- Auf globaler Ebene sind große Bestände des anthropogenen und natürlichen Kapitals durch den Abbau der Ozonschicht gefährdet, auch wenn die genauen Auswirkungen nicht vorhergesagt werden können.

- Der Treibhauseffekt gefährdet den Wert des gesamten Kapitalbestands, der sich in den Küstenbereichen befindet und von bestimmten Klimabedingungen abhängig ist (wie die Landwirtschaft), sei er anthropogener (Hafenstädte, Hafenanlagen, Badeorte) oder natürlicher Herkunft (Fisch- und Garnelenbestände im Flachwasserbereich von Flussmündungen).

Derzeit wird damit begonnen, die Volkswirtschaftlichen Gesamtrechnungen so anzupassen, dass die Vernichtung von Naturkapital berücksichtigt wird, doch es ist bisher kaum erkannt worden, dass der Wert des komplementären anthropogenen Kapitals ebenfalls abgeschrieben werden muss, wenn das Naturkapital, das genutzt werden sollte, vernichtet wird. Letztendlich wird der Markt den Wert der Fischerboote automatisch verringern, wenn erst einmal die Fische verschwunden sind. Also sind vielleicht doch keine entsprechenden Anpassungen der Volkswirtschaftlichen Gesamtrechnung nötig. Überfällig ist aber sicherlich die Durchführung von Ex-ante-Maßnahmen durch die Politik, um Ex-post-Abschreibungen auf das komplementäre anthropogene Kapital – sei es durch den Markt oder durch Buchhalter – zu vermeiden.

Reaktionen der Politik auf die historische Wende

Auch wenn Ökonomen noch kaum über die oben dargestellten grundlegenden Thesen diskutieren, führen drei Institutionen der Vereinten Nationen (Weltbank, UNEP und UNDP) ein Pilotprojekt mit bescheidenem Umfang durch, das sich auf Infrastrukturinvestitionen im Bereich der Biosphäre bezieht: Der *Globale Umweltfonds* (engl. *Global Environment Facility*) stellt Finanzierungshilfen für Programme zur Verfügung, die der Erhaltung oder Verbesserung der biosphärischen Infrastruktur oder nicht gehandelten Naturkapitals dienen. Fokussierte Problembereiche sind der Schutz der Ozonschicht, die Verringerung der Treibhausgasemissionen, die Sicherung internationaler Wasservorkommen sowie die Erhaltung der Biodiversität. Wenn die hier vertretene These korrekt ist, sollten Investitionen dieser Art bei der Entwicklungspolitik eine immer größere Bedeutung erhalten. Die These einer „neuen Ära" verdient unseres Erachtens eine ernsthafte Diskussion, vor allem da es so scheint, als wäre die Politik mit ihrer Reaktion auf den Beginn dieser neuen Ära bereits weiter als unser theoretisches Verständnis. Wir brauchen also wesentlich tiefere Einsichten in die ökologischen Zusammenhänge, das Naturkapital und die Leistungen der Ökosysteme. Der folgende Abschnitt skizziert einige zentrale Elemente der wissenschaftlichen Diskussion.

3.2 Ökosysteme, Biodiversität und ökologische Leistungen

Ein Ökosystem besteht aus Pflanzen, Tieren und Mikroorganismen, die in biologischen Lebensgemeinschaften leben und miteinander, mit der physikalischen und chemischen Umwelt, mit den benachbarten Ökosystemen und mit der Atmosphäre interagieren. Struktur und Funktionsweise eines Ökosystems werden durch synergetische Wechselwirkungen zwischen den Organismen und ihrer Umwelt aufrechterhalten. Beispielsweise beschränkt die physikalische Umgebung Wachstum und Entwicklung der biologischen Subsysteme, welche ihrerseits die physikalische Umgebung beeinflussen.

Die Solarenergie ist die treibende Kraft der Ökosysteme und ermöglicht den Kreislauf der Stoffe, die für die Organisation und Erhaltung dieser Systeme benötigt werden. Die Ökosysteme nehmen die Sonnenenergie über die pflanzliche Photosynthese auf. Dies ist die Grundlage für den biogeochemischen Kreislauf, d. h. für die Umwandlung, den Kreislauf und den Systemtransfer von Stoffen und chemischen Verbindungen, die

Wachstum und Produktion ermöglichen. Der Energiefluss und der biogeochemische Kreislauf bestimmen, wie viele Organismen und wie viele Stufen in der Nahrungskette in einem Ökosystem bestehen können (E. P. Odum 1989).

Holling (1987) hat das Verhalten von Ökosystemen als dynamische, sequentielle Interaktion zwischen vier grundlegenden Systemfunktionen beschrieben: Ausbeutung (engl. „exploitation"), Erhaltung („conservation"), Freisetzung („release") und Reorganisation („reorganization"). Die ersten beiden entsprechen in etwa der traditionellen ökologischen Sukzession. *Ausbeutung* („exploitation") bezieht sich auf diejenigen Prozesse, die für die schnelle Besiedlung von gestörten Ökosystemen verantwortlich sind, während der die Organismen auf leicht zugängliche Ressourcen zugreifen. *Erhaltung* („conservation") tritt ein, wenn durch langsame Ressourcenakkumulation immer komplexere Strukturen aufgebaut werden. Die Verbindungen zwischen den Organismen und die Stabilität des Ökosystems verstärken sich während des langsamen Übergangs von der Ausbeutung zur Erhaltung. Allmählich wird ein „Kapital" an Biomasse aufgebaut. *Freisetzung* („release") bzw. *kreative Zerstörung* findet statt, wenn in der Erhaltungsphase komplexe und eng verbundene Strukturen aufgebaut wurden und eine „Übervernetzung" entsteht, die abrupte Änderungen ausgelöst. Das System ist dann *brüchig* geworden; das angesammelte Kapital wird plötzlich freigesetzt und die vormals klare Organisation geht verloren. Die abrupte Zerstörung ist durch interne Entwicklungen bedingt, wird jedoch durch eine externe Störung wie Feuer, Krankheit oder Übernutzung ausgelöst. Dieser Prozess bewirkt einerseits Zerstörung, eröffnet jedoch andererseits die Möglichkeit für die vierte Stufe, die *Reorganisation* („reorganization"), bei der die freigesetzten Stoffe mobilisiert werden, sodass sie für die nächste Ausbeutungsphase zur Verfügung stehen.

Stabilität und Produktivität eines Systems werden auf den Stufen der langsamen Ausbeutung und Erhaltung bestimmt. Die Systemfunktionen der Freisetzung und Reorganisation bestimmen dagegen die *Widerstandsfähigkeit* („resilience"), d. h. die Fähigkeit eines Systems, sich nach Störungen zu erholen bzw. Stresssituationen zu bewältigen. Die Fähigkeit eines Systems zur Selbstorganisation bzw. insbesondere die Widerstandsfähigkeit dieser Selbstorganisation bestimmen die Möglichkeiten eines Systems, auf Stressfaktoren und Schocks zu reagieren, die durch extern verursachte Einflüsse oder Verschmutzungen ausgelöst wurden.

Einige natürliche Störungen wie Feuer, Wind und Pflanzenfresser sind ein integraler Bestandteil der internen Dynamik von Ökosystemen, und in vielen Fällen bestimmen sie die zeitliche Aufeinanderfolge der Sukzessionszyklen (Holling et al. 1995). Natürliche Störungen sind Teil der Entwicklung und der Evolution des Ökosystems und sind offenbar für die Widerstandsfähigkeit und Integrität des Systems von entscheidender Bedeutung. Wenn sie keinen Einfluss auf das Ökosystem nehmen dürfen, wird es noch brüchiger und die Gefahr noch tiefgreifenderer Einwirkungen, die massive und umfassende Zerstörungen verursachen können, wird größer. Beispielsweise setzen in bestimmten Waldökosystemen kleine Brände in den Bäumen gelagerte Nährstoffe frei, wodurch ein schnelles, neues Wachstum ausgelöst wird, ohne das bisherige Wachstum völlig abzubrechen. Die Subsysteme des Waldes sind zwar betroffen, aber der Wald als ganzer bleibt bestehen. Wenn in einem solchen Waldökosystem kleine Brände nicht mehr zugelassen werden, erreicht die Waldbiomasse ein so hohes Niveau, dass bei einem Brand unter Umständen der gesamte Wald vernichtet wird. Solche Ereignisse können das System in einen völlig neuen Zustand versetzen, der nicht die gleiche Menge an ökologischen Funktionen und Leistungen aufweist wie der vorige (Holling et al. 1995). Abrupte Zustandsveränderungen können in vielen Ökosystemen auftreten. Beispielsweise in der Savanne (Perrings und Walker 1995), in Korallenriffen (Knowlton 1992) und Flachseen (Scheffer et al. 1993). Allerdings wird der abrupte Übergang von einem Zustand in einen anderen häufig durch menschliche Aktivitäten ausgelöst. So können Rinderfarmen in Savannen zur Ausbreitung völlig neuer Grasarten führen. Nährstoffanreicherung und physikalische Störungen im Gebiet eines Korallenriffs können dazu führen, dass dieses durch ein von Algen dominiertes System ersetzt wird; auch kann Nährstoffanreicherung zur Eutrophierung von Binnenseen führen.

Die natürlichen Ökosysteme einschließlich von Menschen dominierte Systeme sind als „komplexe, anpassungsfähige Systeme" anzusehen. Da diese Systeme nicht mechanistisch, sondern evolutionär funktionieren, ist ihr Verhalten nur begrenzt vorhersagbar. Die Mechanismen und Beschränkungen dieser evolutionären Dynamiken und ihre Wirkungen auf Ökosysteme zu verstehen, ist eine unabdingbare Voraussetzung für ein nachhaltiges Ökosystemmanagement (Costanza et al. 1993).

Biodiversität und Ökosysteme

Die Artenvielfalt ist für die Selbstorganisation von großen Ökosystemen in zweierlei Hinsicht von Bedeutung. Erstens bilden die Arten die Einheiten, die Energie und Materie umsetzen, und damit dem System seine funktionellen Eigenschaften verleihen. Ergebnisse von Experimenten weisen darauf hin (Naeem et al. 1994), dass die Artenvielfalt die Produktivität von Ökosystemen erhöht, weil Energie und Ressourcen besser genutzt werden. Zweitens erhöht die Artenvielfalt die Widerstandsfähigkeit des Ökosystems gegenüber Störungen (Holling et al. 1995; Tilman und Downing 1994).

Bestimmte Arten (engl. keystone process species) haben eine wichtige steuernde Funktion in den Phasen der Ausbeutung und Erhaltung. Andere Arten, die das System resilient machen, indem sie Störungen absorbieren, haben in den Phasen der Freisetzung und Reorganisation große Bedeutung. Diese zweite Gruppe von Arten kann als eine Form der Ökosystem-Versicherung angesehen werden (Barbier, Burgess und Folke 1994). Der Versicherungsaspekt beruht unter anderem auf dem Reservoir an genetischem Material, das für die Evolution von Mikroorganismen, Pflanzen, Tieren und Menschen nötig ist. Die Gene enthalten Informationen darüber, was heute funktioniert und bereits in der Vergangenheit funktionierte. Damit schränken die Gene den Selbstorganisationsprozess auf diejenigen Optionen ein, die größere Erfolgsaussichten haben. Sie sind die „Ergebnisliste" erfolgreicher Selbstorganisation (Schneider und Kay 1994).

Zahl und Zusammensetzung der Organismen, die an der Strukturierung der Prozesse in den verschiedenen Phasen der Entwicklung von Ökosystemen und auf den unterschiedlichen räumlichen und zeitlichen Ebenen beteiligt sind, bestimmen die funktionale Vielfalt. Allerdings entspricht ihre Zahl nicht zwangsläufig der Zahl aller Organismen des Systems (Holling et al. 1995). Von Bedeutung ist nicht einfach die Vielzahl und Vielfalt der Arten, sondern wesentlich ist die Artenzusammensetzung und die Organisation der Vielfalt zu einem zusammenhängenden Gesamtsystem. Der Organisationsgrad eines Systems wird durch das Netz der Interaktionen zwischen seinen konstituierenden Elementen bestimmt (siehe weiter unten in diesem Kapitel und Ulanowicz 1980, 1986). Diese Organisation bestimmt in Verbindung mit der Resilienz und Produktivität die allgemeine „Gesundheit" (engl. health) eines Systems (Mageau, Costanza, und Ulanowicz 1995).

Ökosysteme und ökologische Leistungen

Ökologische Systeme haben in all ihren Aspekten eine zentrale Bedeutung für die Erhaltung des Lebens auf der Erde. Sie bilden das System, das Leben ermöglicht (engl. life-support system), ohne das auch die ökonomischen Aktivitäten nicht möglich wären. Sie sind für die globalen Stoffkreisläufe wie den Kohlenstoff- und Wasserkreislauf von entscheidender Bedeutung. Ökosysteme produzieren ökologische (Dienst-) Leistungen und erneuerbare Ressourcen, wie z. B. Fische. Diese werden z. B. innerhalb des komplexen Ökosystems „Meer" mit seiner Vielzahl ökologischer Sektoren und Interaktionen nachhaltig produziert.

Ökologische (Dienst-) Leistungen sind jene Ökosystemfunktionen, die menschliche Aktivitäten und menschliches Wohlbefinden ermöglichen (z. B. die Bereitstellung von Nahrungsmitteln, die Bestäubung von Erntepflanzen, und auch die Existenz von Kulturlandschaften, Erholungsgebieten und Gebieten mit ästhetischem Wert) (Barbier, Burgess und Folke 1994). Ökosystemfunktionen sind Eigenschaften von Habitaten, Ökosystemen und -prozessen, die zur Funktionsfähigkeit des Systems beitragen wie beispielsweise die Klimaregulation, die Wasserreinigung, die Abfallabsorption, das Nährstoffrecycling, die Bildung von Bodensubstanz, und die Evolution (de Groot 1992; Ehrlich und Ehrlich 1992; Ehrlich und Mooney 1983; Folke 1991). Die Vielfalt der Gene, Arten, Populationen und Ökosysteme trägt zur Erhaltung dieser Funktionen und Leistungen bei. Cairns und Pratt (1995) glauben, dass eine sehr umweltbewusste Gesellschaft die meisten, wenn nicht alle Funktionen der Ökosysteme als für die Gesellschaft langfristig nützlich ansehen würde.

Die Leistungen der Ökosysteme finden nur selten Niederschlag in den Ressourcenpreisen oder werden von den bestehenden Institutionen in den Industrieländern nur wenig berücksichtigt. In vielen heutigen Gesellschaften gibt es soziale Normen und Praktiken, die wie folgt gekennzeichnet sind: 1) Vertrauen auf künftige technologische Verbesserungen in der Annahme, dass es möglich sei, technische Substitute für die vernichteten Leistungen des Ökosystems zu entwickeln, 2) Verwendung einseitiger Wohlstandsindikatoren, 3) Propagieren von Weltbildern, die den Menschen eine Unabhängigkeit von Ökosystemen vortäuschen. Da der Umfang der menschlichen Aktivitäten massiv zunimmt, findet die Umweltzerstörung nicht mehr nur in lokalen Ökosystemen statt, sondern auch auf regionaler und globaler Ebene. Die Menschheit ist nun mit der Situation konfrontiert, dass die ökologischen und ökonomischen Systeme sich gegenseitig stark beeinflussen. Da das ökonomische System relativ zu den ökologischen Grundlagen wächst, hängt die Dynamik beider immer enger zusammen. Darüber hinaus kann die gemeinsame Systemdynamik um so diskontinuierlicher werden, je mehr sich die Wirtschaftssysteme der Grenze der Tragfähigkeit der Ökosysteme annähern.

Die Tatsache, dass Ökosysteme erneuerbare Ressourcen und ökologische Leistungen erzeugen, ist erst in jüngster Zeit beachtet worden, obwohl dieser „Produktionsfaktor" schon immer eine Voraussetzung für wirtschaftliche Entwicklung gewesen ist. Langfristig kann eine gesunde Wirtschaft nur in Symbiose mit einem gesunden Ökosystem existieren. Beide sind in einem solchen Maße voneinander abhängig, dass ihre Isolierung für wissenschaftliche Zwecke zu verzerrten Ergebnissen und schlechter Politik geführt hat.

Definition und Prognose einer ökologischen Nachhaltigkeit

Die Definition von Nachhaltigkeit ist nicht schwierig: „ein nachhaltiges System ist ein System, das überlebt bzw. fortdauert" (Costanza und Patten 1995, S. 194).

In biologischer Hinsicht bedeutet dies die Vermeidung von Artensterben und eine Lebensweise, die Überleben und Reproduktion sichert. In ökonomischer Hinsicht bedeutet dies die Vermeidung von größeren Störungen oder Zusammenbrüchen und die Absicherung gegen Instabilitäten und Diskontinuitäten. Im Kern betrifft Nachhaltigkeit immer die zeitliche Dimension und insbesondere die lange Frist.

Das Problem mit der obigen Definition besteht wie beim evolutions-biologischen Begriff der „Überlebensfähigkeit" bzw. „Fitness" darin, dass erst *im Nachhinein* (ex post) beurteilt werden kann, ob Nachhaltigkeit vorliegt oder nicht. Ein heute lebender Organismus ist in dem Ausmaß fit bzw. überlebensfähig, in dem seine Nachfahren überleben und zu den Genressourcen der künftigen Generationen gehören. Die Frage, ob heute „Fitness" bzw. „Überlebensfähigkeit" gegeben ist, kann aber erst morgen beantwortet werden. Auch die Einschätzung der Nachhaltigkeit ist erst möglich, nachdem die Entwicklung stattgefunden hat.

Was häufig als *Definition* von Nachhaltigkeit vorgeschlagen wird, ist daher eher eine *Prognose* über die Wirkung von heute durchgeführten Maßnahmen, von denen man hofft, dass sie zur Nachhaltigkeit führen. Beispielsweise wird argumentiert, dass die nachhaltige Nutzung einer Ressource dann erreicht ist, wenn die Ernteraten unter der natürlichen Erneuerungsrate gehalten werden, doch das ist keine Definition sonder eine Vorhersage. Sie ist die Grundlage der Theorie des maximal erreichbaren nachhaltigen Ertrags (engl. *maximum sustainable yield theory*), an der sich viele Jahre lang das Management für wirtschaftlich genutzte Wildtier- und Fischpopulationen orientierte (Roedel 1975). Die dabei gemachten Erfahrungen zeigen, dass von einem System erst dann gesagt werden kann, dass es nachhaltig sei, wenn sich über eine gewisse Beobachtungszeit die Vorhersagen als korrekt erweisen. In der Regel gibt es jedoch bei der Schätzung der natürlichen Erneuerungsraten sowie der Beobachtung und Steuerung der Ernteraten so große Unsicherheiten, dass solch simple Vorhersagen, wie Ludwig, Hilbom und Walters (1993) richtig erkannt haben, immer höchst fragwürdig sind, besonders wenn sie irrtümlich als Definition aufgefasst werden.

Das zweite Problem bei der Definition von Nachhaltigkeit besteht darin, dass die Aussage, ein System habe Nachhaltigkeit erreicht, nicht für eine unendliche Lebensdauer gilt, sondern für eine Lebensdauer, die der zeitlichen und räumlichen Größenordnung des betreffenden Systems entspricht. Abbildung 3.2 stellt diesen Zusammenhang grafisch dar. Sie zeigt eine hypothetische Kurve für den Zusammenhang zwischen Systemlebensdauer (y-Achse) und zeitlicher und räumlicher Größenordnung (x-Achse).

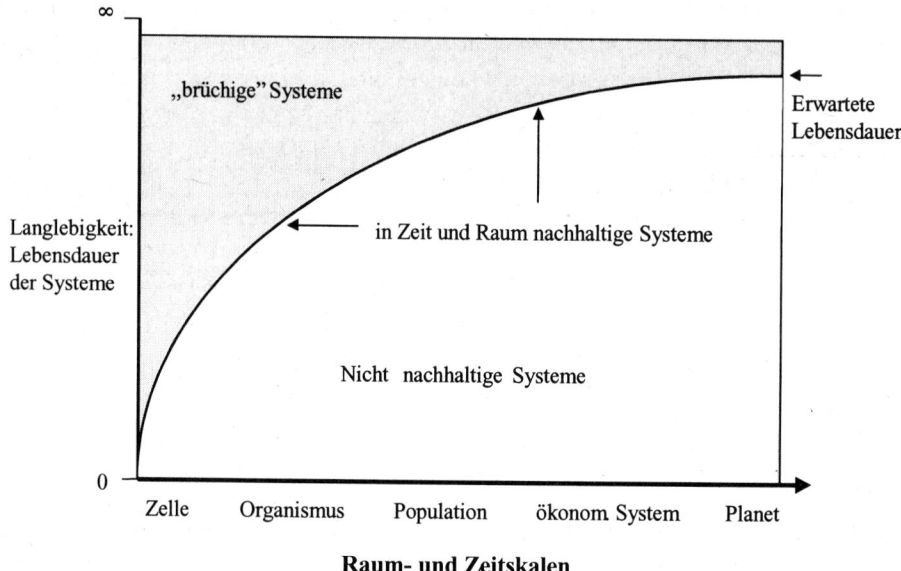

Abbildung 3.2: Nachhaltigkeit als skalen-, zeit- und raumabhängiges Konzept
(aus Costanza und Patten 1995)

Eine Zelle in einem Organismus hat in der Regel nur eine relativ kurze Lebensdauer, der Organismus eine längere, die Arten eine noch längere und der Planet eine nochmals längere. Doch von keinem System (nicht einmal vom extremen Fall des Universums) wird angenommen, dass es eine unendliche Lebensdauer hat. Ein nachhaltiges System ist in diesem Sinne ein System, das seine volle Lebensdauer erreicht.

Ein einzelner Mensch erzielt mithin individuelle Nachhaltigkeit, wenn er die „normale" Lebenserwartung erreicht. Auf Bevölkerungsebene wird die durchschnittliche Lebenserwartung häufig als Indikator für Gesundheit und Wohlbefinden der Bevölkerung verwendet, doch für die Bevölkerung selbst wird eine viel längere Lebensdauer angenommen als für die einzelnen Individuen. Eine Bevölkerung wird daher nicht als nachhaltig eingestuft, wenn sie vorzeitig zusammenbricht, selbst wenn die Individuen länger als ihre „nachhaltige" Lebensspanne leben.

3. Fragestellungen und Grundlagen der Ökologischen Ökonomik 119

Da die Ökosysteme aufgrund von sich verändernden klimatischen Bedingungen und internen Entwicklungen von anderen (neuen) Ökosystemen abgelöst werden (natürliche Sukzession), haben sie eine begrenze (wenn auch ziemlich lange) Lebensdauer. Es ist zu unterscheiden zwischen Änderungen aufgrund normaler Lebensdauerbegrenzungen und Änderungen, welche die Lebensdauer eines Systems verkürzen. Die Lebensdauer von Menschen wird z. B. von Faktoren wie Krankheit begrenzt (Krebs, AIDS und eine Vielzahl anderer Leiden). Die Lebensdauer eines Ökosystems wird z. B. verkürzt durch anthropogen verursachte Eingriffe, die radikale Systemänderungen auslösen, z. B. verkürzt die unerwünschte Zunahme von Nährstoffen in Wasserökosystemen (Eutrophierung) die Lebensdauer der oligotrophischen Systeme und bewirkt die Entstehung neuer eutrophischer, d. h. überdüngter Systeme. Dieser Prozess kann gemäß der obigen Definition nicht als nachhaltig bezeichnet werden, da die Lebensdauer des ersten Systems „unnatürlich" verkürzt wurde. Irgendwann wäre vielleicht von selbst eine Eutrophierung eingetreten, doch der anthropogene Druck bewirkte, dass der Übergang „zu früh" stattfand. Dieser Aspekt der Nachhaltigkeit kann in Bezug auf die Lebensdauer des Systems und seiner Komponenten formaler ausgedrückt werden:

- Ein System ist nachhaltig, wenn und nur wenn seine Lebensdauer bei normalen Verhaltensweisen mindestens der erwarteten natürlichen Lebensdauer entspricht.

- Weder die Nachhaltigkeit von Systemkomponenten noch jene des Subsystems selbst verleiht anderen Systemebenen Nachhaltigkeit

Vor diesem Hintergrund wird deutlich, welch kompliziertes Gleichgewicht zwischen Lebensdauer und evolutionärer Anpassung auf den verschiedenen Ebenen bestehen muss. Dieses Gleichgewicht ist eine Voraussetzung für allgemeine Nachhaltigkeit. Evolution von Systemen kann nur stattfinden, wenn die Lebensdauer der Komponenten begrenzt ist, weil nur dann Alternativen (der folgenden Generation) selektiert werden können. Die Lebensdauer nimmt hierarchisch mit wachsender Größenordnung zu, wie Abbildung 3.2 schematisch darstellt. Größere Systeme können eine höhere Lebensdauer erreichen, da ihre Komponenten eine vergleichsweise kürzere Lebensdauer haben und sich damit gut an die sich wandelnden Bedingungen anpassen können. Systeme mit unausgewogenen Lebensdauerverhältnissen zwischen den verschiedenen Systemebenen werden entweder „brüchig", wenn ihre Komponenten zu lange leben und sich nicht schnell genug anpassen können (Holling 1987), oder „nicht nachhaltig", wenn ihre Komponenten nicht lange genug existieren und die Lebensdauer des übergeordneten Systems unnötig verkürzt wird.

Ökosysteme als nachhaltige Systeme

Ökologische Systeme sind die besten Beispiele für nachhaltige Systeme. Folglich kann ein besseres Verständnis ökologischer Systeme, ihrer Funktionsweise und Selbsterhaltungsmechanismen Einsichten vermitteln und Hinweise geben für die Entwicklung und Steuerung nachhaltiger Wirtschaftssysteme. Beispielsweise werden in reifen Ökosystemen alle Abfälle und Nebenprodukte wiederverwendet und an irgendeiner anderen Stelle des Systems genutzt, oder sie werden völlig aufgelöst. Daraus folgt: ein Merkmal von nachhaltigen Wirtschaftssystemen sollte ein ähnlich „geschlossener Kreislauf" sein, bei dem Abfälle produktiven Verwendungen zugeführt und wiederverwertet anstatt gelagert, verdünnt oder umgewandelt zu werden. Letzteres beeinträchtigt ökologische und ökonomische Systeme, die Abfälle nicht effektiv verwerten können.

Die Ökosysteme haben zahllose Trial-and-error-Prozesse durchlaufen, bis geschlossene Kreisläufe entstanden, in denen organische Stoffe, Nährstoffe und andere Substanzen wiederverwertet werden („Recycling"). Solche Prozesse können lange Zeit benötigen, denn die Zusammenhänge bzw. Wechselwirkungsmechanismen des Systems müssen sich entwickeln. Systematische Einflüsse auf das System können evolutionäre Entwicklungen verzögern oder beschleunigen. Die Menschen besitzen die spezielle Fähigkeit, diesen Prozess wahrzunehmen, ihn zu erweitern bzw. zu beschleunigen. Das ökonomische System sollte die Zersetzungsfunktion der ökologischen Systeme neu entdecken.

Sauerstoff war ursprünglich ein zufälliges Nebenprodukt der Photosynthese – wahrscheinlich das erste Nebenprodukt bzw. der erste Abfallstoff einer aktiven Systemkomponente, das störende Wirkungen auf andere Systemkomponenten hatte, da er die *anaerobische* Atmung der ersten Mikroorganismen hemmte. Mit der Zeit kamen so große Mengen von diesem „Abfallstoff" zusammen, dass die Erdatmosphäre damit gesättigt war und sich schließlich neue Arten entwickelten, die dieses Nebenprodukt als produktiven Input bei der *aerobischen* Atmung verwenden konnten. Die heutige Biosphäre ist durch ein Gleichgewicht gekennzeichnet, das sich über Millionen von Jahren entwickelt hat. Ein ehemals zufälliges Nebenprodukt ist heute ein integraler Bestandteil des Systems.

Eutrophierung und Giftbelastung sind zwei aktuelle Nebenprodukte, die ebenfalls auf der Unfähigkeit der betroffenen Systeme beruhen, sich schnell genug zu entwickeln, um die „Abfallstoffe" in nützliche Produkte umzuwandeln. Eutrophierung nennt man einen Prozess, bei dem Systeme, die ursprünglich wenige Nährstoffe enthielten, mit hohen Mengen von Nährstoffen angereichert werden. Die Primärproduzenten (sowie die Tiere, die von ihnen abhängig sind), die an Bedingungen mit geringer Nährstoffkonzentration angepasst waren, werden von schneller wachsenden Arten verdrängt, die an die höhere Nährstoffkonzentration angepasst sind. Die Veränderung der Nährstoffsituation geschieht jedoch so plötzlich, dass sich zunächst nur die Zusammensetzung der Primärproduzenten ändert. Es entsteht eine unorganisierte Ansammlung von Arten mit vielen internen Störungen (z. B. Algenplage, Fischsterben), die zurecht als Verschmutzung aufgefasst werden. Die Einführung hoher Nährstoffmengen in nicht angepasste Systeme verursacht Verschmutzungen (in diesem Fall Eutrophierung), während die Einführung der gleichen Nährstoffe in angepasste Systeme (z. B. Sümpfe und Moore) einen positiven Input darstellen würde. Die Auswirkungen von Nebenprodukten können also theoretisch minimiert werden, wenn sie an den Stellen im Ökosystem freigesetzt werden, wo sie einen positiven Input bilden. Häufig ist das, was wir als Abfall betrachten, eine Ressource am falschen Ort. Verschiedene Chemikalien wirken deshalb toxisch – und sind als Verschmutzung zu werten – weil die Ökosysteme bisher nicht damit zurecht kommen mussten. Folglich gibt es derzeit kein System, für das sie einen positiven Input darstellen. Die Orte, an denen giftige Chemikalien am ehesten eine produktive Verwendung finden können, sind wahrscheinlich andere industrielle Prozesse, nicht jedoch natürliche Ökosysteme. In diesem Fall besteht die Lösung darin, die Entwicklung von industriellen Prozessen zu fördern, bei denen giftige Abfälle als produktive Inputs verwendet werden können, oder in der Förderung von alternativen Produktionsprozessen, bei denen solche Abfälle gar nicht erst erzeugt werden.

3.3. Substituierbarkeit versus Komplementarität von Natur-, Human- und produziertem Kapital

Das Fazit dieser Überlegungen ist, dass das Naturkapital (die natürlichen Ressourcen) und das anthropogene Kapital nicht substitutiv, sondern komplementär sind. Die neoklassische Annahme einer nahezu vollständig Substituierbarkeit von natürlichen Ressourcen und anthropogenem Kapital ist eine starke Verzerrung der Tatsachen und kann auch nicht mit „analytischer Bequemlichkeit" entschuldigt werden. Um das Ausmaß der Verzerrung zu veranschaulichen, soll angenommen werden, dass das anthropogene Kapital tatsächlich ein perfektes Substitut für natürliche Ressourcen ist. Dann gilt auch, dass die natürlichen Ressourcen ein perfektes Substitut für anthropogenes Kapital sind. Doch wenn dem so wäre, gäbe es keinen Grund, warum anthropogenes Kapital überhaupt akkumuliert werden sollte, da wir ja bereits mit der Natur als perfektem Substitut ausgestattet sind! Historisch gesehen haben wir natürlich bereits lange bevor

Naturkapital ausgebeutet wurde, anthropogenes Kapital akkumuliert, da wir anthropogenes Kapital benötigen, um Naturkapital effizient zu nutzen (Komplementarität!). Es ist erstaunlich, dass sich das Dogma der Substituierbarkeit so hartnäckig gehalten hat, obwohl es durch eine so leichte *Reductio ad absurdum* widerlegt werden kann. Wenn außerdem bedacht wird, dass es für die Herstellung des Kapitals selbst des Einsatzes natürlicher Ressourcen bedarf (d. h. das Substitut bedarf selbst des Inputs, für das es substituiert wird), wird endgültig klar, dass anthropogenes und natürliches Kapital im wesentlichen komplementär zueinander sind und nicht substitutiv. Die Substituierbarkeit von Kapital durch Ressourcen beschränkt sich darauf, weniger Stoffe im Prozess zu verwenden, z. B. indem Sägemehl gesammelt und eine Presse (Kapital) verwendet wird, um Spanplatten herzustellen. Doch darüber hinaus kann die Substitution von Kapital durch Ressourcen gemäß dem Energieerhaltungsgesetz niemals einen Punkt erreichen, bei dem die Menge der stofflichen und energetischen Ressourceninputs kleiner ist als die Menge des Outputs.

Die Annahme von der Substituierbarkeit von Kapital durch Ressourcen bei aggregierten Produktionsfunktionen spiegelt vor allem den Übergang des gesamten Produktmix' von ressourcenintensiven zu kapitalintensiven Produkten wider. Doch dies ist das Ergebnis einer Aggregation von Produkten, nicht einer Faktorsubstitution (d. h. einer Bewegung auf einer gegebenen Produktionsisoquante). Es ist wichtig daran zu erinnern, dass hier das Verständnis von Faktorsubstitution kritisiert wird, d. h. die Erzeugung eines gegebenen physikalischen Outputs unter Einsatz von weniger natürlichen Ressourcen und mehr Kapital. Niemand leugnet, dass es möglich ist, ein anderes Produkt oder einen anderen Produktmix unter geringerem Ressourceneinsatz herzustellen. Es können Produkte entwickelt werden, die einen höheren Nutzen bieten und für deren Herstellung gleichzeitig weniger Ressourcen benötigt werden, manchmal sogar weniger Arbeit und Kapital. Dies ist jedoch technischer Fortschritt und darf nicht mit der Substitution von Ressourcen durch Kapital verwechselt werden. Glühlampen mit einer größeren Lichtleistung in Lumen pro Watt beruhen auf technischem Fortschritt, qualitativen Verbesserungen des Standes der Technik, nicht aber auf der Substitution von Kapital durch natürliche Ressourcen für die Herstellung einer gegebenen Produktmenge.

Möglicherweise sind Ökonomen nachlässig und metaphorisch, wenn sie behaupten, dass Kapital ein nahezu perfektes Substitut für natürliche Ressourcen darstellte. Vielleicht verstehen sie unter Kapital alle Verbesserungen von Wissen, Technologie, Managementtechniken usw., kurz alles, was die Effizienz der Ressourcennutzung erhöht. Wenn dies die Verwendungsweise ist, dann sind „Kapital" und Ressourcen ebenso Substitute wie eine effizientere Nutzung von Ressourcen ein Substitut für einen Mehrverbrauch von Ressourcen darstellt. Doch wenn Kapital als Effizienz definiert würde, bedeutete dies für die neoklassische Produktionstheorie, in der Effizienz das Verhältnis von Output zu Input beschreibt und Kapital ein Inputfaktor ist, dass sie „auf den Kopf gestellt" würde.

Die Produktivität des anthropogenen Kapitals wird in immer stärkeren Maße durch das abnehmende Angebot des komplementären Naturkapitals begrenzt. In der Vergangenheit, als die menschlichen Aktivitäten im Vergleich zur gesamten Biosphäre eine geringe Größenordnung hatten, war freilich das anthropogene Kapital der begrenzende Faktor. Der Übergang vom anthropogenen zum natürlichen Kapital als dem begrenzenden Faktor ist folglich eine Funktion der Größenordnung der menschlichen Aktivitäten.

Wachstum versus Entwicklung

Eine Verbesserung der Wohlfahrt kann sich ergeben, wenn mehr Materie- Energie von der Wirtschaft verarbeitet wird, oder eine Einheit der verarbeiteten Materie- Energie mehr menschliche Bedürfnisse befriedigt. Diese beiden Vorgänge haben so unterschiedliche Auswirkungen auf die Umwelt, dass wir sie nicht länger in einen Topf werfen dürfen. Die Steigerung des Durchsatzes sollte als *Wachstum* und die Steigerung der Effizienz als *Entwicklung* bezeichnet werden.[7] Wachstum vernichtet Naturkapital und wird uns jenseits eines bestimmten Punktes mehr kosten als einbringen, d. h. das geopferte Naturkapital wird mehr wert sein als das zusätzliche anthropogene Kapital, für dessen Herstellung Naturkapital eingesetzt werden muss. Ab diesem Punkt wird das Wachstum unwirtschaftlich und führt nicht zur Bereicherung, sondern zur Verarmung. Entwicklung bzw. qualitative Verbesserungen gehen dagegen nicht auf Kosten des Naturkapitals. Es gibt klare ökonomische Grenzen für Wachstum, aber nicht für Entwicklung. Das heißt nicht, dass die Entwicklung keinen Beschränkungen unterworfen wäre, sondern dass die Grenzen der Entwicklung nicht so eindeutig wie die des Wachstums sind. Folglich besteht Spielraum für eine breite Palette von Auffassungen darüber, wie weit wir bei der Steigerung der Wohlfahrt gehen können, ohne den Ressourcendurchsatz zu erhöhen. In welchem Maße kann Wachstum durch Entwicklung ersetzt werden? Dies ist die relevante Frage, nicht aber die Frage, in welchem Maße

---

[7] Diese Unterscheidung tritt bei der ersten Definition der beiden Begriffe in einem bekannten englischen Wörterbuch deutlich zutage. *Wachsen* bedeutet wörtlich „Steigern der Größe durch Hinzufügung von Material durch Assimilation oder Zunahme". *Entwickeln* bedeutet „Potenziale erweitern oder umsetzen; langsam in einen vollständigeren, größeren oder besseren Zustand versetzen" *(The American Heritage Dictionary of the English Language).*

natürliches durch anthropogenes Kapital ersetzt werden kann. Auf letzteres lautet die Antwort, wie wir gesehen haben: „Kaum".

Manche glauben, dass es für eine Entwicklung ohne Wachstum ein großes Potenzial gibt. So könne die Energieeffizienz stark erhöht werden (Lovins 1977, Lovins und Lovins 1987). Das gilt auch für die Effizienz der Wassernutzung. Bei anderen Stoffen steht die Diskussion erst am Anfang (vgl. Box 14, Anm. d. Hrsg.). Andere glauben, dass die Verbindung zwischen Wachstum und Energieverbrauch weniger klar ist (Cleveland et al. 1984; Costanza 1980; Gever et al. 1986; Hall, Cleveland und Kaufman 1986). Dieses Thema wird auch im Bericht der Brundtland-Kommission diskutiert (WCED 1987), in dem einerseits erkannt wird, dass die Größenordnung der Wirtschaft bereits nicht mehr nachhaltig ist, da inzwischen mehr Naturkapital vernichtet wird, als sich reproduzieren kann. Andererseits fordert sie jedoch eine weitere Expansion der Wirtschaft um den Faktor fünf bis zehn, damit die Situation der Armen verbessert wird, ohne dass gleichzeitig „politisch unmögliche" Alternativen in Form von rigider Bevölkerungskontrolle und der Umverteilung des Wohlstandes angesprochen werden müssen. Die entscheidende Frage lautet: Wieviel von der geforderten Expansion kann durch Entwicklung erreicht werden, und wieviel muss vom Wachstum kommen? Diese Frage wurde von der Brundtland-Kommission nicht behandelt. Es gibt jedoch Aussagen vom Generalsekretär der WCED, Jim MacNeil (1990), wie: „Der Zusammenhang zwischen Wachstum und dessen Auswirkungen auf die Umwelt muss ebenfalls erforscht werden." (S. 13) oder: „Die Maxime der nachhaltigen Entwicklung lautet nicht ‚Grenzen des Wachstums', sondern ‚Wachstum der Grenzen'", die darauf hin deuten, dass die WCED davon ausgeht, dass der Löwenanteil des Faktors fünf bis zehn auf Entwicklung und nicht auf Wachstum beruhen soll. Verwirrenderweise benutzt sie das Wort „Wachstum" für beide Formen der Expansion und sagt, das künftige Wachstum müsse sich in qualitativer Hinsicht von dem vergangenen Wachstum stark unterscheiden. Wenn qualitative Unterschiede bestehen, ist es am besten, sie durch Verwendung unterschiedlicher Begriffe deutlich zu machen – daher unsere Unterscheidung zwischen Wachstum und Entwicklung. Nach unserer Ansicht ist die WCED zu optimistisch. Eine Steigerung um den Faktor fünf bis zehn kann durch Entwicklung allein nicht erreicht werden. Wenn sie jedoch vor allem durch Wachstum erreicht würde, so wäre dies alles andere als nachhaltig. Deshalb hängt der Wohlstand der Armen – und letztlich auch der Reichen – in weit größerem Maße von Bevölkerungskontrolle, Konsumkontrolle und Umverteilung ab als von einer technischen Fixierung auf eine fünf- bis zehnfache Steigerung der totalen Faktorproduktivität.

Wir sind uns der Tatsache bewusst, dass es hinsichtlich der Möglichkeiten der ökonomischen Entwicklung durch größere Effizienz große Unsicherheiten gibt. Wir haben daher eine Politikstrategie entwickelt, die unabhängig von der Frage, wer Recht hat, zu einer nachhaltigen Entwicklung führen dürfte. Deren detaillierte Beschreibung heben wir uns für das letzte Kapitel auf. Hier soll nur die grundlegende Logik genannt werden: Bewahrt die Pessimisten vor ihren schlimmsten Befürchtungen, ermutigt die Optimisten dazu, ihre Träume zu verwirklichen, nämlich durch die Begrenzung der Stoffströme. Zunächst wenden wir uns aber einigen allgemeinen Prinzipien der nachhaltigen Entwicklung zu.

Mehr zum Thema „Komplementarität versus Substituierbarkeit"

Die Kernfrage betrifft den Zusammenhang zwischen dem Naturkapital, das einen Strom von natürlichen Ressourcen und Leistungen erzeugt, die in den Produktionsprozess eingehen, und dem anthropogenen Kapital, das als Vermittler bei der Umwandlung eines zufließenden Ressourcenstroms in einen ausfließenden Produktstrom fungiert. Kann der Strom der natürlichen Ressourcen (und damit der Naturkapitalbestand, der diese Ströme hervorbringt) durch anthropogenes Kapital ersetzt werden? Es ist klar, dass eine Ressource durch eine andere ersetzt werden kann: Wir können Stromkabel statt aus Kupfer auch aus Aluminium herstellen. Wir können in beträchtlichem Ausmaß Kapital durch Arbeit oder Arbeit durch Kapital ersetzen, auch wenn es wichtige Merkmale der Komplementarität gibt. Beispielsweise können einige Zimmerer durch Motorsägen oder einige Motorsägen durch Zimmerer ersetzt werden, um das gleiche Haus zu bauen. Mit anderen Worten, eine Ressource kann durch eine andere substituiert werden (wenn auch nicht vollständig), da beide im Produktionsprozess die gleiche qualitative Funktion haben: beide sind Rohmaterialien, die in ein Produkt umgewandelt werden. Ähnliches gilt für Kapital und Arbeit, die in bestimmten Maße austauschbar sind, da beide die Umwandlung von Ressourceninputs in Produktoutputs ermöglichen. Wenn wir jedoch die Substitution zwischen Umwandlunghilfsmitteln und umzuwandelndem Material betrachten, sind die Substitutionsmöglichkeiten sehr begrenzt, und das Merkmal der Komplementarität herrscht vor. Ein Haus kann beispielsweise nicht mit der Hälfte des Holzes gebaut werden, auch wenn wir noch so viele zusätzliche Motorsägen oder Zimmerer als Substitut einsetzen. Natürlich können wir das Holz durch Ziegel ersetzen, doch dann ergibt sich eine ähnliche Begrenzung: Wir können die Ziegel nicht durch Maurer und Maurerkellen ersetzen.

Mehr zum Thema „Naturkapital"

Die natürliche Umwelt als „Naturkapital" zu begreifen ist in gewisser Hinsicht unbefriedigend, für bestimmte Zwecke jedoch nützlich. Kapital kann allgemein als ein Bestand definiert werden, der Ströme von nützlichen Gütern oder Leistungen hervorbringt. Traditionell wird Kapital als die für die Produktion benötigten Produktionsmittel definiert, die wir hier als anthropogenes Kapital definieren. Davon zu unterscheiden ist das Naturkapital, das zwar nicht von Menschen erzeugt wird, aber funktionell gesehen einen Bestand darstellt, der Ströme von nützlichen Gütern und Leistungen hervorbringt. Wir können erneuerbares von nicht erneuerbarem Naturkapital unterscheiden sowie auf Märkten gehandeltes von nicht gehandeltem Naturkapital, sodass sich vier Kategorien ergeben. Die Zuweisung von Preisen zu Naturkapital, insbesondere zu nicht gehandeltem Naturkapital, ist mit erheblichen Problemen verbunden, die an dieser Stelle jedoch nicht behandelt werden können. Für die folgende Argumentation ist nur von Bedeutung, dass das Naturkapital aus physischen Beständen besteht, die in einer komplementären Beziehung zum anthropogenen Kapital stehen. Der in der Ökonomik bereits etablierte Begriff des Humankapitals (d. h. Fertigkeiten, Bildung usw.) weicht auf noch grundlegendere Weise von der Standarddefinition von Kapital ab. Humankapital kann weder gekauft, noch verkauft werden, auch wenn es gemietet werden kann. Es kann zwar akkumuliert werden, aber es kann von den Nachfahren nicht ohne Anstrengungen ererbt werden: Es muss von jeder Generation neu erlernt werden. Weil Naturkapital ererbt werden kann, ähnelt es mehr dem traditionellem anthropogenem Kapital. Insgesamt gesehen weicht der Begriff des Naturkapital weniger von der traditionellen Definition von Kapital ab als der geläufigere Begriff „Humankapital".

Es gibt eine große Unterkategorie des auf Märkten gehandelten Kapitals, die zwischen Natur- und Humankapital angesiedelt ist und die wir als „kultiviertes Naturkapital" bezeichnen. Kultiviertes Naturkapital besteht unter anderem aus Nutzwäldern, Nutzvieh, Nutzpflanzen, Fischbeständen in Fischteichen usw. Das kultivierte Naturkapital liefert Rohstoff-Input in Ergänzung zum anthropogenem Kapital, bringt jedoch nicht die breite Palette von natürlichen ökologischen Leistungen hervor, durch die echtes Naturkapital gekennzeichnet ist (z. B. liefern Eukalyptus-Plantagen das Holz für Sägewerke und verringern die Erosion, bieten jedoch keinen ursprünglichen Lebensraum für wilde Tiere und erhalten nicht die Biodiversität). Investitionen in das kultivierte Naturkapital der Nutzwälder sind jedoch nicht nur zwecks Gewinnung von Holz sinnvoll, sondern auch um das Interesse an Holz aus dem noch bestehenden echten Naturkapital der Naturwälder zu mindern.

Das auf Märkten gehandelte Naturkapital kann, nachdem wichtige gesellschaftliche Korrekturen hinsichtlich Eigentum und Diskontierung vorgenommen wurden, getrost den Märkten überlassen werden. Das nicht auf Märkten gehandelte Kapital bereitet in seiner erneuerbaren und in seiner nichterneuerbaren Form die größten Probleme. Die noch bestehenden Naturwälder sollten in den meisten Fällen nicht als auf Märkten handelbares Kapital betrachtet werden, sondern nur die neu angepflanzten Gebiete. In neoklassischer Terminologie sollten die positiven externen Effekte der noch bestehenden Naturwälder als „unendlich" angesehen werden, sodass sie vom Marktwettbewerb mit anderen (inferioren) Nutzungen ausgeschlossen werden. Die meisten neoklassischen Ökonomen haben jedoch große Vorbehalte dagegen, irgend einem Gut einen „unendlichen" oder prohibitiv hohen Preis zuzuweisen.

Nachhaltigkeit und die Erhaltung des Naturkapitals

Maßnahmen zur Lösung der Nachhaltigkeitsproblematik werden nur dann stabil und effektiv sein, wenn sie fair und gerecht sind. Der Philosoph John Rawls (1987) hat die These aufgestellt, dass eine Politikmaßnahme, die einen Konsens zwischen den beteiligten Interessengruppen darstellt, aller Wahrscheinlichkeit nach gerecht, effektiv und stabil bleibe. Der normale politische Prozess tendiert zur Betonung von Konflikten, und Mehrheitswahlen konterkarieren häufig die Bemühungen um einen Konsens. Die Politik, die auf Mehrheitswahlen basiert, ist oft ungerecht gegenüber Minderheiten und nicht stabil, da die betroffenen Minderheiten ihre gesamte Zeit darauf verwenden werden, Entscheidungen zu bekämpfen. Darüber hinaus werden sie versuchen, neue Mehrheiten zu bilden, um frühere Entscheidungen rückgängig zu machen. Außerdem sind einige Interessengruppen, die für globale, langfristige Entscheidungen von Bedeutung sind kaum oder überhaupt nicht am Prozess beteiligt (wie die künftigen Generationen und die Tier- und Pflanzenarten).

Es gibt jedoch einen wachsenden globalen Konsens hinsichtlich des Bestrebens, die Interessen der künftigen Generationen und der Tier- und Pflanzenarten zu berücksichtigen. Der Konsens besteht darin, dass das angemessene langfristige gesellschaftliche Ziel die nachhaltige Entwicklung ist (Agenda 21 1992; WCED 1987). Allerdings muss sich erst noch ein Konsens darüber bilden, was *genau* unter nachhaltiger Entwicklung zu verstehen ist (Costanza 1991; Goodland und Daly 1996; WCED 1987). Die heftige Debatte darüber sehen wir als einen gesunden Streit über Mittel an, nicht als einen Disput über Ziele.

Das Ziel ist ein System, das unendlich lange und in gutem Zustand überlebt. Sicherheit darüber, ob dieses Ziel erreicht wurde, ist jedoch nur im Nachhinein möglich. Im Vorhinein gibt es Streit darüber, welche heutigen Politikstrategien zur Erreichung dieses Ziels führen. Daher müssen wir uns insbesondere der Tatsache bewusst werden, dass unsere Vorhersagen inhärent unsicher sind. Hinsichtlich der grundsätzlichen Behandlung des Unsicherheitsproblems beginnt das „Vorsorge- bzw. Vorsichtsprinzip" (engl. precautionary principle) langsam konsensfähig zu werden. Daher sollte der Schwerpunkt bei der Entwicklung einer Politik für eine nachhaltige Entwicklung darauf liegen, möglichst viele künftige Bedingungen zu berücksichtigen.

In nachhaltigen Systemen kann bspw. ein „nachhaltiges Einkommen" erzielt werden, das nach Hicks definiert ist als ein Konsumniveau, das unendlich lange aufrecherhalten werden kann, ohne dass die Kapitalbestände einschließlich des Naturkapitals angegriffen werden müssen (vgl. Kapitel 3.5 sowie Costanza und Daly 1992; El Serafy 1991; Pearce und Turner 1989). Da „Kapital" traditionell als „produziertes (hergestelltes) Produktionsmittel" definiert wird, bedarf der auch hier schon mehrfach verwendete Begriff des Naturkapitals der Erläuterung. Er basiert auf einer umfassenderen Definition von Kapital als „Bestand, der Ströme nutzbarer Waren oder Leistungen auch in der Zukunft hervorbringt". Funktionell wichtig daran ist der Bezug auf einen Bestand, der einen Strom hervorbringt; ob der Bestand hergestellt wurde oder natürlicher Art ist, bleibt nach dieser Definition eine Unterscheidung zwischen verschiedenen Kapitalarten und nicht ein definierendes Merkmal von Kapital an sich. Ein Bestand oder eine Population von Bäumen oder Fischen beispielsweise bringt einen Strom von jährlichen Erträgen in Form von neuen Bäumen oder Fischen (sowie anderer Leistungen) hervor, ein Strom, der Jahr für Jahr nachhaltig sein kann. Der nachhaltige Strom ist das „natürliche Einkommen", der Bestand, der den nachhaltigen Strom hervorbringt, ist das „Naturkapital". Das Naturkapital kann auch Leistungen wie Recycling von Abfallstoffen oder Wasserspeicherung und Erosionsschutz hervorbringen, die ebenfalls zum natürlichen Einkommen gehören. Da der Strom an Ökosystemleistungen auf der Funktionsfähigkeit der Gesamtsystems beruht, sind Struktur und Biodiversität der Ökosysteme ein entscheidendes Element des Naturkapitals.

Um eine nachhaltige Entwicklung zu erreichen, müssen die Volkswirtschaftlichen Gesamtrechnungen und unsere gesellschaftlichen Entscheidungssysteme das Naturkapital und die vom Ökosystem hervorgebrachten Waren und Leistungen berücksichtigen. Bei der Schätzung dieser Werte müssen wir uns die Frage stellen, wie viel von den ökologischen Systemen, die unsere Lebensgrundlagen sicherstellen, verloren gehen darf. Bis zu welchem Maße können wir natürliches durch hergestelltes Kapital substituieren und welcher Prozentsatz unseres Naturkapitals ist unersetzbar? Können wir beispielsweise die Strahlenschutzleistung der Ozonschicht ersetzen, wenn diese zerstört würde?

In diesem Zusammenhang hat Daly (1990) drei grundlegende Kriterien („Managementregeln") für die Erhaltung des Naturkapitals und der ökologischen Nachhaltigkeit aufgestellt:

1. Bei erneuerbaren Ressourcen darf die Abschöpfungsrate nicht größer sein als die Regenerationsrate (nachhaltige Entnahme).
2. Die Rate der Abfallentstehung darf nicht größer sein als die Assimilationskapazität der Umwelt (nachhaltige Entsorgung).
3. Bei nichterneuerbaren Ressourcen muss der Abbau dieser Ressourcen mit einem vergleichbaren Aufbau eines erneuerbaren Ersatzes für diese Ressource einhergehen (vgl. hierzu El Serafy 1988 und Kapitel 3.5).

3.4 Bevölkerung und Tragfähigkeit

Eine zentrale Frage lautet: Ist die Tragfähigkeit (engl. carrying capacity) der Erde für die menschliche Bevölkerung begrenzt? Die Ökologische Ökonomik gibt darauf die eindeutige Antwort *Ja*. Unsicherheiten bestehen hinsichtlich der genauen Zahl der Menschen, die die Erde ernähren kann, hinsichtlich des tragbaren Lebensstandards der Bevölkerung und hinsichtlich der Frage, auf welche Art und Weise die Nahrungsmittelproduktion die Grenzen der Tragfähigkeit erreichen wird. In den nächsten Jahrzehnten muss sich die Forschung vorrangig diesen Themen widmen.

In der wissenschaftlichen Literatur reichen die Schätzungen der globalen Tragfähigkeit in puncto der Bevölkerungszahl von 7,5 Milliarden (Bernard Gilliand, zitiert nach: Demeny 1988, S. 224-225) über 12 Milliarden (Dark 1958) bis zu 40 Milliarden (Revelle 1976) bzw. 50 Milliarden (Brown 1954). Viele Autoren bezweifeln jedoch die Aussagekraft der verwendeten Kriterien (Nahrungsmittelmenge, Kilokalorien), die als Grundlage für diese Schätzungen verwendet wurden. „Für die Menschen kann eine physische Definition der Bedürfnisse irrelevant sein. Die menschlichen Bedürfnisse und Hoffnungen sind kulturell bestimmt: sie können wachsen, und sie wachsen tatsächlich, sodass sie sich auf eine steigende Zahl von „Gütern" beziehen, die weit über das für das Überleben Nötige hinausreichen" (Demeny 1988, S. 215-216; eine ausführliche und sorgfältige, wenn auch etwas ergebnislose Behandlung des Bevölkerungsthemas findet sich in Cohen 1995).

Die kulturelle Evolution hat erhebliche Auswirkungen auf die ökologischen Folgen der menschlichen Aktivitäten für die Umwelt. Indem sie das Verhalten der Menschen, die Herstellung von Werkzeugen und künstlicher Erzeugnisse beeinflusst, sind der

Ressourcenbedarf der Menschen und die Auswirkungen auf die entsprechenden Ökosysteme starken Schwankungen unterworfen. Folglich ist es irreführend, im selben Sinne von „Tragfähigkeit" für Menschen wie von „Tragfähigkeit" für andere Arten zu sprechen (Blaikie und Brookfield 1987), denn hinsichtlich der Tragfähigkeit unterteilt sich der *Homo sapiens* in viele Unterarten. Jede Unterart müsste kulturell definiert werden, um das Niveau des Ressourcenverbrauchs und der Tragfähigkeit bestimmen zu können. Da beispielsweise die Amerikaner im Durchschnitt weit mehr als die Inder konsumieren, wäre die globale Tragfähigkeit für den *„Homo americanus"* weit geringer als für den *„Homo indus"*. Der *Homo americanus* könnte seinen Ressourcenverbrauch in wenigen Jahren drastisch ändern, während der *Homo indus* relativ gleich bliebe. Unserer Meinung nach ist es am sinnvollsten, Daly zu folgen, und die Gesamteinwirkung der Bevölkerung durch das Produkt aus Bevölkerungszahl und Pro-Kopf-Ressourcenverbrauch zu messen (Daly 1977). Diese Gesamtwirkung ist es, welche die Erde zu tragen hat. Es ist die Aufgabe der Gesellschaft zu entscheiden, wie diese auf die Zahl der Menschen aufgeteilt werden soll. Dies macht die Bevölkerungspolitik schwierig, da nicht einfach von einer maximalen Bevölkerungsgröße ausgegangen werden kann, sondern von einer maximalen Zahl von Einwirkungseinheiten. Wie viele Einwirkungseinheiten die Erde verkraften kann, und wie diese Einwirkungseinheiten auf die Bevölkerung verteilt werden sollen, ist in der Tat ein heikles Problem, für das noch dringender Forschungsbedarf besteht.

Viele Fallstudien deuten darauf hin, dass „es keinen linearen Zusammenhang zwischen Bevölkerungswachstum und Dichte einerseits und Bodenzerstörung und Verwüstung andererseits gibt" (Caldwell 1984). Eine Studie hatte sogar zum Ergebnis, dass Bodenzerstörung bei steigendem, fallendem und ohne Bevölkerungsdruck auf Ressourcen eintreten kann (Blaikie und Brookfield 1987). Die wissenschaftliche Forschung muss daher komplexere und systemorientierte Modelle erstellen, durch die die Effekte des Bevölkerungsdrucks im Zusammenhang mit anderen Faktoren analysiert werden können. Diese Modelle sollten es ermöglichen, die Bevölkerung als „unmittelbare" Ursache der Umweltzerstörung von anderen Faktoren als der „letzten" Ursache dieser Umweltzerstörung zu unterscheiden und deren Verquickung aufzulösen.

Die Forschung kann damit beginnen, Methoden zu entwickeln, die eine genauere Schätzung der Gesamteinwirkung (Bevölkerung mal Pro-Kopf-Ressourcenverbrauch) erlauben. Zum Beispiel kann die „Ehrlich-Formel"

$$\frac{\text{Verschmutzung}}{\text{Fläche}} = \frac{\text{Bevölkerung}}{\text{Fläche}} * \frac{\text{Wirtschaftsproduktion}}{\text{Bevölkerung}} * \frac{\text{Verschmutzung}}{\text{Wirtschaftsproduktion}}$$

operationalisiert werden als

$$\frac{CO_2\text{-Emissionen}}{km^2} = \frac{\text{Bevölkerung}}{km^2} * \frac{BIP}{\text{Bevölkerung}} * \frac{CO_2\text{-Emissionen}}{BIP}$$

Folglich bestimmt kein einzelner Faktor die sich verändernden Muster der Gesamteinwirkung. Das bedeutet, dass auch lokale Untersuchungen über kausale Beziehungen zwischen spezifischen Kombinationen von Bevölkerung, Verbrauch und Produktion durchgeführt werden müssen. Wobei diese lokalen Untersuchungen jedoch in eine allgemeine Theorie einfließen sollten, die die große Vielfalt der lokalen Verhältnisse berücksichtigt.

Ein anderer Forschungsschwerpunkt ist die Untersuchung der Frage, welchen Effekt ein neu geborener Mensch auf die Ressourcen hat: Hier müssen das bestehende Konsumniveau und mögliche Effizienzsteigerungen bei wachsendem Konsumniveau berücksichtigt werden. So führt ein sinkender Energieverbrauch in den industrialisierten Ländern zu erheblichen globalen CO_2-Reduktionen. Erst wenn die Emissionen in den Industrieländern stark reduziert worden sind, beginnt das Bevölkerungswachstum in den weniger weit entwickelten Ländern eine größere Rolle für das weltweite Wachstum der Emissionen zu spielen. Wenn die Energieeffizienz in beiden Ländergruppen erhöht würde, hätte das Bevölkerungs-wachstum geringere Bedeutung.

Weitere Forschungsschwerpunkte sollten sich mit Situationen beschäftigen, in denen (i) die Nachfrage (der Konsumenten oder Unternehmen) relativ groß ist, bezogen auf den maximalen nachhaltigen Ertrag der Ressource, (ii) in denen die Regenerationskapazität der Ressource relativ gering ist, und/oder (iii) in denen die Anreize und Beschränkungen für die Ressourcennutzer dergestalt sind, dass die aktuellen Erträge weit höher als die zukünftigen bewertet werden.

Einige Autoren sind der Auffassung, dass das hohe Bevölkerungswachstum die einzige Ursache für die Umweltzerstörung und die Überlastung der Tragfähigkeit der Erde darstelle. Das entsprechende Politikinstrument wäre demnach die Bevölkerungskontrolle. Ehrlich und seine Kollegen behaupten, dass „keine Zeit mehr verloren werden darf, die Bevölkerung so schnell zu senken, wie dies humane Erwägungen erlauben" (Ehrlich et al. 1989, S. 20). Doch Ehrlich selbst ist sich der Tatsache bewusst, dass eine Politik, die nur auf Bevölkerungskontrolle ausgerichtet ist, nicht ausreicht. Wiederholt ist gezeigt worden, dass die Bevölkerungskontrolle nur schwer als isoliertes Ziel erreicht werden kann, und dass es zusätzlich tiefgreifender sozialer und ökonomischer Transformationen bedarf (wie z. B. der Verringerung der Armut). Selbst in den Fällen, in denen das Bevölkerungswachstum relativ erfolgreich eingedämmt werden konnte, wie in China, hat die Wohlfahrt der Bevölkerung nicht unbedingt zugenommen, und die Umwelt ist nicht unbedingt geringeren Belastungen ausgesetzt.

Eine entgegengesetzte Position wird von jenen vertreten, die ein hohes Bevölkerungswachstum als stimulierend für wirtschaftliche Entwicklung ansehen, da technologische und organisatorische Veränderungen angeregt werden (Boserup 1965). Ferner wird die These vertreten, dass das Bevölkerungsproblem durch den technischen Fortschritt gelöst werden könnte (Simon 1990). Diese Auffassungen ignorieren jedoch die Gefahren der Umweltzerstörung, die mit ungebremsten Wirtschaftswachstum einhergehen: Steigender Konsum und eine schnell wachsende Bevölkerung können die Ressourcen der Erde stark belasten und soziale und politische Konflikte um den Zugriff auf diese Ressourcen auslösen. Darüber hinaus beruht diese Position auf der fragwürdigen Annahme, dass die technologische Kreativität in der Zukunft die gleichen Ergebnisse zeitigen wird wie in der Vergangenheit, und zwar sowohl im Süden als auch im Norden. Insbesondere beruht sie auf der Annahme, dass neue Technologien alte Probleme lösen könnten, ohne neue, wenn nicht sogar schlimmere Probleme zu schaffen.

Eine Weltbank-Studie über 64 Staaten hat ergeben, dass die Geburtenrate um 3 % abnimmt, wenn das Einkommen der Armen um 1 % steigt (Lappe und Schurman 1988). Allerdings gibt es Autoren, die nicht die Bevölkerungszahl als relevanten Faktor für die Ressourcennutzung ansehen, sondern den Ressourcenverbrauch, besonders die Überkonsumtion der Wohlhabenden (Durning 1992). In den OECD-Staaten leben nur 16 % der Weltbevölkerung auf 24 % der Landfläche der Erde, doch auf sie entfallen 72 % des Bruttosozialproduktes, 78 % der Straßenfahrzeuge und 50 % des globalen Energieverbrauchs. Ihr Anteil am Welthandel beträgt 76 %, an den Exporten chemischer Produkte 73 % und an den Importen von Waldprodukten 73 % (OECD 1991). Kurzfristig besteht das wichtigste politische Ziel also in der Reduzierung des Konsums. Und dies kann in den Regionen am einfachsten erreicht werden, in denen der Pro-Kopf-Konsum am höchsten ist.

Folglich sollten im Rahmen eines neuen Ansatzes die Definitionen erweitert werden: Nicht nur Bevölkerungsgröße, -dichte und -wachstum sowie die Aufschlüsselung nach Altersgruppen und Geschlecht sind von Bedeutung, sondern auch der Zugang zu Ressourcen, Lebensunterhalt, gesellschaftliche Aspekte der Geschlechterfrage und die Machtverhältnisse. Es müssen neue Modelle entwickelt werden, (i) in denen die Bevölkerungskontrolle nicht einfach eine Frage der Familienplanung ist, sondern eine Frage der ökonomischen, ökologischen und politischen Planung; (ii) in denen die verschwenderische Nutzung der Ressourcen nicht einfach eine Frage der Suche nach Ersatzmöglichkeiten ist, sondern eine Frage des Wandels der Überflussgesellschaft, und

(iii) in denen Nachhaltigkeit nicht nur als Prozess von globaler Bedeutung angesehen wird, sondern auch als ein Prozess, der mit nachhaltigem Lebensunterhalt der Mehrheit der Menschen vor Ort zu tun hat.

3.5 Die Messung von Wohlfahrt

Die Entwicklung besserer Indikatoren, die Auskunft über den Zustand und die Gesundheit ökologischer und ökonomischer Systeme und die Wohlfahrt der in ihnen lebenden Menschen geben können, ist von entscheidender Bedeutung. In diesem Abschnitt werden herkömmliche volkswirtschaftliche Wohlfahrtsmaße vorgestellt (Bruttosozialprodukt und verwandte Maße) und dahin gehend untersucht, in welcher Weise Naturkapital und Nachhaltigkeitsaspekte besser berücksichtigt werden können.

Das Bruttosozialprodukt (BSP) und seine politische Bedeutung

Ökonomen wollen eine leistungsfähige Wirtschaft. Sie sind fest davon überzeugt, dass die Menschen im Allgemeinen davon profitieren, wenn es leistungsfähige Märkte gibt. Die Forschung ist überwiegend darauf ausgerichtet zu erklären, unter welchen Bedingungen Märkte gut funktionieren. Viele Theorien über Marktmechanismen sind zwar deduktiver Natur, doch sind die Ökonomen auch an der Messung der Marktergebnisse interessiert, sowohl in bestimmten Wirtschaftszweigen als auch in der Wirtschaft insgesamt. In den meisten Ländern gilt das Bruttosozialprodukt (BSP) als das wichtigste Maß für wirtschaftliche Leistungskraft. Für sie stellt ein Wachstum des BSP oder des Pro-Kopf-BSP ein Zeichen für funktionierende Märkte und eine gesunde Wirtschaft dar.

Einige volkswirtschaftliche Lehrmeinungen, wie z. B. die Ablehnung von staatlichen Eingriffen in den Arbeitsmarkt, werden zwar regelmäßig von der Gesellschaft und ihren gewählten politischen Vertretern/innen missachtet. Hinsichtlich der Verwendung des BSP als Wachstumsmaß hat es jedoch bislang keine größere öffentliche Kritik gegeben. Fast alle politischen Parteien verschreiben sich dem Wirtschaftswachstum, und das heißt: einem wachsenden BSP. Wenn besorgte Stimmen ein zu geringes Wirtschaftswachstum beklagen, wird damit in der Regel die Wirtschaftspolitik kritisiert, die das BSP nicht genug hat wachsen lassen. Auch die Öffentlichkeit unterstützt diese Sichtweise einer intakten Wirtschaft. Sie hält die herrschende Partei an der Macht, wenn sie glaubt, dass die Wirtschaft (d. h. vor allem das BSP) wächst.

Die meisten Länder der Welt messen ihr Sozialprodukt. Obwohl die Verfahren noch nicht vollständig standardisiert und Ländervergleiche meist schwierig sind, wird das BSP von vielen internationalen Organisationen zur Messung und zum Vergleich der Erfolge von Entwicklungsprogrammen verwendet. Sowohl die Weltbank als auch der Internationale Währungsfonds legen ihrer Politik diesen Indikator zugrunde. Erfolgreiche wirtschaftliche Entwicklung liegt in diesem Sinne dann vor, wenn das Pro-Kopf-BSP zufriedenstellende Wachstumsraten erreicht. Auch humanitäre Organisationen verweisen häufig auf (Pro-Kopf-) BSP-Werte. Dadurch soll unser Mitgefühl für die Menschen mit sehr niedrigem Einkommen geweckt werden. In der Regel leiten sie aus großen Einkommensunterschieden die Forderung ab, dass die Länder mit hohem Pro-Kopf-BSP Teile ihres Wohlstands in jene Länder mit niedrigem Pro-Kopf-BSP transferieren sollen. Kurz gesagt, das BSP in der Ökonomik, in der Politik, der Finanzwelt, bei humanitären Organisationen und in der Öffentlichkeit als das Standardmaß für wirtschaftlichen Erfolg. Wegen dieser enormen Bedeutung verdient es eine eingehendere Betrachtung.

Allgemein wird angenommen, dass das BSP wichtige ökonomische Vorgänge misst und dass diese in engem Zusammenhang mit dem Wohlstand der Menschen stehen. Natürlich wird nicht bestritten, dass die Wohlfahrt der Menschen außer der wirtschaftlichen auch noch weitere Dimensionen aufweist. Doch es wird als richtig angesehen, dass die wirtschaftliche Dimension der Wohlfahrt von sehr großer Bedeutung ist und dass der Beitrag zur Wohlfahrt umso grösser ausfällt, je höher die Leistungskraft der Wirtschaft ist. Häufig findet sich auch die Auffassung, dass die Wirtschaft die wichtigste Komponente der Wohlfahrt ist und politischen Einflüssen unterliegt. Zumindest stößt kein anderes Maß auf eine solch breite Zustimmung. Kein anderes denkbares Maß übt offensichtlich einen im entferntesten vergleichbaren Einfluss auf die öffentliche Politik aus.

Dabei wird leicht übersehen, dass das BSP nur einige Aspekte der Wohlfahrt misst; seine Verwendung als allgemeines Maß für den nationalen Wohlstand ist ein typisches Beispiel für den Trugschluss der unzutreffenden Konkretheit (Daly und Cobb 1989) in ihrer schonungslosen Kritik gezeigt haben. Um der einseitigen Konzentration auf das BSP zu entgegnen, kann die Aufmerksamkeit auf soziale Indikatoren gelenkt werden wie beispielsweise auf den Index der physischen Lebensqualität (Physical Quality of Life Index), der sich aus Indikatoren für Alphabetisierung, Kindersterblichkeit und die Lebenserwartung im Alter von einem Jahr zusammensetzt. Darüber hinaus sollten Indikatoren für die Umweltqualität entwickelt und verbreitet werden (Costanza et al. 1992). Das von Lester Brown jährlich herausgegebene Werk *State of the World* (Brown 1997a) und das ebenfalls jährliche erscheinende *Vital Signs* (Brown 1997b) enthalten zwar kein statistischen Indizes, aber hilfreiche und interessante Informationen.

Die Auffassung, dass die durch das BSP gemessene wirtschaftliche Wohlfahrt einfach zu anderen Wohlstandsaspekten hinzuaddiert werden könnte, beruht auf einer allgemeinen, reduktionistischen Sicht der Realität. Danach ergibt sich ein korrektes Bild der Gesamtheit, indem die zum Zwecke der Analyse isolierten Einzelteile einfach wieder zusammengefügt werden. Dahinter steht die Annahme, dass die Einzelteile trotz des Herauslösens aus ihrem Gesamtzusammenhang unverändert bleiben; was jedoch eindeutig nicht der Fall ist. Folglich müssen wir zunächst die Frage stellen, ob ein durch das BSP gemessenes Wirtschaftswachstum in der Tat eine Steigerung des gesamten Wohlbefindens der Menschen misst.

Bis vor kurzem wurde diese Frage kaum gestellt, und auch heute noch wird sie in den meisten wirtschaftlichen und politischen Kreisen nicht ernst genommen. Nichtsdestotrotz ist diese Frage nicht mehr aus der Welt zu schaffen. Der Chor der Kritiker/innen, die auf die hohen psychologischen, sozialen und ökologischen Kosten des BSP-Wachstums hinweisen, wird immer lauter (Wachtel 1983). Der Zusammenhang zwischen BSP und der gesamten menschlichen Wohlfahrt bedarf weiterer Diskussionen.

Doch auch der Zusammenhang zwischen BSP und wirtschaftlicher Wohlfahrt muss hinterfragt werden. Kein anerkannter Ökonom würde behaupten, das BSP wäre ein perfektes ökonomisches Wohlfahrtsmaß. Die meisten sind sich der Tatsache durchaus bewusst, dass die vom BSP gemessen Marktaktivitäten mit sozialen Kosten einhergehen, welche nicht erfasst werden, und dass Marktaktivitäten, die dieses Kosten ausgleichen oder kompensieren sollen, als positive, das BSP erhöhende Marktaktivitäten erfasst werden. Folglich überschätzt das BSP die Wohlfahrt. Es bestehen weitere Mängel, doch nach Ansicht vieler Volkswirte handelt es sich dabei um wenig bedeutsame Defizite, sodass das BSP zumindest als Näherung an die Wohlfahrt angesehen und folglich ohne weiteres in der Praxis verwendet werden kann. Wenn Volkswirte/innen oder Politiker/innen die Ungenauigkeit des BSP für wirtschaftliche Wohlfahrt vergessen und aus der Höhe des BSP Schlussfolgerungen über die wirtschaftliche Wohlfahrt ziehen, machen sie sich einmal mehr des Trugschlusses der unzutreffenden Konkretheit schuldig. Ökonomen geben dies zwar schnell zu, doch genauso schnell leugnen sie dessen Bedeutung. Im Folgenden besteht unser Anliegen darin, die Diskussion um das BSP und die wirtschaftliche Wohlfahrt näher zu beleuchten. Auf dieser Basis können wir beurteilen, ob der breite Konsens unter den Ökonomen gerechtfertigt ist, oder ob der Trugschluss in diesem Fall ein größeres Ausmaß hat, als sie selbst annehmen. Wir werden drei Wege vorstellen, die über das BSP hinausführen. Zunächst befassen wir uns mit einem besseren Einkommensbegriff (Hicks'sches Einkommen). Dabei geht es zunächst einmal nicht um die grundsätzliche Messung von wirtschaftlicher Wohlfahrt sondern darum, das Einkommen besser zu messen. Natürlich besteht ein Zusammenhang zwischen Einkommen und Wohlfahrt, und ein besseres Einkommensmaß ist tendenziell auch ein besseres Wohlfahrtsmaß; doch das Hicks'sche Einkommen bezieht sich nicht direkt auf die wirtschaftliche Wohlfahrt im allgemeinen. Der zweite Weg über das BSP hinaus zielt deshalb darauf ab, über einzelne Komponenten schrittweise zu einem Maß für wirtschaftliche Wohlfahrt zu gelangen. Der dritte Weg führt zu einem umfassenderen Maß der gesamten menschlichen Wohlfahrt, bei dem der wirtschaftliche Wohlstand nur eine Komponente darstellt.

BSP: Begriffe und Messverfahren

Die Definition des BSP hat sich im Laufe der Jahre praktisch nicht verändert. Das ist einer der Gründe für seine Popularität. Die Geschichte seiner Entwicklung ist lang. Sherman (1966) definiert das BSP wie folgt:

> „Das Bruttosozialprodukt (BSP) kann auf zwei verschiedene Arten berechnet werden, zum einen auf Basis der Geldströme von den Haushalten zu den Unternehmen, zum anderen auf Basis des Geldstroms von den Unternehmen zu den Haushalten. Im ersten Fall wird die aggregierte Geldnachfrage für alle Produkte erfasst. Dabei werden die Ausgaben für Konsumgüter, Investitionsgüter, Staatsausgaben und den Nettoimport erfasst. Im zweiten Fall werden die Ausgaben der Unternehmen für alle Kosten der Produktion aufaddiert. Der Großteil dieser Produktionskosten besteht in Einkommensströmen an die Haushalte. Diese Einkommen umfassen Arbeitslöhne, Bodennutzungsrenten, die Zinsen für geliehenes Kapital sowie die Profite aus Kapitalinvestitionen"
> (Sherman 1966, S. 30-31).

Des weiteren weist Sherman darauf hin, dass bei der zweiten Berechnungsart die Abschreibungen und Verbrauchssteuern noch hinzuaddiert werden müssen. Nach diesem Schritt müssen beide Ermittlungsarten zum gleichen Ergebnis führen. Der Ausgleich zwischen Ausgaben- und Einkommensströmen ist durch den residualen Charakter der Profite gewährleistet. Unterschiede zwischen beiden Strömen erscheinen als Profite oder Verluste, die nach Addition zum Einkommensstrom die Gleichheit der beiden Ströme sichern.

Weiter kann gezeigt werden, dass sich nach Abzug der Abschreibungen vom BSP das Nettosozialprodukt (NSP) ergibt. Durch weitere Subtraktion der indirekten Steuern sowie durch Addition der Staatstransfers und der vom Staat gezahlten Subventionen ergibt sich das Volkseinkommen; durch weiteren Abzug der direkten Steuern und Sozialbeiträgen erhält man schließlich das Nettoeinkommen der Arbeitnehmer.[8]

Wir wären uns nicht sicher, was Sherman antworten würde, wenn er direkt gefragt würde, ob das BSP ein Maß für die wirtschaftliche Wohlfahrt ist. Doch es besteht kein Zweifel daran, dass er es in der Praxis für ein solches Maß hält und dies seinen Lesern auch vermittelt. Nachdem er darauf aufmerksam macht, dass der Beitrag eines Wirtschaftszweiges zum Sozialprodukt nur in der Wertschöpfung und nicht im Gesamtwert des Outputs besteht, schreibt Sherman (1966):

> „Eine zweite Erweiterung ist notwendig, wenn wir die jährlichen Veränderungen der *nationalen Wohlfahrt* messen wollen. [...] Wir müssen die Änderungen des Geldwerts des Sozialprodukts immer um die Preisänderungen deflationieren, um den realen Änderungsbetrag des Sozialprodukts zu erhalten.
>
> Letztendlich gilt unser Interesse nämlich gar nicht dem gesamten Sozialprodukt, sondern dem Anteil eines Mitglieds der Bevölkerung. [...] Wenn wir also die Änderung der *individuellen Wohlfahrt* messen wollen, müssen wir die Steigerung des gesamten Sozialprodukts um das Bevölkerungswachstum deflationieren."
> (Hervorhebung hinzugefügt; S. 52-53)

Aus dieser Lehrbuchbeschreibung, wie das BSP im Rahmen der Volkswirtschaftlichen Gesamtrechnung zu ermitteln ist, folgt eigentlich nur, dass das BSP ein Maß für die Marktaktivitäten ist. Verschiedene Wissenschaftler/innen sehen diese Ein-schränkung durchaus als zweckmässig an (Eckstein 1983), doch sie wurde nie umgesetzt.

Der Grund, warum das BSP niemals nur auf den Marktaktivitäten allein beruht, liegt darin, dass die tatsächliche wirtschaftliche Situation stark verzerrt widergespiegelt würde. Seit den Anfängen der Volkswirtschaftlichen Gesamtrechnung wurden zu den Marktaktivitäten zwei wichtige Bereiche hinzu addiert: die Nahrungsmittel und Treibstoffe, die von Haushalten in der Landwirtschaft produziert und konsumiert werden, sowie der Mietwert von Wohnungen, die von ihren Eigentümern selbst bewohnt werden. Die Gründe für ihre Hinzurechnung liegen auf der Hand. Betrachten wir folgendes Szenario: Eine Person lebt in einer Wohnung, die sie von einer anderen Person mietet, während die gleiche Person ein anderes Haus, das sich in ihrem Eigentum befindet, an andere vermietet. Beide Vermietungen stellen Marktaktivitäten dar. Wenn die betref-

---

[8] Dieser Absatz spiegelt die Methodik der Volkswirtschaftlichen Geamtrechnung (VGR) vor den jüngsten Anpassungen in der EU wider. Trotz einiger inzwischen erfolgter definitorischer Änderungen (z. B. der Ersetzung des BSP durch das „Bruttonationaleinkommen") bleibt die hier behandelte Problematik aktuell.

fende Person nun in ihr eigenes Haus einzieht, werden die Marktaktivitäten vermindert. Wenn nur Marktaktivitäten erfasst würden, nähme das BSP ab. Doch intuitiv käme niemand auf die Idee, dass sich damit die wirtschaftliche Leistungskraft verändert hätte. (Ebenfalls hinzugerechnet werden der Wert der Nahrungsmittel und Bekleidung für die Armee sowie Bankdienstleistungen für Kontoinhaber, die nicht in Rechnung gestellt werden; Ruggles 1983.)

Worauf wir hinauswollen ist, dass seit den Anfängen der BSP-Berechnung Unklarheiten darüber bestehen, was das BSP eigentlich misst. Diese Unklarheiten treten auch in den Lehrbüchern zutage. Einerseits liegt der Schwerpunkt auf Marktaktivitäten. Andererseits ist der Bedarf an der Messung von Wohlfahrtsteigerungen offensichtlich. Das Hauptaugenmerk des BSP liegt auf Marktaktivitäten, aber es erfolgen geringfügige Anpassungen im Hinblick auf Wohlfahrtserwägungen, indem z. B. der Mietwert für die von Eigentümern bewohnten Wohnungen hinzugerechnet wird. Die gleiche Logik, die der Einbeziehung dieser Bereiche zugrunde liegt, würde jedoch auch die Einbeziehung vieler anderer Bereiche rechtfertigen. Deshalb wurden bereits viele Vorschläge gemacht, weitere Werte bei der Ermittlung des BSP zu berücksichtigen. Bis heute ist jedoch noch keiner umgesetzt worden. Wie Otto Eckstein anmerkt:

> „Die Volkswirtschaftliche Gesamtrechnung hat viele Zwecke: die Messung der wirtschaftlichen Leistungskraft, der zeitliche und räumliche Vergleich der wirtschaftlichen Wohlfahrt, die Messung der Verteilung der Ressourcen auf den privaten und öffentlichen Sektor sowie auf Konsum und Investitionen, und die Ermittlung der funktionellen Verteilung des Einkommens und der Steuerlast. Diese Zwecke widersprechen sich zwangsläufig, sodass die Volkswirtschaftliche Gesamtrechnung einen Kompromiss darstellt." (Eckstein 1983, S. 316)

Ein Kompromiss kann nicht alle zufrieden stellen. Unsere Bedenken bestehen jedoch nicht darin, ob „zeitliche und räumliche Vergleiche der wirtschaftlichen Wohlfahrt" aufgrund des Kompromisscharakters verzerrt sind, sondern ob das BSP, das primär ein Maß für Marktaktivitäten ist, überhaupt ein sinnvolles Maß für die wirtschaftliche Wohlfahrt darstellt. Wäre es nicht vielleicht sinnvoller, ein Maß für Marktaktivitäten zu entwickeln, das für die eher technischen Anforderungen an das BSP gut geeignet ist und für das keinerlei Anpassungen im Hinblick auf die Verwendung als Wohlfahrtsmaß vorgenommen werden müssen? Auf dieser Grundlage könnte die Frage, welcher Zusammenhang zwischen einer Steigerung der Marktaktivitäten und der wirtschaftlichen Wohlfahrt der Menschen besteht, klarer und neutraler gestellt werden.

Es gibt einen zweiten Grund, warum das BSP als reines Maß für Marktaktivitäten scheitert. An einem bestimmten Punkt werden auch Vermögensaspekte berücksichtigt, insbesondere das Kapital. Das ist dann der Fall, wenn die Abschreibungen als Teil der Unternehmenskosten berücksichtigt werden. Dies geschieht auf recht merkwürdige Weise. Je größer die Abschreibungen auf die Kapitalbestände der Unternehmen in einem Jahr sind, desto größer ist das BSP (unter sonst gleichen Umständen). Der Wertverlust einer Fabrik und seiner Anlagen erhöht also das BSP. Dass dieser Wertverlust keinen Beitrag zur wirtschaftlichen Wohlfahrt darstellt, wird ersichtlich, wenn man erkennt, dass dieser Wert bei der Berechnung des Nettosozialprodukts und des Volkseinkommens keine Berücksichtigung findet. Dabei müssen wir uns daran erinnern, dass das BSP in den meisten vergleichenden Studien zur wirtschaftlichen Wohlfahrt häufiger als die anderen Werte als Indikator herangezogen wird.

Daraus wird deutlich, dass die Abschreibungen auf Kapitalgüter zwar in das BSP eingehen, dies aber auf eine Weise geschieht, die im Gegensatz zu seiner Beziehung zum nationalen Vermögen steht. Einige der Komponenten des BSP haben eine positive Beziehung zu einer Steigerung des nationalen Vermögens, andere sind diesbezüglich neutral und wieder andere sind, wie wir gesehen haben, negativ. Man kann die Frage stellen, ob Maße des nationalen Wohlstands nicht in engerem Zusammenhang mit der nationalen wirtschaftlichen Wohlfahrt stehen als die Marktaktivitäten oder das BSP. In diese Richtung argumentiert bspw. Irving Fisher (Fisher 1906). Nach Fishers Ansicht sind fast alle Konsumgüter Kapital- oder Vermögensgüter, und ihr Konsum stellt eine Abschreibung dar. Für Fisher beruht Wohlfahrt auf den Dienstleistungen (der psychologische Sinn einer Befriedigung von Wünschen), die dieses Kapital erbringt. Diese müssten überwiegend bemessen werden. Beispielsweise entspricht der Wert des jährlichen Dienstes eines Mantels den Kosten für seine Miete. Das entspricht der Bemessung der von Eigentümern bewohnten Häusern, doch der Fall mit dem Mantel ist schwieriger, da es keinen Markt für die Vermietung von Mänteln gibt. Die zugrunde liegende Logik ist allerdings die gleiche. Wichtig ist vor allem, dass niemand annimmt, das BSP messe den nationalen Reichtum oder stünde in irgendeinem Zusammenhang mit dessen Ab- oder Zunahme.

Keine dieser Bemerkungen soll den Eindruck erwecken, die Sozialproduktsberechnung und die Volkswirtschaftliche Gesamtrechnung der USA und anderer Länder seien sinnlos. Wir beschäftigen uns mit einer bestimmten Verwendung, nämlich mit ihrer Verwendung als Maß für die wirtschaftliche Wohlfahrt. Bis wir nicht genau verstanden haben, was das BSP misst und was nicht, können wir kein fundiertes Urteil bezüglich seiner Eignungen abgeben.

Wie so häufig ist die Erklärung dafür, warum das BSP misst, was es misst, eher historischer als systematischer Natur. Das US-Wirtschaftsministerium begann zwar im

Jahre 1934 mit der statistischen Erfassung des Nettoprodukts der nationalen Wirtschaft, aber:

„Ausschlaggebend für die Struktur der Volkswirtschaftlichen Gesamtrechnungen war die Mobilisierung für den Zweiten Weltkrieg und der nachfolgende Informationsbedarf über die Gesamtwirtschaft. Die zentralen Fragen während des Krieges lauteten, wie viele Waffen produziert werden können, und welche Auswirkungen die Waffenproduktion auf die Gesamtwirtschaft haben würde." (Ruggles 1983, S. 17)

Ähnliche Entwicklungen fanden auch in anderen Ländern statt und im Jahre 1944 verglichen die Vereinigten Staaten ihren Ansatz mit dem Großbritanniens und Kanadas. Im darauf folgenden Jahr veranstaltete der Völkerbund eine Konferenz zur Volkswirtschaftlichen Gesamtrechnung. Im Jahre 1947 veröffentlichten die Vereinigten Staaten die neu entwickelte Volkswirtschaftliche Gesamtrechnung. Diese wurde in späteren Jahren zwar mehrfach ergänzt und 1958 und 1965 revidiert, hinsichtlich der hier behandelten Fragen gab es aber kaum Änderungen. Es fanden jedoch kritische Diskussionen zur Volkswirtschaftlichen Gesamtrechnung statt, bei denen ähnliche Fragen gestellt wurden, wie wir es hier tun. Das galt insbesondere für die Konferenz über Einkommen und Wohlstand im Jahre 1971, auf der Wohlfahrtsfragen diskutiert wurden und folgendes deutlich wurde:

„Viele Anwender waren der Ansicht, dass der bestehende Kardinalpunkt der Volkswirtschaftlichen Gesamtrechnung auf Markttransaktionen zu einem zu engen Ansatz bei der Messung der wirtschaftlichen und sozialen Leistung führt. Es wurden überzeugende Gründe vorgebracht, dass weitere Informationen über Nichtmarktaktivitäten, über die Dienste von dauerhaften Konsumgütern und intangiblen Investitionen sowie über die Umweltkosten und -leistungen benötigt werden." (Ruggles 1983, S. 332)

Auch die Bewertung von Freizeit wurde diskutiert. Aber solche Überlegungen würden zu großen Modifikationen führen, was den Nutzen der Volkswirtschaftlichen Gesamtrechnungen für diejenigen einschränken würde, „welche die Volkswirtschaftliche Gesamtrechnung für die kurzfristige Analyse der wirtschaftlichen Aktivitäten nutzen und sich schwerpunktmäßig mit Inflation, Konjunktur und Fiskalpolitik beschäftigen" (Ruggles 1983, S. 332). Aus diesem Grund wurden die Bedenken jener, die an der langfristigen wirtschaftlichen und sozialen Leistungskraft interessiert sind, bei der Methode der Volkswirtschaftlichen Gesamtrechnung nicht berücksichtigt.

Das amerikanische BEA (*Bureau of Economic Analysis*) führt jedoch derzeit ein Projekt durch, das sich mit der Entwicklung von Maßgrößen für Nichtmarktaktivitäten innerhalb der Volkswirtschaftlichen Gesamtrechnung beschäftigt. Dieses Projekt ist teilweise eine Reaktion auf die Diskussion dieses Themas auf der Konferenz über Einkommen und Wohlstand im Jahre 1971. Es spiegelt aber auch das starke Interesse innerhalb des US-Wirtschaftsministeriums an der Messung der Kosten des Umweltschutzes und der Umweltschäden wider. Das derzeitige Programm der BEA beschäftigt sich nicht nur mit Umweltfragen, sondern auch mit: 1) der Zeit, die für Nichtmarktaktivitäten und Freizeit aufgewendet wird, 2) den Leistungen von dauerhaften Konsumgütern und 3) den Leistungen von staatlichem Kapital. Der enge Zusammenhang mit der Volkswirtschaftlichen Gesamtrechnung wird dabei hervorgehoben, doch hat es bisher noch keine formale Integration gegeben (Ruggles 1983).

Die beschriebenen Unterschiede zwischen einem Maß für Marktaktivitäten und einem Maß für wirtschaftliche Wohlfahrt sind den für die Volkswirtschaftliche Gesamtrechnung Verantwortlichen bewusst. Das Problem scheint solange unlösbar, wie das Ziel in einem einzigen aggregierten Wert wie dem BSP besteht. Richard Ruggles (1983), dessen historischer Darstellung wir gefolgt sind, schließt mit den Worten:

„Es gibt keine eindeutige Abgrenzung von Nichtmarktaktivitäten und keine klaren Bemessungsmethoden dafür. Die Menge der möglichen Bemessungsmethoden ist unbegrenzt. Das einzige anwendbare Kriterium lautet, ob die Bemessungsmethoden nützlich und für den besonderen Fall notwendig sind. [...]

Aus all diesen Gründen erscheint eine explizite Trennung der Markttransaktionen von den groben Bemessungen in den Volkswirtschaftlichen Konten als höchst wünschenswert. [...] Es würde jedoch deutlich werden, dass die Berechnungen allein den Informationsbedarf für die Messung von wirtschaftlicher und sozialer Leistung nicht erfüllen können. [...] Keine noch so umfangreichen Ergänzungsrechnungen können aus einem eindimensionalem Gesamtmaß wie dem BSP ein geeignetes Maß für die soziale Wohlfahrt machen." (S. 41-43)

Vom BSP zum Hicks'schen Einkommensbegriff und nachhaltigen Entwicklung

Das BSP ist nicht nur ein schlechtes Wohlfahrtsmaß, sondern auch ein schlechtes Einkommensmaß. In den folgenden Abschnitten werden wir uns der Frage zuwenden, wie das BSP zu einem Wohlfahrtsmaß weiterentwickelt werden kann – eine schwierige Aufgabe mit vielen kontroversen Aspekten. In diesem Abschnitt konzentrieren wir uns auf das weniger strittige Thema der Umwandlung des BSP in ein besseres Einkommensmaß. Anders als beim Wohlfahrtsbegriff, für den es keine unabhängige theoretische Definition gibt, liegt für den Einkommensbegriff eine relativ eindeutige theoretische Definition vor. Die Operationalisierung dieser Definition bereitet jedoch große Probleme. Der Wohlfahrtsbegriff wird fast zwangsläufig durch das verwendete Maß implizit definiert. Hinsichtlich des Einkommensbegriffs exisiert eine explizite, unabhängige Definition, der unsere Messverfahren mehr oder weniger gut gerecht werden. Daher ist es sinnvoll, die beiden Ansätze zur Weiterentwicklung des BSP zu trennen.

Das zentrale Kriterium für die Definition des Einkommensbegriffs wurde von Sir John Hicks in *Value und Capital* (1948) eindeutig beschrieben:

> „Der Zweck der Einkommensermittlung in der Praxis besteht darin, den Menschen Hinweise zu geben, wie viel sie konsumieren können, ohne zu verarmen. Auf der Grundlage dieses Ansatzes sollten wir das Einkommen eines Menschen als den maximalen Wert definieren, den er während einer Woche konsumieren kann und bei dem er am Ende der Woche genauso wohlhabend ist wie am Anfang. Wenn eine Person spart, plant sie, in der Zukunft wohlhabender zu sein; wenn sie über ihr Einkommen hinaus konsumiert, plant sie, weniger wohlhabend zu sein. Wenn wir uns daran erinnern, dass der praktische Zweck des Einkommens darin besteht, eine kluge Lebensführung zu ermöglichen, dann ist auch ziemlich klar, dass die zentrale Bedeutung genau darin bestehen muss." (S. 172)

Die gleiche Vorstellung liegt auch den Einkommensbegriffen auf nationaler Ebene und für den Zeitraum eines Jahres zugrunde. Einkommen ist kein präziser theoretischer Begriff, sondern eher eine praktische Daumenregel, die den Maximalbetrag angibt, der von einer Nation verkonsumiert werden kann, ohne dass letztlich Verarmung eintritt. Wir alle wissen, dass wir nicht das gesamte BSP verkonsumieren können, ohne dass schließlich Verarmung eintritt. Folglich subtrahieren wir die Abschreibungen, um zum Nettosozialprodukt zu gelangen, welches gewöhnlich als Hicks'sches Einkommen interpretiert wird. Hier ist zu beachten, dass *Nachhaltigkeit* das zentrale Merkmal von Einkommen ist. Der Begriff „nachhaltiges Einkommen" sollte daher als Tautologie betrachtet werden. Die Tatsache, dass dies nicht so ist, zeigt, wie weit wir uns von der zentralen Bedeutung dieses Einkommensbegriffs entfernt haben und dass eine Korrektur nötig ist.

Aber könnten wir nicht Jahr für Jahr das Nettosozialprodukt verkonsumieren, ohne dass dies zur Verarmung führte? Nein, können wir nicht, und zwar aus zwei Gründen: Erstens sind für die Erzeugung des Nettosozialprodukts in der derzeitigen Höhe biophysische Transformationen nötig (Umweltaus- und -einträge), die ökologisch nicht nachhaltig sind. Zweitens überschätzt das Nettosozialprodukt das für den Konsum verfügbare Nettoprodukt, da viele Reparaturausgaben (Ausgaben, die nötig sind, um die ungewollten Nebenwirkungen der Produktion zu korrigieren) als Endprodukte statt als

Zwischenprodukte erfasst werden. Folglich versagt das Nettosozialprodukt als Indikator für eine kluge Politik.

Ein Entwicklungsland mag beispielsweise 6 % seines BSP durch Holzexporte erwirtschaften. Davon basieren vielleicht 2 % auf nachhaltiger Waldbewirtschaftung, und die verbleibenden 4 % führen zum Rückgang der Waldfläche. Der maximale nachhaltige Konsum wurde demnach um 4 % überschätzt, wobei der Verlust der nicht bepreisten natürlichen Leistungen des Waldes nicht einmal Berücksichtigung fand. Das mag sich zunächst geringfügig anhören, doch in einer Volkswirtschaft, deren konventionelles BSP mit einer Rate von 3 % wächst, stellt der Verlust von 4 % den Unterschied zwischen Wachstum und Schrumpfung dar, was hinsichtlich der Art und Weise, wie das Land sich selbst, seine Politik und seine Entscheidungsträger wahrnimmt, große qualitative Unterschiede bedeutet. Diese letztgenannte Differenz ist ein Grund dafür, warum einer Änderung der Einkommensberechnung Widerstand entgegen gebracht wird. Kein Politiker möchte als der Minister bekannt werden, unter dem das Land von einem Jahr zum andern vom Wachstum zur Schrumpfung überging! Politiker/innen haben jedoch auch die Chance bekannt zu werden, indem sie endlich eine Einkommensberechnung einführten, die das Land vor der endgültigen Verarmung bewahrt.

Zwei Anpassungen des Nettosozialprodukts sind notwendig, um eine gute Annäherung an das Hicks'sche Einkommen zu erreichen und eine bessere Richtschnur für eine kluge Politik zu entwickeln. Die erste Anpassung ist die konsequente Anwendung des Prinzips der Abschreibung, um die Konsumtion des Naturkapitals, das für Produktionszwecke ausgebeutet wird, zu berücksichtigen. Die zweite Anpassung besteht darin, die (leider notwendigen) Reparaturausgaben abzuziehen, die nötig sind, um die ungewollten Nebenwirkungen der wachsenden aggregierten Produktion und des Konsums zu korrigieren. Diese „defensiven" Ausgaben haben den Charakter von Zwischengütern, d. h. sie stellen keine Endprodukte für den Konsum, sondern Produktionskosten dar. Zu den Reparaturausgaben gehören die Polizei, Türschlösser, Gitterfenster, häufigere Außenanstriche zu Vermeidung von Korrosionsschäden durch sauren Regen usw. Damit diese Reparaturausgaben beim Nettosozialprodukt berücksichtigt werden können, muss ihr Umfang abgeschätzt und subtrahiert werden, sodass sich eine Schätzung des nachhaltigen Einkommens bzw. des wahren Einkommens ergibt.

Zusammenfassend können wir den korrigierten Einkommensbegriff, das Hicks'sche Einkommen (HE), definieren als das Nettosozialprodukt (NSP) minus Reparaturausgaben (RA) minus Abschreibungen auf das Naturkapital (ANK), also:

HE = NSP - RA - ANK

Dieser Vorschlag bedeutet keinerlei Eingriff in die gegenwärtige Volkswirtschaftliche Gesamtrechnung (und somit geht auch keine historische Kontinuität oder Vergleichbarkeit verloren). Später werden noch zwei zusätzliche Anpassungen eingeführt, und zwar nicht aus Leichtfertigkeit oder Modegründen, sondern einfach mit dem Ziel, eine bessere Annäherung an den zentralen und verbreiteten Einkommensbegriff zu erreichen. Da diese Anpassungsrechnungen auch für unseren Vorschlag eines Wohlfahrtsmaßes von Bedeutung sind, werden sie in diesem Zusammenhang eingehend vorgestellt und hier nicht weiter behandelt.

An dieser Stelle sollte noch erwähnt werden, dass in den mit Wirtschaftspolitik befassten Institutionen der Länder der Dritten Welt das Interesse an „nachhaltigem Wachstum" oder „nachhaltiger Entwicklung" durch den Brundtland-Bericht (WCED 1987) stark gestiegen ist. Diese Begriffe werden zwar gemeinhin synonym verwendet, wir schlagen jedoch eine Unterscheidung vor. Wie bereits erläutert wurde, sollte sich „Wachstum" auf die quantitative Ausdehnung der Größenordnung der physischen Dimension von Wirtschaftssystemen, während sich „Entwicklung" auf die qualitativen Änderungen von physisch nicht wachsenden Wirtschaftssystemen beziehen sollte, die sich im Gleichgewicht mit der Umwelt befinden. Gemäß dieser Definition wächst die Erde nicht, sondern sie entwickelt sich. Jedes physische Subsystem einer endlichen und nicht wachsenden Erde erreicht daher zwangsläufig einen wachstumsfreien Zustand. Wachstum ist folglich ab einem bestimmten Zeitpunkt nicht nachhaltig. Der Begriff „nachhaltiges Wachstum" widerspricht sich folglich selbst, „nachhaltige Entwicklung" dagegen nicht. In der heutigen Zeit, in der diese Begriffe unter den wirtschaftspolitischen Akteuren zu Modeworten geworden sind, ist die aufgezeigte Unterscheidung wichtig. Eine noch wichtigere Aufgabe aber ist es, nachhaltige Entwicklung auf operationale Weise zu definieren. Wenn Entwicklung als eine Steigerung des Hicks'schen Einkommens definiert würde und nicht als eine Steigerung des BSP, stünde dies, wie wir gesehen haben, im Einklang mit Nachhaltigkeit.

Die wichtigste operationale Implikation des Hicks'schen Einkommens besteht darin, dass das Kapital erhalten werden muss. Problematisch ist indes, dass der von uns traditionell verwendete Kapitalbegriff nur das anthropogene Kapital umfasst. Das Naturkapital bleibt außen vor, was auch für das Humankapital gilt (z. B. Fertigkeiten, Bildung und Arbeitnehmergesundheit). Dieses wird sogar definitionsgemäß ausgeschlossen, wenn man Kapital als „die von Menschen produzierten Produktionsmittel" definiert. Wir haben bereits erläutert, dass es zwei Arten von Kapital gibt, natürliches und anthropogenes Kapital. Das Naturkapital besteht aus den nichtproduzierten Beständen, die einen Strom von natürlichen Ressourcen und Leistungen hervorbringen. Bislang wurde nur das anthropogene Kapital, das sich im Privateigentum befindet, bewahrt, von einigen natürlichen Kapitalbeständen abgesehen (Rinderherden, Nutzwälder).

Salah El Serafy (1988) hat einen weiteren Ansatz entwickelt, der das BSP zu einem besseren Einkommensmaß weiterentwickelt und eine Operationalisierung von nachhaltiger Entwicklung erlaubt. El Serafy behandelt die Frage, wie die Erträge aus nichterneuerbaren Ressourcen beim Einkommen berücksichtigt werden sollen, oder, was auf das Gleiche hinausläuft: wie eine Gesellschaft mit der Absurdität umgehen kann, nichterneuerbare Ressourcen unter Umständen für immer im Boden zu belassen, wodurch sie weder Nutzen abwerfen, noch ausgebeutet werden können, nur damit sie nicht vom Weg der nachhaltigen Entwicklung abweicht. El Serafy unterteilt die Erträge aus nichterneuerbaren Ressourcen in eine Einkommens- und eine Kapitalkomponente. Die *Einkommenskomponente* betrifft denjenigen Teil der Erträge, der für unendliche lange Zeit jährlich verbraucht werden kann, unter der Bedingung, dass die restlichen Erträge in erneuerbare Ressourcen investiert werden. Die Erträge aus den erneuerbaren Ressourcen und der jedes Jahr investierte Betrag sind zusammen so hoch, dass – wenn die nichterneuerbare Ressource ausgebeutet ist – die neue erneuerbare Ressource ein Einkommen abwirft, die dem der nichterneuerbaren Ressource entspricht.

Die Logik, die der Methode von El Serafy zugrunde liegt, besteht darin, dass

„eine endliche Reihe von Erträgen aus der Ressource, z. B. eine zehnjährige Reihe von jährlichen Entnahmen, die zum Verschwinden der Ressourcen führen, in eine unendliche Reihe von echtem Einkommen konvertiert werden muss, sodass der Kapitalwert der beiden Reihen letztlich übereinstimmt. Es muss ermittelt werden, welcher Teil des jährlichen Ertrags aus den Verkäufen für Konsumzwecke verwendet werden kann. Der Rest, die *Kapitalkomponente*, muss Jahr für Jahr zurückgestellt und investiert werden, um einen dauerhaften Strom von Einkommen zu erzeugen, der das gleiche Niveau eines *„echten"* Einkommens gewährleistet, und zwar sowohl während der Lebensdauer der Ressource als auch nach der völligen Ausbeutung."

Um die Trennung in Einkommens- und Kapitalkomponente vornehmen zu können, müssen nur die Höhe des Diskontsatzes (der letztlich mit der Wachstumsrate der erneuerbaren Ressource und der Wachstumsrate der Faktorproduktivität zusammenhängt, aber bei El Serafy nicht diskutiert wird) und die Lebensdauer der nichterneuerbaren Ressource (verbleibendes Gesamtvorkommen dividiert durch die jährliche Entnahmerate) bekannt sein. Gesellschaftliche Entscheidungen oder Annahmen hinsichtlich dieser Größen erlauben die Berechnung des Prozentsatzes der nichterneuerbaren

Ressourcenerträge, die als Einkommen betrachtet werden sollten. Wenn beispielsweise die Lebensdauer der nichterneuerbaren Ressourcen zehn Jahre und der Diskontsatz 5 % beträgt, sind 42 % der laufenden Erträge Einkommen, und die verbleibenden 58 % stellen die Kapitalkomponente dar und müssen reinvestiert werden. Wenn der Diskontsatz 10 % und die Lebensdauer weiterhin zehn Jahre beträgt, liegt die Einkommenskomponente bei 65 %. Bei einem Diskontsatz von 10 % und einer Lebensdauer von 50 Jahren beträgt die Einkommenskomponente 99 %.

El Serafys Methode ist elegant und stellt bescheidene Ansprüche an die Informationserfordernisse. Der Effekt der steigenden Entnahmekosten kann wie ein Rückgang der Reserven berücksichtigt werden. Wenn der relative Preis der Ressource ansteigt und die vereinfachende Annahme konstanter Preise nicht mehr gilt, kann die gesamte Berechnung wiederholt werden. Im Vergleich zur Anpassung des BSP ist Serafys Methode radikaler als die Subtraktion der Abschreibungen auf das Naturkapital vom NSP, da Serafys Methode die Berechnung des BSP auf eine neue Grundlage stellen würde. Statt die gegenwärtige Überschätzung des Hicks'schen Einkommens hinzunehmen und dann durch Subtraktionen eine Bereinigung vorzunehmen, würde mit El Serafys Methode die Überschätzung des BSP aufgrund anderer Berechnungsmethoden von Beginn an vermieden. Dieses Verfahren ist zwar in logischer Hinsicht eleganter; doch auf der politischen Ebene wird es schwierig sein, die Verantwortlichen für die Volkswirtschaftliche Gesamtrechnung davon zu überzeugen, denn die historische Kontinuität der Sozialproduktsrechnung wäre dann nicht mehr gewährleistet. Doch auch wenn die Bereinigungsrechnung auf der Grundlage von Schätzungen der Abschreibungen auf das Naturkapital bevorzugt wird, bringt El Serafys Methode immer noch Vorteile für die Berechnung der Abschreibungen auf die natürlichen Ressourcen. Diese bestünden in den Erträgen über die Einkommenskomponente hinaus. Dies gilt allerdings unter der Annahme, dass dieser Betrag nicht investiert, sondern konsumiert wird.

Wenn eine Entwicklungsbank oder eine andere Behörde nachhaltige Entwicklung als Leitprinzip annimmt, sollte idealerweise jedes von ihnen finanzierte Projekt nachhaltig sein. Wenn dies nicht möglich sein sollte, wie im Falle der Ausbeutung von nicht erneuerbaren Ressourcen, wäre ein komplementäres Projekt durchzuführen, sodass beide Projekte zusammen die Nachhaltigkeit sichern. Die Erträge aus der Entnahme von nichterneuerbaren Ressourcen sollten, wie bereits dargestellt, in eine Einkommens- und eine Kapitalkomponente unterteilt werden, wobei die Kapitalkomponenten jedes Jahr in eine komplementäre erneuerbare Ressource zu investieren ist (langfristige Substitution). Wenn Projekte oder Projektgruppen die Nachhaltigkeitskriterien einhalten, wäre es unangemessen, den Nettonutzen eines Projekts oder einer Politikalternative zu berechnen, indem diese mit einer nicht nachhaltigen Alternative verglichen wird. Denn so würde ein Diskontsatz zugrunde gelegt, der auf Erträgen von alternativen Kapitalverwendungen beruht, die selbst nicht nachhaltig sind. Wenn beispielsweise ein nachhaltig bewirtschafteter Wald einen Ertrag von 4 % erzielt, aufgrund eines Diskontsatzes von 6 % als unwirtschaftlich eingestuft wird, und sich nach eingehender Prüfung herausstellt, dass der zugrundegelegte Diskontsatz auf einer nichtnachhaltigen Nutzung von Ressourcen beruht, z. B. aufgrund einer nichtnachhaltigen Rodung des Waldes, dann wird eindeutig zwischen einer nachhaltigen und einer nichtnachhaltigen Nutzung verglichen. Sollte sich bereits eine Politik der nachhaltigen Entwicklung durchgesetzt haben, kann natürlich die nachhaltige Alternative gewählt werden. In diesem Fall ist der aufgrund des nicht nachhaltigen Diskontsatzes berechnete negative Gegenwartswert ganz einfach irrelevant. Das Kriterium des Gegenwartswertes selbst ist indes nicht irrelevant, da das Effizienzkriterium immer noch die Grundlage ist, um die beste nachhaltige Alternative auszuwählen. Der Diskontsatz muss dabei jedoch auf einer *nachhaltigen* Alternative der Kapitalverwendung beruhen. Die Allokationsregel für das Erreichen des Effizienzzieles (Maximierung des Gegenwartswerts) darf nicht das Ziel der nachhaltigen Entwicklung, dem es dienen soll, unterlaufen! Die Verwendung eines nicht nachhaltigen Diskontsatzes würde genau dies bewirken. Wir haben den Verdacht, dass Diskontsätze über 5 % in vielen Fällen von nichtnachhaltigen Alternativen kommen. Vor der Anwendung eines Diskontsatzes von 10 % sollten mindestens fünf konkrete Beispiele für nachhaltige Projekte mit entsprechend hohen Ertragsraten gefunden werden.

Angenommen, das Ziel der nachhaltigen Entwicklung wird akzeptiert, so bleibt immer noch die Frage, auf welcher Gesellschaftsebene das Ziel verwirklicht werden soll. Der internationale Handel erlaubt einem Land, die ökologische Tragfähigkeit eines anderen Landes zu nutzen, sodass jenes Land, isoliert betrachtet, nicht nachhaltig ist, auch wenn es als Teil eines größeren Handelsblocks als nachhaltig einzustufen ist. Beim Thema Handel ergibt sich wiederum die Frage der Komplementarität oder Substituierbarkeit von natürlichem und anthropogenem Kapital. Wenn wir eine starke Nachhaltigkeit anstreben, dann muss die Komplementarität entweder auf nationaler oder internationaler Ebene eingehalten werden. Ein Land kann anthropogenes Kapital in hohem Maße durch Naturkapital ersetzen, wenn es Produkte und Leistungen des Naturkapitals (einen Strom natürlicher Ressourcen und Leistungen) aus anderen Ländern importiert, welche einen größeren Teil ihres Naturkapitals erhalten haben. Mit anderen Worten, die Beschränkungen der Komplementarität können auf nationaler Ebene umgangen werden, aber nur wenn sie auf internationaler Ebene eingehalten werden. Die Möglichkeit eines Landes, anthropogenes durch natürliches Kapital in größerem Maße zu ersetzen, ist abhängig von der Existenz anderer Länder, die eine umgekehrte und damit komplementäre Entscheidung treffen.

Ein Grund für die ungeteilte Zustimmung zum Begriff der „nachhaltigen Entwicklung" liegt an seiner Vagheit. Im Brundtland-Bericht wird nicht zwischen Wachstum und Entwicklung unterschieden, auch nicht zwischen starker und schwacher Nachhaltigkeit. Aus politischer Sicht haben die Autoren damit eine weise Entscheidung getroffen. Dadurch waren sie in der Lage, einen Begriff in die internationale Politik einzuführen, der nur deshalb einen Konsens gefunden hat, weil die radikalen Folgerungen zunächst unbenannt blieben. Doch allein die Einführung des Begriffes führte dazu, dass die radikalen Folgerungen schließlich doch diskutiert wurden. Beispielsweise ergeben sich sofort zwei Fragen beim Versuch, die Brundtland-Definition von nachhaltiger Entwicklung („[E]ine Entwicklung, die den Bedürfnissen der heutigen Generation entspricht, ohne die Möglichkeiten künftiger Generationen zu gefährden, ihre eigenen Bedürfnisse zu befriedigen") zu operationalisieren. Erstens stellt sich die Frage, wie „Bedürfnisse" von extravaganten Luxusgütern oder unrealistischen Wünschen abgegrenzt werden sollen. Wenn „Bedürfnisse" ein Auto für jeden Menschen einschließt, dann ist nachhaltige Entwicklung unmöglich. Das Thema der *Suffizienz* kann also nicht umgangen werden. Zweitens erfordert die Aussage, „die Möglichkeiten der künftigen Generationen" zu erhalten, „ihre Bedürfnisse zu befriedigen", eine Abschätzung dieser Möglichkeiten. Diese kann auf der Grundlage starker oder schwacher Nachhaltigkeit vorgenommen werden, je nach den zugrunde gelegten Annahmen zur Substituierbarkeit von natürlichem und anthropogenem Kapital. Dies erfordert eine eingehende Diskussion der Frage der Substituierbarkeit, die in das Zentrum des aktuellen ökonomischen Theoriediskurses führt.

Wir sind der Brundtland-Kommission für ihre gute Arbeit über diese entscheidenden Fragen zu tiefem Dank verpflichtet. Wir vermuten, dass ihre Mitglieder sich der von uns hier angesprochenen Schwierigkeiten durchaus bewusst waren, aber so klug gewesen sind, nicht zu schnell zu weit zu gehen. Indem sie den Begriff der nachhaltigen Entwicklung legitimierten, machten sie es anderen leichter, diese Fragen weiterzutreiben. Wir hoffen, dass die Wirtschaftswissenschaftler/innen und volkswirtschaftlichen Institutionen das Ideal der nachhaltigen Entwicklung nicht verwerfen, wenn die radikalen Folgerungen erkannt worden sind. Wir hoffen jedoch auch, dass sie das Oxymoron „nachhaltiges Wachstum", das momentan als Gedankenbremse wirkt, verwerfen werden.

Vom BSP zu einem Maß für die wirtschaftliche Wohlfahrt

Ohne den Anspruch zu erheben, ein umfassendes Konzept zur Messung der sozialen Wohlfahrt zu entwickeln, sollte es zumindest möglich sein, ein überzeugendes Instrument zur Messung des Beitrags der Wirtschaft zur sozialen Wohlfahrt zu leisten. Das war das Ziel von Nordhaus und Tobin (1972) bei der Konstruktion eines Maßes für die wirtschaftliche Wohlfahrt (*Measure of Economic Welfare* – MEW). Dieses Ziel war für sie jedoch nur ein Mittel, um ein anderes Ziel zu ereichen: Sie wollten den Beweis führen, dass der Konsens unter den Wirtschaftswissenschaftlern/innen im Hinblick auf eine ausreichend hohe Korrelation des bestehenden BSP mit der wirtschaftlichen Wohlfahrt zurecht besteht. Deshalb sei nicht notwendig, das von ihnen entwickelte Instrument auch tatsächlich zu nutzen. Dies jedenfalls ist ihre eindeutige Schlussfolgerung, obwohl sie zu Beginn ihrer Ausarbeitung feststellen, dass „die Maximierung des BSP kein sinnvolles Ziel der Politik darstellt" (Nordhaus und Tobin 1972, S. 4). Wir ignorieren diesen rätselhaften Widerspruch, werden dafür aber ihre sorgfältige Arbeit zum neuen Indikator MEW beschreiben, in der sie „versuchen, die offensichtlichen Diskrepanzen zwischen BSP und wirtschaftlicher Wohlfahrt herauszuarbeiten" (S. 6).

Nordhaus und Tobin beginnen mit dem BSP und führen drei Arten der Bereinigung durch: „die Reklassifikation der BSP-Ausgaben als Konsum, Investitionen und Zwischenprodukte; die Anrechnung der Leistungen des Kapitals der Konsumenten, der Freizeit und der Hausarbeit; die Korrektur um einige Nachteile der Urbanisierung" (S. 5). Mit Ausnahme der Umweltkosten und -leistungen deckten sie alle Bereiche ab, die auf der oben bereits erwähnten Konferenz zum Einkommen und Wohlstand im Jahre 1971 diskutiert wurden. Wir werden ihre Argumentation nun zusammenfassend darstellen.

Das BSP ist ein Maß der Produktion, nicht des Konsums, während die wirtschaftliche Wohlfahrt sich auf den Konsum bezieht. Folglich besteht die erste Aufgabe darin, den Konsum von den Ausgaben für Investitionen und Zwischenprodukte zu trennen. Dies bedeutet unter anderem die Subtraktion der Abschreibungen, was beim Nettosozialprodukt bereits der Fall ist. Darüber hinaus befassen sich Nordhaus und Tobin mit den Auswirkungen, die sich ergeben, wenn alle dauerhaften Güter wie Kapitalgüter behandelt werden, stellen aber fest, dass diese Auswirkungen gering sind. Von größerer Bedeutung ist der Vorschlag, staatliches Kapital als Kapitalinvestitionen zu betrachten und Bildungs- und Gesundheitsausgaben zu solchen zu reklassifizieren. Eine besonders interessante Bereinigung folgt aus der Erkenntnis, dass die Wohlfahrt mit dem Pro-Kopf-Verbrauch korreliert und nicht mit dem Bruttokonsum. Um den Pro-

Kopf-Konsum für eine wachsende Bevölkerung zu sichern, muss ein Teil des Nettosozialprodukts reinvestiert werden. Folglich subtrahieren Nordhaus und Tobin (1972) für diesen Zweck einen Betrag vom NSP, sodass sie einen Wert zum „nachhaltigen" Pro-Kopf-Konsum erhalten. Wir werden uns nur auf diese nachhaltigen MEW-Werte beziehen.

Die Autoren stellen ferner fest, dass einige Ausgaben bedauerliche Notwendigkeiten darstellen und deshalb keinen Beitrag zur Wohlfahrt leisten. Unter diese Kategorie nennen sie Pendlerfahrten, die polizeilichen Dienste, Hygiene, Wartung von Straßen und nationale Verteidigung. Dem liegt folgende Überlegung zugrunde: Wenn die Menschen längere Zeit für die Anfahrt zur Arbeit benötigen, dann bedeutet die damit verbundene Steigerung des BSP nicht, dass damit mehr Bedürfnisse der Menschen erfüllt wurden. Ähnliches gilt auch für die anderen Sachverhalte, weshalb die entsprechenden Werte subtrahiert werden.

Die zweite Aufgabe besteht darin, angemessene Schätzungen für die Leistungen des Kapitals der Haushalte, Freizeit und für nicht auf dem Arbeitsmarkt bewertete Arbeit zu ermitteln. Die beiden letzteren haben zwar große Auswirkungen auf die Statistik, doch existieren keine unumstrittenen Bewertungsverfahren. Nordhaus und Tobin schlagen dazu drei Verfahren vor. Die Frage ist zudem, ob Freizeit- und Nichtmarktaktivitäten vom technologischen Fortschritt beeinflusst werden. Die Autoren ziehen ein Maß des Freizeitwerts vor, dass nicht vom technischen Fortschritt beeinflusst ist, auch wenn die Nichtmarktaktivitäten durchaus unter dessen Einfluss stehen. Wir werden nur die Berechnungen nennen, welche auf diesen Entscheidungen beruhen.

Die dritte Aufgabe besteht in der Berücksichtigung der Nachteile der Urbanisierung. Nordhaus und Tobin stellen fest, dass mit dem Wirtschaftswachstum negative externe Effekte verbunden sind. Sie gehen davon aus, dass diese im städtischen Leben am deutlichsten zutage treten. „Der höhere Verdienst von Stadtbewohnern könnte zum Teil eine Entschädigung für die Unannehmlichkeiten des städtischen Lebens und Arbeitens sein. Wenn dem so ist, sollten wir nicht die gesamte Steigerung des NSP, die sich ergibt, wenn jemand aus einer kleinen Stadt in eine Großstadt zieht, als Zeichen größerer Wohlfahrt interpretieren" (Nordhaus und Tobin 1972, S. 13).

Wir haben nun die gesamte Bandbreite der Bereinigungen von Nordhaus und Tobin vor uns. Einige davon mögen uns als unangemessen erscheinen. Beispielsweise könnte argumentiert werden, dass der Polizeischutz einen Beitrag zur Wohlfahrt widerspiegelt und daher nicht subtrahiert werden sollte. Das Gegenargument beruht jedoch auf der Überlegung, dass der Zweck der Wohlfahrtsmessung in Vergleichen über die Zeit liegt. Steigende Polizeikosten bedeuten nämlich nicht, dass wir weniger Verbrechen ausgesetzt sind als früher. Wenn sich die soziale Situation auf eine Weise entwickelt, dass weniger Polizeischutz nötig ist, wäre dies ja auch nicht als Verringerung der wirtschaftlichen Wohlfahrt zu interpretieren. Die eigentliche Frage lautet, ob die Liste der bedauerlicherweise notwendigen Bereinigungen vollständig ist. Nordhaus und Tobin stellen fest:

> „Die Grenze zwischen Konsum- und Investitionsausgaben ist sehr unscharf. So sind beispielsweise die methodischen Probleme hinsichtlich der Veränderlichkeit der Konsumentenwünsche zu komplex, als dass sie von der Volkswirtschaftlichen Gesamtrechnung gelöst werden könnten. Konsumenten sind anfällig für Angebote der Produzenten. Vielleicht sind sogar alle unsere Wünsche bedauerliche Notwendigkeiten. Vielleicht hat die Produktion nur den Zweck, diejenigen Wünsche zu befriedigen, die sie selbst schafft. Vielleicht beträgt gar unsere Nettowohlfahrt – in Sozialprodukteinheiten gemessen – im tautologischen Sinne Null." (S. 8-9)

Nachdem sie das ausgeführt haben, ignorieren sie diese Probleme einfach. Die gleichen Fragen wurden auch von Denison und Jaszi angerissen und sogleich wieder verworfen und zwar aufgrund der Auffassung, dass die unerwünschten bzw. defensiven Ausgaben als Endkonsum betrachtet werden sollten, wie es derzeit praktiziert wird (Jaszi 1973). Sie behaupten, dass im Grunde genommen alle Ausgaben schützenden Charakter haben: Nahrungsmittelausgaben schützen vor Hunger, Ausgaben für Bekleidung und Wohnung schützen vor Kälte und Regen und selbst Ausgaben für die Kirche schützen vor dem Teufel! Dies ist zwar eine clevere Erwiderung, doch verfehlt sie den Kern der Sache: Denn „defensiv" bezieht sich auf die *unbeabsichtigten Nebenwirkungen anderer Produkte* und nicht auf den Schutz vor den normalen, grundlegenden Umweltverhältnissen wie Kälte oder Regen. Es ist nicht so, das unsere „Nettowohlfahrt in Sozialprodukt gemessen tautologisch Null" beträgt (Nordhaus und Tobin 1972, S. 8-9). Defensive Ausgaben sind Ausgaben, die „bedauerlicherweise notwendig wurden" und zwar durch andere Akte der Produktion. Daher sollten sie auch als Kosten der anderen Produktion betrachtet werden, und d. h. nicht als End- sondern als Zwischenprodukte.

Nun sind wir soweit, dass wir uns mit den Ergebnissen von Nordhaus und Tobins neuem Indikator MEW befassen können. Von besonderem Interesse ist für uns, welche Korrelation mit dem BSP besteht, denn unsere Ausgangsfrage war ja, ob ein Wachstum des BSP auf eine größere wirtschaftliche Wohlfahrt hinweist? Zunächst werden wir auf die Schlussfolgerungen von Nordhaus und Tobin (1972) eingehen und anschließend die Zahlen auf der Basis beurteilen, auf der auch ihre Bewertung beruht:

„Auch wenn die hier vorgestellten Zahlen vorläufigen Charakters sind, können daraus folgende Schlüsse gezogen werden. Erstens unterscheidet sich das MEW sehr von konventionellen Outputmaßen. Einige Aspekte des Konsums, die vom BSP abgezogen wurden, sind von beträchtlicher quantitativer Bedeutung. Zweitens ist die von uns vorgezogene Variante des Pro-Kopf-MEW langsamer gewachsen als das Pro-Kopf-BSP (im Zeitraum 1929 bis 1965 betrug das Wachstum des MEW 1,1 % während das des BSP bei 1,7 % lag.), dennoch ist das MEW gewachsen. Das Wachstum, das sich aus der Volkswirtschaftlichen Gesamtrechnung ergibt, ist also kein Mythos, der sich in Luft auflöst, wenn ein wohlfahrtsorientiertes Maß verwendet wird." (S. 17)[9]

Wenn allerdings bei der Bewertung ihrer Ergebnisse verschiedene Zeitabschnitte und nicht der gesamte Zeitraum von 1929 bis 1965 betrachtet werden, verschwindet der relativ enge Zusammenhang zwischen Wachstum von Pro-Kopf-BSP und Pro-Kopf-MEW.[10] Von 1945 bis 1947 fiel das amerikanische Pro-Kopf-BSP beispielsweise um 15% (von 2528 US-Dollar auf 2142 US-Dollar), während das Pro-Kopf-MEW um über 16% zunahm (von 5098 US-Dollar auf 5934 US-Dollar). Natürlich fand in dieser Zeit die Demobilisierung nach dem Zweiten Weltkrieg statt, sodass auch aus diesem kurzfristigen Zusammenhang keine weitergehenden Schlüsse gezogen werden können. Doch auch in anderen Zeiträumen trifft die Annahme nicht zu, dass das BSP-Wachstum einen recht guten Schätzwert für das MEW darstellt. Von 1935 bis 1945 nahm das Pro-Kopf-BSP um fast 90% zu (von 1332 US-Dollar auf 2528 US-Dollar), während das Pro-Kopf-MEW nur um 13% anstieg (von 4504 US-Dollar auf 5098 US-Dollar). Noch aussagekräftiger ist, dass das Pro-Kopf-BSP in der Nachkriegszeit von 1947 bis 1965, als weder eine größere Depression noch ein Aufschwung auf die Wachstumsraten wirkte, sechs Mal schneller anstieg als das Pro-Kopf-MEW (das Pro-Kopf-BSP wuchs um 48% oder um etwa 2,2% jährlich, während das nachhaltige Pro-Kopf-MEW um 7,5% oder um etwa 0,4% jährlich wuchs).[11] Wenn wir ferner wie

---

[9] Das Wachstum des Pro-Kopf-MEW betrug von 1929 bis 1965 nicht 1,1 %, sondern tatsächlich nur 1,0 % pro Jahr. Die korrekte Berechnung befindet sich in Tabelle 18 auf Seite 56 von Nordhaus und Tobins Untersuchung (1972).

[10] Wir vergleichen das Pro-Kopf-MEW mit dem Pro-Kopf-BSP und nicht wie Nordhaus und Tobin (1972) mit dem Pro-Kopf-NSP. Wir gehen auf diese Weise vor, um Konsistenz mit anderen Untersuchungen zu bewahren (besonders mit der von Zoltas 1981, mit wir uns anschließend befassen). Die Differenz der jährlichen Wachstumsraten ist nicht groß, doch das Wachstum des Pro-Kopf-NSP ist etwas niedriger als das des Pro-Kopf-BSP.

[11] Obwohl Nordhaus und Tobin (1972) intersssanterweise das Wachstum des Pro-Kopf-NSP und des Pro-Kopf-MEW für den Zeitraum von 1929 bis 1947 und von 1947 bis 1965 berechnen (siehe Tabelle 18 auf S. 56 ihres Textes), behandeln sie an keiner Stelle die deutlichen Unterschiede zwischen beiden Zeiträumen. Wenn sie dies getan hätten, hätte sie auch erklären müssen, warum das Wachstum des Pro-Kopf-MEW abflachte, während das Pro-Kopf-NSP weiter anstieg.

Nordhaus und Tobin (1972) in einer ihrer Annahmen davon ausgehen, dass die Produktivität der Hausarbeit nicht mit der gleichen Wachstumsrate zugenommen hat, wie die Produktivität der Marktaktivitäten, dann hat das nachhaltige Pro-Kopf-MEW von 1947 bis 1965 sogar um 2% abgenommen. Alternativ könnten wir das Wachstum des nachhaltigen Pro-Kopf-MEW unter Nichtberücksichtigung von Bereinigungen für Freizeit- und Haushaltsaktivitäten berechnen, da, wie Nordhaus und Tobin bestätigen, die „Berechnung des Konsumwerts von Freizeit- und Nichtmarktaktivitäten mit großen konzeptionellen und statistischen Problemen verbunden ist. Aufgrund der beträchtlichen Abweichungen haben Unterschiede bei den Lösungsansätzen für dieses Problem große Auswirkungen auf die Schätzung des MEW insgesamt" (Nordhaus und Tobin 1972, S. 39).

Wenn diese Berechnungen ausgelassen werden, wächst das Pro-Kopf-MEW von 1947 bis 1965 um 2 %. Egal ob der korrekte Wert der Änderungsrate des Pro-Kopf-MEW während dieses Zeitraum 7,5 %, 2 % oder −2 % beträgt, diese Ergebnisse weisen auf jeden Fall darauf hin, dass „das Wachstum, das sich aus der Volkswirtschaftlichen Gesamtrechnung ergibt, [...] nur ein Mythos ist, der sich in Luft auflöst, wenn stattdessen ein wohlfahrtsorientiertes Maß verwendet wird" (Nordhaus und Tobin 1972, S. 13). Die von Nordhaus und Tobin eigens berechneten Zahlen nähren die Zweifel an der These, die Volkswirtschaftliche Gesamtrechnung bilde einen guten Näherungswert für die wirtschaftliche Wohlfahrt.

Fünf Jahre später überdachte Nordhaus die mit Tobin durchgeführte Arbeit. Seine Interpretation der Ergebnisse hatte sich nicht geändert: „Obwohl das BSP und andere aggregierte Sozialproduktsindikatoren unvollkommene Maße des wirtschaftlichen Lebensstandards darstellen, bleibt das allgemeine Bild des sich daraus ergebenden säkularen Fortschritts bestehen, auch wenn es um die offensichtlichsten Mängel bereinigt wird" (Nordhaus 1977, S. 197). Noch immer steht Nordhaus' Stellungnahme zur mangelnden Übereinstimmung zwischen dem Wachstum von MEW und BSP während der letzten 18 Jahre der Periode, die er und Tobin untersucht haben, aus.

Der Index of Sustainable Economic Welfare (ISEW)

Wir haben gezeigt, dass sowohl das Brutto- als auch das Nettosozialprodukt nicht mit dem wahren nationalen Einkommen übereinstimmen, und dass die Subtraktion der indirekten Steuern vom NSP, die in der Volkswirtschaftlichen Gesamtrechnung vorgenommen wird, um das „Volkseinkommen" zu erhalten, nicht zur Bildung eines echten Maßes für das Volkseinkommen führt. Wirkliches Einkommen ist nachhaltig und die

Berechnung dieses Hicks'schen Einkommens erfordert einen ganz anderen Ansatz.

Wir haben ferner gezeigt, dass deutliche Differenzen zwischen dem bestehen, was das BSP misst und was wirtschaftliche Wohlfahrt ist, und dass letztere wesentlich langsamer gestiegen ist als das BSP; Verteidiger der weiteren Verwendung des BSP als Richtschnur der Politik könnten argumentieren, dass die wirtschaftliche Wohlfahrt sich nichtsdestotrotz *tatsächlich* parallel zum BSP entwickelt hat. Auch wenn *jegliche* Verbesserung des Wohlfahrtsmaßes tatsächlich ein Fortschritt ist, so bleibt eine Steigerung des BSP dennoch wünschenswert. Die Erkenntnis, dass das BSP stark steigen muss, damit eine kleine Verbesserung der realen wirtschaftlichen Wohlfahrt erreicht wird, könnte als Argument dafür verwendet werden, sogar noch größere Anstrengungen zur Steigerung des BSP zu fordern.

Um einer solchen Behauptung entgegen treten zu können, muss auf zwei Punkte hingewiesen werden. Erstens gibt es soziale und ökologische Indikatoren, die durch ein BSP-Wachstum offensichtlich negativ beeinflusst werden. Nicht alle dieser Indikatoren finden in den verschiedenen Wohlfahrtsmaßen ihren Niederschlag. Das gilt besonders für viele der überall anzutreffenden Externalitäten. Zweitens ist die Tatsache, dass die Wohlfahrtsmaße höhere Werte anzeigen, wenn das BSP wächst, vor allem darauf zurückzuführen, dass der größte Teil des BSP, nämlich der private Konsum, in diese Wohlfahrtsmaße eingeht. Diese Wohlfahrtsmaße gehen von der Annahme aus, dass die Wohlfahrt (ceteris paribus) um so größer ist, je mehr Güter und Dienstleistungen von der Gesellschaft konsumiert werden. Zum Beispiel gehen der übermäßige Konsum von Tabak, Alkohol und fetten Nahrungsmitteln positiv ein. Nur wenige Menschen glauben, dass dies die Wohlfahrt tatsächlich erhöht; allerdings wäre die Aufgabe einer Aufteilung der Ausgaben in positive und negative Ausgaben gewaltig. Darüber hinaus betrachten Wirtschaftswissenschaftler/innen i.d.R. solche Unterscheidungsversuche als eine Art elitären Denkens, das zurückzuweisen ist. Von einer Person, die Geld auf den Märkten verausgabt, wird angenommen, dass sie dies im Interesse der Befriedigung ihrer Wünsche tut. Weitergehende Erwägungen hinsichtlich des Wertes sind nicht möglich. Wir behaupten nicht, es sei für statistische Zwecke nicht notwendig anzunehmen, dass Konsum im allgemeinen als positiv bewertet werden sollte. Doch es erscheint uns als angebracht, darauf hinzuweisen, das die Unfähigkeit oder Unwilligkeit, Bewertungen dieser Art vorzunehmen, der Grund dafür ist, dass die Wohlfahrtsmaße zumindest etwas steigen werden, auch wenn das BSP stark ansteigt. Der kleine Wohlfahrtsgewinn, der mit dem größeren Wachstum des BSP einhergeht, könnte durchaus verschwinden, wenn die fraglichsten Güter aus der Liste der privaten Konsumgüter gelöscht würden.

3. Fragestellungen und Grundlagen der Ökologischen Ökonomik 155

Diese Übersicht reicht nicht aus, um eine neue Art der Wohlfahrtsmessung einzuführen. Eine nähere Betrachtung der Entscheidungen, die bei der Verwendung eines solchen Indikators getroffen werden müssen, zeigt wie groß das willkürliche Element ist. Jedes Maß wird von vielen Faktoren der tatsächlichen wirtschaftlichen Wohlfahrt abstrahieren, und seine Verwendung wird dazu führen, dass der Grad der vorgenommenen Abstraktionen ignoriert wird. Schon die reine Existenz eines Maßes *lädt* zum Fehlschluss der unangebrachten Konkretisierungen ein. Unabhängig davon, ob ein neues Maß entwickelt und verwendet werden sollte, oder ob die Messung von Wohlfahrt überhaupt ein Irrweg ist, der nicht weiter beschritten werden solltemachen die Ergebnisse eines deutlich: Das BSP misst die wirtschaftliche Wohlfahrt nicht so gut, als dass seine weitere Verwendung für diesen Zweck gerechtfertigt wäre. Das BSP so zu verwenden, als ob es ein guter Indikator für das wirtschaftliche Wohlergehen (schlimmer noch: für das Wohlbefinden im Allgemeinen) wäre, stellt einen eindeutigen Fall des Fehlschlusses der unzutreffenden Konkretheit dar.

Bei einem Versuch, diese Fragen anzugehen, entwickelten Daly und Cobb (1989) den *Index of Sustainable Economics Welfare* (ISEW), wobei sie sich der oben angesprochenen Fallstricke durchaus bewusst waren. Der ISEW übernimmt als Ausgangspunkt den MEW von Nordhaus und Tobin sowie den Indikator *Economic Aspects of Welfare* (EAW) von Zoltas (1981); der ISEW integriert jedoch die Nachhaltigkeits- bzw. Umweltaspekte, die der EAW bzw. der MEW vernachlässigen. Anstatt die bestehenden Maße zu revidieren und zu aktualisieren, entschieden sie sich dafür, einen neuen Indikator zu bilden, der einige von denjenigen Elementen aufnimmt, die von den bereits behandelten drei Indikatoren nicht berücksichtigt werden, und bei dem einige der bereits in ihnen enthaltenen Aspekte auf neue Weise integriert werden. Der ISEW kann mit diesen Änderungen zusammenfassend wie folgt charakterisiert werden:

1. Der ISEW berücksichtigt die Einkommensverteilung unter der Annahme, dass eine zusätzliche Einheit an Einkommen die Wohlfahrt einer armen Familie stärker erhöht als die einer reichen.

2. Bei den Berechnungen der Änderungen des Nettokapitalbestands wird ein völlig anderes Verfahren als das von Nordhaus und Tobin (1972) verwendet. Insbesondere werden nur Veränderungen des Bestands des festen reproduzierbaren Kapitals aufgenommen, während Boden und Humankapital bei dieser Berechnung nicht berücksichtigt werden.

3. Zoltas (1981) Schätzungen werden aktualisiert, indem aktuellere Daten über die Luft- und Wasserverschmutzung verwendet und Schätzungen der Lärmemissionen

hinzugefügt werden.

4. Berücksichtigt werden die Kosten der Zerstörung von Feuchtgebieten und landwirtschaftlich nutzbaren Flächen, Ausbeutung nichterneuerbarer Ressourcen, Pendlerverkehr, Urbanisierung, Autounfälle, Werbung und langfristige Umweltschäden.
5. Eine Berechnung des Wertes der Freizeit wird nicht vorgenommen.
6. Berücksichtigt werden Schätzungen zum Wert der unbezahlten Hausarbeit.

Daly und Cobb (1989) haben den ISEW für die USA für den Zeitraum 1950 bis 1986 berechnet. Seitdem wurde der ISEW für die USA immer wieder aktualisiert und auch für einige andere Länder berechnet. Abbildung 3.3 zeigt die Ergebnisse dieser Arbeit. Während sich das Pro-Kopf-BSP in dem gesamten dargestellten Zeitraum kontinuierlich erhöhte, entwickelte sich der Pro-Kopf-ISEW in der Anfangsphase parallel, um sich dann aber einzupendeln und in einigen Fällen sogar zu sinken. Der genaue Zeitpunkt des Einpendelns differiert von Land zu Land, hat jedoch in allen bisher untersuchten Ländern stattgefunden. Max-Neef (1995) hat die These aufgestellt, dass dies ein Beleg für die „Schwellenhypothese" sei, nach der das wirtschaftliche Wachstum nur bis zu einem bestimmten Schwellenwert anhält, ab dem die Kosten des zusätzlichen Wachstums dessen Nutzen aufwiegen. Der ISEW, der sowohl die Kosten als auch den Nutzen des Wachstums besser berücksichtigt, zeigt deutlich, wann dieser Schwellenwert erreicht wurde. In den USA war dies im Jahr 1970 der Fall. In Großbritannien wurde der Schwellenwert 1975 und in den anderen Ländern (Deutschland, Niederlande, Österreich) etwa 1980 erreicht. In den USA nahm der Pro-Kopf-ISEW solange parallel zum Wachstum des Pro-Kopf-BSP zu, bis das Pro-Kopf-BSP den Wert von 5500 US-Dollar erreicht hatte (zu konstanten Preisen des Jahres 1972), danach sank der Pro-Kopf-ISEW mit steigendem BSP ab. Im Falle Großbritanniens, wo bei etwa 4700 Pfund ein steiler Gipfel erreicht wurde (zu konstanten Preisen des Jahres 1985), wird dieser Zusammenhang besonders auffällig.

3. Fragestellungen und Grundlagen der Ökologischen Ökonomik 157

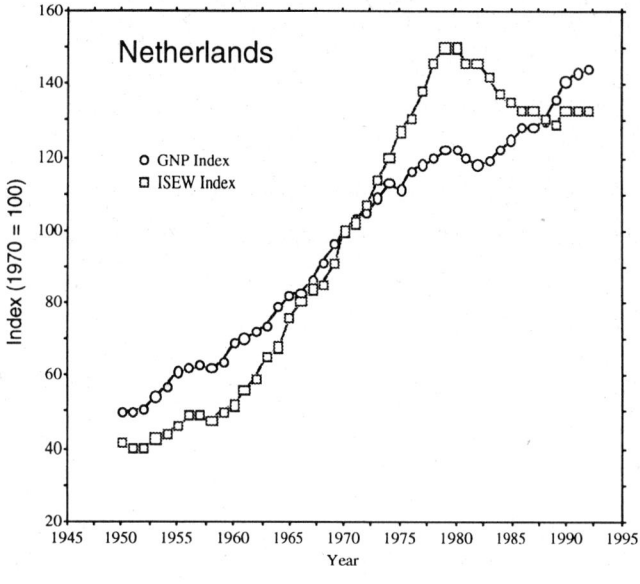

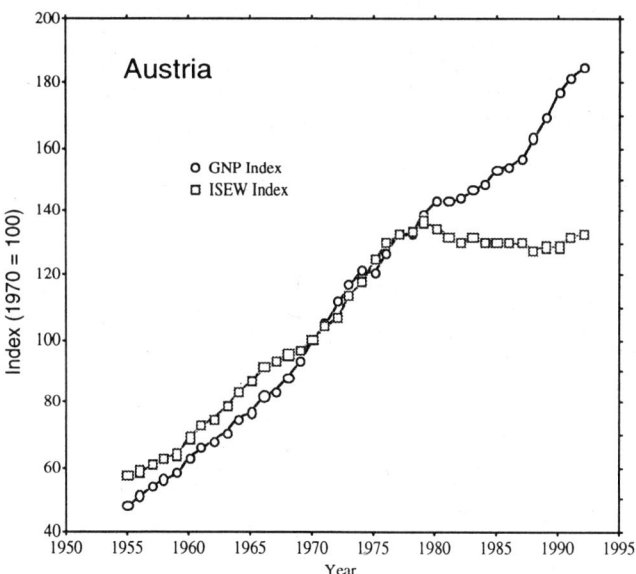

Abbildung 3.3: Gegenüberstellung der zwei Indizes Pro-Kopf-BIP und Pro-Kopf-ISEW für fünf OECD-Länder (Max-Neef 1995)

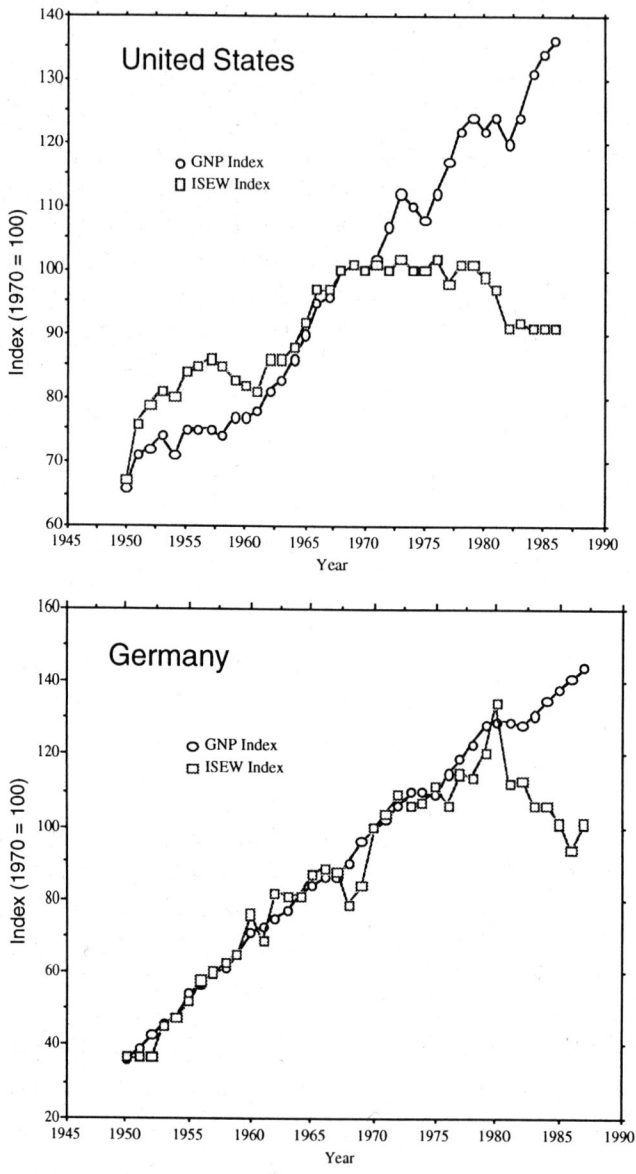

Abbildung 3.3 (Forts.): Gegenüberstellung der zwei Indizes Pro-Kopf-BIP und Pro-Kopf-ISEW für fünf OECD-Länder (Max-Neef 1995)

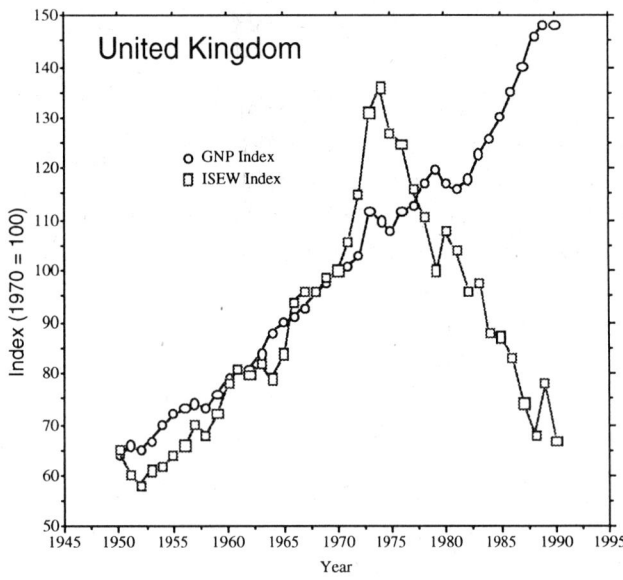

Abbildung 3.3 (Forts.): Gegenüberstellung der zwei Indizes Pro-Kopf-BIP und Pro-Kopf-ISEW für fünf OECD-Länder (Max-Neef 1995)

Auf dem Weg zu einem ganzheitlichen Wohlfahrtsmaß

Der ISEW stellt zwar einen wichtigen Schritt auf dem Weg zu einem besseren, jedoch noch keineswegs perfekten Maß dar, und er ist auch weit davon entfernt, ein Maß der *gesamten* menschlichen Wohlfahrt zu sein. Der ISEW basiert immer noch auf der Messung des Produzierten und Konsumierten und damit auf der stillschweigenden Annahme, dass mehr Konsum größere Wohlfahrt bedeutet. Zumindest aber berücksichtigt der ISEW die Nachhaltigkeit des Konsums, seine negativen Auswirkungen auf das Naturkapital, seine Verteilung auf die Einkommensklassen und andere zweckdienliche Bereinigungen. Er stellt gegenüber dem BSP einen enormen Fortschritt dar und erzählt eine ganz andere Geschichte über die Änderungen der aggregierten wirtschaftlichen Wohlfahrt der letzten Jahre.

Ein völlig anderer Ansatz besteht darin, direkt von dem tatsächlich erreichten Wohlbefinden auszugehen und die Mittel (Konsum) von den Zwecken (Wohlbefinden) zu trennen, ohne jedoch die Annahme zugrunde zu legen, dass beide miteinander korrelieren. Einige Autoren haben damit begonnen, das Problem aus dieser Perspektive zu behandeln. Manfred Max-Neef (1992) hat zum Beispiel eine Matrix menschlicher Bedürfnisse entwickelt und auf diese Weise versucht, das Wohlbefinden aus einer alternativen Perspektive zu erfassen. Menschliche Bedürfnisse lassen sich im Prinzip durch eine Vielzahl von Kriterien klassifizieren. Von Max-Neef werden die Kriterien in die zwei Kategorien „existentiell" und „axiologisch" aufgeteilt und in einer Matrix angeordnet. Er unterscheidet neun Kategorien axiologischer menschlicher Bedürfnisse, die befriedigt werden müssen, um Wohlbefinden zu erreichen: 1) Subsistenz, 2) Schutz, 3) Zuneigung, 4) Verständnis, 5) Teilnahme, 6) Freizeit, 7) Kreativität, 8) Identität und 9) Freiheit. Diesen stehen die existentiellen Bedürfnisse gegenüber: 1) Haben, wie beim Konsum, 2) Sein, in dem Sinne ein passiver Teil zu sein, ohne zwangsläufig zu haben, 3) Handeln, wie im Zuge aktiver Beteiligung am Arbeitsprozess, 4) Sich beziehen, wie beim Interagieren in sozialen und institutionellen Strukturen.

Die Kernidee besteht darin, dass die Menschen kein primäres Bedürfnis nach den Produkten der Wirtschaft haben. Die Wirtschaft ist nur ein Mittel zum Zweck. Der Zweck ist die Befriedigung der primären menschlichen Bedürfnisse. Nahrung und Unterkunft sind Möglichkeiten zur Befriedigung des Bedürfnisses der Subsistenz. Versicherungen sind eine Möglichkeit zur Befriedigung des Bedürfnisses nach Schutz. Religion ist eine Möglichkeit zur Befriedigung des Bedürfnisses nach Identität usw. Max-Neef fasst zusammen:

„Nachdem die Unterscheidung zwischen Bedürfnissen und Mitteln zur Bedürfnisbefriedigung unterschieden wurde, können zwei Thesen aufgestellt werden: Erstens, die grundlegenden menschlichen Bedürfnisse sind endlich, gering an Zahl und klassifizierbar; zweitens, die grundlegenden menschlichen Bedürfnisse (in der vorgeschlagenen Abgrenzung) sind in allen Kulturen und allen historischen Perioden gleich. Was sich ändert, sowohl im Laufe der Zeit als auch zwischen den Kulturen, sind die Methoden bzw. die Mittel, mit deren Hilfe die Bedürfnisse befriedigt werden." (S. 199-200)

Dieser konzeptionelle Rahmen unterscheidet sich ganz wesentlich von den konventionellen Wirtschaftswissenschaften, die von der Annahme ausgehen, dass die menschlichen Bedürfnisse unendlich sind und dass unter sonst gleichen Umständen „mehr" immer auch „besser" bedeutet. Wenn wir Wohlbefinden bewerten wollen, sollten wir gemäß des alternativen Konzeptes messen, wie gut die grundlegenden menschlichen Bedürfnisse befriedigt werden und nicht aber, wie viel wir konsumieren, denn zwischen Bedürfnisbefriedigung und Konsummenge gibt es nicht unbedingt einen Zusammenhang.

Box 15: Umweltökonomische Gesamtrechnungen und Nachhaltigkeitsindikatoren

Dieter Schäfer und Karl Schoer

Die internationale Diskussion zur Messung von Wohlfahrt, Wohlstand bzw. nachhaltigem Einkommen und ihr Bezug zu den Volkswirtschaftlichen Gesamtrechnungen wird im vorliegenden Buch vor allem vor dem Hintergrund der Suche nach alternativen Aggregaten zum Bruttoinlandsprodukt geführt. Parallel zu dieser Diskussion haben sich im letzten Jahrzehnt zunehmend Berichtsysteme wie die Umweltökonomischen Gesamtrechnungen (UGR) oder Sets von Nachhaltigkeitsindikatoren etabliert, die auf anderen Wegen versuchen, das Informationsbedürfnis der Gesellschaft bzw. der gesellschaftlichen Gruppen im Rahmen einer nachhaltigen Entwicklung zu befriedigen.

Die UGR sind in Deutschland Ende der 80er Jahre mit dem Ziel angetreten, ein Ökoinlandsprodukt durch den Abzug von Abschreibungen auf das nicht produzierte Naturkapital vom Nettoinlandsprodukt zu ermitteln. Intensive Forschungs- und Entwicklungsarbeit sowie die Diskussionen mit dem wissenschaftlichen Beirat zu den Umweltökonomischen Gesamtrechnungen haben jedoch zu der Einsicht geführt, dass sich ein Ökosozialprodukt nicht als ein deskriptives Ergebnis der amtlichen Statistik ermitteln lässt. Für ein am Leitbild der nachhaltigen Entwicklung orientiertes Berichtssystem sind neben der theoretischen Konsistenz auch Aspekte der politischen Relevanz und der Verlässlichkeit der statistischen Daten zentral. Umweltprobleme auf der nationalen und internationalen Ebene sind vielfach durch eine große räumliche und zeitliche Entfernung zwischen Verursachern und Geschädigten gekennzeichnet sowie durch hohe Komplexität der Systeme und die damit verbundenen Informationsmängel und Unsicherheiten (z.B. Biodiversität, Klima). Hinzu kommen theoretische und statistische Probleme der monetären Bewertung auf der Makroebene. Dem Ziel, die Wechselwirkungen zwischen Umwelt und Wirtschaft greifbar zu machen, wird daher ein zwar möglichst integriertes, aber dennoch methodenpluralistisches, modulares Konzept besser gerecht als ein eindimensionaler monetärer Kontenrahmen. In den deutschen UGR werden derzeit die folgenden Module, die in sich methodisch geschlossen und gleichzeitig so weit wie möglich statistisch verknüpft sind, unterschieden:

1. *Material- und Energieflüsse und*
2. *Bodennutzung*

    für die Entstehungsseite von Umweltbelastungen („Pressures"),

3. *Umweltzustand*

    als Bilanz der natürlichen (Öko-) Systeme bzw. des Naturvermögens („State"),

4. *tatsächliche Umweltschutzausgaben und*

.../

5. *hypothetische Vermeidungskosten*

für die ökonomische Erfassung und Bewertung der Umweltschutzaktivitäten („Response").

In den Modulen wird konsequent an der Darstellung von Produktion und Konsum in den Volkswirtschaftlichen Gesamtrechnungen angeknüpft, um die in der Nachhaltigkeitsdiskussion zentralen Verknüpfungen zwischen den Nachhaltigkeitsdimensionen Ökonomik, Ökologie und (mit Einschränkungen) Soziales sichtbar und analysierbar zu machen.

An die Stelle eines einzigen Ökosozialprodukts treten in diesem Konzept Ergebnisse von Simulationsrechnungen, die auf der Basis der UGR-Module im wissenschaftlichen Raum durchgeführt werden und die untersuchen, welches Gesamtergebnis eine Wirtschaft unter Einhaltung unterschiedlicher, am Leitbild der Nachhaltigkeit orientierter Restriktionen erzielt hätte. Analoge Entwicklungen in der Ausrichtung der UGR lassen sich auch in anderen Ländern, insbesondere in Europa, feststellen.

Neben umweltökonomischen Gesamtrechnungen werden im Bereich der internationalen Organisationen und auf nationaler Ebene zunehmend Ansätze mit Nachhaltigkeitsindikatoren entwickelt, beispielsweise der Indikatorenansatz der Kommission für nachhaltige Entwicklung der Vereinten Nationen (CSD), die Indikatoren des Umweltbarometers bzw. DUX oder die unterschiedlichen Ansätze zur Integration von Nachhaltigkeitsaspekten in Sektorpolitiken wie Landwirtschaft oder Verkehr. Dabei werden zumeist für die Nachhaltigkeitsdimensionen Umwelt, Wirtschaft und Soziales jeweils spezifische Indikatorensets entwickelt, die weiter nach Problembereichen bzw. nach zentralen Themenfeldern (z.B. nach den Kapiteln der Agenda 21 als zentralem internationalen Aktionsprogramm für eine nachhaltige Entwicklung) und nach Indikatorentypen (z.B. Driving Forces-, Pressure-, State-, Impact-, Response-Indikatoren) untergliedert sind. Die Indikatoren für die Dimensionen Umwelt, Wirtschaft und Soziales stehen dabei unverbunden und nicht weiter miteinander verknüpft nebeneinander. Ein derartiges Vorgehen gewichtet die Aspekte theoretische Konsistenz und integrierte Darstellung der menschlichen und natürlichen Systeme deutlich geringer als die Umweltökonomischen Gesamtrechnungen, hat aber Vorteile im Sinne einer pragmatischen, politikorientierten und kurzfristigen Umsetzung. Vielfach werden die ausgewählten Nachhaltigkeitsindikatoren auch in Umweltökonomischen Gesamtrechnungen aufgegriffen, dort aber stärker auf einer Mesoebene nach Wirtschaftsbereichen oder nach natürlichen Einheiten differenziert. Die derzeit diskutierten Sets von Nachhaltigkeits- bzw. Umweltindikatoren und die Umweltökonomischen Gesamtrechnungen weisen daher unterschiedliche Qualitätsprofile auf und stehen eher in einem komplementären als in einem konkurrierenden Verhältnis.

Literatur: **Beirat Umweltökonomische Gesamtrechnungen beim BMU** (Juli 1998): Naturschutz und Reaktorsicherheit: Dritte Stellungnahme zu den Umsetzungskonzepten des Statistischen Bundesamtes; **BMU** (April 2000): Erprobung der CSD-Nachhaltigkeitsindikatoren in Deutsch-land, Bericht der Bundesregierung, Berlin; **Radermacher**, W. (1998): Gesamtwirtschaftliche Umweltkosten, in Handbuch der Umweltwissenschaften, VI-3.10, 2. Erg. Lfg. 8/98; **Schoer**, K. (2000): Umweltökonomische Gesamtrechnungen, Gesamtkonzeption und Ergebnisse, in Allgemeines Statistisches Archiv 84, S. 191-203.

3. Fragestellungen und Grundlagen der Ökologischen Ökonomik   163

Alternative Wohlstands- und Nutzenmodelle

Wir können die vorangegangene Diskussion zusammenfassen, indem wir auf zwei alternative Modelle über Wohlstand und Nutzen Bezug nehmen, die ansatzweise auf Ideen von Paul Ekins (1992) beruhen. In Abbildung 3.4 werden die Zusammenhänge grafisch dargestellt. Modell 1 stellt die konventionelle ökonomische Sichtweise des Produktionsprozesses dar. Die Primärfaktoren Boden, Arbeit und Kapital werden im wirtschaftlichen Prozess kombiniert, um Güter und Dienstleistungen zu produzieren (BSP), die sich auf Konsum (welcher die einzige Quelle des individuellen Nutzens und der Wohlfahrt ist) und Investitionen (welche für die Erhaltung und Erweiterung des Kapitalbestands verwendet werden) aufteilen. Die Präferenzen sind gegeben. In diesem Modell können die Primärfaktoren sich jeweils vollständig gegenseitig substituieren, sodass die Bedeutung des Bodens heruntergespielt wird und die Verbindungen zwischen den Kapitalarten jeweils durchlässig sind. Die Eigentumsrechte werden in der Regel vereinfacht unterteilt in privates und öffentliches Eigentum und ihre Verteilung wird in der Regel als fest und gegeben angenommen.

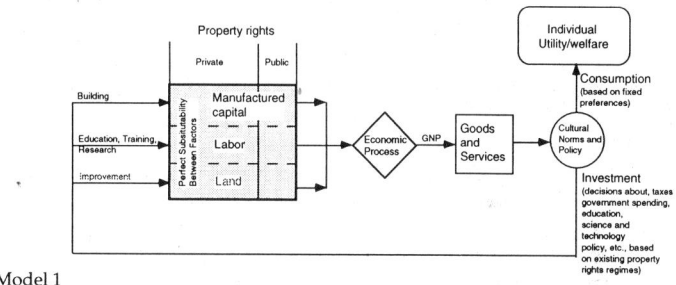

Model 1

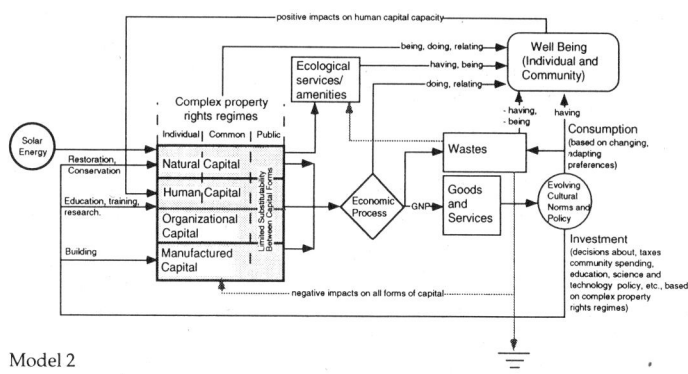

Model 2

Abbildung 3.4: Alternative Modelle wirtschaftlicher Aktivität

Modell 2 stellt das alternative Verständnis eines Prozesses aus der Sicht der Ökologischen Ökonomik dar. Zu beachten ist, dass die Hauptelemente der konventionellen Sicht noch vorhanden sind, dass jedoch einiges hinzugefügt wurde und sich die Prioritäten geändert haben. Die Substituierbarkeit zwischen den drei grundlegenden Kapitalarten Naturkapital, Humankapital und anthropogenes Kapital ist in diesem Modell begrenzt. Die Struktur der Eigentumsrechte ist komplex und flexibel und reicht von individuellem Eigentum über Gemeingüter zu öffentlichem Eigentum. Das Naturkapital umfasst Solarenergie und zeigt ein autonomes, komplexes Systemverhalten. Sowohl wirtschaftliche Güter und Dienstleistungen als auch ökologische Leistungen und Annehmlichkeiten werden produziert und beide tragen auf verschiedene Weise dazu bei, die menschlichen Bedürfnisse zu befriedigen und individuelles und kollektives Wohlbefinden herzustellen. Im wirtschaftlichen Prozess fallen auch Abfälle an, die das Wohlbefinden negativ beeinflussen und nachteilige Wirkungen auf die Kapitalerträge und ökologischen Leistungen zeitigen. Die Präferenzen passen sich an und ändern sich, die grundlegenden menschlichen Bedürfnisse sind jedoch konstant. Ekins (1992) weist darauf hin:

> „Es muss betont werden, dass die Komplexitäten und Wechselwirkungen aus Modell 2 nicht nur oberflächliche Änderungen des einfacheren Realitätsbildes von Modell 1 bergen. Sie verändern die Wahrnehmung der Realität grundlegend, und da sie von der konventionellen Analyse ignoriert werden, produziert diese schwerwiegende Fehler [...]". (S. 151)

In den folgenden Abschnitten werden wir uns mit den verschiedenen Folgen dieser Unterscheidungen eingehender beschäftigen.

3.6 Bewertung, Entscheidung und Unsicherheit

> „Auch wenn es keinen „richtigen" Weg zur Bewertung eines Waldes oder Flusses gibt, einen falschen Weg gibt es sehr wohl: ihn überhaupt nicht bewerten." Paul Hawken im Vorwort zu Prugh et al. (1995)

Dieses Kapitel befasst sich mit den schwierigen und kontrovers diskutierten Themen Bewertung, Entscheidung und Unsicherheit. Die konventionelle ökonomische Analyse geht in der Regel u. a. von folgenden Annahmen aus: die individuellen Präferenzen sind gegeben und festgelegt; die Aufgabe der Wirtschaft besteht darin, diese Präferenzen auf die effizienteste Weise zu befriedigen; mit Unsicherheit kann auf recht einfache Weise verfahren werden, indem das Risiko berechnet wird (unsichere Ereignisse mit bekannten Eintrittswahrscheinlichkeiten). Wir werden zeigen, dass Präferenzen nicht als unveränderlich und gegeben betrachtet werden dürfen, wenn wir uns im

Kontext nachhaltiger Entwicklung bewegen, der eine langfristige Perspektive zugrunde liegt. Die Wirtschaftswissenschaft muss daher einen anderen und breiteren Ansatz verfolgen. Sie muss echte Unsicherheit und Unbestimmtheit anerkennen und berücksichtigen, wobei Wahrscheinlichkeiten und sogar die Folgen einer Handlung oder einer Entwicklung unbekannt sein können.

Präferenzen und Konsumentensouveränität

Im konventionellen Paradigma wird angenommen, die Geschmäcker und Präferenzen seien gegeben und lägen fest, und das ökonomische Problem bestehe darin, diese Präferenzen auf optimale Weise zu befriedigen. In der Tat, Geschmäcker und Präferenzen verändern sich in der Regel nicht schnell. Kurzfristig (z. B. über einen Zeitraum von ein bis vier Stunden) macht diese Annahme also Sinn. Doch über längere Zeiträume ändern sich die Präferenzen und in der Tat widmen sich ganze Branchen wie die Werbung der Aufgabe, diese zu verändern. Weil Nachhaltigkeit dem Wesen nach langfristig orientiert ist, erscheint es unangebracht, Geschmäcker und Präferenzen längerfristig als gegeben anzusehen. Für Wirtschaftswissenschaftler/innen bedeutet dies eine sehr beunruhigende Aussicht, denn dadurch wird die einfache Definition von „optimal" in Frage gestellt. Wenn die Geschmäcker und Präferenzen festgelegt und gegeben sind, können wir „Konsumentensouveränität" annehmen und dem Menschen gerade das geben, was er haben möchte. Wir müssen weder wissen, noch uns darum kümmern, warum sie etwas wollen; wir müssen nur ihre Präferenzen so effizient wie möglich befriedigen. Doch wenn die Präferenzen sich im Laufe der Zeit ändern und unter dem Einfluss von Bildung, Werbung und anderen Faktoren stehen, benötigen wir eine anderes Kriterium für „optimal". Wir müssen herausfinden, wie sich Präferenzen ändern, in welchem Zusammenhang sie mit dem neuen Kriterium stehen und wie sie geändert werden könnten oder sollten, um diesem neuen Kriterium gerecht zu werden.

Eine Alternative für dieses neue Kriterium ist die Nachhaltigkeit selbst, oder ausführlicher ausgedrückt: eine nachhaltige Größenordnung der ökonomischen Tätigkeit, eine gerechte Verteilung und eine effiziente Allokation. Dieses Kriterium erfordert einen zweistufigen Entscheidungsprozess (Daly und Cobb 1989; Page 1977; Norton 1986): Erstens bedarf es des gesellschaftlichen Konsenses im Hinblick auf eine nachhaltige Größenordnung und eine gerechte Verteilung. Zweitens müssen sowohl die Marktinstitutionen als auch andere Institutionen wie Bildung und Werbung genutzt werden, um diesen gesellschaftlichen Konsens umzusetzen. Im Gegensatz zur „Konsumentensouveränität" könnte dies „Gesellschaftssouveränität" genannt werden. Die meisten Wirtschaftswissenschaftler/innen fühlen sich bei dem Gedanken unwohl, von der Konsumentensouveränität abzuweichen; dies würde das Ende der „reinen" Lehre der Ökonomik als der Wissenschaft von der optimalen Befriedigung gegebener Präferenzen bedeuten, und mit der Möglichkeit der Manipulation von Präferenzen öffnete sich die Büchse der Pandora. Wenn sich Geschmäcker und Präferenzen ändern, wer soll dann bestimmen, wie sie sich ändern? Es könnte eine „totalitäre" Regierung entstehen, welche die Präferenzen gemäß den Wünschen einer kleinen Elite manipuliert, anstatt sie an der Gesellschaft insgesamt auszurichten.

Zwei Punkte müssen dabei jedoch beachtet werden: 1) Präferenzen werden bereits tagtäglich manipuliert. 2) Wir können offene demokratische Prinzipien anwenden (im Gegensatz zu versteckten oder totalitären Prinzipien), um darüber zu entscheiden, ob und wie Präferenzen manipuliert werden sollen. Die Frage lautet also: Wollen wir, dass die Präferenzen unbewusst manipuliert werden, sei es durch eine diktatorische Regierung oder durch Großunternehmen mittels Werbung? Oder wollen wir die Präferenzen auf der Grundlage eines sozialen Dialogs und Konsenses im Hinblick auf ein höheres Ziel bewusst formulieren und beeinflussen? Die Ethik ordnet und diskutiert die bestehenden Präferenzen vor dem Hintergrund höherer Ziele. Wenn aber von gegebenen Präferenzen ausgegangen wird, so ist auch das ethische Problem ein für alle Mal gelöst. Wie auch immer, wir können diesem Thema nicht länger ausweichen. Vielmehr sollten wir es mittels offener demokratischer Prinzipien und innovativem Denken angehen.

Bewertung von Ökosystemen und Präferenzen

Gesellschaftliche Bewertungen können nicht von unseren Wahlhandlungen und Entscheidungen hinsichtlich ökologischer Systeme getrennt werden. Von einigen Wissenschaftlern wird die Auffassung vertreten, dass die Bewertung von Ökosystemen entweder unmöglich oder unklug ist. Beispielsweise heißt es, dass „intangible" Güter wie das menschliche Leben, die Schönheit der Natur oder die langfristigen ökologischen Leistungen nicht bewertet werden können. Doch faktisch tun wir dies jeden Tag. Wenn wir Bauvorschriften für Autobahnen, Brücken und ähnliches erlassen, bewerten wir (auf bewusste oder unbewusste Weise) menschliches Leben, denn Mehrausgaben für sicherere Konstruktionen können Leben retten. Eine andere häufig vorgetragene These lautet, dass wir Ökosysteme aus rein moralischen oder ästhetischen Gründen schützen sollten und dafür keine Bewertung der Ökosysteme benötigen. Doch andere genauso triftige moralische Argumente können dem moralisch begründeten Schutz der Ökosysteme entgegenstehen, wie zum Beispiel das Argument, niemand sollte Hunger leiden. Wir stellen das Bewertungs- und Entscheidungsproblem in einen neuen Rahmen, der allerdings die Bewertung und das Entscheidungsproblem in gewisser Hinsicht schwieriger und weniger explizit macht.

Die Bewertung des Ökosystems ist zweifelsohne schwierig, doch wir haben gar nicht die Wahl, ob wir sie vornehmen wollen oder nicht. Denn die auf gesellschaftlicher Ebene getroffenen Entscheidungen über Ökosysteme *implizieren* Bewertungen. Wir können wählen, ob wir diese Bewertungen explizit vornehmen oder nicht. Wir können sie vornehmen, indem wir die am besten geeigneten Theorien der Ökonomik zugrunde legen oder nicht und indem wir die damit verbundenen hohen Unsicherheiten explizit berücksichtigen oder nicht. Solange wir zu Entscheidungen gezwungen sind, nehmen wir auch zwangsläufig Bewertungen vor. Diese Bewertungen drücken sich in den relativen Gewichtungen aus, die wir den verschiedenen Kriterien im Entscheidungsprozess geben.

Wir sind überzeugt, dass die Gesellschaft bessere Entscheidungen über das Ökosystem treffen kann, wenn der Bewertungsprozess explizit und unter größtmöglicher Beteiligung stattfindet. Auf diese Weise können wir die besten verfügbaren Informationen nutzen und die Unsicherheiten bei den Bewertungen offen legen. Darüber hinaus können wir neue und bessere Verfahren entwickeln, wie angesichts dieser Unsicherheiten gute Entscheidungen getroffen werden können. Letztlich können wir uns auf diese Weise unsere gesellschaftlichen Ziele vor Augen führen, und zwar sowohl die lang- als auch die kurzfristigen.

Damit kommen wir zur Rolle der individuellen Präferenzen bei der Festlegung von Werten zurück. Wenn es zutrifft, dass sich individuelle Präferenzen ändern (als Reaktion auf Bildung, Werbung, Einfluss von Gleichgestellten usw.), dann können *Werte* nicht vollständig in *Präferenzen* begründet sein. In diesem Zusammenhang müssen mindestens zwei Arten von Werten unterschieden werden: 1) kurzfristige oder *aktuelle* Werte basierend auf individuellen Präferenzen und 2) langfristige oder *nachhaltige* Werte basierend auf den Präferenzen, die für die Sicherung einer langfristigen Nachhaltigkeit (nachhaltige Größenordnung, gerechte Verteilung und effiziente Allokation) nötig sind. Die Nachhaltigkeitswerte sind nicht nur ein Ausdruck der aktuellen individuellen Präferenzen, sondern sie werden (zumindest mittel- bis langfristig) zum Indikator dafür, inwieweit die bestimmten Systembausteine einen evolutionären Beitrag zum Überleben des jeweiligen ökologisch-ökonomischen Systems liefern.

Die aktuelle Bewertung ist ein kurzfristiger und räumlich begrenzter Ausdruck der individuellen Präferenzen, während die nachhaltige Bewertung einen langfristigen und globalen Ausdruck der Gesellschaftspräferenzen darstellt.

Unsicherheit, Wissenschaft und Umweltpolitik

Einer der Hauptgründe für die Probleme derzeitiger Methoden des Umweltmanagements liegt in der wissenschaftlichen Unsicherheit, und zwar nicht nur in ihrer Existenz, sondern auch in den völlig unterschiedlichen Erwartungen und Anwendungsformen, die Wissenschaft und Politik entwickelt haben, um mit Unsicherheit umzugehen. Wenn wir diese Probleme lösen wollen, müssen wir die Unterschiede in der Natur der Unsicherheit verstehen und erklären, und wir sollten bessere Verfahren entwickeln, um die Unsicherheit in den politischen Entscheidungs- und Managementprozess einzubetten.

Zum Verständnis des Ausmaßes dieses Problems ist es notwendig, zwischen *Risiko* und *echter Unsicherheit* zu unterscheiden: Risiko (oder auch statistische Unsicherheit) beschreibt die *bekannte* Wahrscheinlichkeit eines Ereignisses; echte Unsicherheit (oder auch Unbestimmtheit) betrifft ein Ereignis mit *unbekannter* Wahrscheinlichkeit. Bei jeder Autofahrt gehen wir das *Risiko* eines Unfalls ein, denn die Wahrscheinlichkeit eines Autounfalls ist mit großer Sicherheit bekannt. Wir kennen das Risiko, das mit dem Autofahren einhergeht. Diese Wahrscheinlichkeiten sind mit genügend großer Sicherheit bekannt. Versicherungen verwenden sie, um Prämien in einer Höhe festzulegen, die einen bestimmten Gewinn garantieren. Bezüglich des Risikos von Autounfällen besteht also geringe Unsicherheit. Wer jedoch im Immissionsbereich einer neuen synthetischen und giftigen Chemikalie lebt, ist ebenfalls gefährdet, doch niemand kennt die Höhe des Risikos. Nicht einmal die *Wahrscheinlichkeit* von Krebserkrankungen oder anderen durch Immissionen ausgelösten Krankheiten ist bekannt, sodass echte Unsicherheit besteht. Im Hinblick auf die wichtigsten Umweltprobleme bestehen echte Unsicherheiten, nicht nur Risiken.

Man könnte sich eine Unsicherheitsskala vorstellen, die von Null bei sicheren Informationen über mittlere Werte bei statistischer Unsicherheit und bekannter Wahrscheinlichkeit (Risiko) bis zu hohen Werten bei echter Unsicherheit und Unbestimmtheit reicht. Die Risikobewertung ist in der US-Umweltbehörde (Science Advisory Board 1990) und anderen umweltpolitischen Institutionen zu einem zentralen Grundsatz geworden, doch echte Unsicherheit muss noch in geeigneter Weise in die Umweltschutzstrategien integriert werden.

Die Wissenschaft geht von Unsicherheit aus und nimmt an, dass alle Informationen in diesem Zusammenhang offengelegt und mitgeteilt werden. So wurden im Laufe der Zeit immer komplexere Verfahren zur Messung und Offenlegung von Unsicherheiten entwickelt. Parallel dazu haben sich immer *größere* Unsicherheiten gezeigt und nur selten wurden absolut präzise Ergebnisse erzielt. Aber auch diese werden von der breiten Öffentlichkeit oft fälschlicherweise als „wissenschaftlich" angesehen. Tatsächlich allerdings kann die wissenschaftliche Methode nur das Bekannte und die Ränder des Bekannten benennen, wobei das Unbekannte oft einen sehr großen Raum einnimmt und häufig völlig undurchschaubar ist. Beispielsweise kann die Wissenschaft lediglich etwas zum Unsicherheitsbereich hinsichtlich der globalen Erwärmung oder der Wirkung giftiger Chemikalien sagen und vielleicht auch *etwas* über die relativen Wahrscheinlichkeiten der verschiedenen möglichen Entwicklungen. In den meisten wichtigen Fällen kann sie allerdings nicht sagen, welche möglichen Ereignisse mit welchem Grad Treffgenauigkeit eintreten werden.

Auf der anderen Seite gehen Umweltmanagement und Politik dem Thema Unsicherheit aus dem Weg und verschieben es an den Rand der Wissenschaftlichkeit. Die Gründe dafür liegen auf der Hand. Politik ist bestrebt, unzweideutige und vertretbare Entscheidungen zu fällen, die in der Regel in Form von Gesetzen und Verordnungen niedergelegt werden. Die Sprache der Gesetze lässt zwar oft Raum für Interpretationen, doch lassen sich Gesetze wesentlich einfacher verfassen und durchsetzen, wenn absolut eindeutige, klar abgrenzende und schwarz-weiß malende Begriffe verwendet werden. Im Bereich des Strafrechts funktioniert dies recht gut. Entweder hat Kain seinen Bruder Abel getötet oder nicht. Die Frage besteht nur darin, ob genug Indizien vorliegen, welche die Schuld zweifelsfrei belegen (d. h. die praktisch keine Unsicherheit aufweisen). Da die Beweislast von der Anklage getragen wird, hat es keinen Sinn, zu dem Ergebnis zu kommen, dass Kain seinen Bruder mit einer Wahrscheinlichkeit von 80% getötet hat. Viele wissenschaftliche Untersuchungen kommen jedoch zu genau solchen Schlussfolgerungen, was in der Natur der beobachteten Phänomene liegt. Die Wissenschaft definiert einen Rahmen, der von der Politik in der Regel auf eine Weise ausgereizt wird, die den politischen Zielen entspricht. Doch müssen wir uns mit dem gesamten Rahmen und allen Implikationen beschäftigen, wenn wir die Wissenschaft auf rationale Weise für die Politik nutzen wollen.

Im Umweltbereich ist das Problem am größten. Aus der Tradition des Strafrechts heraus fordern Politiker und Gesetzgeber als Grundlage für die Umweltgesetze absolute und sichere Informationen. Ein Großteil der Umweltpolitik basiert auf wissenschaftlichen Untersuchungen über die wahrscheinlichen Auswirkungen menschlicher Aktivitäten auf Gesundheit, Sicherheit und Umwelt. Die bei diesen Untersuchungen gewonnenen Informationen sind daher nur im Rahmen ihrer erkenntnistheoretischen und methodologischen Grenzen sicher (Thompson 1986). Besonders durch die jüngste Verlagerung des Augenmerks der Umweltwissenschaften von sichtbarer und bekannter Verschmutzung zu unfassbareren Gefahren (wie z. B. durch das Gas Radon), ist der

Gesetzgeber immer häufiger mit Entscheidungen konfrontiert, die außerhalb der Grenzen wissenschaftlicher Sicherheit liegen (Weinberg 1985).

Probleme entstehen insbesondere dann, wenn der Gesetzgeber von der Wissenschaft Antworten auf nichtbeantwortbare Fragen erwartet. Beispielsweise kann eine zuständige Behörde beauftragt werden, Sicherheitsstandards für alle bekannten Giftstoffe zu bestimmen, obwohl wenige oder keine Informationen über die Auswirkungen dieser chemischen Stoffe vorliegen. Dadurch tauchen die Probleme mit der Unsicherheit der Auswirkungen wieder auf, wenn die Gesetze durchgesetzt werden sollen. Beispielsweise ist es nicht möglich, mit hundertprozentiger Sicherheit zu ermitteln, ob das örtliche Chemieunternehmen am Tod einiger Menschen in der Nähe der Giftmülldeponien mitverantwortlich ist. Auch der Zusammenhang zwischen Rauchen und Lungenkrebs kann nur als statistische Beziehung bewiesen werden, nicht jedoch als direkter, kausaler Zusammenhang im juristischen Sinne. Die globale Erwärmung kann eintreten – oder eben nicht.

Die meisten Umweltgesetze der USA fordern in ihrer derzeitigen Formulierung *sichere Erkenntnisse*. Wenn nun Wissenschaftler dieses nichtexistente Gut bereitstellen sollen, werden nicht nur Frustration und Missverständnisse hervorgerufen, sondern auch gemischte Reaktionen in den Medien provoziert. Aufgrund bestehender Unsicherheiten werden Umweltthemen häufig von politischen und wirtschaftlichen Interessengruppen manipuliert. Die Unsicherheiten hinsichtlich der globalen Erwärmung sind dafür vielleicht das beste Beispiel.

Die Anwendung des „Vorsorgeprinzips" ist eine Möglichkeit des Gesetzgebers und der Behörden, mit dem Problem der echten Unsicherheit umzugehen. Das Prinzip besagt, dass der Gesetzgeber nicht auf sichere Erkenntnisse warten darf, sondern in Erwartung möglicher Umweltschäden handeln sollte, um diese zu vermeiden. Das Vorsorgeprinzip wird in den internationalen Umweltresolutionen so häufig erwähnt, dass es von einigen als das grundlegende normative Prinzip des internationalen Umweltrechts angesehen wird (Cameron und Abouchar 1991). Doch das Prinzip gibt keine Hinweise, welche Vorsorgemaßnahmen getroffen werden sollten. Es „bedeutet die Verpflichtung, die Ressourcen heute gegen potentiell negative Auswirkungen von Entscheidungen zu schützen" (Perrings 1991, S. 154), aber es sagt uns nicht, wie viele Ressourcen oder welche negativen Auswirkungen die wichtigsten sind.

Die Brisanz des Problems bestimmt hauptsächlich, wie mit Unsicherheit auf der politischen Arena und in der Wissenschaft umgegangen wird. In Abbildung 3.5 werden Unsicherheit und Problemumfang gegenübergestellt. Nur der Bereich nahe dem Ursprung mit niedriger Unsicherheit und geringem Problemausmaß kann mit der „normalen angewandten Wissenschaft" erfasst werden. Größere Unsicherheit oder größere

Tragweite der Entscheidung führen zu einer stärkeren Politisierung des Umfelds. Hier sind „angewandte Ingenieurswissenschaften" oder eine „professionelle Beratung" gefragt, bei denen ein gewisses Maß an Bewertung und persönlicher Meinung zur Abschätzung der Risiken erforderlich und angemessen sind. Für eine grössere Problemtiefe und höhere Unsicherheit sind die heute verfügbaren Methoden jedoch nicht geeignet. Hier bedarf es eines neuen Ansatzes, der „postnormal" oder „Wissenschaft zweiter Ordnung" bezeichnet werden kann (Funtowicz und Ravetz 1991). Diese „neue" Wissenschaft begibt sich faktisch mit dem Kern der wissenschaftlichen Methode auf neues Terrain. Sie impliziert in ihrer grundlegenden Form kein Präzisionsniveau hinsichtlich der erzielten Ergebnisse. Sie fordert jedoch den Austausch im Rahmen offener und freier Forschung bei vorurteilsfreien Forschungsprogrammen und -ergebnissen, die darauf abzielen, den Bereich unseres Wissens und das Ausmaß unseres Nichtwissens abzugrenzen.

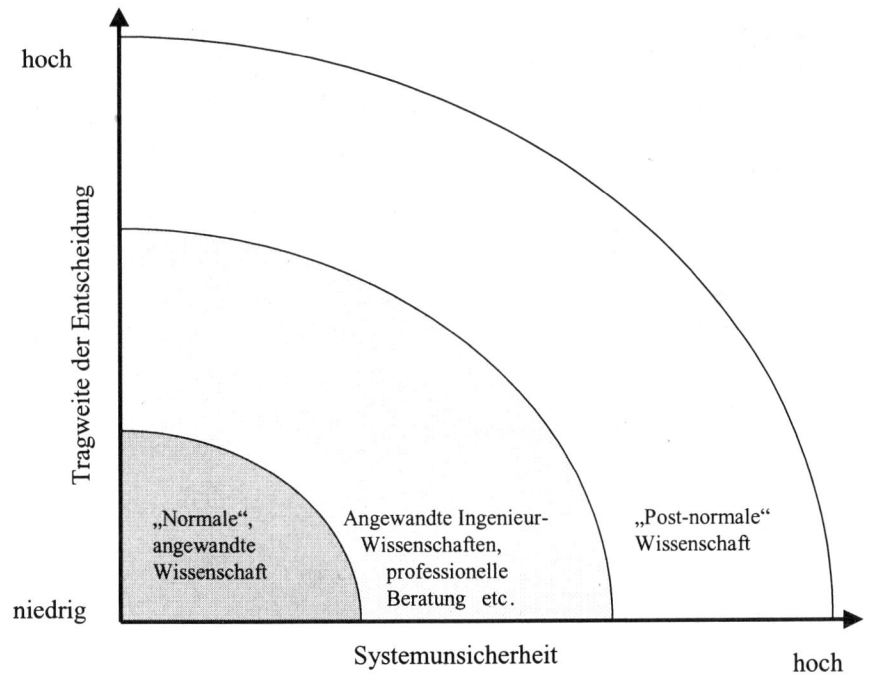

Abbildung 3.5: Drei Typen der Wissenschaft (aus Funtowicz und Ravetz 1991)

Die Umsetzung dieser neuen wissenschaftlichen Sichtweise erfordert einen umweltschutzpolitischen Ansatz, der echte Unsicherheit anerkennt, anstatt sie zu leugnen. Dieser umfasst Maßnahmen zum Schutz vor potenziell schädlichen Effekten, die Entwicklung von umweltfreundlicheren Technologien und die Erforschung von Unsicherheiten im Hinblick auf Umweltwirkungen ein. Die Basis für diesen Ansatz ist das Vorsorgeprinzip. Seine zentralen Aufgaben bestehen darin, wissenschaftliche Methoden zur Ermittlung der potenziellen Kosten von Unsicherheit zu entwickeln und Anreizmechanismen so einzurichten, dass die Kosten der Unsicherheit von den Verursachern getragen werden. Zudem sollten Anreize zur Reduzierung von Unsicherheit gesetzt werden, sonst bleiben die Kosten der Umweltschäden weiterhin in der Volkswirtschaftlichen Gesamtrechnung unberücksichtigt (Peskin 1991), und die versteckten gesellschaftlichen Subventionen zugunsten derjenigen, die von Umweltschädigungen profitieren, geben Anreiz zu einer Belastung der Umwelt über das nachhaltige Maß hinaus.

Fortschrittsoptimismus versus besonnener Skeptizismus

Die gesamte gegenwärtige Umweltpolitik geht von der Annahme eines kontinuierlichen und unbegrenzten materiellen Wirtschaftswachstums aus. Diese Annahme führt dazu, dass die Probleme der intergenerativen und intragenerativen Gerechtigkeit, der Gerechtigkeit zwischen den Lebewesen sowie die Nachhaltigkeit ignoriert oder zumindest verschoben werden. Unter der Voraussetzung weiteren Wachstums gelten diese Probleme als einfach lösbar. Die meisten konventionellen Wirtschaftswissenschaftler/innen definieren „Gesundheit" einer Volkswirtschaft gar als stabiles und hohes *Wirtschaftswachstum*. Die Energie-, Ressourcen- und Verschmutzungsgrenzen des Wachstums lassen sich gemäß diesem Paradigma schon bei ihrem Entstehen durch intelligente Entwicklungen und die Anwendung neuer Technologien beseitigen. Diese Art des Denkens wird oft als „Fortschrittsglaube oder -optimismus" (engl. technological optimism) bezeichnet.

Die gegenteilige Auffassung, oftmals als „Fortschrittsskeptizismus" (engl. technological scepticism) bezeichnet, geht von der Annahme aus, dass die Technik nicht in der Lage sei, den grundlegenden Energie- und Ressourcenbeschränkungen auszuweichen und dass materielles Wirtschaftswachstum schließlich zu einem Ende komme. Diese Meinung findet sich häufig bei Vertretern/innen der Ökologie und anderen Sozialwissenschaften außerhalb der Ökonomik (besondere Ausnahmen unter den Ökonomen sind z. B. Mill, Georgescu-Roegen, Boulding, Daly); diese Wissenschaftler/innen haben natürliche Systeme untersucht, deren Wachstum *unweigerlich* durch die grundlegenden Ressourcenbeschränkungen begrenzt ist. Ein gesundes Ökosystem zeichnet sich durch Stabilität und Resilienz aus, während unbegrenztes Wachstum nach dieser Auffassung letztlich krebsartig und ungesund ist.

Für die Fortschrittsoptimisten unterscheiden sich soziale Systeme aufgrund der menschlichen Intelligenz grundlegend von anderen, natürlichen Systemen. Die Geschichte hat ihrer Meinung nach gezeigt, dass Ressourcenbeschränkungen durch neue Ideen umgangen werden können. Dabei verweisen sie z. B. darauf, dass Malthus' triste Vorhersage von großen Krisen durch Bevölkerungswachstum nicht eingetreten ist und die „Energiekrise" der 1970er Jahre überwunden wurde.

Die Skeptiker argumentieren demgegenüber, dass auch viele natürliche Systeme insofern „intelligent" sind, als sie neue Verhaltensweisen und Organismen entwickeln können. Ein Element dieser Systeme ist der Mensch. Doch das Umgehen und Ausweichen von räumlichen und natürlichen Ressourcenknappheiten in der Vergangenheit heißt nicht, dass wir auch die grundlegenden Beschränkungen meistern, denen wir schließlich noch gegenüberstehen werden. Für die Pessimisten ist es lediglich eine Frage der Zeit, bis auch die bislang verschont gebliebenen Länder in die malthusianische Falle hineingeraten. Genau die Folgerungen aus Maltus' Überlegungen, nämlich das Bevölkerungswachstum zu begrenzen, hat den Ländern geholfen, dieser Falle zu entkommen.

Diese Debatte wird nun schon seit vielen Jahrzehnten geführt. In den 30 Jahren hat sie durch *Scarcity und Growth* von Barnett und Morse (1963), *The Limits to Growth* von Meadows et al. (1972) und die Ölkrisen 1973 und 1979 neue Impulse erfahren. In den vergangenen zwei Jahrzehnten wurden Tausende von Untersuchungen über die zahlreichen Aspekte der Energie- und Ressourcenproblematik veröffentlicht. Sie zeigen, dass die Wirkungen von Energie- und Ressourcenbeschränkungen immer noch unsicher und unklar sind. In den nächsten 20 bis 30 Jahren könnten wir die Öllager im wesentlichen aufgebraucht und die CO_2-Emissionsgrenzen erreicht haben. Werden dann die Fusionsenergie, die Solarenergie, der Umweltschutz oder eine ganz neue Energiequelle die Lücke füllen und die Wirtschaft weiter wachsen lassen? Die Fortschrittsgläubigen sagen ja, die Skeptiker sagen nein. Doch diese Frage kann letztlich nicht mit Gewissheit beantwortet werden. Beide Seiten behaupten, sie seien sich sicher, doch die heimtückischste Form der Ignoranz besteht in einem nicht gerechtfertigten Sicherheitsgefühl.

Was auch immer geschehen wird, ein stärker ökologisch ausgerichteter Ansatz in den Wirtschaftswissenschaften und ein stärker ökonomisch ausgerichteter Ansatz in der Ökologie würden die Erhaltung der Ökosysteme und ihrer ästhetischen Qualitäten fördern. Abhängig davon, ob die Optimisten oder die Pessimisten das Sagen haben, werden heute sehr unterschiedliche wirtschafts- und umweltpolitische Strategien empfohlen.

Die Wahl zwischen Optimismus und Skeptizismus kann auf klassische (und zugegebenermaßen stark vereinfachte) Weise spieltheoretisch formuliert und das Ergebnis in Form einer Auszahlungsmatrix dargestellt werden (siehe Abbildung 3.6). In der Tabelle werden die alternativen Politiken, die wir heute verfolgen können (linke Spalte: Politik des Optimismus oder Pessimismus) dem tatsächlichem Zustand der Welt gegenübergestellt (obere Zeile). Die vier Ergebnisfelder drücken die Konsequenzen der Kombinationen von Politikart und Zustand der Welt aus. Wenn wir beispielsweise eine fortschrittsgläubige Politik verfolgen und die Welt sich wirklich gemäß den optimistischen Annahmen entwickelt, ist das Ergebnis sehr positiv (hohe Auszahlung). Dieses hohe Auszahlungspotenzial ist sehr verführerisch, da sich diese Strategie in der Vergangenheit ausgezahlt hat. Es kann daher nicht überraschen, dass viele gerne glauben, die Welt entspräche diesen optimistischen Annahmen. Wenn wir eine optimistische Politik verfolgen, die Welt sich aber eher gemäß den Annahmen des Skeptizismus entwickelt, besteht das Ergebnis jedoch in einer „Katastrophe". Diese Katastrophe träte ein, weil am Ökosystem irreversible Schäden entstünden und Reparaturen nicht länger möglich wären.

		Tatsächliche Situation	
		Optimisten haben Recht	Skeptizisten haben Recht
Aktuelle Politik	Politik des technologischen Optimismus	Hoher Gewinn	Großer Verlust („Katastrophe")
	Politik des technologischen Pessimismus	Mässiger Gewinn	Gewinn dank Nachhaltigkeit

Abbildung 3.6: Auszahlungsmatrix bei optimistischer bzw. pessimistischer Strategie

Wenn wir die skeptische Politik verfolgen und die Optimisten Recht behalten, stellt sich ein „moderates" Ergebnis ein. Wenn aber die Pessimisten Recht behalten und wir eine pessimistische Politik verfolgt haben, lässt sich dies im Rahmen der Spieltheorie darstellen. Aus diesem Spiel ergibt sich eine recht einfache „optimale" Strategie. Unter der Annahme, dass wir dieses Spiel nur einmal spielen können, und wir daher für die verschiedenen Ergebnisse keine Eintrittswahrscheinlichkeiten ermitteln können und die Gesellschaft sich in dieser Situation deshalb risikoavers verhalten sollte, müssen wir eine Politik wählen, die das Maximum der minimalen Ergebnisse erbringt (d. h. die Maximin-Strategie). Mit anderen Worten, wir analysieren nacheinander jede Politik, suchen jeweils nach dem schlimmsten möglichen Ergebnis der Politik (Minimum), und wählen diejenige Politik mit dem größten (maximalen) Minimum. In unserem Fall sollten wir eine skeptische Politik folgen, da das schlimmste mögliche Ergebnis dieser Politik („Nachhaltigkeit") dem schlimmsten möglichen Ergebnis der Politik des Fortschrittsglaubens vorzuziehen ist („Katastrophe").

Mit anderen Worten, angesichts der hohen Unsicherheit in dieser Frage und den enormen möglichen Verlusten ist es irrational, auf die Möglichkeiten der Technik zu hoffen, um die Ressourcenbeschränkungen zu beseitigen. Wenn wir falsch raten, ist das Ergebnis katastrophal: Es bedeutet eine irreversible Zerstörung unserer Ressourcenbasis und der Zivilisation. Deshalb sollten wir zumindest vorläufig annehmen, dass der technische Fortschritt nicht die Ressourcenbeschränkungen beseitigen kann. Wenn dies dennoch der Fall sein sollte, können wir uns positiv überraschen lassen. Andernfalls würden wir wenigstens in einem nachhaltigen System leben. Auf dieser besonnenen, skeptischen Haltung dem technischen Fortschritt gegenüber beruht die Ökologische Ökonomik.

Soziale Fallen

Kein komplexes System kann ohne klare Ziele und deren entsprechende Umsetzung effektiv gesteuert werden. Beim Management der Erde sind wir mit komplexen Zielhierarchien konfrontiert, die zudem große zeitliche und räumliche Bereiche umfassen. Für ein rationales Management sollten die globale ökologische und ökonomische Nachhaltigkeit „höhere" Ziele sein als lokales, kurzfristiges, nationales Wirtschaftswachstum oder gar private Interessen. Wirtschaftswachstum kann in diesem Zusammenhang nur insofern ein politisches Ziel sein, als es sich mit dem Ziel der langfristigen globalen Nachhaltigkeit verträgt.

Unglücklicherweise sind die meisten bestehenden Institutionen und Anreizstrukturen auf relativ kurzfristige, lokale Ziele und Anreize ausgerichtet (Clark 1973). Dies wäre kein Problem, wenn sich, was viele annehmen, die lokalen und kurzfristigen Ziele und Anreize einfach zu einem in globaler langfristiger Perspektive angemessenen Verhalten aufsummieren würden (bzw. damit im Einklang ständen). Doch leider liegt diese Konsistenz häufig nicht vor. Individuen (oder Unternehmen bzw. Länder), die ihre privaten Selbstinteressen verfolgen und keinen Mechanismen zur Sicherung gemeinschaftlicher und globaler Interessen unterliegen, laufen Gefahr, höhere Ziele zu ignorieren und den eigenen Niedergang herbeizuführen.

Diese Zielkonflikte und widersprüchlichen Anreize wurden vielfach beschrieben und verallgemeinert. Ausgangspunkt war Hardins (1968) klassischer Artikel über die „Tragedy of the Commons" (dt. etwa „Tragödie der Kollektivgüter") (genauer gesagt über die Tragödie der frei zugänglichen Ressourcen, vgl. Kapitel 2.3), weitergeführt durch Arbeiten über „soziale Fallen" (Costanza 1987; Costanza und Perrings 1990; Cross und Guyer 1980; Platt 1973; Teger 1980). Eine soziale Falle (bzw. soziales Dilemma) tritt dann auf, wenn die lokalen und individuellen verhaltenssteuernden Anreize nicht mit den allgemeinen Systemzielen übereinstimmen. Beispielsweise stellt das Überfischen von frei zugänglichen Fischgründen eine soziale Falle dar, da kurzfristige wirtschaftliche Anreize die Fischer dazu verleiten, die Ressource bis zum Kollaps auszubeuten.

Soziale Fallen können auch experimentell untersucht werden. Dabei wird beobachtet, wie sich Individuen in solchen Situationen verhalten, und die Frage gestellt, wie Individuen soziale Fallen am besten vermeiden und ihnen entkommen können (Brockner und Rubin 1985; Costanza und Shrum 1988; Edney und Harper 1978; Teger 1980). Der Grundtenor dieser Forschungen lautet, dass beim Vorliegen von sozialen Fallen keine systemimmanente Nachhaltigkeit besteht. In diesem Fall müssen spezielle Maßnahmen ergriffen werden, um die Ziele und Anreize auf den betreffenden hierarchischen räumlichen und zeitlichen Ebenen zu harmonisieren. Ökonomisch ausgedrückt müssen sich die sozialen Kosten und der soziale Nutzen in den privaten Kosten und dem privaten Nutzen widerspiegeln. Insbesondere müssen Maßnahmen eingeleitet werden, durch die globale und langfristige Ziele mit den lokalen und kurzfristigen Zielen und Anreizen in Übereinstimmung gebracht werden.

Im Gegensatz dazu ergibt sich in ökologischen Systemen aufgrund der langsam ablaufenden genetischen Evolution eine langfristige Perspektive. Das heißt jedoch nicht, dass die einzelnen Arten gegen evolutionäre Fallen immun sind, die durch Anpassung an lokale Bedingungen entstehen. Doch das Gesamtsystem sortiert diese Arten langfristig aus. In natürlichen Systemen kommt langfristiges „Überleben" in der Regel der Nachhaltigkeit im Rahmen eines größeren Ökosystems gleich. Durch die natürliche Selektion überleben langfristig nur nachhaltige Systeme. Die Menschen haben die Abhängigkeit von der biologischen Evolution durchbrochen, indem sie in zunehmendem Maße die Lernfähigkeit ihres Gehirns eingesetzt und ihre körperlichen Fähigkeiten mit Hilfe von Werkzeugen erweitert haben. Der Preis für die möglich gewordene schnelle Anpassung besteht in Fehlschlüssen aufgrund temporärer Abkopplungen von langfristigen Beschränkungen sowie in der Anfälligkeit für soziale Fallen.

Ein anderes grundlegendes Ergebnis der Forschung über soziale Fallen ist, dass die relative Wirksamkeit verschiedener Korrekturmaßnahmen nicht aufgrund von einfachen, „rationalen" Modellen des menschlichen Verhaltens, wie sie im konventionellen ökonomischen Denken vorherrschen, vorhergesagt werden kann. Die experimentellen Ergebnisse deuten auf die notwendige Entwicklung realistischerer Modelle des menschlichen Verhaltens unter Berücksichtigung von Unsicherheit hin, welche die Komplexität praktischer Entscheidungssituationen sowie unsere begrenzten Informationsverarbeitungskapazitäten berücksichtigen (Heiner 1983).

Vermeidung sozialer Fallen

Soziale Fallen zu eliminieren, erfordert staatliche Eingriffe und zwar v. a. die Änderung von Verstärkungsmechanismen. Es lässt sich sogar behaupten, die eigentliche Rolle demokratischer Regierungen besteht darin, soziale Fallen abzubauen (nicht mehr und nicht weniger) und gleichzeitig individuelle Freiheiten weitestgehend zu sichern. Cross und Guyer (1980) nennen vier wesentliche Methoden der Vermeidung und des Abbaus sozialer Fallen: Bildung (hinsichtlich langfristiger und disperser Wirkungen), Versicherung, übergeordnete Autoritäten (d. h. Rechtssysteme, Regierung, Religion) und die Umwandlung einer Falle in einen Trade-off.

Bildung kann dazu genutzt werden, Menschen über langfristige Wirkungen aufzuklären. Beispiele hierfür sind Warnhinweise, die heute auf Zigarettenpackungen angebracht werden oder Warnungen von Umweltorganisationen vor zukünftigen Gefährdungen durch Abfälle. Menschen können Warnungen jedoch ignorieren, insbesondere wenn Alternativen locken. So hatten beispielsweise die Warnhinweise auf den Zigarettenpackungen nur eine begrenzte Wirkung auf die Zahl der Raucher/innen.

Das Hauptproblem im Zusammenhang mit der Bildung als Methode, um soziale Fallen abzubauen, liegt im Zeitaufwand, den die Individuen darauf verwenden müssen, Einzelheiten über bestimmte Situationen zu erlernen. Die gegenwärtige Gesellschaft ist so groß und komplex, dass wir nicht einmal von den Experten/innen, geschweige denn von der breiten Öffentlichkeit erwarten können, Einzelheiten aller vorhandenen Fallen zu kennen. Wenn Bildung darüber hinaus effektiv zur Vermeidung von Fallen beitragen soll, an denen viele Einzelpersonen beteiligt sind, müssen alle oder zumindest ein Großteil der Beteiligten informiert werden, was in der Regel nicht möglich ist.

Staatliche Stellen können bestimmte, sozial unerwünschte Tätigkeiten verbieten oder regulieren (z. B. das Schmuggeln von FCKW aus Entwicklungsländern in Industrieländer). Das Problem dieses direkten, hoheitlichen Ansatzes besteht darin, dass er streng kontrolliert und durchgesetzt werden muss, denn gleichzeitig bestehen weiterhin die starken kurzfristigen Anreize der Individuen, Gesetze zu ignorieren oder zu umgehen. Polizei und Rechtssystem sind allerdings sehr teuer und höhere Erfolgsquoten bei der Verbrechensbekämpfung verlangen möglicherweise exponentiell steigende Ausgaben (im Hinblick auf Kosten für eine größere und besser ausgerüstete Polizei sowie Kosten durch den Verlust an individueller Privatsphäre und Freiheit).

Religion und soziale Regeln können als weit weniger kostspielige Methoden zur Vermeidung von sozialen Fallen betrachtet werden. Wenn eine Person einen ethischen Handlungskodex tief verinnerlicht hat oder fest glaubt, dass Verfehlungen letztlich gesühnt werden müssen, sinkt die Wahrscheinlichkeit von Verfehlungen, und dies bei sehr geringen Durchsetzungskosten. Allerdings ist der Einsatz von Religion und sozialen Regeln als Mittel zur Vermeidung sozialer Fallen problematisch, da der Moralkodex relativ beständig sein muss, damit das früh erlernte Normensystem im späteren Leben noch wirksam ist. Ferner bedarf es einer relativ homogenen Gemeinschaft von Gleichgesinnten, damit dieser Ansatz wirksam werden kann. In kulturell homogenen Gesellschaften, die sich nur langsam verändern, funktioniert dieses System recht gut. In modernen, heterogenen, sich schnell wandelnden Gesellschaften aber, können Religion und soziale Regeln weder alle neu auftretenden Situationen abdecken, noch können sie den Konflikt zwischen radikal unterschiedlichen Kulturen und Glaubenssystemen lösen.

Viele Theoretiker sind der Überzeugung, dass die effektivste Methode zur Vermeidung und Beseitigung von sozialen Fallen darin besteht, sie in einen Trade-off zu verwandeln. Diese Methode läuft unserer normalen Neigung nicht entgegen, den Straßenschildern zu folgen. Sie korrigiert nur Ungenauigkeiten der Wegweiser, indem ausgleichende positive oder negative Verstärkungsimpulse hinzugefügt werden. Ein einfaches Beispiel veranschaulicht, wie wirksam diese Methode sein kann. Das Spielen mit Glückspielautomaten ist eine soziale Falle, da die langfristigen Kosten und Erträge nicht den kurzfristigen Kosten und Erträgen entsprechen. Die Menschen spielen mit Glücksspielautomaten, weil sie sich kurzfristig einen großen Gewinn erhoffen, während die Automaten darauf programmiert sind, langfristig, sagen wir, 80 Cent je eingesetztem Euro auszuzahlen. Die Spieler können (kurzfristig) Hunderte von Euro mit Glücksspielautomaten „gewinnen", doch wenn sie lange genug spielen, werden sie mit großer Sicherheit 20 Cent je eingesetztem Euro verlieren. Um diese Falle in einen Trade-off zu verwandeln, könnten die Automaten einfach so umprogrammiert werden, dass sie jedes Mal, wenn ein Euro eingeworfen wird, 80 Cent auszahlen. Auf diese Weise werden die kurzfristigen Anreize (80 Cent je Euro) mit den langfristigen Anreizen (80 Cent je Euro) in Übereinstimmung gebracht, und nur begeisterte Anhänger/innen von sich drehenden Scheiben werden weiter spielen. Eine gesetzliche Regelung, die deutliche Hinweisschilder mit den Auszahlungsraten vorschreibt, wäre hilfreich, aber nicht so effektiv wie die unmittelbare Auszahlung von 80 Cent je eingeworfenem Euro.

Bei sozialen Fallen besteht die effektivste Methode die lokalen, privaten und kurzfristigen an die globalen und langfristigen Ziele anzugleichen darin, die lokalen, privaten und kurzfristigen Anreize zu modifizieren. Diese Anreize bestehen in jeglicher Kombination von wirtschaftlichen, sozialen und kulturellen Anreizen, die auf lokaler Ebene von Bedeutung sind. Wir müssen solche sozialen und ökonomischen Instrumente und Institutionen entwickeln, die den Abgrund zwischen Gegenwart und Zukunft, zwischen Privatem und Sozialem, zwischen Lokalem und Globalem sowie zwischen ökologischen und ökonomischen Systemelementen überbrücken. Einige Instrumente zur Erreichung dieser Ziele werden in späteren Kapiteln behandelt.

Das Dollar-Auktions-Spiel

Das Dollar-Auktions-Spiel (Shubik 1971) ist ein einfaches aber aufschlussreiches Modell, das den Unterschied zwischen lokalen und globalen Kosten und Nutzen veranschaulicht. Dieses Spiel zeigt eine soziale Falle, die für den spezifischen Zweck einer Simulation des Prozesses der Konflikteskalation entwickelt wurde. Die Dollar-Auktion unterscheidet sich von einer normalen Auktion nur darin, dass zwar sowohl der Höchstbietende als auch der Zweithöchstbietende am Ende des Spiels dem Auktionator die gebotenen Beträge bezahlen müssen, aber dass nur der Höchstbietende den Aktionsgegenstand erhält. Sie können versuchen, dieses Spiel mit einer Gruppe oder Klasse zu spielen. Bieten Sie einfach eine Dollarnote zur Versteigerung an, wobei folgende Regeln gelten: 1) Sowohl der Höchstbietende als auch der Zweithöchstbietende müssen bezahlen. 2) Jedes neue Mindestgebot muss 0,05 Dollar über dem aktuellen Höchstgebot liegen (nur damit sich das Spiel entwickeln kann).

Dieses Spiel deckt gewöhnlich einige unerwartete Verhaltensweisen auf. Die Teilnehmenden am Dollar-Auktions-Spiel bieten häufig mehr als einen Dollar, um die angebotenen Dollarnote zu ersteigern. Dieses irrationale Ergebnis ist die Folge einer Reihe von „rationalen" Entscheidungen der Bieter, denn die Struktur der Verstärkungen in diesem Spiel stellt eine soziale Falle dar. Anfänglich ist es verlockend, 0,05 Dollar für einem Dollar zu bieten, doch wenn das Gebot über 0,50 Dollar liegt, steht fest, dass der Sieger zwar einen Gewinn haben wird, der Auktionator jedoch an der Auktion Geld verdienen wird (die beiden höchsten Gebote über 0,50 Dollar minus den Preis in Höhe von einem Dollar). Das Bieten hört in der Regel jedoch nicht bei 0,50 Dollar auf, da der zweithöchste Bieter (sagen wir mit 0,45 Dollar) seinen Einsatz im Falle eines Ausstiegs verlieren würde, sodass er mindestens auf 0,55 Dollar erhöht. Gemäß dieser Logik geht es bis zum Betrag von einem Dollar weiter. Dabei ist klar, dass auch der Höchstbietende Geld verlieren würde, wenn er mehr als einen Dollar für einen Dollar bieten würde. Doch auch wenn die Gebote die Grenzen von einem Dollar erreichen, setzt sich häufig das Spiel aufgrund der Anreizstruktur fort. Wenn beispielsweise Spieler A einen Dollar geboten hat und Spieler B mit 0,95 Dollar das zweithöchste Gebot abgegeben hat, überlegt sich B, dass er 0,95 Dollar verlieren würde, wenn er ausstiege, während er nur 0,05 Dollar verlieren würde, wenn er 1,05 Dollar böte (unter der Annahme, dass er den Preis gewinnt). In der Regel erhöht er daher das Gebot. Diese „rationale" Eskalation (über den Punkt hinaus, bei dem das Gesamtergebnis rational ist) setzt sich oft bis weit über die Ein-Dollar-Marke fort. Das Verhalten der Einzelpersonen und Gruppen beim Dollar-Auktions-Spiel wurde von Teger (1980) eingehend untersucht. Er zeigte, dass fast alle sozialen Gruppen (von Studierenden bis zu Professoren/innen, Geschäftsleuten und Priestern) bei diesem Spiel in die Falle gehen. Nicht selten wurde für die versteigerte Dollarnote mehr als fünf Dollar oder mehr geboten.

Das Dollar-Auktions-Spiel kann in einen Trade-off umgewandelt werden, indem eine „Gebotssteuer" eingeführt wird, die so hoch ausfällt, dass das Aussteigen sowohl kurz- als auch langfristig rational ist. (Costanza und Shrum 1988). Wenn beispielsweise das Gebot von Spieler B bei 0,95 Dollar liegt, wird ihm mitgeteilt, dass es zwei Dollar kostet, ein Gebot in Höhe von 1,05 Dollar abzugeben (Gebotssteuer in Höhe von 0,95 Dollar). Unter dieser Bedingung kommt Spieler B zu dem Schluss, dass er 0,95 Dollar verlieren würde, wenn er ausstiege, dass er aber sogar noch einen Dollar über den Gewinn des Versteigerungsgegenstands hinaus verlöre. Auf diese Weise steigt die Wahrscheinlichkeit, dass er aussteigt und der Falle entkommt. Diese Methode hat sich in Experimenten mit dem Dollar-Auktions-Spiel als effektiv erwiesen (Costanza und Shrum 1988).

3.7 Freie Märkte, Handel und soziale Gemeinschaft

In den 1980er Jahren übernahmen die internationalen entwicklungs-, kredit- und geldpolitischen Akteure die Theorie, dass Entwicklung am besten durch eine Öffnung der Volkswirtschaften gegenüber dem internationalen Handel erreicht werden kann. Während der 1990er Jahre wurde die nordamerikanische Freihandelszone (*North American Free Trade Agreement* – NAFTA) gegründet und die Uruguay-Runde des GATT (*General Agreement on Tariffs und Trade*) abgeschlossen. Diese beiden Vereinbarungen reduzierten die Zölle und erleichterten den Kapitalverkehr zwischen den Ländern. Im

Rahmen der Uruguay-Runde wurde die Welthandelsorganisation (*World Trade Organisation* – WTO) ins Leben gerufen, um den Handel zu beobachten und Streitfälle zu schlichten. Hinsichtlich dieser bedeutenden Umformung der internationalen Wirtschaftsstruktur vertraten viele Wirtschaftswissenschaftler/innen eine Position, die auf der Logik des Tausches fußt, nach der alle beteiligten Parteien vom Handel profitieren und Handelsliberalisierungen daher stets vorteilhaft sind. Diese Position entsprach 200 Jahre alten ökonomischen Rezepten. Umweltorganisationen zeigten sich im Hinblick auf mehrere Punkte besorgt: die nationale Souveränität bei der Umweltpolitik, die Erwartung, dass verstärkter Handel zu höherem Wachstum und größeren Umweltproblemen führen würde sowie die tatsächlichen Schwierigkeiten bei der Lösung von Umweltproblemen auf internationaler Ebene. Die Gewerkschaften in den industrialisierten Ländern befürchteten, dass das Kapital in die weniger entwickelten Nationen abwandern könnte, in denen Löhne und Umwelt-, Gesundheits- und Sicherheitsstandards niedriger sind. Bevor die Wirtschaftswissenschaft die Frage beantwortet hatte, in welchem Zusammenhang Handelswachstum und Umweltpolitik stehen, war die Debatte über internationale Organisationen bereits in vollem Gange. Umweltökonomen/innen vertraten die Auffassung, dass Handel zwar vorteilhaft sein kann, dann aber die Voraussetzung der Einrichtung von internationalen umweltpolitischen Institutionen erfüllt sein muß, welche Umweltgesetze standardisieren und Staaten daran hindern, mit niedrigeren Umweltstandards um internationales Kapital zu konkurrieren.

Aus der umfassenderen Perspektive der Ökologischen Ökonomik sind der wachsende Güterhandel über immer mehr nationale Grenzen hinweg sowie die beseitigten Kapitalverkehrsbeschränkungen auf internationaler Ebene zur Förderung des freien Kapitalverkehrs mit weit mehr Fragen verbunden, als von den konventionellen Wirtschaftswissenschaftlern/innen allgemein anerkannt wird (Daly 1993; Daly und Goodland 1994). Insbesondere wurden die Wirkungen auf die Gesellschaft noch nicht untersucht. Seit 200 Jahren bedienen sie sich der Tauschlogik, um individuelle Wahlfreiheit zu propagieren und die Gemeinschaft zu entmachten. Die Ökologische Ökonomik hingegen erkennt die Rolle der Gemeinschaft an; dies gilt insbesondere bei der Bildung individueller Präferenzen, der Beeinflussung des menschlichen Wohlbefindens und der Ermöglichung von Umweltpolitik. Im folgenden werden diese Themen nacheinander diskutiert. Zunächst untersuchen wir, ob die Tauschlogik die allgemeine Forderung nach Freihandel untermauert.

Freihandel?

Die Logik des Tausches, Adam Smiths große Entdeckung, wird seit zwei Jahrhunderten dafür genutzt, den Freihandel zu propagieren. Die Logik ist einfach: *Zwei Parteien, die frei entscheiden können, gehen einen Tausch ein, da sich beide dadurch besser stellen.* Auf der Grundlage dieser klaren Logik setzten sich Wirtschaftswissenschaftler/innen schon seit langem dafür ein, dass Staaten die Möglichkeiten der Menschen, sich durch Handel besser zu stellen, nicht einschränken. Diese Tauschlogik hat das seit zweihundert Jahren bestehende politische Ziel der Ökonomik unterstützt, wenn nicht angetrieben, Individuen und Unternehmen zu stärken und die Staatsgewalt sowie andere Formen kollektiver Aktionen einzuschränken. Unter der Annahme, dass alle Beteiligten vollständig informiert sind, sich nutzenmaximierend verhalten und darüber hinaus keine Effekte über die Tauschpartner hinaus auftreten, ist diese Logik einwandfrei. Die Wirtschaftswissenschaft geht im Allgemeinen davon aus, dass die Beweislast hinsichtlich der Frage, ob bestimmte Fälle den genannten Annahmen widersprechen oder schädlich auf die Gesellschaft wirken, bei denen liegt, die den Nutzen des Freihandels anzweifeln.

Die politische Unterstützung des Freihandels, der nicht durch Steuern oder andere Handelskontrollen aufgrund kollektiver Entscheidungen behindert wird, kann aus der Logik des Tausches jedoch nicht zwingend abgeleitet werden. Das Problem besteht ganz einfach darin, dass die Richtigkeit der Tauschlogik nicht davon abhängt, wer die am Tausch beteiligten Parteien sind. Sie gilt unabhängig davon, ob Individuen, Gemeinschaften, Bioregionen oder Nationen tauschen. Wenn dies auch für Nationen gilt, warum sollten sie nicht „über die Wahlfreiheit verfügen", Entscheidungen der Individuen und Unternehmen durch Steuern, Quoten und andere Kontrollen zu beeinflussen? Wirtschaftswissenschaftler/innen aber gehen davon aus, dass es sich bei den Parteien um Individuen handeln sollte, was zum Teil daran liegt, dass die Ökonomik in der spezifischen Tradition der Sozialwissenschaft von Hobbes und Locke steht, welche die Gesellschaft als die Summe ihrer Individuen betrachtet. Dies stellt jedoch nur eine Annahme in der vorherrschenden sozialwissenschaftlichen Denkweise dar. Kriterien jenseits der Tauschlogik müssen herangezogen werden, um bestimmen zu können, welche Parteien bei unterschiedlichen Bedingungen tatsächlich Entscheidungsfreiheit haben sollten.

Wirtschaftswissenschaftler/innen und eine Mehrheit der Politiker/innen gehen heute davon aus, dass die Tauschlogik eine solide Basis bietet, individuellen Entscheidungen vor kollektiven den Vorzug zu geben. Doch das grundlegende Problem der politischen Ökonomie bleibt bestehen, nämlich ob das Entscheidungsrecht Individuen, Gruppen, Gemeinschaften oder dem Staat zugewiesen werden soll? Dies ist seit Jahrtausenden die zentrale Frage der gesellschaftlichen Selbstorganisation und der Politik. In den letzten zwei Jahrhunderten haben wir uns allerdings selbst etwas vorgemacht.

Wenn die atomistische Prämisse der Naturphilosophie in der herrschenden Denkweise der westlichen Sozialphilosophie nicht so leichthin mit „Individualismus" übersetzt worden wäre, könnten wir für die heutige Zeit annehmen, dass die Gemeinschaften, Bioregionen, Nationen oder selbst die räumlich sich überschneidenden Kulturgruppen Entscheidungsfreiheit haben sollten. Der Unterschied zwischen individuellen und Gemeinschaftsinteressen hängt natürlich eng mit dem Systemcharakter der Umweltsysteme zusammen. Die Natur kann nicht einfach aufgeteilt und den einzelnen Individuen zugewiesen werden.[12] Aus diesem Grund ist es häufig erforderlich, ein kollektives Management einzurichten und die individuelle Entscheidungsfreiheit einzuschränken. Die Tatsache, dass die Tauschlogik nicht davon abhängt, wer die teilnehmenden Parteien sind, zeigt auch, dass das Bestehen von gemeinschaftlichen Institutionen nicht durch die Kosten individuellen Verhaltens für andere gerechtfertigt werden muss. Die Menschen ziehen es vielleicht einfach vor, mit anderen gemeinschaftlich zu arbeiten und die Früchte ihrer Bemühungen gemeinschaftlich zu teilen. Wir benötigen nicht das Scheitern der Tauschlogik, um gemeinschaftliches Handeln rechtfertigen zu können, da die Tauschlogik auch für Gruppen gilt.

Soziale Gemeinschaft und Homo oeconomicus

Im Zentrum der ökonomischen Analyse steht zumeist der *Homo oeconomicus*. Dabei handelt es sich um ein stets vollständig informiertes, mit unbeschränkter Informationsverarbeitungskapazität ausgestattetes, rationales Wirtschaftssubjekt, das nur eigennützige Interessen verfolgt.

Doch dieses Subjekt, das uns so sehr interessiert, stellt in der Realität kein isoliertes Atom dar, sondern konstituiert sich durch seine Bezüge zu anderen Subjekten innerhalb einer Gemeinschaft: Die eigentliche Identität des Subjekts ist nicht atomistischer, sondern gesellschaftlicher Natur. Wenn sich das Subjekt durch gemeinschaftliche Bezüge konstituiert, kann das Selbstinteresse nicht mehr als atomistisch-eigenständig oder unabhängig vom Gemeinschaftsinteresse begriffen werden. Das Wissen ist zum Teil individuell, diffus und flüchtig – der große Vorteil des Marktsystems besteht darin, dieses Wissen anzapfen zu können; doch das Wissen ist zum Teil auch öffentlich,

---

[12] Vgl. dazu auch die Problematik der Property-rights-Theorie im Beitrag von Hermann Bartmann (Box 11 in diesem Band), Anm. d. Hrsg.

universal und recht dauerhaft wie beispielsweise die Hauptsätze der Thermodynamik oder das Wissen darüber, dass Mord und Diebstahl falsch sind. Darauf zu bestehen, dass alles auf atomistische, eigennützige Individuen reduziert werden kann, die ihren Nutzen auf der Basis von diffusem, bruchstückhaftem Wissen maximieren und in ihre isolierten, versiegelten Köpfe eingeschlossen sind, bedeutet, eine Abstraktion als realer zu behandeln als die konkrete Erfahrung, von der sie abgeleitet wurde.

Die Ziele der Verteilung und Größenordnung betreffen unsere Beziehungen zu den Armen, den zukünftigen Generationen und den Tier- und Pflanzenarten, die stärker durch soziale als durch individuelle Aspekte gekennzeichnet sind. Der *Homo oeconomicus* ist eine extreme Abstraktion, sei es als in sich abgeschlossenes Atom des methodologischen Individualismus oder als rein sozialer Automat in der kollektivistischen Ideologie. Unsere konkrete Erfahrung ist die von „Personen in einer Gemeinschaft". Wir sind individuelle Personen, doch unsere individuelle Identität ist definiert durch die Qualität unserer sozialen Beziehungen. Unsere Beziehungen untereinander sind nicht nur externer, sondern auch interner Natur, d. h. das Wesen der aufeinander bezogenen Einheiten (in diesem Fall wir selbst) ändert sich, wenn sich die Beziehungen unter ihnen ändern. Wir sind nicht nur durch das externe Netz der individuellen Zahlungsbereitschaften für unterschiedliche Dinge miteinander verknüpft, sondern auch durch Beziehungen wie Verwandtschaft, Freundschaft, Bürgertum, Sorge für die Armen, die künftigen Generationen und die anderen Tier- und Pflanzenarten, ganz zu schweigen von unserer körperlichen Abhängigkeit vom ökologischen Lebenserhaltungssystem und unserem gemeinsamen Sprach- und Kulturerbe. Der Versuch, von all diesen Beziehungen zu abstrahieren und einen atomistischen *Homo oeconomicus* abzuleiten, dessen Identität allein durch die individuelle Zahlungsbereitschaft konstituiert wird, ist eine starke Verzerrung unserer konkreten Erfahrung als Person in einer Gemeinschaft und ein weiteres Beispiel für Whiteheads „Trugschluss der unzutreffenden Konkretheit" (Whitehead 1925, dt. Whitehead 1984).

In der Ökologischen Ökonomik betrachten wir die Erhaltung der irdischen Kapazitäten zur Erhaltung des Lebens als einen objektiven, gemeinsam geteilten Wert, der für unsere Identität als Personen in einer Gemeinschaft konstitutiv ist. Wir leiten diesen grundlegenden Wert dabei nicht von subjektiven Präferenzen der zur Zeit lebenden Individuen, die nach ihrem Einkommen gewichtet werden.

Gemeinschaft, Umweltmanagement und Nachhaltigkeit

Zumindest zum Einstieg können manche Dinge besser vermittelt werden, wenn sie in eine Parabel oder Geschichte eingebettet werden. Stellen wir uns eine Gesellschaft vor, die aus Landwirten besteht, die nahezu Selbstversorger sind und keine Eigentumsrechte an ihrem Boden haben. Die erste Generation der Eltern kann die Qualität des Bodens erhöhen, indem sie Bäume pflanzt. Die Bäume bringen auf ihren verschiedenen Lebensstufen verschiedene Güter und Leistungen hervor. Die Eltern könnten ihren Konsum in der Jugend zugunsten von Investitionen in Bäume verringern, um im Alter mehr konsumieren zu können. Wir denken bei einer solchen Tätigkeit an eine Investition, wenn das Ziel darin besteht, Erträge zeitlich umzuverteilen. Es ist auch möglich, in Bäume zu investieren für einen selbst und für die eigenen Kinder. Ein Teil der Erträge der Bäume kommt den Eltern zugute, während der andere Teil den Kindern überlassen wird. Die Höhe des aktuellen Konsumverzichts zugunsten der neuen Bäume, die den Wohlstand der Eltern erhöhen oder durch den die Eltern über Vermögenstransfer „Verantwortung" gegenüber ihren Kindern wahrnehmen, ist jedoch schwierig zu bestimmen. Denn Wohlstand akkumuliert sich nicht auf lineare Weise. Einige Elternpaare mögen sich dafür entscheiden, mehr Bäume zu schlagen, um Bau- oder Brennmaterial zu gewinnen, als im Nutzungszeitraum nachwachsen, sodass sie weniger an ihre Kinder transferieren, als ihnen selbst zur Verfügung stand. Ähnlich führen auch Naturkatastrophen und Kriege regelmäßig dazu, dass der Transfer geringer ist als das, was der vorherigen Generation zur Verfügung stand. Der Gesamtbetrag, der in einem gegebenen Zeitraum akkumuliert und weitergegeben werden kann, ist durch das kulturelle Wissen, die Technologie und die Art der gesellschaftlichen Zusammenarbeit bestimmt.

Der Begriff Verantwortung wurde oben in Anführungsstriche gesetzt um anzuzeigen, dass es sich um einen zentralen Begriff in dieser Geschichte handelt. Von den Irokesen, die im heutigen Nordwesten der USA lebten, wird berichtet, dass sie bei den Entscheidungen, welche ihre Zukunft betrafen, sieben Generationen berücksichtigten. Dieses Bewusstsein und die entsprechend eingeführten und erhaltenen Institutionen unterscheiden sich so grundlegend vom modernen Bewusstsein und den modernen Institutionen, dass allein die Erwähnung von „sieben Generationen" ausreicht, um deutlich zu machen, wie wenig nachhaltig das moderne Leben hinsichtlich Umwelt und Kultur ist. Eines unserer Hauptargumente lautet, dass, nachdem Jahrhunderte lang geglaubt wurde, der Fortschritt würde sich um seine Nachfahren kümmern, der moderne Mensch das Bewusstsein für die Verantwortung gegenüber seinen Kindern ebenso verloren hat wie für die Institutionen, die für den nötigen Vermögenstransfer sorgen können. Im Folgenden gehen wir auf die institutionellen Aspekte ein, die das Verantwortungsbewusstsein ergänzen und erhalten.

Das Wohlergehen der künftigen Generationen wird nicht sichergestellt, wenn die Individuen nur aus Selbstinteresse handeln. Es muss ein gemeinsames Verantwortungsbewusstsein geben. Unsere Ur-Ur-Enkel werden neben uns sieben weitere Paare an Ur-Ur-Großeltern haben, die alle in etwa der gleichen Generation angehören wie wir. Wir wissen nicht, wer diese vierzehn anderen Menschen sein könnten (Daly und Cobb 1989; Marglin 1963; Weiss 1989). Wenn alle Ur-Ur-Großeltern nun eine Vereinbarung zugunsten ihrer Ur-Ur-Enkel treffen würden, müssten auch die zahlreichen Verwandten zwischen den betreffenden Generationen diese Vereinbarung im Lauf der geschichtlichen Entwicklung einhalten. Es ist daher sehr schwierig, das Wohlergehen der eigenen Nachfahren über die eigenen Kinder hinaus sicherzustellen, es sei denn die gesamte Gemeinschaft verhält sich während der weiteren Entwicklung entsprechend bestimmter Rahmensetzungen, die das erwünschte Ergebnis garantieren (Howarth 1992). Es gibt intergenerative Gemeinschaftsinstitutionen wie patrimoniale, matrimoniale und andere Erbfolgeregeln, die Vergabe von Mitgiften, die Verantwortung für die Erziehung der Jugend und verschiedene andere Verhaltensweisen und Verpflichtungen, die den Transfer von Vermögen an die nächste Generation regeln. Die gesellschaftliche Sorge, das Bewusstsein und die Institutionen, welche die individuelle Verantwortlichkeit fördern, sind koevolutionäre Elemente, die für die Erhaltung der Ressourcen und ihren Transfer an die nächste Generation von entscheidender Bedeutung sind.

Diese Parabel muss noch um ein weiteres Element ergänzt werden. Wirtschaftswissenschaftler/innen würden zu Recht Einwand erheben, wenn das von Menschen produzierte anthropogene Kapital kein integraler Bestandteil dieser Geschichte darstellte. Die Eltern können sparen, um anthropogenes Kapital zu erwerben, so zum Beispiel mehr Sägen oder vielleicht gar einen verbesserten Sägetyp erwerben, mit dem sich leichter Bäume schlagen lassen. Die Rolle der Säge als Kapital ist eine andere als die der Bäume. Unsere hypothetischen Eltern wissen, dass sie mit Sägen einen Ertrag durch die Verringerung des natürliche Kapital erwirtschaften, dass dies umgekehrt jedoch nicht möglich ist. Es sei hier darauf hingewiesen, dass die Existenz von zwei Vermögensarten wie Bäume und Sägen das Problem wesentlich erschwert, Informationen zu sammeln und zu verarbeiten. Entscheidend ist das Mischverhältnis von Bäumen und Sägen. Die nächste Generation wäre nicht sehr wohlhabend, wenn sie alle Bäume und keine Sägen erhielte, und sie befände sich in einer ernsten Notlage, wenn sie nur Sägen und keine Bäume erhielte. Das Vermögen muss von einer Generation zur nächsten im richtigen Verhältnis transferiert werden. Glücklicherweise kann das Verhältnis von Bäumen und Sägen in einer kleinen, relativ selbständigen Gemeinschaft auf recht einfache Weise ermittelt werden. Darüber hinaus können die Mitglieder der Gemeinschaft die Auswirkungen ihrer Entscheidungen auf ihr Gesamtvermögen leicht feststellen und ihr Verhalten gegebenenfalls anpassen.

Die Parabel kann durch die Annahme erweitert werden, dass unsere einst nahezu isolierte und relativ selbständige Gemeinschaft in Beziehung zu einer größeren Gemeinschaft tritt, indem sie traditionelle Handelshindernisse durch Transportverbesserungen überwindet und die Märkte ausdehnt. Dadurch ändert sich zwar zunächst einmal wenig, die Transportverbesserungen und die Einführung neuer Märkte schaffen jedoch neue Möglichkeiten, die, wenn sie genutzt werden, die Gemeinschaft auf mannigfaltige Weise beeinflussen. Einige Gemeinschaftsmitglieder könnten sich beispielsweise auf den Verkauf ihrer Bäume spezialisieren und in die Produktion von Sägen investieren, während andere größere Investitionen in die Aufzucht von Bäumen vornehmen. Indem sich die Gemeinschaft zunehmend an Märkte anschliesst, erfolgen solche Entscheidungen in Reaktion auf die Preissignale auf den Faktor-, Waren- und Kreditmärkten. Die Gemeinschaftsinstitutionen, die einen Ausgleich zwischen Bäumen und Sägen bisher gewährleistet haben und die Gemeinschaft daher über die Zeiten hinweg aufrechterhielten, würden nicht mehr genutzt werden und verfallen.

An dieser Stelle könnte eine widersinnige Dynamik einsetzen. Es könnte sich ein wachsender Markt für Sägen genau deshalb ergeben, weil diese Gemeinschaften durch die Marktwirtschaft getrieben werden, mehr Bäume zu schlagen. Dies lässt die Preise der Bäume fallen, während zugleich der Preis für Sägen aufgrund der wachsenden Nachfrage zunimmt, was wiederum größere Investitionen in Sägen zur Folge hat. Wenn die Marktwirtschaft, der sich unsere Gemeinschaft angeschlossen hat, Verfahren kennt, welche das Verhälnis von Bäumen zu Sägen auf ihrem Gebiet ermitteln können, die Marktteilnehmer informiert und vielleicht sogar ein geeignetes Verhältnis durchsetzen könnte, wäre die Katastrophe abwendbar. Angesichts des großen geographischen Raumes, in dem Entscheidungen nunmehr miteinander in Beziehung stehen, sind eindeutig neue, intergenerative Gemeinschaftsinstitutionen für einen angemessenen zeitlichen Vermögenstransfer erforderlich. Die Bildung von Gemeinschaftsinstitutionen ist jedoch um so schwieriger, je größer die Gemeinschaft ist. Zudem bilden sich große Gemeinschaften durch den Zusammenschluss zahlreicher kleiner Gemeinschaften. Anfänglich mag es einige Anstrengungen zur Einführung von Gemeinschaftsinstitutionen auf höherer Ebene geben, doch mit fortschreitender Marktausdehnung sind solche Bemühungen bestenfalls nur teilweise erfolgreich.

Letzten Endes ist unsere Gemeinschaft Teil einer modernen Gesellschaft und der sich globalisierenden Wirtschaft. Der Transfer von realem Vermögen in Form von Boden, Gebäuden und Fabriken hat immer noch einen großen Anteil an den gesamten

Transfers von einer Generation zur nächsten; doch Eltern versuchen zusehends, ihre Investititions- und intergenerativen Transferziele durch Finanzanlagen, durch die Ausbildung ihrer Kinder und deren möglichen Partner sowie durch Gesetzgebung auf staatlicher, nationaler und heute sogar auf globaler Ebene umzusetzen. In einer komplex verwobenen, sich globalisierenden Wirtschaft mit vielen interdependenten Vermögensarten, sind vergleichbare Informationen zur Zusammensetzung des Vermögens, geschweige denn zu den Komplementaritätsverhältnissen innerhalb dieser Zusammensetzung wesentlich schwieriger zu bewerten.

Wir wenden uns nun den Märkten zu. Die einzelnen Investoren auf den Kreditmärkten orientieren sich nur an den Zinssätzen, nicht an den Beständen der Bäume und Sägen, geschweige denn an den zahlreichen natürlichen und anthropogenen Kapitalbeständen, auf welchen die heutigen Volkswirtschaften basieren. Zunächst beschäftigen wir uns mit dem Thema Globalisierung, dann mit der Komplexität. Für Wirtschaftswissenschaftler/innen nimmt der Wert des Vermögens eines Unternehmen ab, wenn alle ihm gehörigen Baumbestände geschlagen werden. Doch Unternehmen können genau dies tun und sich dann weitere Wälder erwerben. Ökonomische Modelle setzen in der Regel hinreichende Information der Marktteilnehmer/innen voraus. Doch wer überblickt schon die gesamte Lage? Die meisten Industrieländer haben zwar recht weit entwickelte statistische Institutionen, doch viele Staaten beschränken den öffentlichen Zugriff auf diese Informationen. Seit Ende des 20. Jahrhunderts verbessert sich die Umweltbeobachtung auch in den weniger entwickelten Ländern mit hohem Tempo, wenngleich die Nachfrage nach Beobachtungsdaten aufgrund unseres wachsenden Umweltbewusstseins weit schneller wächst als das Angebot. Aber selbst wenn jeder einzelne Investor erkennt, dass seine Investition in Sägen netto gesehen zur Entwaldung führt, kann er solange mit dieser Praxis fortfahren, wie keine regulierende Institution eingreift. Den Investoren bleibt derzeit nur, darauf zu hoffen, dass die Erträge aus Investitionen in eine schnell ausgebeutete Ressource in anderen Bereichen zum Nutzen ihrer Kinder reinvestiert werden können und dies auch, obwohl sie erkennen, dass netto gesehen alle künftig lebenden Menschen dadurch verlieren. Dies ist der Kern des Problems mit Kollektiveigentum, das nicht von geeigneten Gemeinschaftsinstitutionen gesteuert wird.

Das Problem besteht jedoch nicht nur hinsichtlich der Datenlage und den Durchsetzungsmöglichkeiten, sondern auch in puncto Interpretation der Daten. Selbst wenn es nur Bäume und Sägen gäbe, wäre es eine relativ schwierige Aufgabe, das richtige Verhältnis zu ermitteln sowie zu entscheiden, ob es zu wenige von dem einen oder dem anderen gibt. Denn es müssen das Alter und die Verteilung der Baumarten und Sägen, die vielfältigen Verwendungsarten der Bäume, die zu erwartende künftige Nachfrage nach Bäumen und die Rückkopplungen dieser Faktoren untereinander berücksichtigt werden. Die realen Volkswirtschaften, insbesondere die Industrieländer, hängen von weit mehr Umweltressourcen und ihren Leistungen ab, als die Gemeinschaft in unserer Parabel. Die komplexen Zusammenhänge erschweren die Interpretation ungemein. Anzumerken ist, dass die ökonomische Theorie von informierten Entscheidungsträgern ausgeht und nicht nur vom *möglichen* Zugang zu Rohdaten. Das bedeutet, dass globale Modelle zu den physischen Interdependenzen der Wirtschaft notwendig sind, um diejenige Art von Informationen zu generieren, die ökonomisch rationale Investoren benötigen, wenn sich relativ autarke Gemeinschaften zu globalen Volkswirtschaften entwickeln. Denn im ersten Fall können die Ressourcen informell beobachtet und bewertet werden, während im zweiten Fall komplexe Beobachtungs- und Bewertungssysteme erforderlich sind.

Unsere Versuche, die Ziele des Vermögenstransfers durch Bildung oder den Staat zu erreichen, sind ähnlich unzulänglich. Wir haben bisher wenig darüber nachgedacht, welche Arten von Bildung in komplementärer oder substitutiver Beziehung zu Bäumen oder Sägen stehen, geschweige denn, dass wir versucht hätten, das Verhältnis der Bildungsinhalte zueinander im Hinblick auf das Ziel der Nachhaltigkeit auszurichten. Auch haben wir noch nicht mit der Analyse begonnen, wie moderne Institutionen (etwa die modernen sozialen Sicherungssysteme) die Vermögensakkumulation und den Vermögenstransfer beeinflussen. Ebensowenig haben wir neue intergenerative Gemeinschaftsinstitutionen entwickelt, die ein angemessenes individuelles Verhalten in einer globalisierten Wirtschaft ermöglichen.

Die Parabel ist natürliche überzeichnet natürlich und präsentiert ein stark vereinfachtes Bild der realen Verhältnisse. Tatsache ist jedoch, dass die Menschen in der Vergangenheit in engerer Beziehung zu den von ihnen genutzten Ressourcen standen und besser dazu in der Lage waren, das Gesamtvermögen zu kontrollieren, von dem sie abhängig waren. Die globalen Institutionen, die derzeit versuchen, die gesamte Ressourcensituation und die ökonomischen Prozesse zu erfassen, sind (noch) sehr schwach, basieren auf unausgereiften Konzeptionen und werden von der vorherrschenden Marktideologie abgelehnt. Ironischerweise rechtfertigt die Marktlogik aber zumindest Institutionen zum Zwecke der Information. So ließ sich mit der Parabel das Zusammenspiel von Gemeinschaft, Umweltmanagement, Vermögenstransfer und Nachhaltigkeit diskutieren und wie viel davon im Zuge der Globalisierung verloren gegangen ist.[13]

---

[13] Für eine – eher europäisch geprägte – ordnungspolitische Position zum Spannungsverhältnis von Markt, Individuum und gemeinschaftlichen, hier: ökologischen Zielen vgl. Box 16, Anm. d. Hrsg.

Box 16: Ein ökologischer Rahmen für die Marktwirtschaft

Gerhard Maier-Rigaud

Das Marktsystem garantiert von sich aus keine permanente Vollbeschäftigung aller Ressourcen (Geld- und Lohnpolitik), tendiert zur Ausschaltung des Wettbewerbs (Wettbewerbspolitik) und ist nicht sozial, weil Gerechtigkeit eine Kategorie jenseits von Angebot und Nachfrage ist (Sozialpolitik, Steuerpolitik). Eingebettet in politisch gestaltete Rahmenbedingungen („soziale Marktwirtschaft", Freiburger Imperativ, Ordoliberalismus) hat dieses Wirtschaftssystem eine mächtige Dynamik entfaltet. Seine Effizienz hat zu nie gekannten Wohlstandssteigerungen geführt. Aber die gleiche Effizienz treibt dieses System seiner eigenen Logik folgend zur Zerstörung der natürlichen Lebensgrundlagen. Es ist auf Ausbeutung der natürlichen Ressourcen, auf Externalisierung in Richtung Natur und zukünftige Generationen angelegt. „Der Hexensabbat, den die Menschheit in den kapitalistischen Ländern seit dem Beginn des 19. Jahrhundert aufführt, wird wohl erst ein Ende nehmen, wenn die letzte Tonne Erz mit der letzten Tonne Kohle verhüttet sein wird."*

Defensive ökologische Antworten zielen darauf ab, dem ökonomischen Prozess eine gehörige Dosis Valium zu verabreichen, um ihn zu „entschleunigen". Die Diktatur des Wettbewerbs auf den Weltmärkten soll gebrochen werden. Letztlich soll die Effizienz des evolutiven Systems Markt als eigentliche Ursache der Umweltzerstörung gemindert werden. Die Entglobalisierung der Faktor- und Gütermärkte gilt als Voraussetzung für (nationale) Nachhaltigkeitsstrategien (vgl. Box 17, Anm. d. Hrsg.).

Die offensive ökologische Antwort zielt auf die rigorose „Ausbeutung" der inhärenten Dynamik des Marktsystems für die Erreichung ökologischer Ziele. In einer Welt zunehmender ökologischer Knappheiten wäre es absurd, auf die Effizienz von Märkten zu verzichten. Dieser Weg hat sich auch historisch als richtig erwiesen. So wurde die im 19. Jahrhundert aufkommende „soziale Frage" nicht durch eine die Industrialisierung verhindernde Politik angegangen, sondern durch die Schaffung neuer Institutionen (soziale Sicherungssysteme, Steuerpolitik). In ähnlicher Weise sind jetzt für die „ökologische Frage" Antworten zu entwickeln. Es geht um neue Rahmenbedingungen für die Privatökonomie, um neue Institutionen, um die ökologische Marktwirtschaft. Wir brauchen eine Verfassung der Nachhaltigkeit.

Das ökologisch destruktive System Markt muss transformiert werden zu einem mächtigen Instrument im Dienste nachhaltiger Entwicklung. Das Projekt Nachhaltigkeit kann nur erfolgreich sein, wenn es die Steuerungslogik von Märkten für seine Zwecke instrumentalisiert, d.h. die ökonomischen Interessen auf ökologische Ziele richtet. Dafür sind andere relative Preise notwendig. Diese ändern das privatökonomische Kalkül aller Akteure und aktivieren den Wettbewerb als Entdeckungsverfahren (Hayek) für effiziente nachhaltige Entwicklungspfade. .../

Eine Politik der Nachhaltigkeit muss sich von der überkommenen Umweltpolitik nicht nur in der Zielsetzung, sondern auch in Bezug auf das instrumentelle Arrangement unterscheiden. Statt punktueller Interventionen mit im Grunde beliebigen Instrumenten, ist eine ordnungstheoretisch fundierte Steuerungskonzeption notwendig, welche die Spielregeln definiert und es so möglich macht, dass die Akteure ihre Spielzüge an der einzelwirtschaftlichen Rationalität orientieren können.

Ökologische Rahmensteuerung bedeutet, die großen Ressourceninputströme (z.B. kohlenstoffhaltige Rohstoffe) und die Abfallströme (Output, Emissionen) auf langfristig durchhaltbare Mengen zu begrenzen. Die dafür geeigneten Lenkungsinstrumente sind Zertifikate und Lizenzen. Sie generieren die zu den politisch definierten Mengenschranken passenden Preise. In der Hierarchie der Instrumente folgen dann Ökosteuern und schließlich spezifische Arrangements für Einzelprobleme. Das ist ökologische Ordnungspolitik im Gegensatz zum Ordnungsrecht, welches immer noch fast 100 Prozent der Umweltpolitik ausmacht und das im Marktsystem liegende dynamisch-schöpferische Potenzial nicht aktiviert, sondern unterdrückt.

Das Problem sind nicht die Märkte. Sie versagen nicht, sondern optimieren den Prozess entsprechend den herrschenden relativen Preisen und Rahmenbedingungen. Dabei spielt es keine Rolle, ob die Akteure des Systems von ökologischen Einsichten geleitet werden. Letztlich setzt sich die Logik der Märkte durch. Das Problem liegt im Versagen der Politik. Sie hat die falschen Rahmenbedingungen zu verantworten. Aber es sind Wirtschaftswissenschaftler, die ihr dafür die Rechtfertigungsmuster liefern. Denn trotz aller Versöhnungssymbolik behauptet die herrschende Lehre, die Nachfrage nach Nachhaltigkeit sei verknüpft mit einem geringeren Angebot an Arbeitsplätzen, mit einem Verlust an internationaler Wettbewerbsfähigkeit und einer von Umweltschutzkosten getriebenen inflationären Tendenz.

Literatur: **Maier-Rigaud**, G. (1991): Background to the Conflict between Economic and Ecological Ends, Ecological Economics. The Journal of the International Society for Ecological Economics, 4: S. 83-91; **Maier-Rigaud**, G. (1997): Schritte zur ökologischen Marktwirtschaft. Kapitel E: Wirtschaftspolitik und Nachhaltigkeit. Marburg: Metropolis; **Maier-Rigaud**, G. (1999). Der neoliberale Grundwiderspruch zwischen Wirtschaftswachstum und Nachhaltigkeit, GAIA, Ecological Perspectives in Science, Humanities, and Economics, 8(3): S. 169-175

* Max Weber frei zitiert. Vgl. G. Maier-Rigaud, Umweltpolitik in der offenen Gesellschaft, Opladen 1988, S. 180 Fußnote 3.

Globalisierung, Transaktionskosten und Umweltexternalitäten

Wirtschaftswissenschaftler/innen vertreten seit langem die These, dass Handel vorteilhaft ist, ausgedehnt werden sollte und dass die Regierungen Marktaktivitäten nicht einschränken sollten. Auf der Grundlage der Tauschlogik haben sie eine starke Rechtfertigung für die allgemein begrüßte Globalisierung der Weltwirtschaft durch die Ausdehnung der Institution des Marktes geliefert.

Dabei ist man sich durchaus bewusst, dass der Markttausch mit Transaktionskosten verbunden ist: mit Kosten für die Ermittlung von Gewinnchancen, für die Vertragsschließung mit anderen Parteien und für die Durchsetzung der Verträge. Bei einzelnen Gütern, die auf Märkten gehandelt werden, sind die Transaktionskosten relativ niedrig und werden von beiden Marktpartnern getragen, sodass ein Tausch zustande kommt. Auf allen Märkten gibt es jedoch gewisse mit dem Tausch verbundene Erträge und Kosten, die aus Sicht der am Tausch beteiligten Parteien extern anfallen und dritten, externen Parteien anzulasten sind. Wenn die Transaktionskosten für die externen Parteien hinreichend niedrig sind, können diese externen Parteien zu internen Parteien werden und den Tausch beeinflussen. Das Problem des Marktversagens entsteht, wenn diese Transaktionskosten prohibitiv hoch sind und die externen Parteien, denen die Kosten auferlegt werden oder die vom Tausch profitieren, extern bleiben und den Tausch nicht beeinflussen können. Ähnliches gilt für die Gemeinschaftsinstitutionen. Die Transaktionskosten der Kommunikation und Vertragsschließung zwischen den Individuen sowie der Vertragsdurchsetzung bestimmen letztlich, ob die Gemeinschaftsinstitutionen für das Management von Umweltressourcen und die Verfolgung anderer kollektiver Ziele eingerichtet und aufrechterhalten werden.

Es ist in den Wirtschaftswissenschaften zwar allgemein anerkannt, dass hohe Transaktionskosten den Erfolg von Gemeinschaftsinstitutionen und die Internalisierung von externen Effekten verhindern, doch warum es Transaktionskosten gibt und unter welchen Bedingungen sie sich ändern, wird nur selten diskutiert. Wirtschaftswissenschaftler/innen beschäftigen sich mit dem Symptom der externen Effekte zwar auf systematische Weise, fragen jedoch nicht weiter danach, auf welche Ursachen das Auftreten von externen Effekten zurückzuführen ist. Ironischerweise hängen die Gründe für den Handel und die Entstehung von externen Effekten eng zusammen. Die Erklärung der Transaktionskosten und der vom Handel überbrückten Entfernungen legt diese Zusammenhänge offen.

Der Begriff „Entfernung" hilft, den Zusammenhang zwischen Handel und Transaktionskosten zu verstehen (Giddens 1990). Entfernung kann räumlicher und/oder sozialer Art sein. Die Selbstversorgungsgemeinschaft aus unserer Parabel konnte die Effekte ihrer Interaktionen mit der Natur leicht beobachten, die Art der Probleme erkennen, auf einfache Weise miteinander kommunizieren und kollektive Maßnahmen vereinbaren. Ihre Zahl, die kulturelle Homogenität, die räumliche Größe und die Art der ihnen verfügbaren Technologien bewirkten, dass alles „nah" und die Transaktionskosten niedrig waren. Die Ausdehnung der Tauschbeziehungen vergrößerte dann jedoch die räumlichen Entfernungen. Mit größer werdender Entfernung wird es für die Menschen jedoch auch immer schwieriger, welche Folgen ihrer Handlungen wahrzunehmen. Diejenigen, die die Folgen zu spüren bekommen, befinden sich an dem einen Ort, und diejenigen, die etwas dagegen tun können, an einem anderen. Die Entfernung zwischen ihnen erschwert die Kommunikation und die Vereinbarung kollektiver Lösungen.

Die Spezialisierung, die mit dem intensiveren Handel einhergeht, erhöht die soziale Entfernung, da es immer weniger gemeinsam geteilte Erfahrungen gibt und sich die Weltbilder immer stärker unterscheiden. Die Parabel begann mit einer Welt von Bauern und endete mit einer Welt von Wissenschaftlern, die durch ihre Spezialisierung voneinander getrennt sind, von Bankern mit Kollegen in aller Welt, von Kommunikationsspezialisten, die sich kaum um den Inhalt ihrer Botschaften kümmern, von Ärzten und Zahnärzten mit besonderen Spezialisierungen, von Ingenieuren, die denken, dass die Physik dazu genutzt werden kann und sollte, die ökologischen und soziologischen Probleme zu beseitigen und so fort. Die Spezialisierung macht nicht nur die Kommunikation schwierig, sie erschwert auch die Wahrnehmung von Problemen, die sich der spezialisierten Analyse entziehen (Norgaard 1992). Im Zuge des sich ausdehnenden Handels werden bestehende nationale und kulturelle Grenzen überschritten, was die Schwierigkeiten weiter vergrößert.

Mit welcher Wahrscheinlichkeit adäquate intergenerative Gemeinschaftsinstitutionen entwickelt werden, ist u. a. abhängig von der Gemeinschaftsgröße. Die Größe der Schwierigkeiten bei der Aushandlung einer Vereinbarung zwischen Individuen ist unter anderem abhängig von der Zahl der Verbindungen zwischen den Individuen. Zwischen zwei Menschen gibt es eine Beziehungen, zwischen drei Menschen drei, zwischen vier Menschen sechs, zwischen fünf Menschen zehn und so weiter in geometrischer Zunahme der Beziehungen. In dem Maße, in dem Gruppen bereits existieren und über angemessene Kommunikationshierarchien verfügen, können die Kosten für individuelle Transaktionen verringert werden. Die Eignung einer Kommunikationshierarchie hängt jedoch davon ab, ob die in der Gruppe bestehenden Interessens- und Wissenshierarchien auf das neue Problem passt. Die räumliche Ausdehnung des Handels erhöht auf jeden Fall die Zahl der Individuen in dem Gebiet, für das nun Gemeinschaftsinstitutionen benötigt werden; doch mit steigender Zahl von Menschen werden Schaffung und Erhaltung von Gemeinschaftsinstitutionen immer schwieriger.

Mit steigendem Handel werden neue Probleme geschaffen und die Kommunikationssysteme der bestehenden Gruppen vor neue Herausforderungen gestellt. Die bestehenden Gemeinschaftsinstitutionen werden überflüssig, wenn sich die von ihnen kontrollierten, außerhalb des Marktes ablaufenden Effekte räumlich über die bestehenden Grenzen hinaus ausdehnen. Dies macht deutlich, dass Gemeinschaften, die über ein gewisses Maß an Autonomie verfügen und nicht fortwährend von starken externen Kräften herausgefordert werden, sondern sich überwiegend durch interne Dynamik entwickeln, größere Chancen haben, sich weiterzuentwickeln. Damit können sie auch eher lebensfähige Institutionen erhalten, die Individuen dazu anhalten, angemessene große Vermögenswerte weiterzugeben. Die vergangenen Phasen der Globalisierung (zunächst in Form von Kolonialisierung) waren nicht durch eine solche Autonomie gekennzeichnet. Es gibt folglich gute Gründe für die Sorge, dass der zunehmende Handel und die räumliche Ausdehnung der wirtschaftlichen Aktivitäten in vielen verschiedenen Gesellschaften zur Zerstörung von Institutionen geführt hat, die den Vermögenstransfer geregelt haben. Die Globalisierung hat auch die Voraussetzungen für das Entstehen neuer Institutionen verschlechtert, da die steigende Zahl von Menschen, die miteinander kommunizieren müssen, die Kosten für die Aushandlung neuer Vereinbarungen geometrisch erhöht hat.

Zusammenfassend kann gesagt werden, dass der gestiegene Materialverbrauch der heutigen Generationen, der zu Handelsgewinnen beitrug, vermutlich durch den Zusammenbruch der Gemeinschaftsinstitutionen, die den Vermögenstransfer an die künftigen Generationen regelten, und durch das Fehlen von entsprechenden Institutionen auf höherer Ebene erleichtert wurde. Das Plädoyer der Wirtschaftswissenschaftler/innen für Handel und Spezialisierung kommt einigen Gütermärkten zwar zugute, doch es steigen die Transaktionskosten. Damit werden leichtere Bedingungen für die Externalisierung von anderen Gütern bzw. Kosten geschaffen, da die bestehenden Gemeinschaftsinstitutionen ihre Aufgaben nicht mehr erfüllen können und das Ausmaß der Externalisierung von Umwelt- und anderen Gütern zunimmt. Da die Ökonomik ihr Wissen über die Transaktionskosten nicht vollständig nutzt und das Problem der Entfernung nicht erkennt, hat sie unwissentlich zwei untrennbar miteinander verbundene Phänomene verstärkt, die beide den Konsum in der Gegenwart erhöhen und den in der Zukunft verringern. Zweifellos haben Spezialisierung und Marktwachstum im Falle einzelner Güter positive Folgen. Doch gleichzeitig erhöhen Spezialisierungen und größere räumliche Reichweiten die Transaktionskosten zur Regelung der externen Effekte, die durch den Tausch entstehen, die aber eben wegen der erhöhten Transaktionskosten nicht internalisiert werden.

Die Verhandlungen über den „Freihandel" in Nordamerika zogen sich aufgrund der Schwierigkeiten mit der Integration der erweiterten ökologischen und sozialen Fragestellungen in die neuen internationalen Vereinbarungen in die Länge. In dem Maße, wie der Wirkungsbereich von Institutionen, die Externalitätsprobleme lösen, nicht mit den expandierenden Handelsstrukturen erweitert wird, werden Handelsgewinne hinter den Erwartungen zurückbleiben und vielleicht sogar negativ ausfallen, da die Wirtschaft tatsächlich weniger effizient funktioniert als zuvor angenommen wurde. Ebenso bedenklich ist das Ausbleiben einer Diskussion über intergenerative Gerechtigkeit und über Institutionen, die den Vermögenstransfer an die künftigen Generationen regeln.

Der Begriff „Umweltexternalität" gehört heute zum Vokabular des internationalen Diskurses, doch die internationalen Institutionen zur Bekämpfung der Externalitäten sind zu schwach (Costanza et al. 1995). Die Konzepte der intergenerativen Gemeinschaftsinstitutionen und des Vermögenstransfer an künftige Generationen tauchen in den Handelsverträgen nicht auf (vgl. Box 17, Anm. d. Hrsg.).

Box 17: Globalisierung, Umweltschutz und Weltwirtschaftsordnung

Margareta E. Kulessa und Jan A. Schwaab

Globalisierung bedeutet eine zunehmende wirtschaftliche Integration der Volkswirtschaften, die durch eine Intensivierung des Handels, wachsende internationale Kapital- und Finanzströme, weltweite Technologiediffusion sowie eine Multi- und Transnationalisierung von Unternehmen gekennzeichnet ist. Zum einen gelten technischer Fortschritt – insbesondere im Kommunikationsbereich – und sinkende Transportkosten als Ursachen der Globalisierung; zum anderen wird sie von (wirtschaft-) politischer Seite durch die binnen- und außenwirtschaftliche Liberalisierung und Deregulierung von Güter- und Faktormärkten herbeigeführt. Dabei spielen internationale Institutionen eine herausragende Rolle. Dies gilt vor allem für das Allgemeine Zoll- und Handelsabkommen (GATT) bzw. die Welthandelsorganisation (WTO), unter deren Dach liberale Handels- und Wirtschaftsprinzipien festgeschrieben und multilateralisiert werden. Bi- und plurilaterale Investitionsabkommen bilden eine weitere institutionelle Basis für die zunehmende internationale Wirtschaftsverflechtung. Schließlich trägt die Strukturanpassungspolitik von Weltbank und Internationalem Währungsfonds (IWF) zur Globalisierung bei.

Die Diskussion über die Umweltwirkungen der wirtschaftlichen Globalisierung befasst sich hauptsächlich mit vier Teilzusammenhängen: (i) Handel und Umwelt, (ii) Direktinvestitionen/Kapitalverkehr und Umwelt, (iii) multi-/transnationale Unternehmen und Umwelt, (iv) Standortwettbewerb und Umweltschutz. Die in der Literatur vertretenen Auffassungen zu diesen Teilaspekten im Einzelnen ebenso wie zu Globalisierung und Umwelt im Allgemeinen lassen sich vereinfachend auf drei Grundsatzpositionen reduzieren:

- Umfassende Vereinbarkeit von Globalisierung und Umweltschutz: Die „Harmoniethese" basiert im Wesentlichen auf der neoklassischen (Freihandels-) Lehre, der zufolge die weltweite, größtmögliche Beseitigung von Marktschranken und Mobilitätshindernissen zu einer effizienten Allokation von Gütern, Faktoren (auf die Unternehmen) und Produktionsstandorten (auf die Länder) führt, wodurch die Weltwohlfahrt maximiert wird. Werden externe Effekte durch die Umweltpolitik vollständig internalisiert, stellt sich aus neoklassischer Sicht das Umweltproblem nicht.

.../

Vielmehr wird auch die (internationale) Umweltallokation durch die Globalisierung verbessert. Etliche Vertreter der Harmoniethese kommen indes auch ohne diese restriktive Annahme aus. Sie beziehen sich dabei auf die direkten umweltschonenden Wirkungen der Globalisierung (z. B. Verbreitung umweltschonender Güter und Technologien) und vor allem auf die indirekten Wirkungen, insbesondere die Erweiterung des umweltpolitischen Spielraums durch Wachstum.

- Dem gegenüber steht die These, dass Umweltschutz und Globalisierung grundsätzlich inkompatibel seien. Globalisierung stellt die Fortsetzung des Wachstumsparadigmas auf globaler Ebene dar und führt daher trotz Effizienzsteigerungen zu einer absoluten Zunahme der Stoffströme und des Umweltverbrauchs. Angesichts gegebener Tragfähigkeitsgrenzen der ökologischen Systeme führt dies selbst im Falle intensivierter Innovationstätigkeit und der Substitution von Ressourcen durch anthropogenes Kapital zur Überlastung der Ökosysteme.

- Die dritte Position geht von einer bedingten Vereinbarkeit von Globalisierung und umweltpolitischen Erfordernissen aus. Diese kann mit Hilfe eines umweltpolitischen Ordnungsrahmens für die weltwirtschaftlichen Beziehungen erreicht werden, der die globalisierte Wirtschaft reguliert und dem Umweltschutz im Konfliktfalle Vorrang gegenüber liberalen weltwirtschaftlichen Zielen und Institutionen einräumt. Unter solchen Bedingungen können trotz systematischer Internalisierungsdefizite (z. B. wegen Problemen bei der Identifizierung der Verursacher, Durchsetzungs- und Zurechnungsproblemen, Irreversibilitäten etc.) negative Umweltwirkungen der Globalisierung gering gehalten werden, ohne auf positive Effekte verzichten zu müssen.

Die Diskussion über Globalisierung und Umweltschutz befasst sich intensiv mit der institutionellen Gestaltung des Weltwirtschaftssystems. Im Vordergrund steht dabei die Frage nach der Notwendigkeit und Möglichkeit einer Ökologisierung der internationalen Handelsordnung, insbesondere des GATT/WTO-Regimes. Darüber hinaus sind die Ökologieverträglichkeit eines multilateralen Investitionsregimes, internationale Vereinbarungen zur Vermeidung eines ökologisch ruinösen Standortwettbewerbs, die Integration handelspolitischer Elemente in internationaler Umweltabkommen, die Berücksichtigung ökologischer Belange durch Weltbank und IWF, die Gründung einer Weltumweltbehörde sowie die verstärkte Bürgerbeteiligung am internationalen Umweltschutz[14] Gegenstand der Diskussion.

Literatur: Die **Gruppe von Lissabon** (1997): Grenzen des Wettbewerbs, Luchterhand; **Esty**, (1995): Greening the GATT; **Kulessa**, M. E. (1995): Umweltpolitik in einer offenen Volkswirtschaft, Nomos; **Kulessa**, M. E., **Schwaab**, J. A. (1998): Liberalisierung grenzüberschreitender Investitionen und Umweltschutz, in: ZfU 1/98, S. 33-59; **Petschow**, U. et al. (1998), Nachhaltigkeit und Globalisierung, Berlin u. a.; **WTO** (1999): Trade und Environment, Special Studies 4, Genf.

---

[14] Vgl. dazu Box 24, Anm. d. Hrsg.

Politische Empfehlungen

Die Außenpolitik eines Landes sollte die Innenpolitik ergänzen, d. h. die Politik gegenüber Ausländern sollte nicht der Politik gegenüber den eigenen Staatsbürgern widersprechen oder diese untergraben. Solche Widersprüche würden die nationale Gemeinschaft unterminieren. Wir betrachten die internationale Gemeinschaft als eine Föderation, eine Gemeinschaft von Gemeinschaften, nicht als eine kosmopolitische Ansammlung von Individuen in einer „Welt ohne Grenzen". Jeder Staat vertritt sein Eigeninteresse. Die Schwierigkeit besteht darin, dass der internationale Freihandel in scharfem Widerspruch zu den nationalen Politiken mit folgenden Zielen steht: a) ökologisch korrekte Preise, b) Verteilungsgerechtigkeit, c) Stärkung der Gemeinschaft, d) gesamtwirtschaftliche Steuerung, e) Einhaltung einer nachhaltigen Größenordnung. Im Folgenden wird auf die einzelnen Konflikte näher eingegangen.

(a) Ökologisch korrekte Preise

Wenn eine Nation das Ziel korrekter Preise verfolgt und die Umwelt- und sozialen Kosten in hohem Maße internalisiert, dann aber mit einem anderen Land in Freihandel tritt, das die Produzenten nicht zur Internalisierung dieser Kosten zwingt, folgt daraus, dass die Unternehmen im zweiten Land zu niedrigeren Preisen produzieren können und damit konkurrierende Unternehmen im ersten Land aus dem Geschäft drängen. Wenn es sich bei den agierenden Einheiten um Nationen statt um einzelne Unternehmen handelt, dann könnte die kosteninternalisierende Nation ihr Produktionsvolumen und ihre Handelsstruktur auf ein Maß begrenzen, bei dem die heimischen Produzenten nicht in den Ruin getrieben werden. Gleichzeitig könnte die betreffende Nation dabei tatsächlich Vorteile aus dem Import von Gütern ziehen, deren Preise unter den Gesamtkosten einheimischer Güterliegen. Das Land, das die externen Effekte nicht internalisiert schädigt nur sich selbst, wenn die anderen Länder ihren Handel diesem dem Land auf ein Niveau beschränken, bei dem die eigenen Unternehmen nicht ruiniert werden. In diesem Fall gäbe es natürlich keinen Freihandel. Zwischen Freihandel und der nationalen Politik zur Internalisierung der (negativen) externen Effekte besteht offenbar ein Widerspruch. Die externen Effekte sind heute so bedeutend, dass das letztgenannte Ziel den Vorrang haben sollte. In diesem Fall bestehen gute Gründe zur Erhebung von Zöllen, die allerdings nicht dazu dienen dürfen, ineffiziente Industrien zu schützen, sondern um eine nationale Politik zur Berücksichtigung von externen Kosten in den Preisen zu ermöglichen.

Freilich, wenn sich alle Handelsnationen über die Definition, Bewertung und Internalisierung der externen Kosten einigen würden, wäre eine politische Steuerung nicht mehr nötig und die Standardargumente für Handel würden unter diesen neuen Bedingungen wieder ihre Geltung entfalten. Doch wie wahrscheinlich ist eine solche Vereinbarung? Selbst die wenigen Experten/innen der Volkswirtschaftlichen Gesamtrechnung können sich nicht darüber einigen, wie die Umweltkosten im System der Volkswirtschaftlichen Gesamtrechung gemessen werden sollen, geschweige denn nach welchen Regeln externe Kosten zu internalisieren sind. Von der Politik ist kaum mehr zu erwarten. Einige Wirtschaftswissenschaftler/innen wenden sich gegen eine gleichförmige Internalisierung mit der Begründung, dass in verschiedenen Ländern unterschiedliche Präferenzen für Umweltleistungen und Naturschönheit vorliegen, und dass sich diese Unterschiede als legitime Argumente eines profitorientierten Handels widerspiegeln sollten. Sicherlich ist eine Einigung über gleiche Prinzipien (und die angemessene Abweichung vom Standard bei ihrer Anwendung) keine leichte Aufgabe. Doch nehmen wir für die folgenden Überlegungen einmal an, diese Schwierigkeiten seien überwunden, sodass alle Länder die externen Kosten internalisieren, wobei jeweils vor dem Hintergrund unterschiedlicher Geschmäcker und Einkommensniveaus die gleichen Regeln angewendet werden.

(b) Verteilungsgerechtigkeit

Zwischen den Lohnniveaus in den verschiedenen Ländern bestehen enorme Unterschiede, die vor allem durch Arbeitsangebote verursacht sind, die wiederum von Bevölkerungsgrößen und Wachstumsraten abhängen. Überbevölkerte Länder sind in der Regel Niedriglohnländer, und bei weiterem hohen Bevölkerungswachstum werden sie Niedriglohnländer bleiben. Das liegt vor allem daran, dass das Bevölkerungswachstum in den unteren Klassen (Arbeiter) häufig doppelt so hoch ist wie in den oberen Klassen (Kapitaleigentümer). Bei den meisten Handelsgütern stellt die Arbeit noch immer den größten Kostenfaktor dar und ist daher der Hauptfaktor für die Preisbildung. Billige Arbeit bedeutet niedrige Preise und Wettbewerbsvorteile. (Die theoretische Möglichkeit, dass niedrige Löhne die Präferenzen der Armen widerspiegeln und daher ein legitimer Grund für Kostenunterschiede sind, wird hier nicht ernsthaft in Betracht gezogen.) Dieser Zusammenhang und seine Implikationen beunruhigen die wirtschaftswissenschaftlichen Vertretern/innen der Gleichgewichtstheorie jedoch nicht, weil sie lediglich die neoklassische Lehre im Auge haben, wonach Freihandel zwischen Hoch- und Niedriglohnländern aufgrund komparativer Kostenvorteile für beide Seiten von Vorteil sein kann.

Die Theorie der komparativen Kostenvorteile wäre im Großen und Ganzen richtig, wenn die ihr zugrunde liegenden Annahmen tatsächlich zuträfen, doch unglücklicherweise besteht eine dieser Annahmen darin, dass Kapital international nicht mobil sei. Die Theorie lautet folgendermaßen: Wenn relativ ineffiziente wirtschaftliche Aktivitäten dem internationalen Wettbewerb unterliegen und dadurch Arbeitsplätze abgebaut werden, kommt es parallel dazu bei den relativ effizienten Aktivitäten (mit komparativen Kostenvorteilen) zur Expansion, indem freigesetztes Kapital und entlassene Arbeitskräfte absorbiert werden. Kapital und Arbeit werden innerhalb des Landes entsprechend den komparativen Kostenvorteilen dieses Landes neu verteilt. Doch wenn sowohl Kapital als auch Güter international mobil sind, wandert das Kapital entsprechend den absoluten Kostenvorteilen in die Niedriglohnländer, statt entsprechend den komparativen Kostenvorteilen innerhalb des Ursprungslandes verwendet zu werden. Es kommt dort zu Investitionen, wo die höchsten absoluten Gewinne zu erwarten sind, die in der Regel von den niedrigsten absoluten Löhnen bestimmt werden.

Es gibt freilich auch noch andere Faktoren, welche die Höhe des absoluten Gewinns beeinflussen wie niedrige Sozialversicherungsabgaben oder ein niedriges Niveau der Internalisierung von Umwelt-, Sozial-, Gesundheits- und Sicherheitskosten. Doch auch diese Faktoren begünstigen i. d. R. eine Abwanderung des Kapitals in die gleichen Niedriglohnländer. Weil wir oben die Annahme getroffen haben, dass alle Länder die externen Effekte in gleichem Maße internalisieren, können wir uns auf die Lohnfrage konzentrieren. Wenn das Kapital mobil ist, wird die Theorie der komparativen Kostenvorteile hinfällig, und die Beispiele verlieren ihren beruhigenden Charakter. Die Konsequenzen der Kapitalmobilität ähneln denen der internationalen Arbeitsmobilität: eine starke Tendenz zur Angleichung der Löhne in der ganzen Welt.

Angesichts der bestehenden Überbevölkerung und des hohen Bevölkerungswachstums in der Dritten Welt ist klar, dass eine Abwärtsangleichung stattfinden muss, was auch Ende des 20. Jahrhunderts in den USA zu beobachten war. Natürlich werden durch Freihandel und Kapitalmobilität die Kapitalerträge angeglichen, doch das Niveau, auf dem die Angleichung stattfindet, wird über dem heutigen liegen. Das US-Kapital wird von der verbilligten Arbeit im Ausland profitieren, gefolgt von billigerer Arbeit im Heimatland, zumindest bis eine Gegenreaktion in Form einer Nachfragekrise eintritt, die durch eine mangelnde Kaufkraft der niedrig entlohnten Arbeitnehmer entsteht. Diese Entwicklung kann nur vermieden werden durch eine effiziente Reallokation, die der veränderten Nachfragestruktur, hervorgerufen durch die stärkere Einkommenskonzentration, genügt: Es werden mehr Luxusgüter und weniger Güter für die unteren Lohnklassen produziert. Das Effizienzziel wird zwar erreicht, doch die Verteilungsgerechtigkeit wird geopfert.

Die neoklassische Standardantwort lautet, dass die Löhne sich letztlich weltweit auf hohem Niveau angleichen, da durch den Freihandel eine umfangreiche Produktionssteigerung ermöglicht wird. Dieser Produktionsanstieg wird die Bevölkerungsdynamik automatisch abschwächen und zu niedrigeren Geburtenraten führen. Diese These könnte als Teil der Anpassungsstrategie betrachtet werden – sofern der Bevölkerungsthematik überhaupt Aufmerksamkeit geschenkt wird. Solch ein Gedankengang ist allerdings nur möglich, wenn die Problematik der Größenordnung ignoriert wird, wie dies in der Neoklassik traditionell der Fall ist. Es ist ökologisch gesehen unmöglich, dass alle derzeit lebenden 5,7 Milliarden Menschen pro Kopf genau so viele Ressourcen und Absorptionskapazitäten verbrauchen wie Nordamerikaner und Europäer. Noch viel weniger ist es möglich, dieses Konsumniveau auch für die künftigen Generationen aufrecht zu erhalten. Eine Entwicklung nach dem Vorbild der USA ist nur für eine Minderheit der Weltbevölkerung und für wenige Generationen errreichbar, d. h. sie ist weder gerecht noch nachhaltig. Das Ziel der nachhaltigen Entwicklung besteht darin, die Erde durch Änderungen der Allokation, Verteilung und der Größenordnung in einen Zustand zu versetzen, der allen Menschen und allen Generationen „Entwicklung" ermöglicht. Dies ist sicherlich nicht durch ein besseres Anpassen des Standardwachstumsmodells erreichbar, das vor allem für die heutige Misere verantwortlich ist.

Freilich, wenn alle Länder sich dazu entschlössen, ihre Bevölkerung zu stabilisieren und Maßnahmen zur Umverteilung und zur Begrenzung des Ausmaßes ökonomischer Tätigkeiten durchzuführen, sodass die Löhne sich weltweit auf einem akzeptablen Niveau angleichen könnten, würde dieses Problem verschwinden und das Standardargument für Freihandel würde in diesem neuem Kontext wieder gelten. Auch wenn die Wahrscheinlichkeit einer solchen Entwicklung unendlich klein erscheint, werden wir im Folgenden davon ausgehen und – um die Relevanz unserer Argumentation zu verdeutlichen – ein weiteres großes Problem im Zusammenhang mit dem Freihandel untersuchen.

(c) Stärkung der Gemeinschaft

Selbst bei einem allgemein hohen Lohnniveau dank umfassender Stabilisierung des Bevölkerungswachstums und Umverteilung sowie bei einheitlicher Internalisierung der externen Kosten führen Freihandel und freie Kapitalmobilität weiterhin zur Trennung von Eigentum und seiner Kontrolle sowie zu einer größeren Mobilität von Arbeit, die für die Gemeinschaft so nachteilige Folgen haben kann. Die Aktivitäten eines Wirtschaftsraumes können nicht nur durch Mitbürger beeinträchtigt werden, die in einem anderen Landesteil leben, aber trotzdem über gewisse gemeinschaftliche Bindungen zur betroffenen Region verfügen, sondern auch durch Menschen auf der anderen Seite der Erde, mit denen keine Gemeinsamkeiten hinsichtlich Sprache, Geschichte, Kultur, Gesetze usw. bestehen. Diese Fremden können wundervolle Menschen sein, aber darum geht es hier nicht. Der Punkt ist, dass sie von unserer Gemeinschaft weit entfernt sind und doch ihre Entscheidungen uns stark betreffen. Unser Leben und unsere Gesellschaft können durch Entscheidungen und Ereignisse gestört werden, die wir nicht kontrollieren können, bei denen wir nicht mitbestimmen und bei denen wir unsere Stimme nicht erheben können.

Die Spezialisierung und Integration einer lokalen Gemeinschaft in die Weltwirtschaft erlaubt manchmal eine schnelle Behebung lokaler Arbeitslosigkeit, aber es ist auch nicht zu leugnen, dass Autarkiebestrebungen in ihrer extremen Form zur Verarmung führen können. Aber kurze Versorgungswege und eine lokale Verantwortung für die Versorgung der Gemeinschaft sind sinnvoll, auch wenn damit einige Beschränkungen des Freihandels einhergehen. Liberale Wirtschaftswissenschaftler/innen betrachten den *Homo oeconomicus* als ein selbständiges Individuum, das unendlich mobil und überall zu Hause ist. Tatsächlich leben Menschen jedoch in Gemeinschaften und in Gemeinschaften von Gemeinschaften. Die individuelle Identität konstituiert sich durch die Beziehungen innerhalb der Gemeinschaft. Die Gemeinschaft als eine Ansammlung von frei verfügbaren Individuen aufzufassen, die solange zusammen leben, wie es den Interessen des mobilen Kapitals dient, ist schon problematisch genug, wenn das Kapital innerhalb der Nation verbleibt. Doch wenn das Kapital international wandern kann, verschärft sich die Situation.

Wenn die Kapitaleigentümer in den USA den Arbeitnehmern sagen: „Tut uns Leid, ihr müsst mit den Armen der Welt um Arbeitsplätze und Löhne konkurrieren. Dass wir Bürger des gleichen Landes sind, bedeutet keine Verpflichtungen für uns", dann bleibt zugegebenermaßen nicht viel Gemeinschaft übrig. Ein Arbeitnehmer in den USA wird sich folglich nicht um die Nationalität des Arbeitgebers kümmern. Wenn ausländische Unternehmen die lokale Gemeinschaft und Wirtschaft stärker berücksichtigen als amerikanische Firmen, können in manchen spezifischen Fällen Gemeinschaftsinteressen durch ausländische Firmen gestärkt werden. Auf jeden Fall ist die weitere tatsächlich existierende Unterhöhlung der lokalen und nationalen (tatsächlichen) Gemeinschaften im Namen einer nichtexistenten kosmopolitischen „Weltgemeinschaft" ein armseliger Handel, auch wenn wir es Freihandel nennen. Der wahre Weg zu einer internationalen Gemeinschaft besteht in einer Föderation der Gemeinschaften und einer Gemeinschaft der Gemeinschaften, nicht in der Zerstörung der nationalen Gesellschaften zugunsten einer einzigen kosmopolitischen Welt von ungebundenen Geldmanagern. Diese bilden keine Gemeinschaft, sondern nur eine interdependente, gegenseitig verwundbare, instabile Koalition von kurzfristigen Interessen.

(d) Gesamtwirtschaftliche Steuerung

Freier Handel und freier Kapitalverkehr haben verschiedentlich die volkswirtschaftliche Stabilität durch große internationale Zahlungsbilanzungleichgewichte und Kapitaltransfers gestört. In der Folge wurden teilweise Schulden angehäuft, die in vielen Fällen zumindest sehr hoch oder nicht mehr rückzahlbar sind. Die Bemühungen diese Schulden zu bedienen, laufen oftmals auf zwei Politiken hinaus: Eine nichtnachhaltige Ausbeutung exportierbarer Ressourcen und die Beschaffung neuer Kredite in ausländischen Devisen, mit denen die alten Kredite bedient werden können. Die Anstrengung, die Kredite zurückzuzahlen und gleichzeitig die heimischen politischen Verpflichtungen zu erfüllen, treiben i.d.R. staatliche Defizite und die Geldschöpfung in die Höhe, was eine Inflation anheizt. Die Inflation und die Notwendigkeit von Exporten, mit denen die Kredite zurückgezahlt werden können, führen zur Währungsabwertung. Dies wiederum führt zu Währungsspekulationen, Kapitalflucht und vagabundierendem Geldkapital. Dadurch werden gesamtwirtschaftliche Stabilitätskrisen ausgelöst, die durch die Anpassung eigentlich verhindert werden sollten.

Ein Zwischenfazit: Der Freihandel geht auf Kosten der Allokationseffizienz, indem den Nationen erschwert wird, externe Kosten zu internalisieren. Er untergräbt die Verteilungsgerechtigkeit durch zunehmende Disparitäten zwischen Arbeits- und Kapitaleinkommen in Hochlohnländern. Er schadet der Gemeinschaft, indem er mehr Mobilität fordert und Eigentum und seine Kontrolle stärker trennt. Er beeinträchtigt die gesamtwirtschaftliche Stabilität; schließlich verstößt er auf subtile Weise gegen das Kriterium der nachhaltigen Größenordnung, was im Folgenden vertieft wird (vgl. auch Box 18, Anm. d. Hrsg.).

Box 18: **Wie wird der Kapitalismus zukunftsfähig ?**

Gerhard Scherhorn

Können im Kapitalismus die Rückstoßeffekte vermieden werden, die dazu führen, dass Wirtschaftswachstum das Streben nach ökologischer und sozialer Nachhaltigkeit immer wieder zunichte macht? Die heutige Erscheinungsform des Kapitalismus enthält immer noch *Relikte aus dem Spätfeudalismus* wie Unterordnung der Arbeit, Mitverpflichtung der Angehörigen, Beutemachen als Erwerbsmethode, Freistellung des Kapitals von sozialer und ökologischer Verantwortung und oligarchische Schichtung des Wohlstands.

.../

3. Fragestellungen und Grundlagen der Ökologischen Ökonomik 203

Diese zu entfernen, würde das Wesen des Kapitalismus – Wettbewerb, Konsumfreiheit, Rentabilitätskalkül – nicht zerstören, sondern eher verstärken. Auch die *merkantilistische Allianz* von Staat und Kapital, wie Standortkonkurrenz, Subventionswettbewerb, Naturausbeutung und Monopolisierung im Dienste nationalen Hegemoniestrebens, dauert an. Durch die Globalisierung wird die bisherige Praxis noch weiter ausgebaut, Umweltvorteile zu privatisieren und Umweltschäden auf die Allgemeinheit abzuwälzen. Zukunftsfähig könnte der Kapitalismus sein, wenn es gelänge, diese Relikte zu beseitigen:

- die ökologische Unwahrheit in den fundamentalen Preisrelationen,
- die Subventionen und Schlupflöcher, welche die Kapitalexpansion begünstigen,
- die Intransparenz der Konsumgütermärkte in ökologischer Hinsicht (fehlende Produktinformationen beim Kauf),
- die mangelnde Geltung und Alimentierung der informellen Arbeit,
- den Export von Arbeitsplätzen durch Verdrängungshandel,
- die unzureichende Kontrolle der Finanzmärkte und damit auch für die Tendenz zu großen profitablen Geschäften, die Banken und Anleger zusehends davon abhält, die reale Produktion, insbesondere in kleineren Unternehmen, zu finanzieren,
- generell die Freistellung des Kapitals von der Verantwortung für Umwelt, Arbeit und Region, die derzeit mehr denn je als Leitbild für nationale und insbesondere für internationale Regelungen dient.

Das unter solchen Bedingungen entstandene Wirtschaftswachstum hat für wenige Jahrzehnte die ungleiche Einkommensverteilung gemildert, indem es das Masseneinkommen erhöhte. Die Entwicklung des technischen Fortschritts lässt das für die Zukunft nicht mehr erwarten. Damit entfällt die Rechtfertigung dafür, das Ziel einer gerechteren Verteilung von Arbeit und Einkommen wie bisher dem Wirtschaftswachstums nachzustellen.

Die explosive Entwicklung der Finanzanlagen und Geldvermögen gefährdet die wirtschaftliche Stabilität. Sie ist Ausdruck der Freistellung des Kapitals von der Verantwortung für Umwelt, Arbeit und Region. Auflagen und Selbstverpflichtungen für Umweltschutz, Arbeitszeitverkürzung, Weiterbildung, Jobrotation, Produktion in der Absatzregion würden die Verantwortung des Kapitals einfordern und seine Expansion dämpfen. Um die Wachstumsraten des Geldkapitals nachhaltig auf die der realen Produktion zurückzuführen, wären weitere Maßnahmen notwendig: Internationale Börsenaufsicht, Tobinsteuer, Besteuerung von Kursgewinnen, Erbschaftssteuern, Förderung von Komplementärwährungen.

Derzeit sind es eher *kleinere* Unternehmen, welche das Wachstumsziel relativieren, weil dort das Management hautnäher erlebt, wie die rasche Steigerung von Umsätzen und Gewinnen andere wichtige Ziele beeinträchtigen kann: den Wunsch nach hoher Produktqualität, nach Schonung der Umwelt, nach kooperativer und daher produktiver Beziehung zu und zwischen den Mitarbeitern.

.../

> Diese Unternehmen verfolgen Umsatz- und Gewinnsteigerung nicht ohne Rücksicht auf andere wichtige Ziele und übernehmen auf ihre Weise Verantwortung für die Arbeit, für die Natur, für die Region (Bakker, Loske & Scherhorn 1999).
>
> Dagegen ist meist die Sensibilität für Konflikte mit dem Wachstumsziel im Management *größerer* Unternehmen geringer. Größere Unternehmen sind dem zunehmenden Druck der internationalen Finanzmärkte stärker ausgesetzt, und zugleich sind ihre leitenden Manager weiter von den Problemen der Kunden, natürlichen Mitwelt und Mitarbeiter entfernt. Die meisten großen Unternehmen sehen im Wachstum des Unternehmens ein übergeordnetes Ziel, das sie auf Kosten anderer Ziele wie auf Kosten des Wettbewerbs verfolgen. Damit tragen sie zu den drei Fehlentwicklungen bei, in denen die mangelnde Zukunftsfähigkeit des Kapitalismus derzeit am deutlichsten zum Ausdruck kommt: Naturzerstörung, Arbeitsplatzabbau und Monopolisierung.
>
> *Literatur:* **Bakker,** L., **Loske,** R., **Scherhorn,** G. (1999). Wirtschaft ohne Wachstumsstreben – Chaos oder Chance? Berlin: Studien und Berichte der Heinrich Böll Stiftung, Nr. 2.

(e) Beherrschbare Größenordnungen

Es klang bereits an, dass das Dogma der positiven Wirkungen des Freihandels auf der Annahme beruht, die ganze Welt und alle künftigen Generationen könnten Ressourcen auf dem Niveau der Hochlohnländer konsumieren, ohne dass ein ökologischer Kollaps einträte. Auf diese Weise also verstößt der Freihandel gegen das Kriterium der nachhaltigen Größenordnung. In physischer Hinsicht ist die Wirtschaft jedoch in Wahrheit ein offenes Subsystem eines stofflich geschlossenen, nichtwachsenden und endlichen Ökosystems mit einem begrenzten Durchsatz an Sonnenenergie. Die richtige Größenordnung des ökonomischen Subsystems in Relation zum endlichen Gesamtsystem ist somit eine höchst wichtige Frage. Die Freihandelsdoktrin hat die Frage der begrenzten Größenordnung auf folgende Weise vernebelt.

Nachhaltige Entwicklung bedeutet, innerhalb der Absorptions- und regenerativen Kapazitätsgrenzen der Natur zu leben. Diese Beschränkungen bestehen sowohl global (vgl. z. B. Klimawandel, Zerstörung der Ozonschicht) als auch lokal (vgl. z. B. Bodenerosion, Waldzerstörung). Der Handel zwischen Nationen oder Regionen eröffnet indes Möglichkeiten, die lokalen Beschränkungen zu lockern, indem Umweltleistungen aus anderen Regionen importiert werden (einschließlich Abfallabsorption). Innerhalb bestimmter Grenzen ist Handel sinnvoll und gerechtfertigt, doch wenn er im Namen des Freihandels in extremem Ausmaß gesteigert wird, entwickelt er zerstörerische Kräfte. Er führt zu einer Situation, in der jedes Land die eigenen absorptiven und regenerativen Kapazitätsgrenzen durch den Import von anderswo zu überschreiten versucht. Natürlich bezahlen die Länder die importierten Umweltkapazitäten. Gegen den Import ist nichts einzuwenden, solange die Partnerländer die komplementäre Entscheidung getroffen haben, ihre eigenen anthropogenen Aktivitäten unterhalb der nationalen Tragfähigkeit zu halten, um einen Teil der Umweltleistungen exportieren zu können. Mit anderen Worten, das offensichtliche Umgehen der durch die Größenordnung gesetzten Grenzen bei den importierenden Ländern hängt von der Bereitschaft und Fähigkeit anderer Länder ab, diszipliniert ihre Größenordnung zu begrenzen; dabei handelt es sich um genau das, was die importierenden Länder zu vermeiden trachten. Welche Nationen haben tatsächlich eine solche komplementäre Entscheidung getroffen? Alle Länder streben nach Wachstum und nur die Tatsache, dass einige Länder ihre Grenzen noch nicht erreicht haben, erlaubt anderen Ländern den Import von ökologischer Tragfähigkeit. Der Freihandel beseitigt die Größenordnungsbeschränkungen nicht; er bewirkt nur, dass die einzelnen Länder die Grenzen nicht nacheinander, sondern nur mehr oder weniger gleichzeitig erreichen. Er wandelt die unterschiedlichen lokalen Beschränkungen in aggregierte globale Beschränkungen um. Er wandelt eine Menge an Problemen, von denen einige beherrschbar sind, in ein großes, nicht beherrschbares Problem um. Dass dies den Menschen nicht klar ist, wird immer wieder deutlich, wenn Personen, die es eigentlich besser wissen sollten, auf die Niederlande oder Hongkong als nachzuahmende Beispiele verweisen: diese Länder seien der Beweis dafür, dass alle Staaten in der gleichen Weise dicht besiedelt werden könnten. Wie es jedoch möglich sein soll, dass alle Länder Nettoexporteure von Gütern und Nettoimporteure von Tragfähigkeit sein können, wird nicht erklärt.

Natürlich hat der Drang, über die Tragfähigkeit hinauszugehen, andere und tiefere Ursachen als das Dogma des Freihandels. Der Punkt liegt darin, dass Freihandel es sehr schwierig macht, sich auf nationaler Ebene mit den eigentlichen Ursachen zu beschäftigen. Die nationale Ebene ist jedoch die einzige Ebene, auf der eine effektive soziale Kontrolle über die Wirtschaft besteht. Traditionelle Wirtschaftswissenschaftler/innen argumentieren, dass der Freihandel eine natürliche Erweiterung des Marktmechanismus über die nationalen Grenzen hinweg darstellt, und dass „richtige Preise" die *globalen* Knappheiten und Präferenzen widerspiegeln müssen. Doch wenn Gemeinschaften nur auf nationaler Ebene bestehen und es nur auf nationaler Ebene Institutionen und Traditionen gibt, die kollektive Maßnahmen der Verantwortung sowie gegenseitige Hilfe ermöglichen, wenn nur auf nationaler Ebene eine Politik zum Wohle der Bürger verfolgt wird, dann sollten die „richtigen Preise" *nicht* die Präferenzen und Knappheiten anderer Länder widerspiegeln. Die richtigen Preise sollten von nationaler Gemeinschaft zu nationaler Gemeinschaft unterschiedlich sein. Diese Unterschiede waren traditionell der eigentliche Grund für den internationalen Güterhandel – ein Handel, der fortgesetzt werden kann, wenn er ausgeglichen ist, d. h. wenn er nicht mit freier Mobilität des Kapitals (und der Arbeit) einhergeht, die zur globalen Angleichung der Präferenzen und Knappheiten führt und zugleich die nationale Wirtschaftspolitik dann unwirksam macht, wenn sie nicht von allen Freihandelsnationen vereinbart wird.

Neoklassische Ökonomen geben zu, dass Externalitäten aufgrund von Überbevölkerung auf andere Nationen übergreifen können, und liefern somit eine Grundlage für Argumente gegen unbeschränkte Einwanderung, auch wenn dies liberalistischen Einstellungen widerspricht (Baumol 1971).[15] Externalitäten aufgrund von Überbevölkerung in Form von billiger Arbeit können jedoch auf andere Länder übergreifen, und zwar durch unbeschränkte Wanderung von Kapital in Regionen, in denen Arbeit überreichlich vorhanden ist, sowie durch unbeschränkte Wanderung von Arbeit in Regionen, in denen Kapital überreichlich vorhanden ist. Die legitimen Gründe für die Beschränkung der Einwanderung von Arbeit können daher leicht auf die Beschränkung der Wanderung von Kapital in Länder, die nicht die Konsequenzen der Überbevölkerung in einem anderen Land tragen wollen, übertragen werden (Culbertson 1971).

Der Nationalstaat ist gewiss für viele Sündenfälle der Geschichte verantwortlich zu machen, doch er stellt die Ebene dar, auf der eine Gemeinschaft besteht, weil die Politik zum gemeinsamen Wohl vor allem dort stattfindet. Die Behauptung, dass Grenzen nur Linien auf einer Karte und wir hinsichtlich der Umwelt alle Weltbürger sind, ist zwar schöne Rhetorik, aber hat wenig mit der Realität zu tun. Angesichts der Dringlichkeit von Maßnahmen und dem großen Einfluss der internationalen Konzerne gibt es keine Alternative dazu, auf die bestehenden nationalstaatlichen Institutionen aufzubauen. Die Bevölkerung und der Pro-Kopf-Verbrauch können sicherlich nicht auf globaler Ebene kontrolliert werden. Dies muss auf nationaler Ebene geschehen. Allerdings können und sollten die Nationen zusammenarbeiten und bindende internationale Verträge abschließen.

Zum Beispiel müssten sich alle Länder sowohl um die Bevölkerungsgröße als auch um den Pro-Kopf-Verbrauch kümmern, doch es ist klar, dass sich der Süden mehr auf die Bevölkerung und der Norden mehr auf den Pro-Kopf-Konsum konzentrieren muss. Dies wird bei allen Verträgen und Diskussionen zwischen Norden und Süden voraussichtlich eine große Rolle spielen. Warum sollte der Süden seine Bevölkerung stabili-

---

[15] Wirtschaftswissenschaftler/innen tun diese Lohneffekte in der Regel als „pekuniäre Externalitäten" ab, die weniger Aufmerksamkeit verdienen als „technologische Externalitäten". Letztere beziehen sich auf Kosten oder Nutzen, die außerhalb des Preissystems auf Dritte verlagert werden. Der Begriff „pekuniäre Externalität" meint Effekte auf Dritte, die über das Preissystem vermittelt werden. Da der Rückgang des Preises für Arbeit durch freie Migration auf Kosten der ursprünglichen Erwerbsbevölkerung geht und über die Löhne den Unternehmen und ausländischen Arbeitnehmern zugute kommt, wird dieser Effekt als pekuniäre Externalität bezeichnet und von der ökonomischen Theorie kaum beachtet, d. h. er wird als „reines Verteilungsproblem" betrachtet.

sieren, wenn dies nur dazu führt, dass die eingesparten Ressourcen von der Überkonsumtion im Norden verschlungen werden? Warum sollte der Norden seine Überkonsumtion einschränken, wenn dies nur dazu führt, dass durch die eingesparten Ressourcen mehr arme Menschen auf dem gleichen Elendsniveau leben? Globale Probleme sind tatsächlich globaler Natur, doch ihre Lösung erfordert nationale Maßnahmen, die durch internationale Verträge gestützt werden. Die Nationen müssen weiterhin in der Lage sein, eine Politik zu beschließen und durchzusetzen, die in internationalen Verträgen vereinbart wurde. Wenn jedoch die nationalen Grenzen für Waren und Dienstleistungen, Kapital und Arbeit durchlässig werden, ist das betreffende Land kaum mehr in der Lage, eine nationale Politik zu verfolgen. Gleiches gilt für die Umsetzung von internationalen Vereinbarungen.

4. Politiken, Institutionen und Instrumente

> „...while purity is an uncomplicated virtue for olive oil, sea air, and heroines of folk talk, it is not so for systems of collective choice."
> Amartya Sen (1979, S. 200)

In diesem Abschnitt erörtern wir einige allgemeine und spezielle umweltpolitische Konzepte, die auf den zuvor diskutierten Prinzipien beruhen und stellen Instrumente zur Umsetzung dieser Politikkonzepte vor. Um die anstehenden umweltpolitischen Fragen zu diskutieren und einen Konsens zu erreichen, bedarf es u. E. eines breit angelegten, demokratischen Prozesses. Diese Sichtweise steht im Gegensatz zur bisweilen polarisierenden und polemischen politischen Kultur, die heute in vielen Ländern vorherrscht. Anstelle anhaltenden des anhaltender Streitereien über kurzfristige Details brauchen wir eine tiefgreifende Diskussion über langfristige Ziele.

Demokratie bedeutet mehr als Wählen. Sie geht weit darüber hinaus. Ein Wahlsystem, das nicht mit breiten Diskussionen und umfassendem Informationstausch einhergeht und nicht auf einem Konsens über die (gesellschaftlichen) Ziele und Leitbilder beruht, stellt lediglich eine Fassade von Demokratie dar. Es ist noch ein weiter Weg bis zu einer echten, partizipativen, „lebendigen Demokratie", wie sie von France Moore Lappe, Paul DuBois und vielen anderen gefordert wird (Button 1996). Die im Folgenden beschriebenen umweltpolitischen Strategien und Instrumente müssen im Rahmen einer solchen lebendigen, partizipativen Demokratie betrachtet werden. Sie stellen keine Antworten dar, vielmehr sind sie ein Input für einen demokratischen Prozess, an dem die gesamte Gesellschaft in angemessener Weise beteiligt sein sollte. Der Ausgangspunkt ist die Entwicklung eines gemeinsamen Leitbildes für die gesellschaftlichen Ziele.

4.1 Zur Notwendigkeit eines gemeinsamen Leitbilds für eine nachhaltige Gesellschaft

Im Hinblick auf das Ziel einer nachhaltigen Entwicklung bildet sich allmählich ein breiter, umfassender Konsens, bei dem auch die oben beschriebenen ökologischen, sozialen und wirtschaftlichen Aspekte berücksichtigt werden. Die Realisierung der Nachhaltigkeit wird nicht so sehr durch einen Mangel an Wissen oder gar durch fehlenden „politischen Willen" behindert, sondern durch das Fehlen eines *kohärenten, relativ detaillierten und gemeinsamen Leitbilds einer nachhaltigen Gesellschaft*. Die Entwicklung eines solchen gemeinsamen Leitbilds ist eine wesentliche Voraussetzung dafür, dass wir diesem Ziel näherkommen. Das rückständige Leitbild eines dauernden, unbegrenzten Wachstums des materiellen Konsums ist nicht nachhaltig. Dieses Leitbild wird jedoch solange Bestand haben, bis eine glaubhafte Alternative verfügbar ist. Der Prozess der kollektiven Entwicklung dieses gemeinsamen Leitbilds kann auch dazu beitragen, viele kurzfristige Konflikte zu lösen, die ansonsten unlösbar blieben. Die Leitbildentwicklung und die Durchführung von „Zukunftswerkstätten" ist bereits in vielen Organisationen und Gemeinschaften auf der ganzen Welt recht erfolgreich gewesen (Weisbord 1992; Weisbord und Janoff 1995). Erfahrungen haben gezeigt, dass es durchaus möglich ist, grundverschiedene (und sogar gegnerische) Gruppen zu bewegen, bei der Leitbildentwicklung über eine wünschenswerte Zukunft zusammenzuarbeiten – sofern eine förderliche Form eines Forums gewählt wurde. In zahlreichen Fällen war dieser Prozess erfolgreich, von der Ebene einzelner Firmen und Kommunen bis hin zu großen Städten. Die Herausforderung besteht darin, ihn so auszuweiten, dass er ganze Regionen, Nationen und sogar die Welt umfasst.

Meadows (1996) untersucht die Frage, warum die Prozesse der Leitbildentwicklung und Zielbestimmung (auf allen Ebenen) so wichtig, aber in unserer Gesellschaft so unterentwickelt sind und wie wir den Menschen die Fähigkeiten vermitteln können, gemeinsame Leitbilder einer nachhaltigen Gesellschaft zu entwickeln. Meadows erzählt ihre persönliche Geschichte über die Entdeckung ihrer eigenen Fähigkeiten und berichtet über verschiedene Versuche, den Prozess der gemeinsamen Leitbildentwicklung zur Problemlösung einzusetzen. Aus diesen Erfahrungen ergaben sich die folgenden allgemeinen Grundsätze:

1. Für eine wirksame Leitbildentwicklung muss man sich auf echte Bedürfnisse konzentrieren und nicht auf Aspekte, die nur oberflächliche Zufriedenheit bewirken. Die unten dargestellte Liste stellt echte Bedürfnisse oberflächlichen Wünschen gegenüber.

Echte Bedürfnisse	Dinge, die oberflächliche Zufriedenheit verschaffen
Selbstachtung	Tolles Auto
Heiterkeit	Drogen
Gesundheit	Medikamente
Menschliches Glück	BSP
Dauerhafter Wohlstand	Nichtnachhaltiges Wachstum

2. Ein Leitbild sollte anhand der Eindeutigkeit der Werte, nicht der Wege zu seiner Verwirklichung beurteilt werden. Häufig besteht die einzige Möglichkeit zur Verwirklichung eines Leitbilds darin, am Leitbild festzuhalten und hinsichtlich des Weges flexibel zu sein.

3. Ein verantwortungsvolles Leitbild muss die physischen Beschränkungen der Realität berücksichtigen, ohne dabei verwässert zu werden.

4. Für Leitbilder ist entscheidend, dass sie gemeinsam getragen werden, denn nur ein gemeinsames Leitbild führt zur Übernahme von Verantwortlichkeiten.

5. Ein Leitbild muss flexibel und entwicklungsfähig sein.

Box 19:   **Neue Wohlstandsmodelle – Was ist ein zukunftsfähiger Lebensstil?**

Gerhard Scherhorn

„Wohlstand" war in der deutschen Sprache ursprünglich ein Wort für Wohlfahrt und Wohlergehen. Erst im 20. Jahrhundert ist das Wort auf die materielle Bedeutung eingeengt worden, auf den *Güterwohlstand*. Diese Verengung führt dazu, dass man auch dann noch an eine Steigerung des Wohlstands glaubt, wenn das zusätzlich Produzierte vollständig durch Schäden an der Umwelt, Gefährdung der Gesundheit, Verschlechterung des sozialen Klimas erkauft wird. Tatsächlich aber nimmt der Nettowohlstand seit den 70er Jahren in den Industrieländern nicht mehr zu, obwohl das Sozialprodukt weiter wächst (Max-Neef 1997).

.../

Das Wachstum geht nur noch auf Kosten der Allgemeinheit und der Zukunft. Der Weg aus der Sackgasse führt über einen neuen, ganzheitlichen Wohlstandsbegriff, der den rechten Gebrauch von Zeit und Raum einschließt.

Zeitwohlstand hat man, wenn nicht nur für das Produzieren und Kaufen, sondern auch für Menschen, Gemeinschaftsaufgaben, Kreativität, Naturerleben, Kunstgenuss, Körpererfahrung und Muße *genug Zeit* ist. Für all das werden auch Güter gebraucht, aber nicht immer mehr Güter, sonst absorbiert der Erwerb und Gebrauch der Güter das Bewusstsein, und für anderes bleibt zu wenig Zeit. Güter- *und* Zeitwohlstand zugleich erreichbar, wenn man mit den Güterwünschen Maß hält.

Raumwohlstand hat man, wenn es Raum zum Atmen, Gehen, Begegnen, Spielen, Wohnen gibt – Raum für das soziale und das natürliche "Mitsein" (Meyer-Abich 1997) – und wenn der Raum zuträglich ist: Luft, Wasser und Boden frei von Schadstoffen, Lärm, Verwüstung, Überfüllung. Auch der Raumwohlstand erfordert Güter, auch er wird durch ein Zuviel an Produktion, Verkehr und Konsum gefährdet.

Die optimale Kombination von Güter-, Raum- und Zeitwohlstand ist nur zu verwirklichen, wenn man mit den Güterwünschen Maß hält. Denn die Anhäufung von immer mehr *materiellen* Gütern bringt die Menschen in Zeitnot und Raumnot. Wir brauchen aber freie Zeit und bekömmlichen Raum, um erkennen und danach handeln zu können, dass der Sinn des Wohlstands in den *immateriellen* Gütern liegt, die wir selbst hervorbringen (Scherhorn 1997). Er liegt in selbstbestimmten und herausfordernden Tätigkeiten, in bergenden und bestärkenden sozialen Beziehungen, in erhellenden und weiterführenden Erkenntnissen, im Erleben von Schönheit und Bedeutung. Die Bedürfnisse nach immateriellen Gütern setzen Zeit- und Raumwohlstand voraus. Sie werden in der Industriegesellschaft vernachlässigt, und so kaufen wir mehr materielle Güter als wir eigentlich brauchen.

Warum beschränken wir uns nicht auf ein maßvolles, mittleres Niveau an materiellen Gütern? Weil es Einzelnen auch oberhalb dieses Niveaus möglich ist, durch ein Mehr an Gütern die Lebensqualität zu steigern: Sie beanspruchen die Zeit (Dienste) anderer, und verschaffen sich privilegierte Nutzung von Raum. Harrod (1958) nannte das den *oligarchischen Wohlstand*. Der kann zwar stets nur wenigen beschieden sein. Doch viele träumen von ihm, als könnte er das immaterielle Defizit kompensieren. Der Traum vom oligarchischen Wohlstand – von Vorrang und Größe – ist die Triebkraft der Industriegesellschaft. Die Unerfüllbarkeit dieses Konsumleitbilds perpetuiert die industrielle Produktion und macht sie zugleich zerstörerisch, weil die Bevorzugten nie saturiert und die Benachteiligten nie mit ihrem Los zufrieden sein können.

Zukunftsfähig kann nur *demokratischer Wohlstand* sein. Die demokratische Idee ist nicht gleichmacherisch, denn auch mit einem maßvollen Aufwand an Gütern kann man seinen eigenen Stil leben. In der horizontalen Differenzierung der Lebensstile, die wir heute erleben, könnte sich eine Demokratisierung des Wohlstands anbahnen, falls sie sich mit der Abkehr vom unendlichen Wachstum des materiellen Reichtums und mit der Hinwendung zu immateriellen Erfüllungen verbindet.

.../

In den sich ausbreitenden Wünschen nach mehr Zeitwohlstand bei manchen, mehr Raumwohlstand bei anderen, mehr von beidem bei Dritten könnte diese Hinwendung bereits zum Ausdruck kommen.

Allerdings steht ihr im Wege, dass auch die Güterkäufe ungebrochen weiter zunehmen. Darin kommt die viel diskutierte Diskrepanz zwischen Einstellung und Verhalten zum Ausdruck. Die Bereitschaft, für Umwelt, Gesundheit und Freizeit auf materielle Zuwächse zu verzichten, ist zwar verbreitet, aber das entsprechende Handeln ist oft mit hohen Kosten verbunden und wird dann deshalb unterlassen (Diekmann, Preisenberger 1992). Die Kosten sind hoch, weil die Denkgewohnheiten und die Institutionen, die das Denken und Handeln beeinflussen, dem Wertewandel ihre Beharrungskraft entgegensetzen (Klages 1999). Hier gilt es anzusetzen, wenn neue Wohlstandsmodelle schnellere Verbreitung finden sollen.

Literatur: **Diekmann**, A., **Preisendörfer**, P. (1992): Persönliches Umweltverhalten. Diskrepanzen zwischen Anspruch und Wirklichkeit. Kölner Zeitschrift für Soziologie und Sozialpsychologie, 44, S. 226-251; **Harrod**, R. F. (1958): The possibility of economic satiety. Use of economic growth for improving the quality of education and leisure. In: Problems of United States Economic Development, I, S. 207-213. New York: Committee for Economic Development; **Klages**, H. (1999): Zerfällt das Volk? Von den Schwierigkeiten der modernen Gesellschaft mit Gemeinschaft und Demokratie. In: H. Klages, Th. Gensicke (Hrsg.), Wertewandel und bürgerschaftliches Engagement an der Schwelle zum 21. Jahrhundert, S. 1-20. Speyer: Deutsche Hochschule für Verwaltungswissenschaften, Forschungsinstitut für öffentliche Verwaltung, Speyerer Forschungsberichte Bd. 193; **Max-Neef**, M. (1995): Economic growth and quality of life: A threshold-hypothesis. Ecological Economics, 15, S. 115-118; **Meyer-Abich**, K. M. (1997): Praktische Naturphilosophie. Erinnerung an einen vergessenen Traum. München: Beck; **Scherhorn**, G. (1997): Das Ganze der Güter. In: K.M. Meyer-Abich (Hrsg). VomBaum der Erkenntnis zum Baum des Lebens, S. 162-251. München: C H. Beck.

Die größte Herausforderung für die Menschheit besteht heute wahrscheinlich darin, ein gemeinsames Leitbild einer nachhaltigen und wünschenswerten Gesellschaft zu entwickeln, das dauerhaften Wohlstand innerhalb der biophysischen Beschränkungen der Realität gewährleistet. Dieses Leitbild sollte die gesamte Menschheit, Tier- und Pflanzenarten und die zukünftigen Generationen fair und gerecht berücksichtigen. Ein solches Leitbild existiert bisher noch nicht, doch die Fundamente sind gelegt. Wir alle haben unser eigenes, privates Ideal einer wünschenswerten Welt. Wir müssen unsere Ängste und Vorbehalte überwinden und dieses Ideal mit anderen teilen und solange daran arbeiten, bis wir ein Leitbild der Welt nach unseren Vorstellungen entwickelt haben (vgl. auch Box 19, Anm. d. Hrsg.).

In den vorangegangenen Kapiteln haben wir die grundsätzlichen Merkmale einer solchen Welt skizziert: sie ist ökologisch nachhaltig, gerecht, und effizient. Doch wir müssen noch die Details ausarbeiten, um das Leitbild so greifbar zu machen, dass Menschen aus allen Schichten und Gruppen angeregt werden, sich für eine solche Welt einzusetzen. Jetzt ist der Zeitpunkt, damit zu beginnen.

Nagpal und Foltz (1995) haben mit dieser Aufgabe begonnen und in einem Versuch viele einzelne Leitbilder eines nachhaltigen Lebens in der ganzen Welt formulieren lassen. Sie baten dabei diejenigen, die die Leitbilder formulierten, folgende Regeln zu beachten: Keine Vorhersagen über das Zukünftige machen, sondern sich eine *positive und plausible* Zukunft für seine betreffende Regionen vorstellen, wobei die „Region" völlig frei gewählt werden konnte (z. B. Dorf, Gruppe von Dörfern, Nation, Gruppe von Nationen, Kontinent). Darüber hinaus bestanden keine weiteren Einschränkungen.

Die Ergebnisse waren aufschlussreich. Die voneinander unabhängig formulierten Leitbilder konnten zwar kaum verallgemeinert werden, doch mindestens in einem Punkt gab es Übereinstimmung. Das westliche „Standardleitbild" dauernden materiellen Wachstums wurde von den Befragten nicht in ihre „positive Zukunft" aufgenommen. Sie stellten sich eine Zukunft mit „genug" materiellem Konsum vor, in der sich der Schwerpunkt auf die Erhaltung von Gemeinschaft und Umwelt, Bildung, Vollbeschäftigung und Frieden verlagert hat (vgl. auch die Boxen 19 und 20, Anm. d. Hrsg.).

Box 20: **Die Diskussion zum Leitbild „Sustainability" im deutschsprachigen Raum**

Raimund Bleischwitz

Im deutschen Sprachraum existiert keine einheitliche Übersetzung des Begriffs „sustainability / sustainable development". Anzutreffen sind die Begriffe „dauerhafte" (Hauff 1987), „nachhaltige" (BMU 1998), "dauerhaft-umweltgerechte" (UBA 1997), „nachhaltig zukunftsverträgliche" (Enquete-Kommission 1998), „zukunftsfähige" (BUND und Misereor 1995) und „dauerhaft umweltverträgliche" (SRU 1998) Entwicklung.

Die Entwicklung einer gemeinsamen gesellschaftlichen Vision über das Leitbild einer zukunftsfähigen Entwicklung steht in Europa und Deutschland im Vergleich zu anderen Industrieländern relativ frühzeitig auf der Tagesordnung. Im Unterschied zu den USA wird dabei ein besonderer Schwerpunkt auf quantitative Ziele und Fahrpläne zu ihrer Umsetzung gesetzt. Neben einer intensiven Diskussion über den Brundtland-Bericht (Hauff 1987) ist der erste niederländische Umweltplan NEPP (Netherland Environmental Policy Plan) von 1988 anzuführen, der erstmalig umfassende und langfristige Umweltziele sowie Instrumente seiner Umsetzung unter Beteiligung gesellschaftlicher Gruppen nennt.

.../

In seiner Folge entsteht 1992 der Aktionsplan „Sustainable Netherlands" der Umweltgruppe Milieudefensie (Institut für sozial-ökologische Forschung o.J.). Hier werden erstmalig individuelle Umweltziele vorgestellt, die bis zum Jahr 2010 verwirklicht werden sollen. In diesem Zusammenhang werden Nutzungsmöglichkeiten über 1 Liter Benzin sowie 60 g Fleisch pro Person und Tag genannt.

Im deutschen Sprachraum erscheint 1995 die Studie „Zukunftsfähiges Deutschland" des Wuppertal Instituts (BUND und Misereor 1995). Die Studie zeigt konkrete Umweltziele auf Basis der Belastungsfähigkeit von Ökosystemen; als neuer Indikator wird der Materialverbrauch einer Volkswirtschaft vorgestellt. In Anerkennung des „Umweltraum-Konzepts" (Opschoor 1992) basieren diese Ziele sowohl auf physischen Indikatoren als auch auf der normativen Erwägung gleicher Rechte künftiger Generationen und der Menschen in Entwicklungsländern auf Ressourcenverbrauch. Obwohl die Umweltziele weit reichende Reduktionen von 80 – 90 % für Indikatoren wie CO_2, fossile Energieträger und nicht-erneuerbare Rohstoffe bis zum Jahr 2050 sowie Reduktionen in der gleichen Größenordnung für Schadstoffe wie SO_2, NO_x, Ammoniak und VOCs bis zum Jahr 2010 beinhalten, sind sie 1998 in einem Programmentwurf der seinerzeitigen Umweltministerin Merkel weitgehend bestätigt worden (BMU 1998). Konfliktreich bleiben die Umweltziele zum Ausstieg aus der Kernenergie und zur flächendeckenden Umstellung auf den ökologischen Landbau. Die Studie „Zukunftsfähiges Deutschland" entwickelt außerdem Leitbilder, die die quantitativ-naturwissenschaftlichen Ziele um eine qualitativ-sozialwissenschaftliche Dimension ergänzen. Sie bringen zum Ausdruck, dass der Veränderungsprozess zu einer zukunftsfähigen Gesellschaft nicht geplant werden kann, sondern offen und vom Zusammenführen neuer Akteurskoalitionen aus Politik, Wirtschaft und Gesellschaft abhängig ist. Dabei haben gemeinsam erarbeitete Leitbilder eine Orientierungsfunktion.

Von weiterer Bedeutung sind eine Studie des Umweltbundesamtes (UBA 1997), die detailliert technische und weitere Potenziale darlegt sowie der Bericht der Enquete-Kommission „Schutz des Menschen und der Umwelt" des Deutschen Bundestages (1998), der das Leitbild „Sustainability" für die Beispielfelder Bodenversauerung, Informations- und Kommunikationstechnik sowie Bauen und Wohnen operationalisiert. Darüber hinaus verlagert sich die Debatte auf Potenziale der Öko-Effizienz, mit deren Hilfe ökonomische und ökologische Ziele gleichermaßen verwirklicht werden können (Weizsäcker et al. 1997, Bleischwitz 1998).

Literatur: **Bleischwitz**, R. (1998): Ressourcenproduktivität. Innovationen für Umwelt und Beschäftigung. Berlin Heidelberg New York: Springer Verlag; **BMU** (Bundesumweltministerium) (1998): Nachhaltige Entwicklung in Deutschland. Entwurf für ein umweltpolitisches Schwerpunktprogramm. Bonn; **BUND** und **Misereor** (Hg.) (1995): Zukunftsfähiges Deutschland. Ein Beitrag zu einer global nachhaltigen Entwicklung. Basel: Birkhäuser Verlag. **Enquete-Kommission** (1998): Schutz des Menschen und der Umwelt des 13. Deutschen Bundestages, in: Konzept Nachhaltigkeit., Vom Leitbild zur Umsetzung. Deutscher Bundestag. Zur Sache 4/98. Bonn; **Hauff**, V. (Hg.) (1987): Unsere Gemeinsame Zukunft. Der Bericht der Weltkommission für Umwelt und Entwicklung. Greven: Eggenkamp Verlag;

.../

> **Institut für sozial-ökologische Forschung** (Hg.) (o. J.): Sustainable Netherlands. Aktionsplan für eine nachhaltige Entwicklung der Niederlande, Frankfurt a. M.; **Opschoor**, J. B. (1992): Environment, Economics, and Sustainable Development. Groningen; **UBA** (Umweltbundesamt) (1997): Nachhaltiges Deutschland. Wege zu einer dauerhaft-umweltgerechten Entwicklung. Berlin; **SRU** (Sachverständigenrat für Umweltfragen) (1998): Umweltschutz: Erreichtes sichern – Neue Wege gehen. Reutlingen: Metzler Poeschel Verlag; **Weizsäcker**, E. U. v., **Lovins**, A. und **Lovins**, H. (1995): Faktor Vier, Doppelter Wohlstand – halbierter Naturverbrauch. München: Droemer Knaur Verlag.

Es gibt noch viel zu tun, um eine lebendige Demokratie zu schaffen und darin ein wirklich gemeinsames Leitbild einer wünschenswerten und nachhaltigen Zukunft zu entwickeln. An dieser immerwährenden Aufgabe müssen alle Mitglieder der Gesellschaft teilnehmen, und zwar im Rahmen eines grundlegenden Dialogs über die von ihnen gewünschte Zukunft und die dafür notwendigen Politikstrategien und Instrumente. In den folgenden Abschnitten erörtern wir die historische Entwicklung einiger westlicher Institutionen und umweltpolitischer Instrumente. Darüber hinaus stellen wir einige neue Ideen vor, die das Spektrum erweitern. Es handelt sich dabei nicht um „Lösungen" von Problemen der Umweltpolitik bzw. der Nachhaltigkeit, sondern um Vorschläge für die breite demokratische Diskussion über Optionen und mögliche Zukunftsentwicklungen. Sie müssen in unterschiedlichen Kombinationen angewendet werden und sind an die verschiedenen kulturellen Bedingungen anzupassen. Sie können auch als Ausgangspunkt für die Entwicklung neuer Politikstrategien und Instrumente dienen, die problemorientiert auf die jeweiligen besonderen Umstände einer umweltpolitischen Aufgabe zugeschnitten sind.

4.2 Geschichte der Umweltinstitutionen und -instrumente

Wie oben bereits beschrieben, haben die schweren anthropogenen Schädigungen einiger Regionen der Erde begonnen, als die Menschen lernten, entropiesteigernde Technologien in der Landwirtschaft einzusetzen. Mit Beginn der industriellen Revolution wurde dieser Prozess in Europa durch die Massenproduktion beschleunigt. Gleichzeitig ließen sich durch Forschung, neue Technologien und gemeinschaftliches Handeln viele Probleme, welche die Industrialisierung hervorgebracht hatte, lösen oder reduzieren. Beispielsweise wurden die damals zahlreichen Todesfälle, die v. a. durch eine fehlende oder schlechte Wasserver- und entsorgung verursacht wurden, als Teil des menschlichen Schicksals betrachtet. Wachsende wissenschaftliche Erkenntnisse über Mikroorganismen trugen indes dazu bei, die Forschung über öffentliche Gesundheit zu intensivieren und schließlich Systeme zur Abwasserbehandlung zu entwickeln.

Mit Hilfe hoher Ausgaben der Städte für diese Systeme verringerten sich schließlich die negativen Folgen für die menschliche Gesundheit, die durch die unkontrollierte Einleitung von Abwässern der Haushalte in Oberflächengewässer entstanden waren. Demnach bedurfte es letztlich des Zusammenwirkens von Forschungsanstrengungen, des Einsatzes geeigneter Technologien und des gemeinschaftlichen Handelns, um die kostspieligen Verluste an Humankapital zu reduzieren, welche das Ergebnis eines zuvor nicht gekannten Bevölkerungswachstums, der Konzentration von Menschen in ungeplanten Stadtgebieten und der unkontrollierten Aneignung von frei verfügbaren Ressourcen waren.

Vor dem Hintergrund der nach dem Zweiten Weltkrieg steigenden Energie- und Materialströme in einer endlichen Umwelt verursachte die Kombination von institutionalisierter Großzügigkeit gegenüber Emissionen und fehlendem Engagement der Regierungen und Gerichte eine Reihe von Umweltkatastrophen. Diese führten nicht nur dazu, die kleine Gemeinde der Umweltschützer zu mobilisieren, sondern sie erhöhten bei den Politikern darüber hinaus das Bewusstsein für die Tatsache, dass die Umweltschäden die Leistungsfähigkeit des Wirtschaftssystems – die bis dahin im Zentrum ihrer Aufmerksamkeit gestanden hatte – verringern könnten. Einige Naturwissenschaftler und sogar eine Minderheit von Wirtschaftswissenschaftlern hatten zwar bereits deutlich zu machen versucht, dass sich die Menschheit auf eine Umweltkatastrophe zubewege, doch es bedurfte des Bestsellers *Silent Spring* der Wissenschaftlerin Rachel Carson (1962), um die Öffentlichkeit wachzurütteln. *Silent Spring* enthielt, literarisch verpackt, eine dramatische Botschaft. Es machte die Öffentlichkeit auf die langfristigen Folgen von verseuchten Gewässern, städtischem Smog und wachsenden Müllbergen aufmerksam, was immer mehr Bürgern/innen allzu deutlich vor Augen trat. In den USA überzeugten die lokalen, aber immer größer und häufiger werdenden Umweltkatastrophen wie der brennende Cuyahoga-Fluss in Cleveland, der Beinahe-Tod des Eriesee, die allgegenwärtigen Giftemissionen, giftige Altlasten, schwere Smogs in Pennsylvania und im Grand Canyon allmählich auch die Mehrheit der Amerikaner, dass etwas getan werden müsse. Ähnliche Reaktionen gab es auch in Westeuropa. Dies führte dazu, dass schließlich eine neue und intensive Erforschung des Zustands der Erde und der Instrumente für ihren Schutz beginnen konnte. Während die Notwendigkeit einer neuen Politik bereits ins öffentliche Bewusstsein gedrungen war, galt dies weniger für die Erkenntnis, dass auch die Instrumente zur Durchführung dieser Politik der Erneuerung bedurften.

Box 21: Geschichte der Umweltpolitik

Thiemo W. Eser, Lisa Benz, Klaus Kubeczko und Irmi Seidl

Daten zur Entwicklung der internationalen Umweltpolitik:

60er Jahre	**Verschmutzung** der Luft, der Böden und der Gewässer **tritt offen zu Tage**; Wahrnehmung als Gesundheitsprobleme der Bevölkerung.
1969	**NATO**: „Committee on the Challenges of Modern Society" für Umweltfragen sowie **OECD**: Ausschuss für Umweltfragen.
1972	Bericht **Club of Rome „Limits to Growth"** Vorreiter USA mit Umweltbehörde „Environmental Protection Agency". UN-Umweltkonferenz, Stockholm: **United Nations Environmental Programme (UNEP)**, Grundstein internationaler Umweltpolitik; Nord-Süd Interessenskonflikt.
1977	**UNEP-Aktionsplan** zur Bekämpfung der Desertifikation, **Erste Internationale Ozon-Konferenz.**
1979	**Erste Weltklimakonferenz,** Genf.
1980	**World Conservation Strategy,** im UN Umweltprogramm, World Wide Fund for Nature sowie IUCN-The World Conservation Union.
1985	**Wiener Abkommen zum Schutz der Ozonschicht**; gemeinsame Prinzipien und Normen; Ozonlochs über der Antarktis.
1987	**Weltkommission für Umwelt und Entwicklung (Brundtland-Bericht): Konzept der Nachhaltigen Entwicklung**; Montrealer Protokoll zur Reduktion von FCKW.
1988	**Toronto-Konferenz**: Forderung 20-prozentige Reduktion der CO_2-Emissionen bis 2005.
1990	**„Bergen Declaration on Sustainable Development"** (EG). **Zweite Weltklimakonferenz, Genf:** Ergebnisse des Intergovernmental Panel on Climate Change (IPCC).
1992	**UN-Konferenz über Umwelt und Entwicklung (UNCED) in Rio de Janeiro,** 175 Teilnehmerstaaten, 1.400 NGOs: „Deklaration von Rio" zur nachhaltigen Entwicklung, „Agenda 21" für regionale und kommunale Ebene, Wald-Deklaration, Klimarahmenkonvention, Biodiversitätskovention. Einrichtung **Kommission für Nachhaltige Entwicklung (CSD)** durch UN: Umsetzung Agenda 21, Optionen für Rio-Nachfolge, Dialog der Regierungen.
1993	Inkrafttreten **Klimarahmenkonvention,** (Ratifizierung durch 30 Staaten), Vertragsstaatenkonferenz zur **Biodiversitätskonvention.**

.../

1994	**Rio+5-Konferenz, New York:** Ziel der Beendigung der armuts- und zivilisationsbedingten Umweltzerstörung (ohne gemeinsame Abschlusserklärung). **Desertifikationskonvention** tritt in Kraft.
1997	**Klimakonvention, Kyoto-Protokoll:** verbindliche Reduktionsziele für sechs Treibhausgase.
1998	**Klimakonvention, Buenos Aires:** Aktionsplan zur Umsetzung des Kyoto-Protokolls.
1999	**Klimakonvention, Bonn:** Ausarbeitung des Aktionsplans.
2000	**Den Haag:** gescheiterte Klimakonferenz zur Umsetzung des KYOTO-Protokolls

EU-Umweltpolitik:

seit 1973	Regelmäßige **Umweltaktionsprogramme** mit verschiedenen Schwerpunkten.
1985	Richtlinie zur **Umweltverträglichkeitsprüfung**.
1987	Einheitliche Europäische Akte: **Umweltkompetenz der EG** vertraglich verankert.
1993	Maastrichter Vertrag: **Verstärkung der Umweltkompetenz zur Durchsetzung** von EU- weiten Maßnahmen. **EG-Umwelt-Audit-Verordnung**: Einheitliches System zur Bewertung und Verbesserung des betrieblichen Umweltschutzes.
1997	Amsterdamer Vertrag: **Umweltziele in den Grundsätzen der Union**

Nationale Umweltpolitik in Deutschland:

1961	**„Blauer Himmel über der Ruhr":** erstes umweltpolitisches Programm in Deutschland (vgl. Box 22, Anm. d. Hrsg.).
seit 1971	**Rat von Sachverständigen für Umweltfragen,** regelmäßige „Umweltgutachten".
1972	**Erstes Umweltprogramm** (umweltpolitischer Grundsatzplan) der Regierung.
1972	**Umweltpolitischen Abteilung** im Innenministerium.
1974	Gründung des **Umweltbundesamtes, Bundes-Immissionsschutzgesetz** (Luft, Lärm).
1986	**Ministeriums für Umwelt, Naturschutz und Reaktorsicherheit**; Reaktorkatastrophe in Tschernobyl.
1987	**Strahlenschutzvorsorgegesetz.** .../

1991	**Verpackungsverordnung, Duales System** - Grüner Punkt (Branchenselbstverpflichtung).
1994	Sicherung der **natürlichen Lebensgrundlagen als Staatsziel** im Grundgesetz.
1996	**Kreislaufwirtschafts- und Abfallgesetz:** Vorrang der Vermeidung.
1998	**Entwurf eines Umweltgesetzbuches** liegt vor.
1999	**Bundes-Bodenschutzgesetz** (Bodenveränderungen, Altlastensanierung); erste Stufe einer **ökologischen Steuerreform**.
2000	Vorrang **erneuerbarer Energien** gesetzlich verankert.

Nationale Umweltpolitik in Österreich:

1972	Gründung des **Umweltministeriums** (noch ohne Kompetenzen).
1975	Luftqualität im **Forstgesetz** (Immissionsschutz 1984).
1978	Volk stimmt gegen Inbetriebnahme des **AKW-Zwentendorf** (daraus folgt **Atomsperrgesetz**).
1980	**Vorsorgeprinzip** und **Stand der Technik-Regelung** führen zur durchgreifenden Wirkung des **Dampfkesselemissionsgesetzes**.
1983	Einrichtung des **Umweltfonds** für Betriebsinvestitionen zur Luftreinhaltung, Lärmbekämpfung und Sonderabfallentsorgung.
1984	Erstes Gesetz im Kompetenzbereich des Umweltministeriums (Waschmittelgesetz).
1984	**Bundesverfassungsgesetz** zum umfassenden Umweltschutz (Staatszielbestimmung) als Resultat der **Besetzung der Hainburger Donau-Au** (zur Verhinderung eines Flusskraftwerk-Projekts).
1985	Gründung des **Umweltbundesamtes** als statistisches und beratendes Amt des Umwelt-Ministeriums.
1988	Zuständigkeit für **Gefährliche Abfälle** geht durch **Verfassungsänderung** an den Bund.
1989	**Smog Alarm-Gesetz** zur Überwachung von SO_2, CO, NO_2 und Staubpartikel
1990	**Abfallwirtschaftsgesetz** regelt auch das Management nicht gefährlicher Abfälle auf Bundesebene.
1991/92	**Transitvertrag** mit der EG / Einführung der Ökopunkte-Regelung.
1991	**Ozongrenzwerte-Gesetz** zur Reduktion von NO_x- und VOC-Emissionen.

.../

1993	**Umweltverträglichkeitsprüfung** und **Bürgerbeteiligungsgesetz** bringt Berufungsrecht für Bürgerinitiativen.
1995	**Nationaler Umweltplan (NUP)**.
2000	Zusammenlegung des Umweltministeriums mit dem Land- und Forstwirtschaftsministerium zum „**Lebensministerium**" und **Privatisierung** des **Umweltbundesamtes**.

Nationale Umweltpolitik in der Schweiz:

1902	**Forstpolizeigesetz** (Schutzwaldfläche ist zu erhalten).
1955	Bundesgesetz über **Gewässerschutz**, strikt vollzogen in 70ern, verschärft 1991
1962	Volk nimmt **Verfassungsartikel über Natur- und Heimatschutz** inkl. **Verbandsbeschwerderecht** an (tritt 1966 in Kraft).
1971	**Umweltschutzartikel** in Bundesverfassung
1972	Schaffung des **Bundesamtes für Umweltschutz** (ehem. Gewässerschutzamt)
1979	Einführung der Raumplanung (Raumplanungsgesetz)
1983	**Bundesgesetz über Umweltschutz** (USG) (tritt 1985 in Kraft), in Folgejahren Detailverordnungen.
1987	Volk nimmt **Rothenturm-Initiative** an (strenger **Hochmoorschutz**).
1990	Volk nimmt Initiative „**Stopp dem Atomkraftwerkbau**" an (10-jähriges Moratorium).
1992	**Agrarreform** und Einführung **ökologischer Direktzahlungen** (1993, Ausbau 1998).
1994	Volk nimmt **Alpenschutzartikel** an (Schutz des Alpengebietes vor dem Transitverkehr und Verlagerung des Güterverkehrs auf Schiene).
1998	Energiegesetz **Basel-Stadt: Lenkungsabgabe auf Strom**, Rückerstattung via Öko-Bonus.
1999	Verankerung der **nachhaltigen Entwicklung als Staatszweck** (Art. 2 (2), Art. 73).
1999	Bundesgesetz über **Reduktion der CO_2-Emissionen** (ggf. Einführung einer CO_2-Abgabe in 2004).
1999	**Lenkungsabgaben** auf flüchtige organische Verbindungen, Schwefel im Heizöl.
2000	Volk nimmt **Bilaterale Verträge EU-Schweiz** an und damit **leistungsabhängige** Schwerverkehrsabgabe (ab 2001). .../

> 2000   Volk lehnt **Verfassungsartikel über Energielenkungsabgabe** ab.
>
> *Literatur:* **Fritzler**, M. (1997): Ökologie und Umweltpolitik. Bonn: Bundeszentrale für politische Bildung; **Knoepfel**, P. (2000): Stabilisierung der ökologischen Integration auf hohem Niveau, in: Suter, C. (Hg.): Sozialbericht 2000, Seismo: Zürich, S. 268-292; **OECD** (1999 [1998]). versch. Umweltprüfberichte. Paris: OECD.

Wie in anderen Ländern zeigt auch die Geschichte der Umweltprobleme und –gesetzgebung in den USA, dass Umweltverschmutzer die herkömmlichen Instrumente widerwillig akzeptieren, sobald ein Mindestmaß an Kontrolle hingenommen werden muss. Vorteil des Ordnungsrechts aus Sicht der Verursacher ist es nämlich, dass sie sich mit ihm auskennen und relativ einfach zu ihrem Vorteil manipulieren können. Gleichzeitig erkannten Gesetzgebung und Verwaltung sowohl auf Bundes- als auch auf Staatenebene in den Kontrollmaßnahmen neue Ausgabenbereiche, Einfluss- und Karrieremöglichkeiten. Obwohl die neuen Umweltbestimmungen so gestaltet waren, dass sie von den wichtigsten Interessengruppen akzeptiert werden konnten, fanden zwei Dimensionen, welche zur Verhinderung zunehmender Umweltverschmutzungen von grundlegender Bedeutung sind, leider keine Beachtung: eine solide wissenschaftliche Basis und ökonomische Effizienz. Wie nicht anders zu erwarten, hinkte die Umweltschutzpolitik hinter der steigenden Verschmutzung von Luft, Wasser und Boden hinterher.

Der Haupteinwand gegen den traditionellen ordnungsrechtlichen Ansatz, nämlich die (ökonomische) Ineffizienz, wurde ursprünglich von Wirtschaftswissenschaftlern vorgetragen. Eine kleine Minderheit von Ökonomen, die von der traditionellen Fixierung auf wirtschaftlichem Wachstum abgewichen war, befasste sich mit der Bewertung und der Verhinderung der in diesem Ausmaß zuvor nicht gekannten, besonders durch die Verschmutzung hervorgerufenen schädlichen Nebeneffekte des Wachstums. Die Existenz dieser Nebenwirkungen ökonomischer Aktivitäten, die heute als *externe Effekte* bezeichnet werden, sind in den Wirtschaftswissenschaften seit ihrer Entdeckung durch A. C. Pigou (1920) bekannt (vgl. Kap. 2.1, Anm. d. Hrsg.), galten aber lange eher als wissenschaftliches Konstrukt denn als reales Problem. Ayres und Kneese (1969) konfrontierten die Zunft der Wirtschaftswissenschaftler jedoch mit der Behauptung, dass externe Effekte durch Verschmutzungen keineswegs eine Anomalie, sondern in den Industrieländern mit ihrem hohen Materialdurchsatz eher die Regel darstellen. Darüber hinaus erwies sich der ordnungsrechtliche Ansatz als nicht geeignet, den hohen Durchsatz an Stoffen und Energie zu regulieren bzw. kontrollieren, über den Industrieländer ihren nieder-entropischen Input in Emissionen mit hoher

Entropie verwandeln. Effizientere Umweltinstrumente mussten entwickelt werden.

Die wissenschaftliche Grundlage für diesen Ansatz war auf detaillierte Weise bereits von einem anderen Wirtschafswissenschaftler, Nicholas Georgescu-Roegen (1971), ausgearbeitet worden. Er plädierte, wie bereits beschrieben, nachdrücklich dafür, das ökonomische Denken zu reformieren und Modelle zu entwickeln, die mit den fundamentalen physikalischen Gesetzen der Thermodynamik und der Entropie im Einklang stehen, aber von der Zunft bis dahin kaum zur Kenntnis genommen worden waren. Da das Umweltproblem mit Hilfe des in den Wirtschafswissenschaften bekannten Begriffs der externen Effekte hinreichend beschrieben werden konnte, richtete sich die Aufmerksamkeit direkt auf die Politikinstrumente, nämlich jene, die Pigou bereits diskutiert hatte. Er hat gezeigt, dass eine Steuer auf negative externe Effekte, wie z. B. die Umweltverschmutzung, die ökonomische Effizienz erhöhen könnte und die Wohlfahrt in wettbewerbsfähigen Volkswirtschaften weiter steigern kann. In der Folge entstand eine umfangreiche Literatur, die sich mit dem Ersatz der ineffizienten ordnungsrechtlichen Instrumente durch ökonomisch effiziente Emissionssteuern befassten.

Der effizienzorientierte Ansatz der Umweltökonomik fand außerhalb der Wirtschaftswissenschaften zunächst keine breite Unterstützung. In der jüngsten Zeit wurde er jedoch aufgrund der verlockenden potenziellen Effizienzgewinne in immer stärkeren Maße in die Umweltpolitik der USA und anderer Staaten integriert, wie im Folgenden noch beschrieben wird. Da die Gesellschaft in den westlichen Ländern dazu gezwungen war, immer mehr Mittel einzusetzen, um Bevölkerung und Ressourcen vor Verschmutzung zu schützen, wurde ein effizienter Einsatz der knappen Mittel immer dringlicher. Eine strikte Anwendung des Effizienzprinzips birgt jedoch die Gefahr, Verteilungsfragen zu vernachlässigen und bisherige Rechte von Verschmutzern und Regulierungsbehörden in Frage zu stellen, so dass das Effizienzprinzip in der Politik nur verzögert eingeführt und begrenzt angewendet und seine Einführung hinausgezögert wied. Überdies war, wie zuvor bereits angemerkt, das Problem der nachhaltigen Größenordnung noch nicht anerkannt und integriert.

Nachdem die USA und andere Nationen damit begonnen hatten, sich einigen der schlimmsten Umweltschäden durch konzentrierte Schadstoffemissionen anzunehmen (vgl. für Deutschland Box 22, Anm. d. Hrsg.), konnten Ökologen und Umweltpolitiker damit beginnen, sich komplexeren und folgenreicheren Phänomenen zu widmen, wie beispielsweise dem starken Rückgang der Artenvielfalt, der Zerstörung von natürlichen Lebensräumen und der Gefährdung der Ökosysteme. Ökologen und andere Wissenschaftler begannen darauf hinzuweisen, dass die Wirtschaft ein Subsystem des Ökosystems der Erde ist und ohne ein gesundes lebenserhaltendes System nicht nachhaltig oder gar effizient funktionieren kann (Costanza 1991). Hier setzen die Bemühungen der Ökologischen Ökonomik an, die Sozial- und Naturwissenschaften vor dem Hintergrund der drei Ziele, nämlich der nachhaltigen Größenordnung, gerechten Verteilung und effizienten Allokation, zu reintegrieren.

**Box 22: Umweltpolitik und ökologische Gratiseffekte
Oder: Warum der Himmel über dem Ruhrgebiet wieder blau ist?**

Martin Junkernheinrich

Das Ruhrgebiet ist mit mehr als 5 Millionen Einwohnern die größte Ballungsregion Europas. Während der Industrialisierung zu Beginn des 19. Jahrhunderts in nur wenigen Jahren entstanden gehörte es auf der Basis von Kohleförderung und Montanindustrie über viele Jahre zu den weltweit emissionsintensivsten Regionen. Belastungsseitig sind die hohen Luftschadstoffemissionen in einem „Wald aus Schornsteinen", weit in das Erdreich reichende Rohstoffentnahmen (mit der Folge von Bergschäden), intensive Bodenverschmutzungen (Altlasten), extreme Schadstoffeinleitungen in die Gewässer (mit der Folge von Epidemien), eine hohe Verkehrsintensität auf einem weit verzweigten Netz von Straßen und Bahntrassen (mit der Folge von Flächenzerschneidungen) zu nennen. Der graue Himmel über dem Kohlenpott und die stinkende Emscher, der zur Kloake gewordene Abwasserkanal des Reviers, waren und sind Synonyme für eine hohe Umweltbelastung und wirken bis heute als regionales Imageproblem fort.

Was hat die Umweltpolitik in dieser ökologischen Problemregion geleistet? Warum ist der Himmel über der Ruhr mittlerweile wieder blau? Drei Tatbestände seien hervorgehoben:

- Im Ruhrgebiet wurde schon früh (und mit Vorbildfunktion für andere Regionen) Landschaftsplanung betrieben. Durch den Freiflächenschutz des Siedlungsverbandes Ruhrkohlenbezirk, einer „Legende" unter den regionalen Planungsverbänden, blieb das Ruhrgebiet auch in Zeiten hoher Emissionen eine grüne Industrieregion. In jüngster Zeit hat die Politik verstärkt freiwerdende Flächen aufgekauft und einer umweltverträglichen Nutzung zugeführt.

- Mit dem Entstehen der Umweltpolitik wurden in der Bundesrepublik Deutschland Rahmenbedingungen installiert, die im Ruhrgebiet zur Emissionsverringerung beitrugen. Mit dem ersten Umweltprogramm „Blauer Himmel über der Ruhr" fiel der Startschuss, gesetzliche Regelwerke wie das Bundesimmissionsschutz, das Wasserhaushaltsgesetz u.v.m. folgten. Dies hat zu hohen Umweltschutzinvestitionen im Ruhrgebiet geführt. Der Erfolg war messbar und sichtbar. Nicht alle Maßnahmen haben die Umweltprobleme aber an der Wurzel gepackt - wie die „Politik der hohen Schornsteine".
.../

- Schließlich hat der ökonomische Strukturwandel zu einem umweltrelevanten Umbau der regionalen Wirtschaftsstruktur geführt. Die mangelnde Konkurrenzfähigkeit der deutschen Steinkohle mit der Folge des „Zechensterbens", der Strukturwandel der Montanunternehmen (weg vom Massenstahl hin zu allem, was mit Stahl zu tun hat) und der Aufbau neuer Produktions- und Dienstleistungszweige (Universitäten) haben ganz wesentlich zur Umweltentlastung beigetragen. Ähnlich wie in Ostdeutschland waren die ökologischen „Gratiseffekte" aus der Rückführung und dem Wandel der Industrie eine zentrale Ursache für die Verringerung der Emissionen.

Dennoch ist das Umweltproblem damit noch nicht gelöst. Das Verhältnis zwischen Rohmaterialentnahme und Abfalldeposition ist unausgewogen, der Verbrauch nicht erneuerbarer Ressourcen ist hoch. So wird die im Ruhrgebiet (noch) geförderte Steinkohle nahezu vollständig verbrannt, wodurch erhebliche Mengen des in der Erdkruste gespeicherten Kohlenstoffs in die Atmosphäre gelangen. Insofern bleibt das Ruhrgebiet (ungeachtet der zu beobachtenden *lokalen* Umweltentlastung) ein zentraler „Produzent" *global* wirkenden Kohlendioxids. Gezielte Umweltpolitik und ökologische Gratiseffekte des Strukturwandels haben die Region zwar „sauberer" gemacht. Regional nachhaltige Stoffkreisläufe und eine für die globale Klimapolitik hinreichende Emissionsreduktion wurden auf diese Weise aber nicht erreicht.

Heute ist das Ruhrgebiet eine altindustrielle Ballungsregion wie viele andere auch, eine Region, die unter einer intensiven Raumnutzung und hohem Verkehrsaufkommen, unter sozialer Segregation, überproportionalen Bevölkerungsverlusten, niedriger kommunaler Finanzkraft und einer geringen wirtschaftlichen Dynamik leidet. Arbeiterkultur und Denkmäler der Industriegeschichte sind zu einer touristischen Attraktion geworden („Route der Industriekultur"). Die Internationale Bauausstellung Emscher Park (IBA) hat das Revier zu einer Modellregion für architektonische, ökologische und soziale Projekte gemacht.

Parallel zum wachsenden Wissen über die Gefährdung des globalen Ökosystems brachte der Kalte Krieg mit nuklearen Abfällen und sonstigen umweltzerstörerischen militärischen Hinterlassenschaften neue Umweltgefährdungen mit sich und schwächte Bemühungen um die Kontrolle und Begrenzung der Umweltzerstörung. Seit dem Ende des 40-jährigen Wettrüstens wird mit zunehmender Offenheit im Osten und im Westen immer deutlicher, in welch erschreckenden Mengen chemische, nukleare und biologische Abfälle beabsichtigt oder unbeabsichtigt produziert, gelagert und freigesetzt wurden. Ohne durchgreifende und kostenintensive Maßnahmen werden große Gebiete der Erde kontaminiert bleiben und für lange Zeit unbewohnbar sein. Das Ausmaß dieses Problems und seine Komplexität zeigen, wie nötig neue Politikkonzepte und Instrumente sind, die erstens wissenschaftlich fundiert und zweitens genügend ausgefeilt sind, um der Komplexität des Problems gerecht zu werden, die drittens ökonomisch effizient genug sind, um die Ziele mit den verfügbaren Mitteln zu erreichen, und die viertens sozial gerecht genug, um national und international eine auf Konsens beruhende, demokratische Unterstützung zu erhalten. Die Ökologische Ökonomik bietet hierfür genau den transdisziplinären Ansatz, der erforderlich ist, um dieser großen Herausforderung gerecht werden zu können.

Aus diesem kurzen Überblick, wie umweltpolitische Instrumente in den letzten Jahrzehnten wahrgenommen und diskutiert wurden, können eine Reihe von Schlussfolgerungen gezogen werden. Es zeigt sich, dass die gesellschaftlich-politischen Strukturen des Umweltschutzes i. d. R. die Verteilung der wirtschaftlichen und politischen Macht zwischen den Interessengruppen in der Gesellschaft widerspiegeln (vgl. Box 23, Anm. d. Hrsg.). Ohne die Berücksichtigung von z. B. breiteren wissenschaftlichen Einsichten der Ökologie, Thermodynamik, Unsicherheitsforschung, Nachhaltigkeitsdiskussion und ohne umfassendere soziale Konzepte wie Fairness, Gerechtigkeit und ethische Werte werden selbst gut gemeinte Bemühungen zum Umweltschutz durch weiteres exponentielles Wachstum von Produktion, Konsum, Technologie und Bevölkerung zunichte gemacht. Schließlich gilt in jedem Fall, dass die Schadensbehebung ökonomisch effiziente Instrumente erfordert, diese jedoch gerecht sein und zu einer ökologisch nachhaltigen Größenordnung der Wirtschaft beitragen müssen. In den folgenden Abschnitten werden diese Aspekte im Einzelnen behandelt.

4.3 Zur umweltschutzpolitischen Umsetzung: Herausforderungen und ökologisch-ökonomische Lösungsansätze

Um Umweltziele und andere gesellschaftliche Ziele zu erreichen, hat die Gesellschaft eine Vielzahl untereinander verbundener Institutionen geschaffen. Zur Befriedigung der materiellen Bedürfnisse und Wünsche haben sich Wettbewerbsmärkte als effiziente, wenn auch nicht vollkommene Institutionen erwiesen. Zur Behandlung von Marktversagen, der Durchsetzung von Gerechtigkeitszielen und anderer gesellschaftlicher Ziele haben sich staatliche Institutionen entwickelt, die jedoch von nur wenigen als völlig zufriedenstellend erachtet werden. Dem liegt oftmals Interventionsversagen der staatlichen Behörden zugrunde, weshalb z. B. Nicht-Regierungs-Organisationen (NGOs) gegründet werden. Es überrascht jedoch nicht, dass auch NGOs Schwächen und Mängel aufweisen, wie unten noch zu erläutern ist. Diese formellen Institutionen, Märkte, staatlichen Institutionen und freiwilligen Organisationen haben zwar große Macht, doch dies sollte uns nicht dazu verleiten, die Grundlage der Macht in einer offenen Gesellschaft zu übersehen, nämlich die Handlungen und Werte der einzelnen Bürger/innen (vgl. Box 23, Anm. d. Hrsg.).

BOX 23:	**Die Neue Politische Ökonomie als Methode der Umweltpolitikanalyse**

Marcus Stewen

Mit Hilfe der Neuen Politischen Ökonomie (NPÖ) kann der umweltpolitische Willensbildungs- und Entscheidungsprozesses, insbes. das Verhalten der umweltpolitischen Akteure (u. a. Bürger, Politiker, Interessenverbände, Bürokratie) analysiert werden (*politics*-Analyse). Grundlegend ist dabei (nach Downs) die Übertragung des ökonomischen Entscheidungsmodell auf den politischen Prozess. Zentral ist die Annahme, die Akteure verhielten sich im politischen wie ökonomischen Wettbewerb eigennützig und maximierten ihre individuelle Wohlfahrt. Angloamerikanische Ansätze, die diese Methode auf die Umweltpolitik übertragen (z. B. Downs 1972), wurden zunächst nur zögerlich im deutschsprachigen Raum rezipiert (zuerst Frey 1992 [1971]; Zohlnhöfer 1984).

Bei diesem Ansatz wird keineswegs davon ausgegangen, dass mit ökonomischen Annahmen das gesamte politische Verhalten der Individuen modelliert werden könnte. Mit der Perspektive der NPÖ können jedoch Strukturmerkmale z. B. des umweltpolitischen Prozesses erstaunlich zutreffend analysiert werden. So kann die beharrliche Dominanz einer nur punktuell agierenden und ineffizienten Umweltpolitik erklärt werden, die (auch) von ökonomischer Seite seit langem kritisiert wird. Zur Analyse der als „Entscheidungs- und Vollzugsdefizit" der Umweltpolitik apostrophierten Tendenz kann zwischen der Analyse *umweltpolitischer Einzelfallentscheidungen* und der *umweltpolitischen Zielfindung* unterschieden werden (Stewen 2000).

Breiten Raum nimmt in der Literatur die Analyse umweltpolitischer *Einzelfallentscheidungen* ein. So werden insbesondere die Hindernisse beim Vollzug von Teilentscheidungen (durch die Verwaltung) oder die geringen Chancen marktwirtschaftlicher Instrumente (wie Umweltabgaben) diskutiert. Hier stehen vor allem Mängel in *parlamentarisch-repräsentativen Demokratien* im Vordergrund: So kann der *Wunsch nach Wiederwahl* politische Entscheidungsträger veranlassen, vor Wahlen die Umwelt stärker in Anspruch zu nehmen (z. B. durch Zurückstellung umweltpolitischer Reformen, Steigerung des Staatsverbrauchs) oder lediglich nachsorgende Maßnahmen zu bevorzugen, deren Erfolg leicht vorweisbar ist (z. B. Sanierung von Altlasten). Auch zählen gerade die (vermeintlich) negativ vom Instrumenteneinsatz betroffene Interessen zu den bestorganisierten und oftmals durchsetzungsfähigsten im politischen Prozess (trotz verstärkter Lobbyarbeit der Umwelt- und Verbraucherverbände). Dagegen scheint es schwierig, heterogene Interessen der Befürworter einer langfristig orientierten „nachhaltigen Entwicklung" zu organisieren (z. B. die zukünftiger Generationen). Zudem hat „Umweltqualität" den Charakter eines öffentlichen Gutes; bei dem „Trittbrettfahren" möglich ist und damit Anreize zur Organisation der Interessen für den Einzelnen nur bei niedrigen Organisationskosten und hohen erwarteten Erträgen gegeben sind.

.../

Hinzu kommt, dass Erfolge langfristig angelegter ökologischer Wirtschaftspolitik zumindest kurzfristig selten nachweisbar sind, während etwaige Kosten wie Arbeitsplatz- oder Realeinkommensverluste unmittelbar gespürt werden (Zohlnhöfer 1984, 114). Weil die Politiker für längerfristige Folgen ihres Tuns somit kaum Konsequenzen zu befürchten haben, favorisiert der von Verteilungsinteressen dominierte Parteienwettbewerb eher eine schleichende Umweltzerstörung als eine konsequente ökologische Politik (vgl. Stewen 1998, 451 f.).

Zur umweltpolitischen *Zielfindung* gibt es bislang nur wenige systematische Analysen (als Ausnahme Endres/Finus 1997; Stewen 2000). Aus Sicht der konstitutionellen Ökonomik (Buchanan, Rawls) haben längerfristige Entscheidungen, für die ein Grundkonsens notwendig ist und deren Auswirkungen nur unzureichend antizipiert werden können, höhere Chancen, von einer Mehrheit akzeptiert zu werden, als konkrete Einzelfallentscheidungen, deren Verteilungseffekte für die Individuen leichter abschätzbar sein mögen. Ein Vergleich unterschiedlicher politischer Entscheidungsprozesse zeigt (Stewen 2000): In *repräsentativ-parlamentarischen Systemen* scheint ein Grundkonsens über Zielsetzungen nur dann erreichbar, wenn Verteilungseffekte nicht transparent oder im Diskurs außen vor gelassen werden. Generell ist die Gefahr einer Vermengung umweltpolitischer Entscheidungen mit Verteilungskonflikten und daher einer weit gehenden Verwässerung und Deformierung aufgrund der Eigeninteressen der politischen Akteure hoch. Existieren Präferenzen für eine Senkung des Ressourcenverbrauchs und der Umweltbelastung, könnte die Stärkung *direktdemokratischer* Elemente noch eher entsprechende Entscheidungen über langfristige Ziele herbeiführen. Sind langfristige Zielsetzungen demokratisch getroffen, könnte an ihre Umsetzung *durch unabhängige Institutionen* gedacht werden: Hierdurch könnte die Chance steigen, dass umweltpolitische Maßnahmen im Sinne der beschlossenen Ziele auch tatsächlich durchgeführt werden. Allerdings besteht zur Umsetzbarkeit und konkreten Ausgestaltung einer solchen Institution noch erheblicher Forschungsbedarf (Stewen 1998).

Literatur: **Downs**, A. (1972): Up and down with Ecology - The „Issue Attention-Cycle", in: Public Interest, Vol. 28. S. 38-50; **Endres**, A., Finus, M. (1997): Umweltpolitische Zielbestimmung im Spannungsfeld gesellschaftlicher Interessengruppen: Ökonomische Theorie und Empirie. In: Horst Siebert (Hg.), Elemente einer rationalen Umweltpolitik. Tübingen: Mohr. S. 37-133; **Frey**, B. (1992 [1971]): Umweltökonomie. 3. Aufl. Göttingen: V&R (1. Auflage: 1971); **Stewen**, M. (1998): Eine unabhängige Institution für die Umweltpolitik? In: Andreas Renner/ Friedrich Hinterberger (Hg.), Zukunftsfähigkeit und Neoliberalismus. Baden-Baden: Nomos. S. 443-464; **Stewen**, M. (2000), Grundkonsens- und Einzelfallentscheidungen in der Umweltpolitik – Ein Beitrag zur Neuen Politischen Ökonomie umweltpolitischer Entscheidungsprozesse, in: Zeitschrift für Umweltpolitik und Umweltrecht 3/2000, S. 409-439 (dort auch weiterführende Literaturangaben!); **Zohlnhöfer**, W. (1984), Umweltschutz in der Demokratie, Jahrbuch für Politische Ökonomie, 3. Band, Tübingen: Mohr, S. 101-121.

Der Umweltzustand und die Möglichkeit einer nachhaltigen Entwicklung werden letztlich durch individuelle Handlungen und Werte in Alltag und Politik bestimmt. Die individuellen Entscheidungen darüber, was gekauft, konsumiert, getragen, gefahren, wo und wie gewohnt wird, welcher Arbeitsplatz gesucht wird und wie viele Kinder geboren werden, entscheiden über die zukünftige Entwicklung des ökonomisch-ökologischen Systems. Jede dieser Konsumentscheidungen bestimmt, welche erneuerbaren oder nichterneuerbaren Ressourcen für die Produktion benötigt werden und welche Schadstoffe als Abfall emittiert werden, was früher oder später unweigerlich alle produzierten Güter betrifft. Die Entscheidungen der Einzelnen und Familien über die Familiengröße, den Lebensstil, die Art der Wohnung, die Karriereplanung und die politischen Wahlentscheidungen sind es, die die Lebensfähigkeit der Umwelt, die Nutzungsdauer der natürlichen Ressourcen, die Diversität der Biosphäre und das Potential für eine globale Nachhaltigkeit bestimmen. Der Grad der Freiheit und der Ermessensspielraum sind offensichtlich von Fall zu Fall sehr unterschiedlich und hängen u. a. von Wohlstand und Bildung ab. Die Entscheidung für Nachhaltigkeit ist letztlich eine moralisch-ethische und beruht auf den grundlegenden Normvorstellungen jedes einzelnen Menschen. Die menschlichen Werte sind im wesentlichen unabhängig von biophysikalischen Einschränkungen, sie scheinen uns aber nicht unabhängig vom Wissensstand. Das Wissen über Ökologie, Ökonomie und die Zusammenhänge beider Bereiche dürfte dazu beitragen, einige der Werte zu modifizieren, die zu exzessivem Konsum, zum Streben nach materialistischer Befriedigung und zum Streben nach gesellschaftlichem Wohl durch quantitatives Wachstum des ökonomischen Durchsatzes führen.

Stärkung der Nicht-Regierungs-Organisationen in der Umweltpolitik

Obwohl es in der staatlichen Bürokratie heute (seit den 1970er Jahren) auf vielen Ebenen Abteilungen gibt, die sich mit dem Umweltschutz beschäftigen, können sich die Befürworter/innen einer effektiven Umweltpolitik nicht des Gefühls der Enttäuschung erwehren, wenn sie die Ergebnisse der behördlichen Politik genauer betrachten. In der Tat wäre es nichts anderes als naiv zu übersehen, dass die staatliche Umweltpolitik die Verteilung der politischen und wirtschaftlichen Macht in der Gesellschaft, in die sie eingebettet ist, getreu widerspiegelt. Die Umweltbehörden waren nicht nur hinsichtlich ihrer Fähigkeiten, Umweltverbesserungen zu erreichen, eingeschränkt. Zuweilen haben sie selbst Umweltprogramme behindert und sogar vereitelt.

Eine der Stärken der pluralistischen Gesellschaft besteht darin, dass zum Schutz von vitalen Interessen alternative Institutionen entstehen können, wie die Gründung von Nicht-Regierungs-Organisationen zeigt (vgl. Box 24, Anm. d. Hrsg.). Arbeiten von Buchanan (1987) und anderen im Bereich der Public-Choice-Theorie liefern Erklärungen für das Phänomen des Staatsversagens (vgl. Box 23, Anm. d. Hrsg.). Es gibt zwar viele fähige, idealistische Beamte, die sich dem öffentlichen Interesse verschrieben haben, doch angesichts extremer Fälle, in denen die Verwaltung sehr speziellen eigenen Interessen folgt, vertreten nur wenige die Auffassung, dass der Umweltschutz allein auf den Schultern des Staates ruhen sollte. Dennoch sollten Anstrengungen unternommen werden, die bestehenden staatlichen Institutionen hinsichtlich ihrer rechtlichen Verantwortung für den Schutz und das Management der Umweltressourcen effektiver zu gestalten. Ein erster Schritt bestünde beispielsweise darin, ein Belohnungssystem einzurichten, das zusätzliche finanzielle und berufliche Anreize zur Belohnung von Umweltbeamten bietet, die sich im Bereich des Umweltschutzes als außergewöhnlich effizient und innovativ erwiesen haben.

Ein weiterer Schritt könnte darin bestehen, dass die Bürger selbst Umweltinitiativen stärker unterstützen und in Form von NGOs Verantwortung für den Umweltschutz übernehmen, insbesondere in Fällen, in denen die staatlichen Behörden versagt haben (in den USA z. B. der Sierra Club, die Nature Conservancy, die Chesapeake Bay Foundation und das Natural Resources Defense Council, in Europa z. B. der WWF, Greenpeace und andere lokale Organisationen).

Box 24: NGOs als Akteure in der internationalen Umweltpolitik

Marianne Beisheim

Seit Anfang der 90er Jahre machen neue Akteure in der internationalen Umweltpolitik verstärkt von sich reden – die sogenannten Nicht-Regierungsorganisationen (engl.: Non-Governmental Organisations, NGOs). NGOs werden generell danach unterschieden, ob ihre Tätigkeiten darauf ausgerichtet sind, materielle Gewinne zu erzielen oder aber eher gemeinnützig bzw. nicht profitorientiert zu wirken. Zur ersten Gruppe gehören die multinationalen Konzerne. Beispiele für die zweite Gruppe sind etwa Greenpeace und amnesty international oder auch die Katholische Kirche. Meistens sind mit dem Begriff NGO gerade letztere Organisationen gemeint, und so soll auf diese auch näher eingegangen werden.

.../

4. Politiken, Institutionen und Instrumente 231

Bereits 1948 organisierten sich umweltpolitisch interessierte NGOs international in der „International Union for the Conservation of Nature" (IUCN). Während der achtziger Jahre erlebten Umwelt-NGOs einen Boom, ihre Mitgliedschaft und finanziellen Ressourcen stiegen rapide. Es wäre aber falsch, von einer homogenen „NGO-Gemeinde" auszugehen (selbst innerhalb der Gruppe der Umwelt-NGOs), dazu sind die Interessen und Weltsichten, Organisationsformen und Arbeitsschwerpunkte, Strategien und Arbeitsweisen der NGOs zu unterschiedlich. Oft wird gerade die Nähe vieler NGOs zur „Basis" geschätzt, also zu ihren Mitgliedern vor Ort (z. B. BUND). NGOs können aber v.a. auch dann besonders einflußreich werden, wenn sie erfolgreich in Beziehung zu nationalen oder internationalen Regierungsorganisationen treten. Viele NGOs sind daher Mitglieder regionaler oder problemfeldspezifischer Netzwerke, wie etwa z. B. dem Europäischen Umweltbüro (EEB) oder dem Climate Action Network (CAN). Dieses „networking" soll dazu beitragen, dass lokal und national vorhandenes Expertenwissen sowie vereinzelte Aktivitäten effektiv miteinander verbunden werden und NGOs auch international mehr Einfluss und Reichweite erlangen.

NGOs sind allerdings keine Völkerrechtssubjekte sondern Institutionen des internationalen Privatrechts. Jedoch räumt Artikel 71 der UN-Charta den NGOs formalen Konsultativ-Status mit dem Wirtschafts- und Sozialrat der Vereinten Nationen ein. Dies verschafft ihnen Zugang zu internationalen Konferenzen, wie etwa der UNCED 1992 in Rio oder den Vertragsstaatenkonferenzen z. B. der Klimakonvention. Die Teilnahme der NGOs an den Verhandlungen selbst ist generell eng begrenzt, denn in Anerkennung der zwischenstaatlichen Natur der meisten Arbeitsgruppen dürfen nichtstaatliche Organisationen keine Verhandlungsrolle ausüben und nur vereinzelt im Plenum eine Stellungnahme verlesen. Die Beziehung zwischen Staatenvertretern und NGOs kann jedoch von gegenseitigem Vorteil sein: Erstere nutzen die NGOs, um Informationen kostengünstig einzuholen und zu verbreiten, während die NGOs mit Staatenvertretern kooperieren, um die für sie geschlossenen Verhandlungen zu beeinflussen. Oft kommt es zur direkten Zusammenarbeit, neben juristischer und technischer Beratung gehört manchmal auch die finanzielle und organisatorische Unterstützung von Delegationen aus Entwicklungsländern zu den potenziellen „Serviceleistungen" der NGOs.

NGOs können auch vor und nach den eigentlichen Konferenzen vielfältige Beiträge zur Umsetzung der Beschlüsse leisten, durch Agenda-Setting, Forschungs- und Informationsarbeit, Aufklärung der Bevölkerung oder auch durch die Überwachung (Monitoring) der Implementationsleistungen seitens der Staaten. Wenn nun NGOs als neue Hoffnungsträger im Rahmen einer umweltpolitischen „Global Governance" oder auch von „Public-Private Partnerships" gelten, stellt sich die Frage, wie man sie zukünftig sinnvoll in das bestehende oder zu reformierende internationale Institutionengefüge einbeziehen könnte. Hier werden auch kritische Stimmen laut: So sei etwa zu fragen, ob strukturelle Ungleichheiten der NGOs, also z. B. ihre unterschiedlichen Möglichkeiten, motivationale oder materielle Ressourcen zu mobilisieren, nicht notwendigerweise zu ungleichen Beteiligungschancen führen würden. Kritiker attestieren den NGOs zudem ein Legitimationsdefizit: So sei unklar, ob die NGOs wirklich gesamtgesellschaftliche Interessenlagen widerspiegelten, wer sie legitimiere und kontrolliere (vgl. im Gegensatz dazu: Beisheim 1997). .../

> Wie auch immer man diese Fragen einschätzt, man kann sicher nicht erwarten, dass NGOs in nächster Zukunft einen Großteil der Verantwortung übernehmen können, die bislang den Nationalstaaten obliegt. Aber es lässt sich doch prophezeien: „From now on, the more NGOs accomplish, the more they will be expected to take on." (Hinchberger 1993: 54).
>
> *Literatur:* **Altvater**, E., **Brunnengräber**, A., **Haake**, M., **Walk**, H. (Hg.) (1997): Vernetzt und verstrickt. Nicht-Regierungsorganisationen als gesellschaftliche Produktivkraft, Münster; **Beisheim**, M. (1997): Nichtregierungsorganisationen und ihre Legitimität. In: Aus Politik und Zeitgeschichte, Heft B 43/97; **Hinchberger**, B. (1993): Non-governmental Organizations. In: Bergesen, H.O.; Parmann, G. (Hg.): Green Globe Yearbook 1993. New York; **Princen**, T., **Finger**, M. (1994): Environmental NGOs in World Politics. Linking the Local and the Global, London; **Walk**, H., **Brunnengräber**, A. (2000): Die Globalisierungswächter. NGOs und ihre transnationalen Netze im Konfliktfeld Klima. Münster; **Weiss**, T. G., **Gordenker**, L. (Hg.) (1996): NGOs, the UN, and Global Governance, Boulder, CO.

Die Herausforderung besteht nunmehr in darin, ökologische Lösungsansätze im politischen Prozess auch umzusetzen. Betrachten wir hierfür zwei typische ökologische Politikfelder näher: die Technologiepolitik und den Naturschutz (Anm. d. Hrsg.).

Lernfähige ökologisch-ökonomische Risikobewertung und -politik

Es läßt sich nicht leugnen, dass technische Innovationen zu einem deutlichen Anstieg der menschlichen Wohlfahrt geführt haben. Im Nachhinein gesehen haben jedoch nicht alle Technologien positive Nettozuwächse der menschlichen Wohlfahrt zur Folge gehabt. Darüber hinaus wurden viele fortschrittliche Technologien nicht auf verantwortliche Weise eingesetzt. Die offensichtlichsten Beispiele für Technologien, ohne die die Menschheit in einer besseren Lage wäre, sind die militärischen Massenvernichtungswaffen, wie nukleare, biologische und chemische Waffen, um deren Ächtung in der Gesellschaft gerungen wird. Auch könnten einige nichtmilitärische Technologien wie die Nuklearenergie, die Agrochemie und sogar die Verbrennungstechnologien angeführt werden, die unbeabsichtigte, negative Umweltwirkungen hatten. Das endgültige historische Urteil über diese Technologien kann zwar heute noch nicht gefällt werden, doch – von den unbeirrbarsten Anhängern des (fortschrittsgläubigen) Laisser-faire-Liberalismus abgesehen – besteht zumindest allgemein die Auffassung, dass es Möglichkeiten für einen besseren Einsatz dieser Technologien gibt. Aber wenn Technologien einmal eingeführt worden sind, ist es schwierig, die Geister, die gerufen wurden, wieder loszuwerden. Eine vernünftige Schlussfolgerung aus den gemachten Erfahrungen ist, dass aus der Geschichte Lehren zu ziehen sind. Lehren, die bei der künftigen Einführung und dem Einsatz von technologischen Systemen mit weitreichenden Folgen für die Menschheit von Nutzen sein könnten.

Zwar erklärt das „Gesetz der unbeabsichtigten Folgen", dass unmöglich alle positiven oder negativen Konsequenzen einer Technologie abzuschätzen sind. Doch das heißt nicht, dass es völlig unmöglich wäre oder unerwünscht ist, vor der Einführung Mindestbestimmungen für die Bewertung und den Einsatz von Technologien vorzugeben, insbesondere bei Technologien mit globalen Auswirkungen. Eine Technologiepolitik des Laissez-faire mag in einer relativ leeren Welt angemessen gewesen sein, doch heute, da die Menschen über die Fähigkeit verfügen, die Erde unbewohnbar zu machen, können wir es uns nicht länger leisten, unser Überleben von dem guten Willen und der Weisheit naiver Technologieenthusiasten abhängig zu machen.

Die Entwicklung von Politikstrategien und Instrumenten für die Technologiebewertung ist eine schwierige Aufgabe, die eine transdisziplinäre Forschung höherer Ordnung erfordert. Einige Mindestanforderungen können jedoch genannt werden (Cumberland 1990a):

- Bei der Einführung von Systemen mit hoher Entropie wie bei fossilen Brennstoffen und Nuklearenergie sollte besonders vorsichtig vorgegangen werden.
- Systeme mit geringer Entropie wie Solarenergie sind weniger irreversibel und weniger schädlich als Systeme mit hoher Entropie.
- Technologien, die mit Hilfe eines großen Anteils menschlicher Intelligenz und Informationen den Material- und Energiedurchsatz reduzieren, fördern die menschliche Wohlfahrt wahrscheinlich stärker als Technologien, die eine hohe Entropie verursachen.

Beispiele für Technologien mit niedriger Entropie, die stark auf menschlicher Intelligenz und Informationen statt viel auf Materie und Energie basieren, sind das Teleskop, das Mikroskop, die Lesebrille, der Kompass, der Sextant, das Chronometer und andere Navigationsinstrumente. Sie haben der Menschheit im buchstäblichen Sinne neue Welten eröffnet. Abzuwarten ist, ob die Erforschung des Weltraums, die mit viel höherer Entropie einhergeht, einen vergleichbaren Nutzen für die Menschheit abwerfen wird.

Offensichtlich kann jede Technologie, auch wenn sie mit niedrigster Entropie einhergeht, für antisoziale Zwecke wie Verbrechen und Kriege eingesetzt werden, sodass es folglich keine Garantien für ihren gutwilligen Einsatz gibt. Es muss somit unterschieden werden zwischen den potenziellen Umweltwirkungen einer Technologie und dem Zweck, für den sie verwendet wird. Die Wirkung einer Technologie besteht im

Wesentlichen darin, die Möglichkeiten der Menschen hinsichtlich der Erreichung positiver oder negative Ziele zu erweitern. Die Beherrschung einer Technologie erfordert also eine Bewertung vor ihrer Anwendung, die verantwortliche gesellschaftliche Kontrolle ihres Einsatzes und eine realistische Einschätzung der Motive der Menschen.

Aus den teilweise beklagenswerten historischen Entwicklungen können verschiedene Leitlinien für den Einsatz von Technologien abgeleitet und im politischen Prozess umgesetzt werden. Wir sollten nunmehr begriffen haben, dass wir vor der Einführung neuer Systeme den gesamten Lebenszyklus der Technologie untersuchen sollten. Diese grundlegende Vorsicht könnte uns vor solchen Katastrophen wie die Abhängigkeit von der Nuklearenergie bewahren, bevor wir die Probleme der Lagerung radioaktiver Abfälle, des Schutzes vor Terroranschlägen und der Stilllegung von kontaminierten Anlagen gelöst haben.

Eine andere Leitlinie für den Einsatz von Technologien ist die Anforderung, *vor der Annahme und Einführung von neuen Systemen* eine Stoff- und Energiebilanz aufzustellen, sodass ein lückenloser Nachweis der Emissionswege gewährleistet ist.

Naturschutz, intergenerative Transfers und Gerechtigkeit

Für den Schutz der Lebensräume existieren viele Möglichkeiten mit verschiedenen Funktionen, wie z. B. der Kauf von Naturgebieten, die Definition von Nutzungsrechten etc. (Cumberland 1991). Der Naturschutz sollte so früh wie möglich ansetzen, bevor schädigende Nutzungen und Eigentumsrechte eingeführt werden. In diesem Abschnitt wird untersucht, welche Prioritäten für den Erwerb von Eigentumsrechten bestehen, und es wird aufgezeigt wie Lebensraumschutz mit Gerechtigkeitserwägungen auf regionaler, sozialer und Generationenebene verknüpft ist.

Die Kernthese dieses Abschnitts lautet, dass bei der Auswahl derjenigen Umweltressourcen, die an künftige Generationen transferiert werden sollen, ein besonderes Augenmerk auf große lebende Ökosysteme gelegt werden sollte, die durch Artenvielfalt, komplexe Beziehungen zwischen den Arten und insbesondere durch die Fähigkeit gekennzeichnet sind, evolutionäre Prozesse über ausreichend lange Zeiträume aufrechtzuerhalten, sodass sich Arten entwickeln und an anthropogene und natürliche Änderungen des Klimas und sonstige Umweltbedingungen anpassen können. Zu solchen Ökosystemen zählen Regenwälder, Flussmündungen, Feuchtgebiete, Seen, Flusstäler, Savannen, Polarregionen und Korallenriffe. Die endgültige Auswahl von Ökosystemen mit dem höchsten Schutzbedürfnis sollte von transdisziplinären Teams getroffen werden, zu denen nicht nur Ökologen gehören, sondern auch andere Vertreter/innen von Natur- und Sozialwissenschaften, die möglichst auch Kenntnisse in den Kultur- und Geisteswissenschaften haben sollten.

Nach Festlegung der wissenschaftlichen Prinzipien und Prioritäten für die Auswahl von Ökosystemen für den intergenerativen Transfer sind nach wie vor effektive politische Instrumente zu entwickeln, um diese Ökosysteme zu schützen und evtl. zu erwerben. Dafür sind große Herausforderungen zu bewältigen: So muss die Akzeptanz für die heute erforderlichen umfangreichen Opfer erlangt werden, die mit unsicherem Nutzen in einer unsicheren Zukunft verbunden sind. Globale Kooperation bedarf eines Konsenses über die Ziele. Die heutzutage großen intragenerativen Ungleichheiten hinsichtlich Einkommens- und Wohlstandsverteilung erschweren den Konsens über das Ausmaß der notwendigen intergenerativen Transfers und verschärfen das Problem der Lastenverteilung. Eine unsichere Zukunft verleitet dazu, die Verpflichtung zu vernachlässigen, ökologische Ressourcen an die künftigen Generationen weiterzugeben. Die unmittelbar nächsten Generationen könnten versucht sein, das Erbe, das für eine fernere Zukunft bestimmt ist, ganz oder teilweise selbst zu konsumieren. Es besteht die Gefahr eines Gefangenendilemmas, in dem die Unsicherheit über die Handlungen der mittleren Generationen die Wohlfahrt der in fernerer Zukunft lebenden Generationen verringern könnte. Sobald jedoch Erfahrungen über den Schutz des intergenerativen Transfers gesammelt worden sind, könnten diese Unsicherheiten reduziert und die Wohlfahrtsgewinne gesteigert werden.

Zusätzliche Schwierigkeiten könnten sich durch die mit öffentlichen Gütern verbundene Problematik ergeben, dass die künftigen Erträge allen zugute kommen, unabhängig davon, welche Gruppe dafür einen Verzicht auf sich genommen hat. Bei globalen öffentlichen Gütern wie der Atmosphäre und den Ozeanen könnte es sein, dass diejenigen Gruppen, die heute Opfer zum Schutz von Ressourcen bringen, nicht die alleinigen Nutznießer sein werden. Das Trittbrettfahrer-Problem könnte die Anreize zum Verzicht schwächen, wenn es nicht gelingt, die Last auf viele Schultern zu verteilen.

Bei der Wahl der Politikinstrumente für den Erwerb und den nachhaltigen Schutz von Ökosystemen ist es daher erforderlich, neue Wege zu beschreiten, indem die ersten, wenn auch limitierten Ergebnisse der Public-Choice-Theorie und der Politikwissenschaft genutzt werden (vgl. Box 23, Anm. d. Hrsg.). Es ist unwahrscheinlich, dass akzeptable umweltpolitische Strategien innerhalb einzelner Wissenschaften entwickelt werden können, z. B. von der neoklassischen Umweltökonomik, die sich insbesondere und fast ausschließlich Effizienzproblemen widmet, oder von der Ökologie, welche institutionelle Aspekte vernachlässigt, oder anderen einzelnen Wissenschaften. Daher erscheint es sinnvoll, die Politikinstrumente für den intergenerativen Transfer auf der Grundlage eines transdisziplinären Ansatzes zu entwickeln.

Angesichts der Tatsache, dass eine Übertragung von Ressourcen in die Zukunft Opfer erfordert und daher mit Knappheitsproblemen verbunden ist, können die ökonomischen Effizienzkonzepte hilfreich sein, um bei einer gegebenen Menge von verfügbaren Ressourcen einen maximalen Ressourcenschutz zu erreichen, bzw. um dazu beizutragen, eine bestimmte Ressourcenausstattung zu minimalen Kosten bereitzustellen. Die neoklassische Wirtschaftswissenschaft kann also einige begrenzte Einsichten in die Probleme der Verteilung und der Gerechtigkeit vermitteln. Wichtig ist dabei das Konzept der Pareto-Verbesserung, das derjenigen Politik die größte Akzeptanz zusichert, bei der es keine Verlierer gibt, bzw. deren Erträge hoch genug sind, dass die Verlierer für ihre Verluste kompensiert werden können. *Dabei sollte die Kompensation auch tatsächlich stattfinden.*

Die Kriterien für den Umgang mit dem ökologischen Ressourcentransfer müssen auf „solider" Wissenschaft beruhen, die den Schwerpunkt auf den Schutz der Artenvielfalt und die Minimierung des Entropieanstiegs legen sollte. Um akzeptiert zu werden, muss der intergenerative Transfer schließlich realistischerweise für die größeren, am Prozess beteiligten Interessengruppen akzeptabel sein. Ansätze für einen intergenerativen Transfer durch die Gesellschaft sind bereits zu erkennen, und zwar in Form von Naturschutzgebieten, Wildtierreservaten, Schutzzonen in den Polarregionen etc. Die entsprechenden Programme sind nicht nur von lokalen, bundesstaatlichen, nationalen und internationalen Behörden initiiert worden, sondern auch von Nicht-Regierungs-Organisationen (NGO) – v. a. von Naturschutzgruppen. Ferner haben viele Familien und Einzelpersonen gezeigt, dass sie dem intergenerativen Transfer Bedeutung beimessen, indem sie Opportunitätskosten auf sich genommen haben, um Flächen und Ressourcen in ihrem natürlichen Zustand zu belassen. Diese öffentlichen und privaten Initiativen zum Schutz lebender Ökosysteme sind wegweisend für die weit größeren künftigen Anstrengungen, die nötig sein werden, um Nachhaltigkeit auf globaler Ebene zu erreichen.

In den Fällen, in denen sich die öffentlichen Körperschaften bereits im Besitz großer Landflächen befinden, wie in den westlichen Staaten der USA, sind die Aufgaben des Erwerbs und die Einrichtung von Schutzgebieten relativ leicht zu bewältigen; es dürften kaum zusätzliche Ausgaben entstehen. Dabei muss jedoch beachtet werden, dass Opportunitätskosten in Höhe derjenigen Nutzungsalternative entstehen, die den höchsten Ertrag abwirft. Der kostengünstigste Schritt für den Schutz wertvoller Ökosysteme sind Enteignungen, die aber meist an Gerechtigkeitsüberlegungen scheitern werden. Allerdings steht für Fälle, in denen sich sehr schutzwürdige Ökosysteme in privatem Besitz befinden, eine Vielzahl von Politikinstrumenten für den Erwerb zur Verfügung. Die einfachste Methode besteht im Kauf. Dieser hat den Vorteil, dass das Gerechtigkeitskriterium erfüllt wird, indem die Voreigentümer voll kompensiert werden. Andererseits besteht der Nachteil hoher Belastungen für die öffentlichen Haushalte. Die finanziellen Mittel, die für den Erwerb von Ökosystemen zur Verfügung stehen, können dadurch „gestreckt" werden, indem Nutzungsrechte abgekauft werden, die weit genug reichen, um das betreffende ökologische Merkmal zu schützen, und gleichzeitig so durchlässig sind, den Besitzern lebenslanges Eigentum zu garantieren oder eine beschränkte wirtschaftliche Nutzung bei gleichzeitigem langfristigen Schutz erlauben.

Wenn die für den Erwerb nötigen finanziellen Mittel über Steuern und Abgaben erhoben werden, werden die Kosten für die gegenwärtigen Generationen offensichtlich. In demokratischen Gesellschaften verlangt ein solches Vorgehen jedoch i.d.R. einen Konsens. Dabei wird der Transfer der Mittel von der Allgemeinheit zu den Voreigentümern der ökologisch wertvollen Flächen explizit gemacht. Die zentrale ökonomische Frage lautet in diesem Zusammenhang, was die Steuerzahler aufgeben müssen, um den Transfer zu ermöglichen, und für welchen Zweck die Mittelempfänger die Einnahmen verwenden. Wenn die öffentlichen Körperschaften ökologisch wertvolle Flächen erwerben, findet also nicht nur zwischen den aufeinanderfolgenden Generationen eine Umverteilung statt, sondern auch innerhalb der gegenwärtig lebenden Generationen.

4.4 Umweltpolitische Instrumente

Eine wichtige Aufgabe der Ökologischen Ökonomik besteht neben der Beschäftigung mit den Zielen, Strategien und Programmen für eine nachhaltige Entwicklung darin, bessere und innovative Politikinstrumente zu entwerfen, die für die Erreichung dieser Ziele erforderlich sind. Bis jetzt haben wir uns mit den grundlegenden Prinzipien der Ökologischen Ökonomik beschäftigt und daraus eine Agenda abgeleitet. Diese ist unserer Ansicht nach die Grundvoraussetzung, dass von der gegenwärtig verfolgten Politik der Ausplünderung des Planeten zu einer neuen Politik übergegangen wird, welche die Artenvielfalt schützt und eine nachhaltige menschliche Gesellschaft auf der Erde schafft, in der die Gerechtigkeit unter den Gruppen, Regionen und Generationen höchste Priorität hat.

In den Umweltschutzdiskussionen werden die umweltpolitischen Instrumente, die für die Erreichung der Programmziele von grundlegender Bedeutung sind, aber nur selten behandelt. Beispielsweise enthält Gores Buch *Earth in the Balance* (1992) ein visionäres Programm, das uns auf dem Weg zum Ziel einer nachhaltigen Gesellschaft einen großen Schritt weiterbrächte, wenn es durchgeführt würde. Viel weniger Aufmerksamkeit schenkt Gore jedoch der Frage, welche Politikinstrumente nötig sind, um die von ihm aufgezählten Ziele zu erreichen. Es fällt auf, dass sich sogar einige der ernsthaftesten und passioniertesten Umweltwissenschaftler/innen damit begnügen, die großen Fragen der Ziele und Zwecke zu behandeln, sich mit den pragmatischen Aspekten der Etablierung geeigneter Instrumente aber kaum beschäftigen. Wir sind demgegenüber der Auffassung, dass ein ernsthafter umweltpolitischer Ansatz auch eine Analyse der Politikinstrumente einschließen muss, da diese einen integralen Bestandteil der durchzuführenden Programme darstellen.

Ein Grund für die häufige Vernachlässigung der Politikinstrumente, insbesondere, aber nicht nur in den USA, ist die Ausrichtung der Umweltpolitik am regulierenden bzw. ordnungsrechtlichen Ansatz. Seit dem *National Environmental Protection Act* von 1969, durch den die *Environmental Protection Agency* (EPA), die höchste amerikanische Umweltbehörde, geschaffen wurde, besteht der Hauptansatz der Umweltpolitik im Erlassen von Auflagen, Verboten und Geboten, durch welche die gewünschten Ziele erreicht werden sollen. Das gilt auch heute noch. Durch diesen Ansatz wurde viel erreicht, und z. B. die USA sind zweifellos in einer weit besseren Situation als sie es ohne ihn gewesen wären. Doch nur wenige würden die Ergebnisse als völlig befriedigend bezeichnen, sodass sich folgende Fragen stellen:

- Könnten andere Ansätze zu besseren Ergebnissen führen?
- Sind die gegenwärtig verfolgten Ansätze unzureichend, um die wachsenden Probleme der Zukunft zu lösen?
- Können bestehende Politikinstrumente modifiziert werden und bessere Ergebnisse, niedrigere Kosten, oder beides liefern?

Viele Wissenschaftler/innen, die sich mit diesen Problemen beschäftigt haben, bejahen all diese Fragen.

Die Schadstoffbelastung ist nur eine Ursache für Umweltschäden. An ihrem Beispiel kann die Entwicklung der Politikinstrumente am besten veranschaulicht werden (vgl. Box 22, Anm. d. Hrsg.). Daraus können Lehren im Hinblick auf andere Umweltprobleme gezogen werden. Zur Eindämmung der Umweltverschmutzung haben die Politiker eine breite Palette von Instrumenten entwickelt: von moralischer Ermahnung bis hin zur Gefängnisstrafe. Zu den wichtigsten gehören Emissionsauflagen und –steuern, Steuern auf Produkte, deren Nutzung mit Emissionen einhergeht, die Vergabe von Emissionszertifikaten, die allein zur Emission einer bestimmten Schadstoffmenge berechtigen, Entschädigungszahlungen für die Reduzierung von Schadstoffemissionen, Umweltbildung sowie die Einführung von Pfandsystemen für umweltschädigende Produkte. Für unsere Zwecke ist es sinnvoll, diese breite Palette von Instrumenten in zwei große Kategorien zu unterteilen: ordnungsrechtliche Instrumente in Form von Auflagen, Verboten und Geboten und anreizbasierte Instrumente auf der Grundlage ökonomischer Prinzipien.

Der ordnungsrechtliche Ansatz wird auch (vor allem von seinen Gegnern) als *Command-and-Control*-Ansatz bezeichnet. Der Begriff des *Command-and-Control* ist jedoch besser geeignet, um ein System der Zentralplanung für eine gesamte Volkswirtschaft, wie in der ehemaligen Sowjetunion, zu charakterisieren. Weniger gut eignet er sich, um eine Untermenge umweltpolitischer Instrumente zu bezeichnen, die als Korrekturmaßnahmen mit einer überwiegend marktwirtschaftlich strukturierten Wirtschaft vereinbar sind.

Statt eine Bewertung von Politikinstrumenten vorzunehmen, indem von einem Gegensatz zwischen dem ordnungsrechtlichen und anreizbasierten Ansatz ausgegangen wird, sollte eine konstruktive Methode verfolgt werden, indem diejenigen Bedingungen untersucht werden, unter denen ökonomische Anreize zu besseren Ergebnissen führen und unter denen ordnungsrechtliche Maßnahmen sinnvoller sind. Die Beurteilung der umweltpolitischen Instrumente wird dabei üblicherweise mit Hilfe einer Reihe von Kriterien vorgenommen, wie sie in Box 25 skizziert werden.

Box 25: **Beurteilungskriterien für umweltpolitische Instrumente**

Andreas A. Busch

Sollen umweltpolitische Instrumente im Hinblick auf ihre Tauglichkeit beurteilt werden, bestimmte Ziele zu erreichen, so setzt dies die Kenntnis geeigneter Beurteilungskriterien voraus. Dazu sei angemerkt, dass die Kriterien in der Literatur nicht immer einheitlich abgegrenzt und im Hinblick auf ihre Bedeutung eingeordnet werden. Die situationsbezogene Rolle der einzelnen Kriterien folgt zum einen aus der den umweltpolitischen Instrumenten zu Grunde liegenden Zielvorstellung und zum anderen aus den Ansprüchen des Anwenders an die Umweltpolitik, die sich in der umweltpolitische Strategie bzw. deren Umsetzungsprinzipien manifestieren.[16]

.../

---

[16] Vgl. Box 26, Anm. d. Hrsg.

Ökologische Wirksamkeit

Die ökologischen Wirksamkeit (auch: ökologische Effektivität, ökologische Treffsicherheit) stellt i. d. R. das zentrale Kriterium dar. Es beurteilt, ob das betrachtete umweltpolitische Instrument in der Lage ist, die vorgegebenen Umweltqualitätsziele treffsicher und in angemessener Zeit zu erfüllen.Ökonomische Effizienz

Ökonomische Effizienz

Ökonomische Effizienz erfordert, ein gegebenes umweltpolitisches Ziel mit möglichst geringen Kosten zu erreichen. Die Notwendigkeit der Kostenminimierung folgt aus der ökonomisch formulierten Zielsetzung, Wohlfahrtseinbußen zu vermeiden. Dieses Effizienzkriterium nimmt insbesondere in der neoklassischen Umweltökonomik eine zentrale Stellung ein.

Dynamische Anreizwirkungen

Eine weitere Forderung an umweltpolitische Instrumente lautet, dass sie Anreize für die Verursacher liefern sollen, sich fortlaufend um eine stärkere und kostengünstigere Vermeidung von Umweltbelastungen zu bemühen (z. B. durch umweltfreundliche Verfahrens- und Produktinnovationen). Um deutlich zu machen, dass umweltpolitische Instrumente nicht nur im Hinblick auf ihre *augenblicklichen* Wirkungen (ökologische Effektivität) und Kosten (ökonomische Effizienz), sondern auch bezüglich ihrer *zukünftigen* zu beurteilen sind, wird das Kriterium der dynamischen Anreizwirkungen in der Regel getrennt von den ersten beiden Kriterien diskutiert.

Praktikabilität

Damit umweltpolitische Instrumente in der Realität auch tatsächlich eingesetzt werden können, müssen sie mit den geltenden ordnungsrechtlichen Rahmenbedingungen übereinstimmen, administrativ handhabbar und politisch durchsetzbar sein.Die politische Durchsetzbarkeit hängt dabei insbesondere von einer Vielzahl von Faktoren wie z. B. den Interessenlagen der Beteiligten (Bürger, Gebietskörperschaften, Parteien etc.), der Vertrautheit im Umgang mit dem Instrument, dem administrativen Aufwand, möglichen moralischen Bedenken (z. B. bei „Baby-Zertifikaten") u. a. ab.

Systemkonformität

Bei der Systemkonformität ist zu prüfen, inwieweit ein Instrument den für die Soziale Marktwirtschaft konstituierenden Prinzipien "Marktsteuerung" und "Subsidiarität" entspricht. Hierzu ist auch zu prüfen, ob Wettbewerbsverzerrungen vorliegen und die Wirksamkeit eines umweltpolitischen Instruments beeinträchtigen oder durch das Instrument selbst verursacht werden könnten.

Wirkungsverzögerungen

Je nach Dringlichkeit des umweltpolitischen Eingreifens ist es notwendig, die Instrumente im Hinblick auf die Zeitdauer, bis die erwünschten Wirkungen eintreten, zu vergleichen. .../

Sozialverträglichkeit

Oft werden Verteilungsgerechtigkeit oder Arbeitsplatzsicherung als Beurteilungskriterien herangezogen (vgl. z. B. Frey, Altmann, Bartel/Hackel). Damit soll geprüft werden, welche Wirkungen auf die Verteilung von Einkommen und Nutzungsrechten an der Natur sowie auf die Beschäftigung mit dem Einsatz eines Instruments verbunden sind. Diese Kriterien können aber auch als Bestandteil eines umfassenderen Katalogs an Faktoren angesehen werden, der mit dem Begriff *Sozialverträglichkeit* zu umschreiben ist und zusätzliche Kriterien wie z. B. die Auswirkungen auf Verfassungsziele (z. B. Demokratie, Sozialstaat, Gewaltenteilung) oder die Verträglichkeit mit gesellschaftlichen Werten (z. B. technischer Fortschritt, natürliche Lebensbedingungen, Leistungsethik) enthält.

Internationale Harmonisierbarkeit

Angesichts der Zunahme grenzüberschreitend wirkender Umweltprobleme und der zunehmenden gesellschaftlichen und wirtschaftlichen Verflechtungen der Nationalstaaten ist u. U. eine internationale Abstimmung der Umweltpolitiken notwendig. Es muss dann beurteilt werden, inwieweit die Instrumente dazu geeignet sind.

Flexibilität, Reversibilität, Fehlerfreundlichkeit

Ferner wird gefordert, dass umweltpolitische Instrumente flexibel handhabbar sein sollen, um auf Parameteränderungen, unvorhersehbare Nebenwirkungen oder auch das Verfehlen der ökologischen Ziele angemessen reagieren zu können. Es ist auch zu prüfen, inwieweit eine Maßnahme umkehrbar ist. "Fehlerfreundliche Instrumente zeichnen sich dadurch aus, dass sie für ihr Funktionieren nicht notwendig den homo oeconomicus bzw. Rationalverhalten voraussetzen" (Bartmann 1996: 118).

Literatur: **Altmann**, J. (1997): Umweltpolitik, Stuttgart, S. 142-151; **Bartmann**, H. (1996): Umweltökonomie – ökologische Ökonomie, Stuttgart, S. 117-119; **Bartel**, R., **Hackl**, F. (1994): Einführung in die Umweltpolitik, München, S. 37-49; **Endres**, A. (1994): Umweltökonomie – Eine Einführung, Darmstadt, S. 118-164; **Frey**, B. (1992): Umweltökonomie, 3. Aufl., Göttingen, S. 106-110.

So haben etwa Cropper und Gates (1992) wichtige Einsichten in die Problematik der Bewertung der Instrumente vermittelt. Um Emissionen zu verringern, sind Anreizsysteme für einige Schadstoffarten besser geeignet, für andere Schadstoffarten weniger. Der ordnungsrechtliche Ansatz wird beispielsweise weiterhin zu verwenden sein, um akute Gefahren für die menschliche Gesundheit abzuwenden, z. B. durch Radionuklide und hoch toxische Karzinogene, die nicht freigesetzt werden sollten. Die selbst bei den einfachsten Schadensfunktionen bestehenden wissenschaftlichen Unsicherheiten sind ein starkes Argument, dass die Begrenztheit des Wissens ausdrücklich anzuerkennen und bei der Entwicklung von Umweltschutzmaßnahmen zu berücksichtigen ist. Daher sind umweltpolitische Konzepte wie das Vorsorgeprinzip und haftungsrechtliche Instrumente wie Versicherungsanleihen („assurance bonding") entwickelt worden, die im Folgenden näher behandelt werden (siehe zu den umweltpolitischen Prinzipien auch Box 26, Anm. d. Hrsg.). Durch diese Prinzipien und Instrumente können die Vorteile ökonomischer Anreize genutzt werden, auch wenn nur unvollständige wissenschaftliche Erkenntnisse über die Wirkungen der Schadstoffe und die Wechselwirkungen zwischen ihnen vorliegen.

Box 26: **Prinzipien der Umweltpolitik**

Hubert Wiggering und Armin Sandhövel

Die Prinzipien der Umweltpolitik dienen der Konkretisierung und Operationalisierung umweltschutzpolitischer Leitbildvorstellungen und Ziele. Sie bilden handlungsleitende Grundsätze für den praktischen Instrumenteneinsatz und die Bewertung von Umweltschutzmaßnahmen. Mit dem Paradigmenwechsel von der „traditionellen", emissionsorientierten Umweltpolitik zum Leitbild einer „nachhaltigen, qualitätszielorientierten Entwicklung" ist zugleich ein Wandel der umweltschutzpolitischen Grundsätze verbunden. Erfolge einer bisher sehr stark emissionsorientierten, eher reparativ ansetzenden Umweltpolitik resultieren insbesondere aus der Umsetzung einzelner Prinzipien, die in verschiedener Weise miteinander in Beziehung stehen, dem Verursacher-, dem Gemeinlast-, dem Vorsorge- sowie dem Kooperationsprinzip (Sandhövel 1992).

- *Verursacherprinzip:* Für die Umweltbelastung wird derjenige zur Verantwortung gezogen, dem ursächlich die Schäden zugerechnet werden können.

- *Gemeinlastprinzip:* Ist das Verursacherprinzip nicht anzuwenden, oder aber es ist nicht angeraten es anzuwenden, übernimmt die staatliche Gemeinschaft die Kosten für die Beseitigung und den Ausgleich der Umweltbelastungen.

- *Vorsorgeprinzip:* Durch präventive Maßnahmen sollen künftige Schäden abgewehrt oder Umweltbelastungen vermieden werden.

- *Kooperationsprinzip:* Durch partizipative und aufgabenzuweisende Kooperation erfolgt eine mitverantwortliche Beteiligung der Betroffenen an der Planung und der Umsetzung von umweltpolitischen Maßnahmen.

Eine Verständigung im internationalen Kontext darüber, wie diese Prinzipien definiert sind, erfolgt jedoch – insbesondere im Hinblick auf ihre Anwendung in internationalen Umweltabkommen – erst in den letzten Jahren (EC 2000). Allerdings bleibt der internationale Rechtsstatus dieser Prinzipien vielfach weiterhin umstritten. So ist das Vorsorgeprinzip trotz – oder gerade wegen – der Betonung eines Vorsorgeansatzes in den Grundsätzen der so genannten Rio-Erklärung der Vereinten Nationen zu Umwelt und Entwicklung von 1992 vage.

.../

4. Politiken, Institutionen und Instrumente 243

Mit der Forderung nach einer stärker agierenden, qualitätsorientierten Umweltpolitik sind diese Ansätze in den letzten Jahren zunehmend durch das Nachhaltigkeitsprinzip (*Sustainable development*) (Hauff (Hrsg.) 1992) in einen Gesamtrahmen eingefügt worden. Danach sollen stärker als bisher ökonomische, soziale und ökologische Entwicklungen miteinander verbunden werden, zumindest aber nicht gegeneinander ausgespielt werden. Die jeweiligen komplexen Systeme kennen Grenzen der Belastbarkeit, jenseits derer ihre spezifischen Funktionen gestört sind. Im Sinne der Nachhaltigkeit sollen dabei die ökologischen Systeme durch ihre Belastbarkeitsgrenzen den Rahmen vorgeben, innerhalb dessen wirtschaftlich nachhaltiges und sozialverträgliches Handeln stattfinden kann. Besondere Aufmerksamkeit erfährt dabei das Modell der Entkopplung wirtschaftlicher Entwicklungen von Ressourcenverbrauch und Beeinträchtigungen der Umweltmedien (SRU 1994). Ausgehend vom Postulat einer inter- und intragenerativen Gerechtigkeit sind grundsätzliche Managementregeln formuliert worden, die zur Realisierung einer nachhaltigen Entwicklung beitragen:

- Die Nutzung erneuerbarer Ressourcen darf keinesfalls größer sein als ihre Regenerationsrate.

- Die Nutzung nicht erneuerbarer Ressourcen darf nicht größer sein als die Substitutionsrate.

Die Freisetzung von (Schad-)Stoffen, darf nicht größer sein als die Aufnahme- und Kompensationsfähigkeit der Umweltsysteme, um eine Selbstorganisation dieser Systeme (Müller/Wiggering 1999) zu erhalten. Die (Schad-)Stofffreisetzung sollte diese Grenze möglichst deutlich unterschreiten.

Die Ausrichtung der wirtschaftlichen und sozialen Entwicklung an den Funktionen natürlicher Umweltsysteme erfordert zwangsläufig einen entsprechenden Wandel des die Zivilisationsentwicklung heute weitgehend noch bestimmenden Verständnisses von wirtschaftlichem Fortschritt und ökonomischer Rationalität. Soll die Wirtschaft zukunftsfähig sein, muss sie als *zirkuläre Ökonomie* so ausgelegt werden, dass die Produktionsprozesse von Anfang an in die natürlichen Kreisläufe eingebunden bleiben. Vorrangig geht es also darum, die Umweltfunktionen zu erhalten.

Die zirkuläre Ökonomie ist im Kern ein ressourcenökologisches und ressourcenökonomisches Modell. In ihr geht es um den Erhalt der Umweltfunktionen bei gleichzeitiger Ermöglichung ökonomischer und sozialer Entwicklung. Methodisch unberücksichtigt bleibt hier jedoch ein im Konzept einer nachhaltigen Entwicklung im Grunde mit angelegter Aspekt, nämlich der des Schutzes der menschlichen Gesundheit. Diesem Aspekt hat die Umweltpolitik bisher in eigener Weise im oben genannten *Vorsorgeprinzip* Rechnung getragen. Der vorsorgende Gesundheitsschutz erweist sich so als weitere handlungsleitende Regel im Rahmen der Nachhaltigkeit: Gefahren und unvertretbare Risiken für die menschliche Gesundheit durch anthropogene Einwirkungen sind zu vermeiden.

.../

Literatur: Sandhövel, A. (1992): Prinzipien der Umweltpolitik, in: **Dreyhaupt**, F. J., **Peine**, F.-J., **Wittkämper**, G. W. (Hrsg.): Umwelt Handwörterbuch, Berlin 1992, S. 169-174; **European Commission**: Communication on the Precautionary Principle. COM(2000)1, Brüssel 2000; **Hauff**, V. (Hrsg.) (1987): Unsere gemeinsame Zukunft. Der Bericht der Weltkommission für Umwelt und Entwicklung (Brundtland-Bericht). Greven; Konferenz der Vereinten Nationen für Umwelt und Entwicklung im Juni 1992 in Rio de Janeiro - Dokumente - Agenda 21. BMU 1992; Der Rat von Sachverständigen für Umweltfragen (1994): Umweltgutachten 1994. Stuttgart; **Müller**, F., **Wiggering**, H. (1999): Environmental indicators determined to depict ecosystem functionality. In: Pyck, Y.A., Hyatt, D.E. & Lenz, R.J.M.: Environmental Indices: System Analysis Approach, Oxford, S. 64-82.

Bei vorliegenden Unsicherheiten besteht eine angemessene staatliche Politik in der Verhinderung von Emissionen („Prävention") (was in der Regel wesentlich kostengünstiger ist als ihre nachträgliche Beseitigung) und somit in der Begrenzung ihrer Freisetzung. Dies kann erreicht werden, indem die Ansicht aufgegeben wird, dass Emissionen so lange als ungefährlich zu gelten haben, bis Schädigungen nachgewiesen wurden. Zudem sollte die Beweislast von den Regulierungsbehörden, die durch kostenintensive Methoden die Schädigungen nachweisen müssen, auf die Emittenten verlagert werden, welche dazu verpflichtet sein sollten, die Unbedenklichkeit der Emission vor der Freisetzung nachzuweisen. Dies zeigt, dass ökonomische Anreize ein effektives Instrument sein können, besonders wenn sie in Verbindung mit ordnungsrechtlichen Maßnahmen angewandt werden.

Somit können Politikinstrumente, die auf ökonomischen Anreizen basieren, sehr effiziente Mittel für das Erreichen von Allokationszielen sein. Dabei darf jedoch nicht der logische Fehler begangen werden, der in vielen wirtschaftswissenschaftlichn Veröffentlichungen anzutreffen ist, dass Märkte, weil sie so gut zur Erreichung der Allokationsziele geeignet sind, auch für die Bestimmung von zwei anderen kritischen Zielen geeignet sind: nachhaltige Größenordnung und gerechte Verteilung. Für die vorrangigen Ziele der nachhaltigen Größenordnung und der gerechten Verteilung müssen spezielle Instrumente eingeführt werden. Erst wenn die Erreichung dieser beiden Ziele gewährleistet ist, kann das Augenmerk darauf gerichtet werden, die Ziele auf effiziente Weise zu erreichen.

Ordnungsrechtliche Instrumente

Die Umweltpolitik der USA basiert, wie oben angemerkt, auf einem ordnungsrechtlichen Ansatz („regulatory approach") der Bundesregierung, auf dessen Grundlage der Kongress nationale Richtlinien aufgestellt hat.[17] Die Zuständigkeit für die Implementierung liegt überwiegend bei den Bundesstaaten. Dieser Ansatz hat sich aus der in der zweiten Hälfte des 20. Jahrhunderts wachsenden Erkenntnis entwickelt, dass schwere Umweltschäden unvermeidbar sind, wenn man sich nur auf die bundesstaatlichen und lokalen Behörden verlässt. Letztere stehen untereinander im Wettbewerb um wirtschaftliche Entwicklung, der einer wirksamen lokalen Umweltpolitik im Wege stehen kann. Der ordnungsrechtliche Ansatz der Vereinigten Staaten zeigt sich z. B. darin, dass jeder Bundesstaat dazu verpflichtet ist, einen *State Implementation Plan* (SIP) für stationäre Emissionsquellen von Luftschadstoffen aufzustellen, damit Emissionen wie Stäube, Schwefel- und Stickoxide so weit reduziert werden, dass die nationalen Luftqualitätsstandards erreicht werden. Für die Durchsetzung der Regelungen sind in all diesen Fällen die Bundesstaaten zuständig. Theoretisch wird ein Nichterreichen der lokalen Luftqualitätsstandards durch die Aussetzung von Bundessubventionen für wichtige Autobahnen und andere Projekte bestraft. Ein fortgesetztes Nichterreichen der lokalen Luftqualitätsstandards hat in vielen größeren Ballungsräumen mit großer politischer und wirtschaftlicher Macht jedoch zu wiederholten Verschiebungen der Termine für die Erreichung der Qualitätsziele geführt. Der *Clean Air Act* von 1990 zielte darauf ab, diesen Problemen durch einen verbesserten Ansatz zu begegnen.

Auch das Wasserschutzgesetz der USA beruht auf der Trennung der Zuständigkeiten von Bundesstaaten und Bundesregierung, wobei der Schwerpunkt auf Emissionen und Qualitätsstandards liegt. Umweltqualität wird dabei weniger durch quantitative als durch qualitative Ziele definiert, wie die Eignung der Umwelt für Freizeitnutzung und Fischerei.

Hinsichtlich der Umweltschutzziele haben ordnungsrechtliche Ansätze in den westlichen Marktwirtschaften nur beschränkten Erfolg, in den Zentralverwaltungswirtschaften versagten sie sogar völlig (Feshbach/Friendly 1992). Das Ordnungsrecht ist in der Regel dann geeignet, wenn eindeutige Umweltziele bestehen, für die es einen breiten politischen Konsens gibt, wenn die Vermeidungskosten für alle Akteure in etwa gleich hoch sind, wenn relative Sicherheit über die Art der Emissionen besteht und

---

[17] Auch die Umweltpolitik in Europa basiert auf dem ordnungsrechtlichen Ansatz – in den Augen vieler Umweltökonomen/innen und -politiker/innen sogar in noch stärkerem Ausmaß als in den USA. Vgl. dazu auch Box 26 und 34, Anm. d. Hrsg.

wenn die Durchsetzung leicht und effektiv ist. Diese Voraussetzungen bestehen jedoch nur in allzu wenigen Fällen, von denen bereits viele identifiziert und kontrolliert sind (z. B. große industrielle, punktuelle Emissionsquellen und Abwasserkläranlagen). Daher reicht der ordnungsrechtliche Ansatz allein kaum aus, um weitere Fortschritte zu erzielen.

Die begrenzten Möglichkeiten des ordnungsrechtlichen Ansatzes, einen akzeptablen Umweltschutz zu erreichen, und die hohen Kosten dieser traditionellen Politik haben Wirtschaftswissenschaftler und andere dazu veranlasst, weniger kostenintensive und wirksamere anreizbasierte Politikinstrumente vorzuschlagen, z. B. Emissionsabgaben, handelbare Emissionszertifikate sowie haftungsrechtliche Lösungen wie Versicherungsanleihen („assurance bonds"). Die Tatsache, dass die Alternativen zum ordnungsrechtlichen Ansatz in der Öffentlichkeit bisher kaum auf Zustimmung gestoßen sind, deutet darauf hin, dass die heutigen Praktiken als politisch und traditionell besser durchsetzbar angesehen werden, zumindest aber als nicht so inakzeptabel wie die vorgeschlagenen institutionellen Innovationen. Ordnungsrechtliche Maßnahmen haben folgende Vorteile:

1. Sie sind einfach, leicht verständlich und anerkannt.

2. Traditionell bedienen sich viele Länder gesetzlicher Regulierungen, um erkannte Probleme zu lösen.

3. Sie werden bei den wichtigsten Emittenten und Interessengruppen akzeptiert.

4. Sie sind seit langem Bestandteil des Rechtssystems.

Trotz dieser Vorteile hat der ordnungsrechtliche Ansatz aber nicht die Hoffnungen auf eine höhere Umweltqualität erfüllt. Besonders bei diffusen, dauerhaften, nichtpunktuellen Emissionen ist er ist mit zahlreichen immanenten Nachteilen verbunden. Einige dieser Nachteile seien im Folgenden genannt:

1. Eine wirksame Regulierung erfordert eine große Menge an technischen und privaten Informationen, die den Regulierungsbehörden selten zur Verfügung stehen.

2. Eine erfolgreiche Durchsetzung der Regulierungen geht mit hohem Kontrollaufwand und Durchführungskosten einher.

3. Der hohe Verwaltungsaufwand, der mit Regulierungen verbunden ist, führt zu hohen Ausgaben pro Einheit vermiedener Emissionsmenge.

4. Umweltbestimmungen können leicht hinter- oder umgangen werden.

5. Da es keine starken Anreize gibt, die Emissionen unter das vorgeschriebene Niveau

zu verringern, sinkt die Motivation, technische Weiterentwicklungen vorzunehmen und die Emissionen zu vermeiden, bevor sie entstehen.

6. Die Emittenten können die Kosten ihrer Handlungen für die Gesellschaft *zum Zeitpunkt ihrer Entscheidung* ignorieren, d. h. Anreize für einen präventiven Umweltschutz sind gering.

Da der ordnungsrechtliche Ansatz auf dem bestehenden Rechtssystem beruht, gilt darüber hinaus die Annahme, dass der Emittent keine Schädigungen verursacht hat, bis nachgewiesen werden kann, dass die Bestimmungen nicht eingehalten wurden oder beweisbare Schädigungen entstanden sind. Angesichts der großen Unsicherheit hinsichtlich des Verbleibs und der Auswirkungen von Schadstoffen kann diese Annahme zu großen Problemen führen, besonders in den Fällen, in denen diese Unsicherheit sehr hoch ist.

Trotz dieser Beschränkungen des ordnungsrechtlichen Ansatzes, besonders im Hinblick auf Verschmutzungen, für die es große Anreize gibt, haben Regulierungssysteme immer noch eine große Bedeutung für grundlegende Umweltprobleme, die durch Bevölkerungswachstum, durch neue Technologien, durch Veränderungen von Ökosystemen und den Verlust an Biodiversität verursacht werden. Wir weisen nachdrücklich darauf hin, dass die Wirksamkeit des ordnungsrechtlichen Ansatzes beträchtlich erhöht werden kann, indem ökonomische Anreizmechanismen integriert werden.

Box 27: **Debatte umweltpolitischer Instrumente in Deutschland**

Eva Lang

Dem ganzheitlichen Ansatz der Ökologischen Ökonomie entsprechend wird Umweltpolitik als Querschnittsaufgabe betrachtet und es werden integrative Lösungen zur Gestaltung einer umwelt- und sozialverträglichen Wirtschaftsweise angestrebt. Die Vorschläge zum Instrumentarium werden dabei größtenteils aus der traditionellen Umweltökonomie entlehnt. Dort wird vorgeschlagen, Marktversagen zu internalisieren durch Abgaben (Gebühren oder Steuern), Zertifikatslösungen oder Kompensationen - auch im Rahmen privatwirtschaftlicher Verhandlungslösungen. Im Vergleich zum präferierten Instrumentarium der umweltpolitischen Praxis, der Regulierung durch Auflagen, wird das marktorientierte Instrumentarium als eindeutig besser – weil i. d. R. effizienter – angesehen. Bezüglich Konzeption und Ausgestaltung einer marktorientierten Umweltpolitik stehen sich im wissenschaftlichen Diskurs v. a. Abgaben- und Zertifikatslösungen gegenüber. Bei der Umsetzung der Instrumente in Deutschland spielen Zertifikatslösungen derzeit keine Rolle.

.../

Im Zentrum der Diskussion stehen vielmehr folgende Lösungsstrategien:

- *Förderung und Unterstützung von Verhaltensänderungen, Problemwahrnehmungen und Selbstorganisationsprozessen*, beispielsweise durch gesellschaftliche Diskurse über Leitbilder, Verbraucherpolitik und Verbesserung der Informationssysteme wie sie auf der Makroebene (Ökosozialprodukt) und Mikroebene (Ökobilanzen und Produktlinienanalysen) bereits praktiziert werden.

- *Kooperationslösungen* in Form von Selbstverpflichtungsabkommen zwischen Staat und Wirtschaft wie z. B. die Verpflichtung der deutschen Wirtschaft, bis zum Jahre 2005 eine Minderung des CO_2-Ausstoßes um 20 % gegenüber 1987 zu erreichen.

- *Ausbau und Flexibilisierung des Ordnungsrechts im Sinne ökologischer Strukturreformen.* Als erster positiver Schritt mit allerdings – wegen der Zurechnungsproblematik – begrenzter Wirksamkeit ist das seit 1991 in Deutschland geltende Umwelthaftungsrecht zu nennen, das auf den Grundideen einer nachträglichen Internalisierung von Kosten sowie eines Anreizes zur vorsorgenden Vermeidung von Umweltschäden basiert. 1996 ist das Kreislaufwirtschafts- und Abfallgesetz in Kraft getreten, das im Vergleich zur deutschen Verpackungsverordnung von 1991 und dem Dualen System den Beginn einer strukturellen Lösungsstrategie markiert: Die Kreislaufwirtschaft soll die Durchlaufwirtschaft ablösen. Erstere dient der Schonung natürlicher Ressourcen und der umweltverträglichen Beseitigung von Abfällen. Vermeidung hat Vorrang vor einer stofflichen und energetischen Verwertung und diese wiederum vor der Beseitigung von Abfällen. Kritisiert wird das Kreislaufwirtschaftsgesetz wegen der fehlenden Verankerung einer generellen Produktverantwortung.

- *Die öko-soziale Abgabenreform.* Sie ist eine aufkommensneutrale Korrektur der Preise, die verzerrt sind durch die überproportionale Belastung des Faktors Arbeit gegenüber Kapital und natürlichen Ressourcen. Hauptziel der Ökologischen Steuerreform ist die Reduzierung der Sozialversicherungsbeiträge. Die Finanzierung erfolgt in 5 Stufen, beginnend 1999. Dazu werden schrittweise die Steuern auf Mineralöl, Heizöl, Gas und Strom erhöht. Damit wird allerdings das ursprüngliche Ziel, die Beiträge zur Rentenversicherung um 2,4 % zu senken, nicht erreicht werden. Auch wird sich die ökologische Lenkungswirkung in Grenzen halten, zumal großzügige Ausnahmeregelungen eingebaut wurden (reduzierte Steuersätze von 20 % für das produzierende Gewerbe und die Landwirtschaft, flankiert durch eine Härteklausel, die Nettobelastungen für Unternehmen faktisch ausschließt). Dennoch markiert das Konzept eine Zäsur in der deutschen Umweltpolitik.

- Auf der Agenda stehen auch Lösungsansätze zum Abbau *ökologisch kontraproduktiver Subventionen* (vgl. die Box 33, Anm. d. Hrsg.). Allerdings stossen schon einfache Vorschläge wie z. B. die Umwandlung der Kilometer- in eine verkehrsmittelunabhängige Entfernungspauschale oder das Streichen ökologisch unsinniger Verkehrsprojekte auf heftige Kritik. Oftmals erfordern Vorschläge auch internationale Lösungen, wie die Aufhebung der Mineralölsteuerbefreiung für die Luftfahrt.
.../

> Die umweltpolitische Entwicklung seit den 90er Jahren ist sehr stark von grundlegenden politischen, wirtschaftlichen und gesellschaftlichen Umwälzungen beeinflusst. Zum einen zeichnet sich eine Abkehr vom bisherigen Command- and Controll-Ansatz ab (das deutsche Umweltrecht umfasst z. B. 800 Gesetzen, über 2700 Rechtsverordnungen und 4700 Verwaltungsvorschriften); weiter bewegt sich die nachsorgende, reparierende Umweltpolitik hin zu vorsorgenden, integrativen Lösungsansätzen der Ökologischen Ökonomie. Zum anderen ist die ökologische Problemlage angesichts von Arbeitslosigkeit sowie Finanzkrisen der sozialen Sicherungssysteme und der öffentlichen Haushalte in den Hintergrund gerückt. Gerade in dieser Konstellation liegt aber eine Chance den integrativen Lösungen mit dem 'double-dividend'-Argument zum Durchbruch zu verhelfen und auf dem Weg zu einer öko-sozialen Marktwirtschaft voran zu kommen.
>
> *Literatur:* **Bartmann**, H. (1996), Umweltökonomie - ökologische Ökonomie, Stuttgart, Berlin, Köln; **Binswanger**, H. Ch. u. a. (1983), Arbeit ohne Umweltzerstörung. Strategien für eine neue Wirtschaftspolitik, Frankfurt/M.

Anreizorientierte Instrumente: Alternativen zum ordnungsrechtlichen Ansatz

Dass in der Umweltpolitik ein akutes Bedürfnis nach alternativen Ansätzen besteht, die weniger kostenintensiv und zugleich wirksamer als das traditionelle ordnungsrechtliche Vorgehen sind, ist keine neue Erkenntnis (Baumol und Oates 1988). Die wichtigsten alternativen Vorschläge zum Ordnungsrecht basieren auf ökonomischen Anreizmechanismen (Anderson, Hofmann, und Rusin 1990; Baumol und Oates 1988). Die oben genannten Mängel des ordnungsrechtlichen Ansatzes werden an den begrenzten Erfolgen deutlich, die auf den hohen Verwaltungsaufwand und die hohen Kosten zurückzuführen sind. Zudem beruhen die laufenden Programme auf einer zumeist unzureichenden wissenschaftlichen Grundlage. Die Bemühungen müssen also darauf gerichtet werden, die Effizienz der Umweltschutzpolitik zu erhöhen und die wissenschaftlichen Grundlagen, auf denen sie basieren, zu verbessern. Im Folgenden wenden wir uns zunächst der ökonomischen Effizienz und ihrer Grenzen zu.

Die Bedeutung der ökonomischen Effizienz

Aus ökonomischer, effizienzorientierter Sicht ist der ordnungsrechtliche Ansatz sowohl schwerfällig als auch kostspielig. In einer Zeit, da fast alle Länder der Erde in der allgemeinen Wirtschaftspolitik den planwirtschaftlichen Ansatz zugunsten einer marktwirtschaftlichen Ordnung aufgegeben haben, erscheint es als anachronistisch, sich in der Umweltpolitik in besonderem Maße auf ordnungsrechtliche Maßnahmen zu stützen anstatt zu versuchen, sich einige der Effizienzvorteile zunutze zu machen, welche die ökonomischen Anreizmechanismen bei der Organisation der Märkte bieten. Es gibt viele Vorschläge für ökonomische, anreizbasierte umweltpolitische Instrumente, von denen im Folgenden einige aufgeführt werden:

- Emissionssteuern (Pigou-Steuer oder -Abgabe),
- Produktsteuern (die auf Produkte erhoben werden, die Umweltschädigungen hervorrufen wie FCKW, fossile Brennstoffe und Agrochemikalien),
- Subventionen für Emissionsminderungen (diese ähneln Steuerentlastungen, jedoch nicht hinsichtlich der Verteilungswirkungen), besonders in der Landwirtschaft und bei der Abwasserbehandlung,
- handelbare Emissionszertifikate, d. h. Umweltnutzungsrechte, die z. B. an der Börse ver- und gekauft werden können,
- Zuweisung von Eigentumsrechten für frei zugängliche und andere Umweltressourcen,
- ökonomische Anreize zur Förderung gemeinnützigen Handelns.

Die verstärkte Anwendung dieser anreizbasierten Instrumente als Alternativen oder Ergänzungen zu den gegenwärtigen ordnungsrechtlichen Maßnahmen wird in der Literatur auf unterschiedliche Weise begründet. Der wichtigste Grund ist die Steigerung der ökonomischen Effizienz durch die Korrektur der folgenden Marktmängel:

- externe Effekte, besonders in Form von Schadstoffemissionen,
- freie, unkontrollierte Zugänglichkeit zu Ressourcen,
- unzureichende Bereitstellung öffentlicher Güter (aufgrund von Nichtausschließbarkeit und Nichtrivalität bei der Nutzung),
- unzureichend definierte Eigentumsrechte,
- Unsicherheit und unvollständige Information,
- kurzsichtiger Zeithorizont bei der Diskontierung (Myopie).

Die anreizbasierten Instrumente sind entwickelt worden, um diese Marktmängel zu korrigieren.

Emissionsabgaben und Subventionen

Die klassische anreizbasierte Alternative zu ordnungsrechtlichen Umweltmaßnahmen ist eine Steuer, eine Gebühr oder eine Abgabe pro Einheit eines emittierten Schadstoffes, die nach A. C. Pigou (1920) Pigou-Steuer genannt wird. Die intellektuelle Grundlage des anreizbasierten Ansatzes ist Adam Smiths Konzept der unsichtbaren Hand, die auf freien Konkurrenzmärkten für einen Ausgleich von Angebot und Nachfrage sorgt. In diesem Modell, das den Schwerpunkt auf die ökonomische Effizienz legt, streben rationale, utilitaristisch orientierte Konsumenten die Maximierung ihres Eigennutzens an und konkurrierende Unternehmer versuchen, ihre Gewinne zu maximieren. Dadurch wird automatisch eine optimale Allokation der knappen Ressourcen bewirkt. Vollständiger Wettbewerb auf allen Märkten ist die dafür, dass Produzenten und Konsumenten ihr Eigeninteresse verfolgen können und es zu gesellschaftlich wünschenswerten Ergebnissen kommen kann - es sei denn, die (restriktiven) Bedingungen für vollkommene Märkte sind nicht erfüllt und einer der oben angesprochenen Fälle von Marktversagen liegt vor.

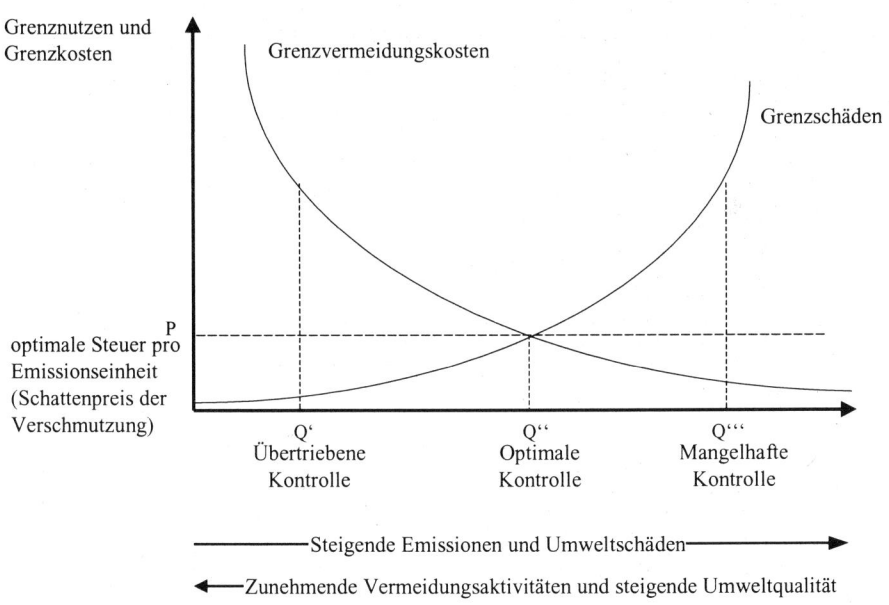

Abbildung 4.1: Optimale Emissionsmenge und Umweltqualität
(aus Costanza und Cumberland 1990)

Die Bedeutung dieses Ansatzes für die Umweltpolitik besteht in folgender Überlegung: Wenn Märkte für Umweltgüter und -leistungen bestünden oder geschaffen würden, dann würden die Konsumenten die Arten und Mengen von Umweltqualität und Nachhaltigkeit kaufen, die sie entsprechend ihrer Mittel und Präferenzen wünschen, ebenso wie sie dies heute bei den auf Märkten gehandelten Gütern und Diensten tun. Offensichtlich ist der Marktansatz für seine Anhänger sehr verführerisch. Denn wenn er funktionieren würde, könnte das Umweltproblem wirksam gelöst werden. Es wäre so weit in seiner Bedeutung reduziert, dass der Schwierigkeitsgrad des Problems beispielsweise der Wahl eines Waschmittels entspräche. Für eine typische graphische Darstellung, sei auf Abbildung 4.1 verwiesen, die sich so oder so ähnlich in vielen umweltökonomischen Schriften wiederfindet.

Kritik am anreizorientierten Ansatz

Da aus theoretischer Sicht alles dafür spricht, den anreizbasierten Ansatz für die Emissionsverringerung zu verwenden (Cropper und Oates 1992), ist zu fragen, aus welchen Gründen dieser Ansatz in der umweltpolitischen Praxis in vielen Ländern auf so wenig Akzeptanz stößt. Einige Einwände gegen anreizbasierte umweltpolitische Instrumente haben ihren Grund in verbreiteten Missverständnissen, Vorurteilen und der Einflussnahme von Interessengruppen. Es gibt jedoch auch Einwände gegen anreizbasierte Instrumente, die auf gerechtfertigten Befürchtungen beruhen und eine gründliche Untersuchung verdienen. Dies betrifft vor allem Fragen hinsichtlich der Informationsanforderungen, räumlichen Anpassung, unzureichenden wissenschaftlichen Grundlagen und der Notwendigkeit transdisziplinärer Forschung. Dies sind berechtigte Einwände, doch sie gelten ebenso für die ordnungsrechtlichen Instrumente und alle anderen umweltpolitischen Instrumente (für weitere Enwände vgl. Box 28, Anm. d. Hrsg.).

Wie oben bereits diskutiert, sind die effizienzorientierten, ökonomischen Politikinstrumente besonders im Hinblick auf die Kriterien Nachhaltigkeit, Gerechtigkeit, Wohlfahrt und Fairness kritisierbar. In der wirtschaftswissenschaftlichen Literatur wird der Trade-off zwischen Gerechtigkeit und Effizienz explizit behandelt, wobei nicht unterschlagen wird, dass die Wirtschaftswissenschaften das Hauptaugenmerk auf die Effizienz legen, und zu den Fragen der Gerechtigkeit wenig Fundiertes zu sagen haben sowie das Thema der Nachhaltigkeit bis vor kurzem vernachlässigt haben. Das Gerechtigkeitskriterium, das in der wirtschaftswissenschaftlichen Literatur immer wieder herangezogen wird und für die Politikanalyse von Bedeutung ist, wurde oben schon angesprochen. Es handelt sich um das Konzept der Pareto-Gerechtigkeit. Dieses Konzept leitet sich von dem allgemeinen Begriff des Pareto-Optimums ab, der vom italienischen Soziologen Vilfredo Pareto (1927) eingeführt wurde. Dabei geht es um die notwendigen Bedingungen für ein allgemeines effizientes Gleichgewicht (Randall 1987). Im allgemeinen Begriff des Pareto-Optimums ist der Gedanke der Pareto-Gerechtigkeit enthalten. In seiner einfachsten Form ist gefordert, dass Änderungen der Politik oder anderer Arrangements nur dann vorgenommen werden sollten, wenn dadurch mindestens eine Person besser gestellt wird, ohne dass zugleich eine oder mehrere andere Personen schlechter gestellt werden. Dieses Kriterium hat weitreichende und bedeutsame Konsequenzen für die Analyse der menschlichen Wohlfahrt (Randall 1987). Hier wollen wir festhalten, dass Änderungen tendenziell akzeptabler und erfolgreicher sind, wenn durch sie niemand schlechter gestellt wird.

Das Prinzip der Pareto-Gerechtigkeit ist ein Grund für den Vorschlag, Emissionszertifikate (d. h. handelbare Verschmutzungrechte) kostenfrei an bestehende Emittenten auszugeben, obwohl es aufgrund von Effizienzüberlegungen und ethischer Erwägungen Einwände gegen ein solches Verfahren gibt. Der gleiche Grundsatz kann herangezogen werden, um staatliche Kompensationen für Eigentümer zu rechtfertigen, die durch Änderungen von Flächennutzungsplänen und andere hoheitliche Maßnahmen Verluste erlitten haben. Entschädigungen bürden der Allgemeinheit zwar hohe Kosten auf, doch sie sind in den Fällen gerechtfertigt, in denen die allgemeine Wohlfahrt durch die betreffende Politikmaßnahme erhöht wird. Dies sind einige Beispiele für den oben angesprochenen Zielkonflikt zwischen Gerechtigkeit und Effizienz.

Was populäre Missverständnisse betrifft (seien sie begründet oder unbegründet), so ist es Gegnern der anreizbasierten Systeme gelungen, große Teile der Öffentlichkeit davon zu überzeugen, dass Emissionssteuern Verschmutzung legitimieren, was zu verurteilen sei. Tatsächlich stellen sowohl Emissionssteuern als auch das bestehende Regulierungssystem „Verschmutzungsrechte" bzw. „Verschmutzungseigentum" dar. Im Regulierungssystem sind diese Rechte für die Emittenten jedoch kostenfrei. Überdies bestehen keine dynamischen Anreize für die Emittenten, die Emissionsmengen unter das Niveau der gegenwärtig erlaubten Mengen zu reduzieren. In einem anreizbasierten System muss für jede Einheit Emissionsmenge ein Betrag gezahlt werden, sodass kontinuierlich dynamische Anreize dafür geschaffen werden, neue Techniken zur Emissionsvermeidung zu entwickeln. Außerdem entstehen staatliche Einnahmen, die für die Verringerung der verbleibenden Emissionen oder andere öffentliche Zwecke verwendet werden können.

Die Interessengruppen der Emittenten führen gegen die Einführung von Emissionsabgaben ins Feld, dass sie dann dafür zahlen müssten, im Gemeineigentum befindliche Ressourcen (die assimilativen Kapazitäten von Luft und Wasser) zu nutzen, wofür sie gegenwärtig keine Abgaben zahlen. Die Schätzungen der Kosten von Emissionszertifikaten und der Einnahmen aus Emissionssteuern auf Schwefeloxide aus stationären Quellen reichten für das Jahr 1984 von 1,8 bis 8,7 Milliarden Dollar (in Preisen von 1982) (David Terkia, zitiert nach: Cropper und Oates 1992). Anfänglich würde der Übergang von kostenlosen Emissionen zu Abgaben dazu führen, dass ein Transfer von Einkommen und Wohlstand von den Emittenten zur Allgemeinheit stattfindet. Die politischen und ökonomischen Hindernisse für eine solche Innovation liegen auf der Hand. Langfristig würden jedoch sowohl die Allgemeinheit als auch die Emittenten davon profitieren, da ein anreizbasiertes System zu einer Effizienzsteigerung führt. Die kurzfristigen Hindernisse müssen überwunden werden, damit anreizbasierte Systeme jemals implementiert werden können.

Eine Möglichkeit, das Interessengruppenproblem zu lösen, besteht, wie oben erwähnt, darin, Emissionszertifikate an die bestehenden Emittenten nicht zu verkaufen, sondern sie ihnen zu schenken („Grandfathering"). Dieses Verfahren hat den moralischen Nachteil, dass bestehende Emittenten genau in dem Maße von der Zertifikatseinführung profitieren würden, wie sie gegenwärtig Schäden an der Umwelt verursachen. Dem gegenüber besteht der Vorteil darin, dass Eigentumsrechte an der Umweltverschmutzung geschaffen werden, die Anreize dafür darstellen, die Emissionen zu verringern und die nicht mehr benötigten Zertifikate zu verkaufen, sodass eine effizientere Situation entstehen kann (Cumberland 1990a).

Neben den genannten Einwänden von Politikern und Interessengruppen sind die anreizbasierten umweltpolitischen Instrumente mit dem Problem behaftet, dass es beträchtliche wissenschaftliche Schwierigkeiten hinsichtlich Informationsbedarf und Unsicherheit gibt, besonders was die Optimierungsansätze betrifft. Die Ermittlung der optimalen Emissionsabgabenhöhe (Abbildung 4.1) erfordert die Kenntnis der Grenvermeidungskostenfunktion und der Grenzschadensfunktion. Grenzvermeidungskostenfunktionen könnten auf Basis von technischen und anderen Daten errechnet werden (Cumberland und Kahn 1984). Die Berechnung der Grenzschadensfunktion ist weit schwieriger und besteht auch im einfachsten Fall, nämlich einer Schädigung einer einzigen Art durch einen einzigen, an einem einzigen Raumpunkt emittierten Schadstoff, aus mindestens drei Schritten:

1. Schätzung der Reduktion der Immissionen aufgrund einer Verringerung der Emissionen.

2. Schätzung der biologischen Schadensfunktion aufgrund der Immissionen.

3. Ökonomische Bewertung der biologischen Schäden auf verschiedenen Niveaus.

Erste wirtschaftswissenschaftliche Annahmen zur Gestalt der Schadensfunktionen einzelner Schadstoffe, die von Naturwissenschaftlern/innen aus Dosis-Reaktions-Beziehungen abgeleitet werden können und für eine effizienzbasierte Politik von Relevanz wären, haben sich nunmehr, da die Wirtschaftswissenschaftler/innen gelernt haben, im Rahmen von transdisziplinären Gruppen mit Naturwissenschaftlern/innen zusammenzuarbeiten, als allzu optimistisch erwiesen. Der realistischere Fall mit zahlreichen Schadstoffen, vielen Arten und positiven und negativen Wechselwirkungen zwischen den verschiedenen Schadstoffen ist mit erheblichen Schwierigkeiten hinsichtlich Forschungsaufwand, Analyse und Unsicherheit verbunden (Cumberland 1990a). Die formalen Informationsanforderungen für die Ermittlung der optimalen Standards und optimaler Emissionsabgaben in komplexen ökologischen Systemen sind so hoch, dass sie möglicherweise niemals erfüllt werden können.

Epidemiologische Untersuchungen zur Wirkung giftiger chemischer Stoffe auf den Menschen unter Einbeziehung von Faktoren wie Geschlecht, Alter, Konzentration, genetische Veranlagung, Synergien und weiterer Faktoren haben die Grenzen der Wissenschaft aufgezeigt, was die Bestimmung sicherer Standards betrifft. Das bedeutet jedoch nicht, dass die Bemühungen zu Bestimmung von Qualitätsstandards auf Grundlage wissenschaftlicher Erkenntnisse unterbleiben sollten. Dies gilt besonders für die Fälle mit mehreren Schadstoffen, wie in Meeresbuchten, in denen die Beziehungen zwischen den giftigen Substanzen mit hoher Sicherheit synergetisch und nicht-linear sind. In diesen Fällen können Schadensfunktionen auf der Grundlage der besten verfügbaren Information zur gesamten Schadstoffmischung geschätzt und die Emission der einzelnen Schadstoffe mit einem durchschnittlichen Steuersatz belegt werden. Durch die Anwendung wirtschaftlicher Anreizmechanismen könnten die Umweltziele zu den niedrigsten Kosten verwirklicht werden (d. h. auf kosteneffiziente Weise), wie auch immer sie ausgestaltet sind. Absolute wissenschaftliche Sicherheit ist nicht erreichbar und als Grundlage nicht erforderlich.[18]

---

[18] Als Ansatz zum Umgang mit Unsicherheit bei anreizorientierten Instrumenten siehe Box 28, Anm. d. Hrsg.

Box 28: **Der Standard-Preis-Ansatz – eine Alternative zum theoretischen Königsweg**

Martin Junkernheinrich

Das von A. C. Pigou entwickelte Konzept der externen Effekte hat das umweltökonomische Denken maßgeblich geprägt und dürfte ein zentraler, wenn nicht der zentrale Baustein der volkswirtschaftlichen Umweltökonomie sein. Die theoretische Eleganz neoklassischer Umweltökonomik bedeutet aber nicht, dass eine am Internalisierungsgedanken anknüpfende Umweltpolitik eine wohlfahrtsoptimale Berücksichtigung externer Umwelteffekte sicherstellen kann. Ungeachtet der Fortschritte bei der Quantifizierung und Monetarisierung externer Umwelteffekte stellen die Abschätzung von Grenzvermeidungskosten- und Grenzschadensfunktionen sowie die Aggregation individueller Präferenzen zu einer gesellschaftlichen Wohlfahrtsfunktion wohl kaum zu lösende Aufgaben dar. Vieles was man im Zweigüterfall ceteris paribus noch empirisch abzuschätzen vermag, ist im Rahmen einer dynamischen Totalbetrachtung für einen Mehrgüterfall eine „Anmaßung von Wissen" im Sinne F. A. von Hayeks.

Angesichts der Probleme einer Internalisierung externer Effekte haben W. J. Baumol und W.E. Oates (1971) mit dem Standard-Preis-Ansatz eine praxisorientierte Alternative entwickelt: Die umweltpolitische Strategie besteht darin, die auf negative Externalitäten zurückzuführende Verzerrung der Allokation im Sinne Pigous durch eine Korrektur der Preise zu beheben. Die natürliche Umwelt wird als öffentliches Eigentum angesehen und durch staatliche Preiserhöhungen „verknappt". Unter Verzicht auf eine wohlfahrtsoptimale Internalisierung externer Effekte i. e. S. werden Produzenten und Konsumenten schrittweise so mit Abgaben belastet, dass die Schadstoffemissionen auf das politisch zugelassene Niveau gesenkt werden. Das angestrebte Emissionsniveau ist aber nicht mehr Gegenstand der ökonomischen Abwägung zwischen Nutzen und Kosten des Umweltverzehrs – vielmehr ist der Emissionszielwert „exogen" durch eine umweltpolitische Entscheidung vorgegeben. Es bleibt den Entscheidungen der privaten Wirtschaftssubjekte vorbehalten, ob und wie sie die Schadstoffe reduzieren („Effizienz ohne Optimalität").

So schlicht der Gedanke einer Verteuerung des Schädlichen zu Erreichung eines niedrigeren Emissionsniveaus auch ist, er macht sich die Marktlogik zu Nutze und dürfte wichtige Anreizfaktoren des wirtschaftlichen Handelns (z. B. Gewinn-, Nutzenstreben, Wettbewerb) ansatzweise darstellen und - im Grundsatz - auch zielorientiert wirken. Drei Probleme sollen die Grenzen dieses praxisorientierten Lenkungsinstrumentes andeuten:

Die „weiche" Verhaltenslenkung über staatliche Preiserhöhungen ist wenig geeignet, wenn Gefahr im Verzug ist. So ist bei so genannten „Killer-Stoffen" eine sofortige und wirksame Schadstoffverminderung notwendig. Die mit einer Emissionsabgabe verbundene Konzentration auf jeweils einen Schadstoff klammert die Vernetzung und die Wechselwirkungen im Ökosystem aus. Umweltpolitische Anliegen wie der Erhalt der Biodiversität können auf diese Weise nicht wirksam erfüllt werden. .../

> Preiserhöhungen haben eine geringe ökologische Wirksamkeit, wenn die Schadstoffreduktion an eine „Bemessungsgrundlage" mit einer geringer Preisreagiblität der Nachfrage geknüpft ist. So wäre beispielsweise eine sehr hohe Mineralölsteuer - konkret ein Benzinpreis von 5 DM und mehr - notwendig, um klimapolitisch notwendige CO_2-Reduktionserfolge zu erzielen.
>
> Dies führt zu der Konsequenz, dass eine ökologisch wirksame und ökonomisch effiziente Umweltpolitik nur in einem intelligenten Instrumentenmix denkbar ist. Der Standard-Preis-Ansatz stellt dabei ein zentrales, aber anders als bei privaten Gütern kein alleiniges Steuerungselement dar. Weder Abgaben, noch Auflagen, Lizenzen, Haftung oder moral suasion können in der praktischen Umweltpolitik an modelltheoretischen Optimalitätsvorstellungen gemessen werden. Durch die schrittweise Auflösung von restriktiven Modellannahmen bzw. die Integration der außerökonomischen Rahmenbedingungen kann die „Theorie" aber näher an die „Wirklichkeit" herangeführt werden. So ermöglicht die institutionenökonomische Erweiterung der Umweltökonomik eine realitätsnähere Modellierung umweltpolitischen Verhaltens als ein Marktgleichgewichtsmodell.

Vor- und Nachteile von anreizbasierten Systemen

In einer realistischen und dynamischen Situation hat die Anwendung anreizbasierter Umweltabgaben einige Effizienzvorteile gegenüber den ordnungsrechtlichen Instrumenten. Der größte Vorteil beruht darauf, dass die Vermeidungskosten in den Unternehmen unterschiedlich hoch sind. Der ordnungsrechtliche Ansatz schafft unzureichende Anreize für Unternehmen mit niedrigen Kosten, ihre Emissionen zu verringern. In einem anreizbasierten System reduzieren die Unternehmen, die Vermeidungstechnologien mit niedrigeren Vermeidungskosten verwenden, die Emissionen stärker, um dadurch den Gesamtbetrag der von ihnen zu zahlenden Emissionsabgaben zu verringern. Die Unternehmen mit höheren Vermeidungskosten ziehen es dagegen vor, Abgaben zu zahlen, statt die Emissionen zu verringern. Die Allgemeinheit profitiert insgesamt von mehr Emissionsvermeidung zu geringeren Kosten. Wenn dagegen alle Unternehmen, einschließlich derjenigen mit höheren Vermeidungskosten, die Emissionen in gleichem Maße verringern müssen, wie dies gewöhnlich beim ordnungsrechtlichen Ansatz der Fall ist, wird kein effizientes Ergebnis erzielt.

Beispielsweise könnten bei der Wasserverschmutzung Kosteneinsparungen und Effizienzsteigerungen erreicht werden. Bei Erhebung von Abwassersteuern würden Unternehmen mit niedrigen Vermeidungskosten größere Abwassermengen reinigen als dies bei ordnungsrechtlichen Instrumenten der Fall ist. Die potenziellen Kosteneinsparungen sind am größten, wenn die Vermeidungskosten der Emittenten sehr unterschiedlich sind. Bei Emissionsabgaben sind die Anreize für kontinuierliche Verbesserungen der Vermeidungstechnologien größer als bei ordnungsrechtlichen Maßnahmen, bei denen alle Unternehmen gleiche Emissionswerte erreichen müssen oder für alle Unternehmen die gleiche Technik vorgeschrieben ist.

In einem anreizbasierten System, das auf handelbaren Emissionszertifikaten beruht, bestehen für Unternehmen ökonomische Anreize, kostensparende Vermeidungstechniken zu entwickeln, da die nicht mehr benötigten Emissionszertifikate an die Unternehmen verkauft werden können, die kostenintensivere Vermeidungstechniken anwenden müssten. Diese Anreize für Kosteneinsparungen verschieben die Grenzvermeidungskostenfunktion in Abbildung 4.1 nach unten links, wodurch die optimale Umweltqualität weiter erhöht wird. Wenn Wettbewerbsmärkte für handelbare Emissionszertifikate gebildet werden könnten, würde sich ein Preis je Emissionseinheit bilden, der annähernd dem Schattenpreis entspricht, der durch Emissionsabgaben entstehen würde (Punkt P in Abbildung 4.1).

Anreizbasierte Umweltinstrumente weisen ein Reihe weiterer potenzieller Vorteile gegenüber dem ordnungsrechtlichen Ansatz auf:

1. Sie haben den ethischen Vorteil, dass sie mit dem von der OECD propagierten „Verursacherprinzip" übereinstimmen.

2. Sie führen zu staatlichen Einnahmen.

3. Sie verlagern die Vermeidungskosten auf den Konsumenten von emissionsintensiven Produkten, versorgen die Konsumenten mit den richtigen Signalen zur Änderungen des Konsumverhaltens und legen die Kosten für die Umweltschäden den Verursachern und Nutznießern auf.

4. Sie schaffen Anreize für die Emittenten, die Emissionen zu vermeiden und ersparen der Allgemeinheit dadurch die weit höheren Kosten für die Bekämpfung der Emissionsfolgen.

5. Emissionszertifikate setzen nicht voraus, dass die Behörden das private technologische Wissen über die effizienten Vermeidungstechniken kennen.

6. Sie können Anreize geben, Kontrollaufgaben von der Regierung auf die Emittenten zu übertragen.

7. Sie erschließen profitable Möglichkeiten für die Industrie im Hinblick auf die Verbesserung von Umweltschutztechnologien.

8. Sie verlagern die Steuerlast von gesellschaftlich erwünschten Zielen (Einkommen und Arbeitsplätze) auf gesellschaftlich unerwünschte Phänomene (Umweltverschmutzung).

Den genannten Vorteilen stehen aber auch eine Reihe von Problemen gegenüber, die die Anwendbarkeit des Marktansatzes in der Umweltpolitik begrenzen. Am bedeutsamsten sind dabei folgende Aspekte, die von der Markttheorie nicht direkt behandelt werden:

1. Nachhaltige Größenordnung
2. Einkommensverteilung bzw. Gerechtigkeit und somit auch der ungleiche Zugang zum Umweltschutz von Einzelpersonen, Staaten, Regionen und Generationen.
3. Die Begrenztheit der wissenschaftlichen Kenntnisse und das unzureichende Wissen der Einzelpersonen können sinnvolle Entscheidungen verhindern.
4. Darüber hinaus gibt es zahlreiche Fälle von Marktversagen in allen Bereichen, die korrigiert werden müssten, damit die Märkte für den Umweltschutz arbeiten könnten. Auslöser dafür sind z. B. übertriebene zeitliche Diskontierung, Ressourcen im Gemeineigentum, frei zugängliche Ressourcen, öffentliche Güter und Märkte ohne Wettbewerb.

Die in den letzten Jahrzehnten gereifte Erkenntnis, dass Marktunvollkommenheiten in vielen Bereichen zu beobachten sind, hat Ökonomen/innen dazu veranlasst, eine breite Palette von Verfahren für den Ausgleich von Marktversagen zu entwickeln. Nach konventioneller volkswirtschaftlicher Lehrmeinung schmälern die Marktunvollkommenheiten zwar die ökonomische Effizienz, die meisten Märkte sind jedoch robust genug, dass bei überlegtem Einsatz von Ausgleichsmaßnahmen wie Emissionssteuern die deutlichen Effizienzvorteile der marktwirtschaftlichen Ordnung erhalten werden können.

Das Hauptproblem des strikt effizienzbasierten, ökonomischen Ansatzes in der Umweltpolitik besteht darin, dass selbst, wenn alle Marktmängel durch Gegenmaßnahmen wie Emissionssteuern beseitigt oder ausgeglichen werden könnten, das sich ergebende Resultat zwar ökonomisch effizient wäre, aber nicht unbedingt von der Allgemeinheit als eine Verbesserung der Situation aufgefasst würde. Die Gesellschaft existiert nicht nur wegen oder für das Ziel der ökonomischen Effizienz. Ökonomische Effizienz ist zwar wichtig und sollte als ein Aspekt erfolgreicher Politik betrachtet werden, doch die Gesellschaft verlangt auch den Schutz von anderen wichtigen, tief verankerten Werten wie Fairness, Gerechtigkeit, wissenschaftliche Validität, demokratischer Pluralismus und politische Akzeptanz. Aus der gegenwärtigen Umweltpolitik und den Bemühungen um ihre Reform kann also die Lehre gezogen werden, dass eindimensionale Ansätze, seien sie ordnungsrechtlich, effizienzorientiert oder naturwissenschaftlich ausgerichtet, weniger Aussichten auf Erfolg haben als auf breiter Grundlage stehende, mehrere Ziele anstrebende, eklektische und transdisziplinäre Ansätze. Genau aus diesem Grund haben die Vertreter der Ökologischen Ökonomik eine Reihe von Politikinstrumenten entwickelt, die alle die oben genannten Kriterien der Gerechtigkeit, Effizienz, wissenschaftlichen Gültigkeit und politischen Akzeptanz erfüllen. In den folgenden Abschnitten werden einige Beispiele für Politikinstrumente aufgeführt, die die genannten Kriterien erfüllen.

Drei Politikstrategien für eine nachhaltige Entwicklung

In diesem Abschnitt werden drei relativ umfassende, interdependente Vorschläge beschrieben und erläutert. Wenn diese gleichzeitig umgesetzt würden, wäre dies ein großer Schritt in Richtung auf eine nachhaltige Entwicklung. Die auf ökonomischen Anreizsystemen basierenden Instrumente dürften eine relativ hohe Effizienz und Wirksamkeit gewährleisten. Sie stellen aber nicht die einzig möglichen Instrumente dar, die anvisierten Ziele zu erreichen. Doch vieles deutet darauf hin, dass die im Folgenden diskutierten Instrumente unter bestimmten kulturellen und rechtlichen Bedingungen sehr gut funktionieren. Durch die Fokussierung auf spezifische Politiken und Instrumente können darüber hinaus die erforderlichen grundlegenden Systemänderungen angestoßen werden, und man könnte damit beginnen, einen breiten Konsens zur Umsetzung der notwendigen Änderungen anzustreben.

Verschiedene Aspekte der folgenden Vorschläge wurden in unterschiedlicher Form bereits an anderen Stellen vorgestellt (siehe Bishop 1993; Costanza 1991; Costanza und Cornwell 1992; Costanza und Daly 1992; Cropper und Gates 1992; Daly 1990; Pearce und Turner 1989; Perrings 1991; Young 1992). Dieser Abschnitt ist ein Versuch, sie zusammenzufassen, zu verallgemeinern und auf diese Weise eine Grundlage für einen „übergreifenden Konsens" zu entwickeln (Rawls 1987). Ein Konsens, der von den verschiedenen theoretischen, religiösen, philosophischen und ethischen Gesellschaftsgruppen getragen wird, dürfte allgemein als fair und gerecht betrachtet werden. Darüber hinaus scheint er robust und langlebig zu sein.

Zusammenfassend werden die folgenden drei Elemente einer nachhaltigen Politik vorgeschlagen:

1. eine umfassende Steuer auf den Verbrauch von Naturkapital (*natural capital depletion tax*), um zu gewährleisten, dass die Größenordnung an Ressourceninputs in die Wirtschaft nachhaltig ist und um gleichzeitig starke Anreize zur Entwicklung neuer Technologien und Verfahren zu geben, die die Auswirkungen des Ressourcenverbrauchs auf die Umwelt minimiert (Costanza und Daly 1992),

2. die Anwendung des Vorsorge- und Verursacherprinzips (VVP), um zu gewährleisten, dass die gesamten Kosten der von der Wirtschaft in die Umwelt emittierten Schadstoffe und Abfälle (Outputs) den Emittenten zugerechnet werden, und zwar so, dass die großen Unsicherheiten hinsichtlich der Auswirkungen der Emissionen berücksichtigt und technologische Innovationen angeregt werden (Costanza und Cornwell 1992), sowie

3. ein System von Ökozöllen (unabhängig von globalen Verträgen, die schwierig zu verhandeln und durchzusetzen sind), das den einzelnen Ländern die Möglichkeit eröffnet, die ersten beiden Vorschläge zu implementieren, ohne dass sie sich selbst gegenüber den Ländern, die diese Vorschläge nicht implementiert haben, auf unzumutbare Weise benachteiligen (zumindest was die Importe betrifft).

Verbrauchssteuer auf Naturkapital

Eine Möglichkeit, das Nachhaltigkeitskriterium eines Netto-Naturkapitalverbrauchs von Null zu erreichen, besteht darin, die Stoffströme bzw. den Durchsatz (somit den Gesamtverbrauch des Naturkapitals) auf dem gegenwärtigen Niveau konstant zu halten (bzw. auf ein nachhaltiges Niveau zu verringern), indem der Verbrauch des Naturkapitals und insbesondere der Energieverbrauch stark besteuert werden. Der Nobelpreisträger Robert Solow hat die Notwendigkeit betont, das abgebaute Naturkapital durch eine entsprechende Menge an anthropogenem Kapital zu ersetzen, welche ausreicht, das aggregierte Sozialkapital intakt zu halten, um auf diese Weise Nachhaltigkeit und intergenerative Gerechtigkeit zu erreichen (Solow 1993).

Solows Optimismus im Hinblick auf das Ausmaß, in dem Naturkapital durch andere Kapitalarten ersetzt werden kann, wird nicht von allen geteilt. Doch in dem Maße, in dem eine Substitution von Naturkapital möglich ist, wäre eine Steuer auf den Verbrauch von Naturkapital ein effizientes Instrument. Die Gesellschaft könnte den Großteil der öffentlichen Einnahmen durch eine solche Naturkapitalverbrauchssteuer erzielen und im Gegenzug die Einkommenssteuer besonders in den unteren Einkommensklassen verringern. Vielleicht könnte dadurch sogar eine negative Einkommenssteuer für die niedrigsten Einkommensklassen finanziert werden. Fortschrittsgläubige mit der Überzeugung, dass die Ressourceneffizienz um den Faktor Zehn zunehmen kann, dürften eine solche Politik begrüßen. Denn so würden die Preise für die natürlichen Ressourcen beträchtlich erhöht und genau diejenigen technologischen Entwicklungen stark gefördert, auf die sie so große Hoffnungen setzen. Skeptiker, die diesen Glauben an die Technik nicht teilen, dürften ebenfalls erfreut über die Begrenzung der Stoff- und Energieströme sein – eine Hauptforderung hinsichtlich der Erhaltung der Ressourcen für die Zukunft wäre erfüllt. So würden die Skeptiker vor ihren schlimmsten Befürchtungen bewahrt, die Optimisten dagegen angeregt, ihre kühnsten Träume zu verwirklichen. Wenn sich die Skeptiker irren und tatsächlich ein enormer Anstieg der (Resssourcen-)Effizienz allein durch technische Innovationen erreicht wird, werden sie um so erfreuter sein (sofern sie nicht unverbesserliche Misanthropen sind). Sie haben bekommen, was sie wollten, aber zu geringeren Kosten, als erwartet und als sie zu zahlen bereit waren. Die Optimisten ihrerseits können kaum einer Politik widersprechen, die starke Anreize für die erhoffte technologische Entwicklung auslöst. Wenn sie sich letztlich geirrt haben sollten, können sie sich immerhin die Reduktion der Umweltzerstörung auf ihr Konto verbuchen.

Die Implementation dieser Politik hängt zwar nicht von der *präzisen* Messung des Naturkapitals ab. Dennoch bleibt das Thema der Bewertung insofern relevant, als der Vorschlag, den Verbrauch des Naturkapitals durch eine Ressourcensteuer zu verteuern, auf der Überzeugung beruht, dass wir die ökologisch optimale Größenordnung der Wirtschaft erreicht bzw. bereits überschritten haben. Belege für diese Einschätzung liegen vor: Treibhauseffekt, Zerstörung der Ozonschicht, saurer Regen und der allgemeine Rückgang der Lebensqualität in vielen Bereichen. Die damit einhergehenden Kosten besser quantitativ abschätzen zu können, wäre sicherlich so hilfreich wie bei einem Sprung aus einem Flugzeug einen Höhenmesser mit sich zu führen. Wenn wir vor der Wahl stünden, nur ein Ding mitnehmen zu dürfen, zögen wir einen Fallschirm dem Höhenmesser vor. Die Konsequenzen eines ungehinderten freien Falls stehen auch ohne ein genaues Maß der Geschwindigkeit und Beschleunigung deutlich genug vor Augen. In unserem Fall aber benötigen wir zumindest einen Richtwert für das Ausmaß des Naturkapitalverbrauchs, um die Größenordnung der vorgeschlagenen Steuer bestimmen zu können. Dies, so glauben wir, ist möglich, auch wenn die damit verbundenen Unsicherheiten bei der Ausgestaltung der Steuer berücksichtigt werden, z. B. durch das weiter unten beschriebene Instrument rückzahlbarer Versicherungsanleihen („refundable assurance bonding system").[19]

---

[19] vgl. auch zur Messbarkeit des Verbrauchs an Naturkapital Box 12, Anm. d. Hrsg.

Die politische Durchsetzbarkeit einer solchen Steuer ist ein schwieriges Problem. Ihre Umsetzung impliziert zweifellos einen großen Wandel in unserem Umgang mit Naturkapital. Ihre Einführung hätte weitreichende soziale, wirtschaftliche und politische Konsequenzen, denen wir uns stellen müssen. Immerhin könnte eine Naturkapitalverbrauchssteuer aufgrund ihrer Logik, ihrer konzeptionellen Einfachheit und der eingebauten marktwirtschaftlichen Anreizstruktur von allen möglichen Alternativen zur Erreichung einer nachhaltigen Entwicklung die größte politische Durchsetzbarkeit aufweisen.

Wir sehen davon ab, im einzelnen darzustellen, wie eine Naturkapitalverbrauchssteuer verwaltungstechnisch zu organisieren wäre. Im Prinzip könnte sie wie jede andere Steuer erhoben werden. Vermutlich bedarf es jedoch internationaler Vereinbarungen, zumindest aber nationaler Ökozölle (siehe unten), um einige Länder davor zu schützen, dass sie mit nichtbesteuertem Naturkapital oder Produkten, die mit Hilfe von unbesteuertem Naturkapital hergestellt wurden, überschwemmt werden. Indem die Steuerlast vom Einkommen auf den Verbrauch von Naturkapital verlagert wird, könnte die Naturkapitalverbrauchssteuer sogar zur Vereinfachung des Steuersystems beitragen, gleichzeitig schüfe man die erforderlichen ökonomischen Anreize, um eine nachhaltige Entwicklung zu fördern (vgl. auch die Box 32 zur Ökologischen Steuerreform, Anm. d. Hrsg.).

Das Vorsorge- und Verursacherprinzip (VVP)

Einer der Hauptgründe für die Schwierigkeiten unseres derzeitigen Umgangs mit der Natur ist die wissenschaftliche Unsicherheit. Zur Debatte steht nicht nur, inwieweit echte Unsicherheit existiert, sondern auch die gesamte Art und Weise, wie in Wissenschaft und Politik mit der Existenz echter Unsicherheit umgegangen wird. Wenn die bestehenden Probleme gelöst werden sollen, müssen diese Unterschiede in der Natur der Unsicherheit (vgl. Kapitel 3.6) klar verstanden, herausgearbeitet und bessere Verfahren entwickelt werden, um das Bewusstsein von der Begrenztheit des Wissens in den politischen Willensbildungs- und Entscheidungsprozess integrieren zu können.

Probleme entstehen, wenn die Politik von der Wissenschaft Antworten auf Fragen fordert, die nicht beantwortet werden können. Beispielsweise gibt es gesetzliche Vorschriften, nach denen eine Regulierungsbehörde Sicherheitsstandards für alle bekannten giftigen Stoffe festlegen muss, auch wenn nur wenige oder keine Kenntnisse über die Auswirkungen dieser Stoffe verfügbar sind. Selbst wenn die ordnungsrechtlichen Bestimmungen umgesetzt werden, nachdem sie im Gesetz verankert wurden, bleiben die Probleme der Unsicherheit über die Auswirkungen der Giftstoffe bestehen. Es ist zum Beispiel nicht möglich, mit Sicherheit festzustellen, ob ein örtliches Chemieunternehmen für den Tod einiger Menschen in der Nachbarschaft der Giftmülldeponien des Unternehmens mitverantwortlich ist. Auch die kausale Beziehung zwischen Rauchen und Lungenkrebs kann nicht auf direkte Weise (d. h. im juristischen Sinne) bewiesen, sondern nur als statistische Beziehung ausgedrückt werden.

In ihrer gegenwärtigen Form beruhen die meisten Umweltgesetze, etwa in den Vereinigten Staaten, auf der Annahme *sicherer* Erkenntnisse. Werden Wissenschaftler dazu gedrängt, für eine nicht erreichbare Sicherheit zu sorgen, führt dies nicht selten zu Verwirrungen und Frustration in der Öffentlichkeit, begleitet von einem gemischten Echo in den Medien. Auch werden aufgrund von Unsicherheiten Umweltthemen häufig von politischen und wirtschaftlichen Interessengruppen manipuliert; die Unsicherheit über das Ausmaß des globalen Klimawandels ist augenblicklich vielleicht das deutlichste Beispiel für diesen Effekt.

Das „Vorsorgeprinzip" („precautionary principle") stellt im Rahmen des ordnungsrechtlichen Ansatzes eine Möglichkeit dar, dem Problem echter Unsicherheit zu begegnen. Das Prinzip besagt, dass nicht auf sichere Erkenntnisse gewartet werden darf, sondern dass die staatlichen Behörden die potenziellen Umweltschäden antizipieren und zu ihrer Vermeidung vorsorgende Maßnahmen treffen müssen. Auf das Vorsorgeprinzip wird in internationalen Umweltresolutionen so oft Bezug genommen, dass es häufig als das grundlegende normative Prinzip des internationalen Umweltrechts angesehen wird (Cameron und Abouchar 1991).

Die Implementation dieses Prinzips, das auf einer anderen als der konventionellen Wissenschaftssicht beruht, erfordert einen neuen Ansatz im Umweltschutz, der die Existenz echter Unsicherheit nicht verleugnet, sondern akzeptiert. Dieser Ansatz erfordert Instrumente, die vor potenziell schädlichen externen Effekten schützen, gleichzeitig die Entwicklung umweltfreundlicherer Technologien fördern und die Unsicherheiten über die Auswirkungen menschlicher Umwelteingriffe verringern. Das Vorsorgeprinzip bereitet den Weg für diesen Ansatz. Die eigentliche Herausforderung besteht jedoch darin, wissenschaftliche Methoden zu entwickeln, mit denen die potenziellen Kosten unsicherer Ergebnisse bestimmt werden können, um die Anreizstruktur so zu ändern, dass die betreffenden Akteure die möglichen Kosten der Unsicherheit zahlen und damit einen Anreiz haben, (potenziell) schädliche Wirkungen zu reduzieren. Ohne diese Änderung der Anreizstruktur werden die gesamten Kosten der Umweltschäden in der betrieblichen Kostenrechnung weiterhin unberücksichtigt bleiben (Peskin 1991), während die versteckten gesellschaftlichen Subventionen für diejenigen, die von den Umweltschädigungen profitieren, weiterhin starke Anreize dafür bieten, die Umwelt über das nachhaltige Maß hinaus zu nutzen (Cameron und Abouchar1991).

In den vergangenen zwei Jahrzehnten gab es intensive Diskussionen über den Effizienzgrad, der in der Umweltpolitik durch die Anwendung von Marktmechanismen theoretisch erreicht werden kann (Brady und Cunningham 1981; Cropper und Oates 1992). Dabei kann die Preisstruktur des bestehenden Marktsystems theoretisch so geändert werden, dass die gesamten langfristigen sozialen und ökologischen Kosten, die durch die Aktivitäten eines Wirtschaftssubjekts verursacht werden, internalisiert werden. Neben Emissionssteuern und den oben beschriebenen handelbaren Emissionszertifikaten werden als anreizbasierte Instrumente auch Umwelthaftungsregelungen und Pfandsysteme für umweltschädigende Produkte (*deposit-refund systems*) vorgeschlagen. Einige neuere Varianten dieser anreizbasierten Instrumente versuchen, die mit den Umweltproblemen verbundenen Unsicherheiten auf vorsorgende Weise zu berücksichtigen.

Ein innovatives, auf Anreizen aufbauendes umweltpolitisches Instrument, das dem Vorsorgeprinzip bei Unsicherheit Rechnung trägt, ist die flexible Umweltversicherungsanleihe (*„flexible environmental assurance bonding system"*) (Costanza und Perrings 1990). Diese Spielart einer Pflichtrücklage (bzw. Pfandsystems) wurde entwickelt, um sowohl bekannte als auch unsichere Umweltkosten in das Anreizsystem zu integrieren und technische Innovationen im Bereich der Umwelttechnik zu fördern. Das System funktioniert wie folgt: Neben der Erhebung von direkten Abgaben im Falle von bekannten Umweltschäden werden zusätzlich Zwangsversicherungsanleihen eingeführt, deren Wert der besten Schätzung der maximal möglichen Umweltschäden entspricht. Diese Anleihe wird für eine bestimmte Zeitspanne auf einem zinstragenden Treuhandkonto hinterlegt. Damit dem Vorsorgeprinzip durchgesetzt werden kann, muss dieses Instrument gewährleisten, dass die jetzigen finanziellen Ressourcen die möglichen künftigen katastrophalen Folgen der heutigen Aktivitäten abdecken. Ein bestimmter Anteil der Anleihe (zuzüglich Zinsen) wird nur dann zurückgezahlt, wenn der Akteur belegen kann, dass der schlimmste mögliche Fall nicht eingetreten ist, bzw. geringere Schäden entstanden sind als ursprünglich erwartet. Wenn tatsächlich Schäden eintreten, wird ein entsprechender Teil der Anleihen eingesetzt, um die Umweltschäden zu beseitigen und die Betroffenen zu entschädigen. Die in den Anleihen verbrieften Forderungen können weiterhin für andere wirtschaftliche Aktivitäten verwendet werden. Die einzigen Kosten bestehen in der (positiven oder negativen) Differenz zwischen den Zinserträgen der Anleihen und den Erträgen, die entstanden wären, wenn die entsprechenden Mittel vom Unternehmen anderweitig investiert worden wären. Im Durchschnitt dürfte diese Differenz minimal sein. Darüber hinaus könnte das

"Zwangssparen", das durch die Anleihe eingeführt wird, die wirtschaftliche Leistungskraft von Volkswirtschaften erhöhen, die – wie die USA – eine chronisch niedrige Sparquote aufweisen.

Indem die Nutzer der Umweltressourcen gezwungen werden, eine Anleihe aufzunehmen, um die unsicheren künftigen Umweltschäden abzudecken (mit der Möglichkeit der Rückzahlung), werden die Beweislast und die Kosten der Unsicherheit von der Allgemeinheit auf die Ressourcennutzer verlagert. Gleichzeitig werden die Akteure nicht auf endgültige Weise für die unsicheren künftigen Schäden zur Kasse gebeten, sondern sie können Teile ihrer Anleihen wieder aktivieren (zuzüglich Zinsen), und zwar dann, wenn abzusehen ist, dass der schlimmste mögliche Fall nicht eintreten wird.

In ihrer allgemeinen Form stellen Pflichtrücklagen bzw. Pfandsysteme ("deposit-refund systems") kein neues Konzept dar. Im Bereich der Verbraucher-, Naturschutz- und Umweltpolitik wurden sie bereits erfolgreich eingesetzt. Die bekanntesten Beispiele sind Pfandsysteme für Getränkebehälter und Altöle, die sich als effektiv und effizient erwiesen haben. Ein anderer Vorläufer für Versicherungsrücklagen sind die von amerikanischen Bauunternehmen gezahlten Leistungsanleihen ("performance bonds"), die für Bauvorhaben auf bundesstaatlicher, staatlicher oder lokaler Ebene häufig erforderlich sind. Das Miller-Gesetz (40 U.S.C. 270), ein US-Bundesgesetz aus dem Jahre 1935, verpflichtet die Auftragnehmer bei einem Bauvorhaben der Bundesregierung dazu, sichere Leistungsanleihen aufzulegen. Diese stellen eine vertragliche Garantie dar, dass der Auftragnehmer (der die Arbeiten ausführt oder die Dienstleistungen durchführt) in der vertraglich vereinbarten Weise verfährt. Auch im privaten Sektor werden für Bauvorhaben in vielen Fällen Anleihen verlangt. Dabei haben die Leistungsanleihen häufig die Form von Unternehmensbürgschaften, die entsprechend den verschiedenen Versicherungsgesetzen genehmigt werden und im Rahmen dieser Genehmigung als Finanzgarantien für andere fungieren können. Die unwiederbringlichen Kosten dieser Dienstleistung betragen in der Regel 1 % bis 5 % des Anleihebetrages. Gemäß dem Miller-Gesetz (FAR 28.203-1 und 28.203-2) kann jedoch jeder Vertrag über einem bestimmten Mindestbetrag (bei Bauvorhaben 25.000 US-Dollar) statt durch eine von dem Bürgen aufgelegte Anleihe durch andere Arten von Sicherheiten abgesichert werden, z. B. durch US-Staatsanleihen oder Banknoten. In diesem Fall erteilt der Auftragnehmer eine gültige Vollmacht und geht eine Vereinbarung zum Einzug von Anleihen oder Banknoten ein, wenn der Vertrag nicht erfüllt wird (PRC Environmental Management 1986). Wenn der Auftragnehmer alle vertraglichen Verpflichtung erfüllt hat, werden ihm die Sicherheiten wieder überschrieben. Die üblichen Bürgschaftskosten müssen in diesem Fall nicht entrichtet werden.

Umweltversicherungsanleihen würden auf ähnliche Weise funktionieren (indem eine vertragliche Garantie gegeben wird, dass der Auftragnehmer auf umweltfreundliche Weise handeln wird), ihre Höhe würde jedoch aufgrund der besten Schätzung des größten denkbaren Umweltschadens berechnet werden. Die Mittel der Anleihe würden wieder investiert und einen Zinsertrag erwirtschaften, der dem Auftragnehmer überlassen werden könnte. Bei Anleihen dieser Art sollte eine umweltfreundliche Investitionsstrategie verfolgt werden.

Die Anleihen könnten von einer Behörde verwaltet werden, die solche Aufgaben auch gegenwärtig schon wahrnimmt (in den USA könnte die *Environmental Protection Agency* als primäre Verwaltungsbehörde fungieren). Es spricht jedoch auch einiges dafür, für die Verwaltung der Anleihen eine unabhängige Behörde einzurichten. Welche Struktur die Institutionen zur Verwaltung der Anleihen haben sollten, muss noch weiter erforscht werden. Diese Struktur wird aber wahrscheinlich an die jeweils herrschenden Umstände angepasst werden müssen. Die Anleihe muss solange gehalten werden, bis die Unsicherheiten ganz oder teilweise ausgeräumt sind. Dadurch haben die Akteure starke Anreize, die Unsicherheiten über ihre Umweltwirkungen so schnell wie möglich zu verringern, entweder durch Finanzierung unabhängiger Forschung und/oder durch Einführung weniger umweltschädlicher Verfahren. Eine quasi-gerichtliche Institution ist notwendig, um Streitigkeiten über den Zeitpunkt und die Höhe der Rückzahlungen beizulegen. Diese Institution fällt ihre Entscheidungen auf Basis der neuesten, unabhängigen wissenschaftlichen Forschungsergebnisse zu den Umweltschäden, die durch die Aktivitäten eines Unternehmens entstehen können. Dabei liegt die Beweislast jedoch nicht bei der Allgemeinheit, sondern beim Wirtschaftsakteur, der aus der betreffenden Aktivität Gewinne erzielt.

Ein mögliches Argument gegen Anleihen lautet, dass sie relativ große Unternehmen begünstigen, da diese die finanziellen Belastungen aufgrund der potenziell umweltschädlichen Aktivitäten leichter tragen können. Das trifft zu, doch eben dieser Effekt ist erwünscht, da diejenigen Unternehmen, welche die finanziellen Belastungen nicht tragen können, die Kosten für die potenziellen Schäden nicht der Allgemeinheit aufbürden sollen. In der Bauindustrie werden kleine „Ein-Tages"-Unternehmen durch Leistungsanleihen daran gehindert, nur die Rosinen herauszupicken und die Allgemeinheit dadurch zu schädigen, dass die Gebote verantwortlicher Unternehmen unterboten werden.

Das bedeutet jedoch nicht, dass Kleinunternehmen keine Chancen mehr haben. Im Gegenteil, Kleinunternehmen können entweder zusammenarbeiten, um die finanziellen

Belastungen für potenziell umweltschädigenden Aktivitäten gemeinsam zu tragen, oder sie können ihre Aktivitäten auf umweltfreundlichere Verfahren und Produkte umstellen, die keine großen Versicherungsanleihen erfordern. Die Förderung der Entwicklung von neuen, umweltfreundlichen Technologien ist einer der großen Vorteile der Umweltanleihe. Die kleinen, jungen Unternehmen würden zweifellos zu den Vorreitern gehören.

Inzwischen erfahren einzelne Elemente des VVP breite Unterstützung und wurden bereits auf verschiedenen Wegen implementiert. Das Vorsorgeprinzip stößt in vielen Bereichen, in denen echte Unsicherheit von Bedeutung ist, auf breite Akzeptanz. Auch anreizbasierte umweltpolitische Konzepte erlangen als effizientere Möglichkeiten zur Erreichung von Umweltzielen immer mehr Zustimmung. Das *Clean Air Act* in den USA (1990) beispielsweise sieht u. a. ein System von handelbaren Zertifikaten für die Verringerung der Luftverschmutzung vor. Die Agenda 21, die Abschlussresolution der Konferenz über Umwelt und Entwicklung der Vereinten Nationen im Jahre 1992, enthält sowohl das Vorsorge- als auch das Verursacherprinzip (Agenda 21 1992). Durch Verknüpfung dieser beiden wichtigen Prinzipien wird es möglich, die Unsicherheit auf eine ökonomisch effiziente und ökologisch nachhaltige Weise zu berücksichtigen.

In einem gewissen Sinn befinden wir uns bereits auf dem Weg zu einem VVP-System. Da eine strenge Haftung für Umweltschäden allmählich überall eingeführt wird, haben weitsichtige Unternehmen bereits damit begonnen, für mögliche künftige Gerichtsverfahren und Schadensersatzklagen vorzusorgen, indem sie für diese Fälle Mittel zurückstellen. Das VVP-System zwingt die Unternehmen dazu, weitsichtig zu planen. Es stellt gegenüber der strengen Umwelthaftung eine Verbesserung dar, weil:

1. die Kosten explizit auf die Gegenwart verlagert werden, in der sie ihre maximale Wirkung auf den Entscheidungsprozess entfalten können;

2. zur Berechnung der angemessenen Größe der Anleihe eine wissenschaftliche Bewertung "zweiter Ordnung" notwendig wird, welche die möglichen Auswirkungen ökonomischer Aktivitäten aus einer ökologisch-ökonomischen Perspektive betrachtet, die Grenzen ökologischer Tragfähigkeit und echte Unsicherheit mit berücksichtigt;

3. es gewährleistet, dass die Mittel im Falle einer teilweisen oder vollständigen Säumnis angemessen verwendet werden.

Insgesamt erweist sich das VVP als logisch, fair, effizient und verspricht aufgrund der rechtlichen und finanziellen Verfahrensweisen, die bereits lange und erfolgreich in Gebrauch sind, sowohl in praktischer als auch in politischer Hinsicht durchführbar zu sein. Wir glauben, dass es sehr dazu beitragen kann, die aktuelle Umweltkrise zu mildern.

Ökozölle: Auf dem Weg zu einem nachhaltigen Außenhandel

Wenn alle Länder der Welt das Vorsorge- und Verursacherprinzip und eine Naturkapitalverbrauchssteuer einführten, gäbe es (zumindest aus ökologischer Sicht) keine Einwände gegen den „Freihandel". Angesichts des wachsenden Engagements der internationalen Gemeinschaft für das Konzept der nachhaltigen Entwicklung (Agenda 21 1992) scheint es nicht so utopisch, dass eines Tages ein entsprechender Vertrag geschlossen wird. Bis dahin können jedoch alternative Instrumente eingesetzt werden, die es den einzelnen Staaten oder Handelsblöcken erlauben, das VVP-System und eine Naturkapitalverbrauchssteuer einzuführen, ohne dass die Produzenten im Ausland zu ähnlichen Maßnahmen gezwungen sind. Zumindest widerspricht es nicht dem Geist der GATT-/WTO-Bestimmungen, die Erhebung von Ausgleichszöllen zu prüfen, durch welche die einheimischen und importierten Produkte mit den gleichen ökologischen Kosten belegt werden. Entscheidend ist, ob Fairness zwischen den Staaten gewahrt bleibt oder nicht. Ein Staat darf keine Zölle auf Importe erheben, wenn die im Inland erstellten Produkte nicht gleichzeitig mit entsprechenden Abgaben belegt werden. Wenn aber ein Staat im Inland das VVP anwendet und eine Naturkapitalverbrauchssteuer erhebt, könnte er ökologisch begründete Zölle erheben, um die Importe mit ähnlichen Kosten zu belegen. Auf diese Weise würden Zölle für andere Zwecke genutzt als gewöhnlich. Traditionell wurden Zölle dazu genutzt, heimische Wirtschaftszweige vor ausländischen Wettbewerbern abzuschirmen. Die vorgeschlagene (und besser begründbare) Nutzung von Zöllen in Verbindung mit dem VVP-System und der Naturkapitalverbrauchssteuer zielt hingegen darauf ab, die heimische (und globale) Umwelt vor privaten Emittenten und nichtnachhaltigen Ressourcennutzern zu schützen, in welchem Land auch immer sie ansässig bzw. tätig sind. Die Verfahren zur Erhebung von Zöllen sind fest etabliert. Lediglich die Begründung und das Ziel der Zollerhebung wären neu. Die vorgeschlagenen Ökozölle würden somit zu Handelsstrukturen führen, die eine nachhaltige Entwicklung nicht gefährden.

Auf dem Weg zu einer ökologischen Steuerreform

Wenn alle drei vorgeschlagenen Politikinstrumente (Naturkapitalverbrauchssteuer, Vorsorge- und Verursacherprinzip sowie Ökozölle) eingeführt würden, kämen wir auf dem Weg zu einer nachhaltigen Entwicklung ein gutes Stück voran, wobei wir uns gleichzeitig die Marktanreize dienstbar machen und dieses Ergebnis mit einem hohen Effizienzgrad erreichen würden. Alle vorgeschlagenen Instrumente sind Elemente der sogenannten „ökologischen Steuerreform".

Unter den Entscheidungsträgern in den USA und mehr noch in Europa wächst der Konsens, das Steuersystem dahingehend zu reformieren, dass nicht ein „Gut" („good", z. B. Einkommen oder Arbeit) besteuert wird, sondern eine „Schädigung" („bad", z. B. Umweltschäden und der Verbrauch nichterneuerbarer Ressourcen). Steuern üben beträchtliche Anreizeffekte aus, die beachtet und stärker genutzt werden sollten. Der umfassendste Vorschlag für eine Umsetzung dieser Idee trägt die allgemeine Bezeichnung einer „ökologischen Steuerreform" (ÖSR) (Costanza und Daly 1992; Hawken 1993; Passell 1992; Repetto et al. 1992; von Weizsäcker und Jesinghaus 1992; vgl. Box 32, Anm. d. Hrsg.). Zuvor machten Page (1977), der eine nationale Steuer auf die Konzession für Schürfrechte vorschlug, und Daly (1977), der eine Versteigerung von Ressourcenverbrauchszertifikaten diskutierte, ähnliche Vorschläge.

Die Grundidee besteht darin, das Niveau und die Struktur des Durchsatzes bzw. der Ressourcenströme auf ein ökologisch nachhaltiges Niveau zu begrenzen (vgl. die Box:12 zur inputorientierten Umweltpolitik, Anm. d. Hrsg.). Dadurch soll das bislang vernachlässigte Ziel der ökologisch nachhaltigen Größenordnung der Wirtschaft berücksichtigt werden. Auch dem traditionellen Ziel der effizienten Allokation der Ressourcen dient dieses Instrument, da es Steuern auf „bads" anhebt und Steuern auf „goods" senkt. Es internalisiert externe Effekte auf einfache, allgemeine Weise, ohne sich, wie bei der Berechnung einer Pigou-Steuer, in die Informationsfalle zu begeben oder sich mit „Second-best-Problemen" herumschlagen zu müssen. Dem dritten Ziel, der Verteilungsgerechtigkeit, ist dies sowohl förderlich als auch hinderlich. Da die Stoffstromsteuer im wesentlichen ein gemeinnütziges Abschöpfen der Knappheitsrente zum Nutzen des Naturkapitals ist, dessen Wert im Zuge des wirtschaftlichen und demografischen Wachstums zunimmt, hat sie ähnlich positive Effekte auf die Verteilungsgerechtigkeit wie eine Besteuerung von Kapitalrenten (à la Henry George). Wie alle Konsumsteuern ist sie jedoch regressiver Natur. Dem kann mit einer Steuerfreiheit für niedrige Einkommen entgegengewirkt werden.

Auf die ersten zwei der drei wirtschaftspolitischen Hauptziele (nachhaltige Größenordnung und effiziente Allokation), hat eine ökologische Steuerreform somit positive Wirkungen; im Hinblick des dritten Ziels (gerechte Verteilung) bedarf sie jedoch einer Ergänzung durch eine progressive Einkommenssteuer. Der Grundgedanke ist dabei folgender: Die Steuerlast soll schrittweise von „goods" (z. B. Einkommen und Arbeit) auf „bads" verlagert werden (z. B. Umweltschäden). Eine solche Verlagerung hätte weitreichende Auswirkungen und dürfte gleichzeitig zu einem höheren Beschäftigungsstand und zu ökologischer Nachhaltigkeit führen.

Drei grundlegende Probleme müssen jedoch in diesem Zusammenhang beachtet werden:

1. Das *wissenschaftliche Problem*: Welche quantitativen Wirkungen haben die verschiedenen Varianten der ökologischen Steuerreform auf die drei oben genannten Politikziele? Wird die Entwicklung effizienter, ressourcensparender Technologien angeregt? Welche Beschäftigungswirkungen haben die Varianten der ÖSR? Welche Steuerarten kontrollieren die Entwicklung der Größenordnung am wirksamsten? Inwieweit können die Steuersysteme so umgestaltet werden, dass vor allem die Erträge aus den Kapitalarten besteuert werden? Wie nahe können wir der effizienten und gerechten Zielsetzung kommen? Welche Auswirkungen hätte die Substitution von Einkommens- durch Umweltsteuern auf den internationalen Handel?

2. Das *Kommunikationsproblem*: Auf welche Weise sollten die relevanten Akteure und Interessengruppen angemessen bei der Ausgestaltung einer ökologischen Steuerreform und der Diskussion um ihre wirtschaftspolitischen Wirkungen beteiligt werden?

3. Das *politische Problem*: Wie könnte ein solcher Vorschlag unter den gegenwärtigen politischen Bedingungen implementiert werden? Wir sind der Auffassung, dass diese drei Probleme am besten – wie oben beschrieben – integriert und koordiniert zu behandeln sind.

Es bleibt nicht mehr viel Zeit zum Handeln. Allmählich scheint sich jedoch ein politischer Wille für tiefgreifende Änderungen zu entwickeln. Die Zielrichtung der vorgeschlagenen Steuerreform ist zweierlei: Neben der Umsetzung der Umweltschutzziele sollten Anreize zur Nutzung des ökonomischen Entwicklungspotenzials geliefert werden. Dies ist notwendig, damit die Reform politisch überhaupt durchsetzbar ist. Die nächsten Schritte bestehen in der weiteren Ausarbeitung und dem Testen der Instrumente, sowie in dem Bemühen um einen breiten, übergreifenden Konsens, der als Grundlage für eine Implementierung erforderlich ist. Für den Schutz unseres Naturkapitals und die Verwirklichung einer nachhaltigen Entwicklung ist es noch nicht zu spät.

Ein transdisziplinäres umweltpolitisches Instrumentarium

Da Wirtschaftswissenschaftler/innen Umweltprobleme mit Modellen analysieren, die nur Teilaspekte betreffen, kann es nicht überraschen, dass sie zu widersprüchlichen Politikempfehlungen gelangen. Das haben wir bereits ausgeführt. Dabei wiesen wir nachdrücklich auf die Komplexität der Probleme und die Notwendigkeit eines gemeinsamen Ansatzes hin. Wenn wir nun von den Politikempfehlungen zu der Frage übergehen, welche Instrumente und Strategien konkret implementiert werden sollten, kann es kaum verwundern, dass die Ökonomen weder innerhalb ihrer Zunft einer Meinung sind (z. B. Emissionssteuer versus Umweltzertifikate), noch mit den Ökologen übereinstimmen (Naturschutzgebiete versus Ökotourismus). Beide wiederum werden von den Anhängern des ordnungsrechtlichen Ansatzes kritisiert, die eine bürokratische Command-and-Control-Struktur bevorzugen. Wenn eine nachhaltige Entwicklung erreicht werden soll, muss ein gemeinsamer Ansatz gefunden werden. In diesem Abschnitt wird erläutert, wie die Suche nach einem gemeinsamen Ansatz zur Entwicklung eines umweltpolitischen Instrumentariums beitragen kann.

Im Folgenden wird ein transdisziplinärer Rahmen vorgeschlagen, der ökonomische Erkenntnisse durch einen interdisziplinären Ansatz ergänzt, bei dem Konzepte der Ökologie und der Naturwissenschaften sowie Erwägungen zur Verteilungsgerechtigkeit und zur politischen Durchsetzbarkeit berücksichtigt werden (siehe Abbildung 4.2, Cumberland 1994).

Dieses Modell ist eine Alternative zum rein ökonomischen Modell, das auf Grenzschadens- und Vermeidungskostenfunktionen beruht, deren Schnittpunkte zu einem einzigen effizienten Niveau von Emissionssteuer, Vermeidungsmenge und Umweltqualität führen. Der hier vorgeschlagenen Ansatz geht demgegenüber davon aus, dass es drei unterschiedliche Bereiche von Umweltqualität bzw. von ökologischer Gesundheit gibt, für die jeweils angemessene Politikmaßnahmen entwickelt werden müssen. Der erste Bereich des Modells ist der Bereich niedriger Emissionen, innerhalb dessen die Schäden zu gering sind, als dass sie gemessen werden könnten, oder so geringfügig sind, dass sie die Produktivität des Gesamtsystems nicht verringern. Bis die Emissionen und Immissionskonzentrationen ein Niveau erreichen, ab dem die Schädigungen ermittelbar sind, ist es den Emittenten erlaubt, die Emissionen innerhalb der rechtlichen Grenzen zu verursachen, ohne dass sie dafür Abgaben leisten müssen, wie dies auch gegenwärtig in den Industrienationen praktiziert wird. Dieser Bereich ist der „Bereich der Eigentums- und Verfügungsrechte". Aus Gerechtigkeitsgründen wird den Emittenten keine Steuer auferlegt, wenn die Emissionen (1) keine Schädigungen verursachen, (2) sich nicht akkumulieren und (3) die ökologische Produktivität nicht verringern. In einem solchen Fall bewegen sich die Emissionen im Rahmen der assimilativen Kapazitäten der Umwelt. Innerhalb dieses Emissionsbereichs übersteigen die Grenzkosten der Überwachung und Verwaltung die Grenzschäden in der Umwelt, sodass die Verwaltungskosten nicht gerechtfertigt sind.

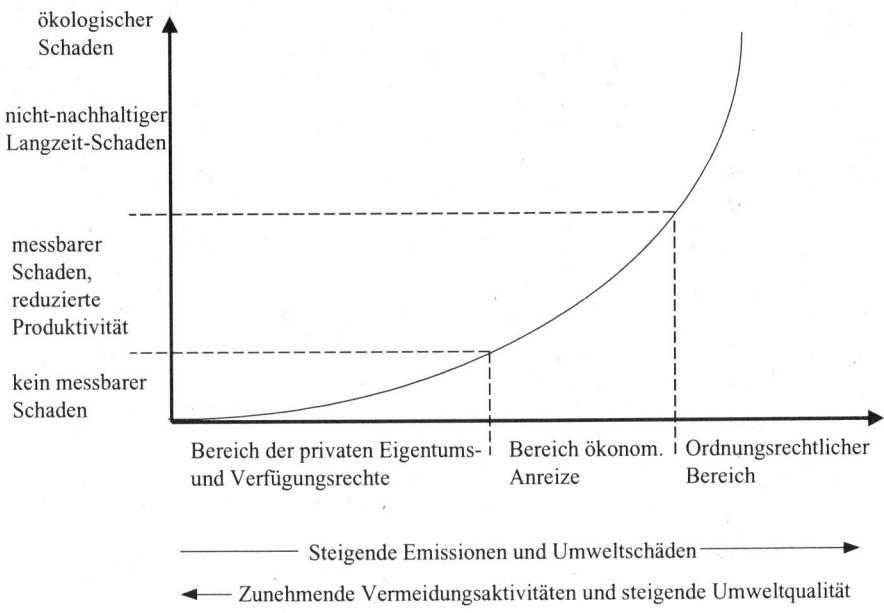

Abbildung 4.2: Ein ökologisch-ökonomischer Ansatz zur Emissionskontrolle
(aus Cumberland 1994)

Die nächste Maßnahmenebene wird erreicht, wenn die Emissionen und Schadstoffkonzentrationen messbare Schädigungen in der Umwelt zur Folge haben und die Produktivität des Systems gefährden. In diesem Emissionsbereich wird jede zusätzlich emittierte Schadstoffeinheit mit einer Steuer belegt, deren Höhe der optimalen Steuer in Abbildung 4.1 entspricht bzw. die hoch genug ist, um den Übergang in die kumulative Schadenszone zu verhindern. Dieser Bereich wird „Anreizbereich" genannt, da die Emissionssteuer als ökonomisch effiziente Maßnahme einen finanziellen Anreiz auf die Emittenten ausübt, die Emissionen auf ein effizientes Niveau zu verringern (siehe Abbildung 4.1). Trotz der nachvollziehbaren Abneigung der Anhänger des ordnungsrechtlichen Ansatzes gegen ein Verfahren, das sich nur auf finanzielle Anreize stützt, könnte die Einführung eines Anreizbereiches einen wichtigen Beitrag dazu liefern, mit einer gegebenen Einheit sozialer Kosten den bestmöglichen Umweltschutz zu erzielen. Die Einrichtung eines Anreizbereichs bedeutet ferner die Einführung von Schwellenwerten. Die Emittenten haben dadurch ein Interesse daran, unterhalb der Schwellenwerte zu bleiben und die Emissionen auf ein unschädliches, assimilierbares Niveau zu verringern. Der wesentliche Stellenwert des Anreizbereichs sowie von anreizbasierten Instrumenten im allgemeinen liegt darin, dass die wirksamen Kräfte des Wettbewerbs für die Reduzierung der Schadstoffemissionen mobil gemacht werden, indem die ökonomischen Erträge denen zugute kommen, die im Interesse des Gemeinwohls handeln. Auf diese Weise lenken sie die unternehmerischen Bemühungen von regelkonformen Ausweichmanövern auf effiziente, technische Weiterentwicklungen, die weniger Entropie erzeugen. Das vorgeschlagene Instrumentarium für die ersten beiden umweltpolitischen Bereiche ähnelt z. B. der Pigou-Steuer.

Die Fähigkeit und die Bereitschaft, Emissionssteuern zu zahlen, sollten jedoch nicht dazu führen, dass über das ökologisch akzeptable Niveau hinaus ungehindert Emissionen freigesetzt werden. Die dritte umweltpolitische Ebene wird daher erreicht, wenn die Schadstoffemissionen und -immissionen an den Punkt zu gelangen drohen, an dem irreversible, nichtnachhaltige Schäden am System entstehen. In einem solchen Fall wird der sogenannte ordnungsrechtliche Bereich erreicht, denn jenseits des Schwellenwerts tritt an die Stelle von Marktinstrumenten das Verbot eines jeglichen weiteren Anstiegs der Emissionsmenge. Während eine effiziente Emissionssteuer dazu dient, die besteuerten Emissionen möglichst niedrig (auf einem nachhaltigem Niveau) zu halten, hat eine ordnungsrechtliche Maßnahme (Auflage, Gebot, Verbot) die Aufgabe, Fehlberechnungen vorzubeugen und Unsicherheiten zu umgehen (Prinzip der Gefahrenabwehr).

Das vorgeschlagene Modell hat einen Nachteil im Hinblick auf das Effizienzziel. Effizienz im strengen Sinne beruht darauf, dass jede Emissionseinheit mit dem gleichen Satz besteuert wird. Gemäß unseres Vorschlags können die Emittenten, die innerhalb des Bereichs ohne Schädigungen (im Bereich der Eigentumsrechte) verbleiben, auch dann mit den Emissionen fortfahren, wenn die Gesamtmenge des Schadstoffes durch neue Emittenten den Anreizbereich erreicht, sodass eigentlich die Besteuerung einsetzen müsste. Dieser Trade-off zwischen Gerechtigkeit und Effizienz im Anreizbereich wurde eingeführt, um die bestehenden Unternehmen gegen die möglichen Auswirkungen künftiger Markteintritte von Unternehmen mit größerer Marktmacht zu schützen. Außerdem würde das totale Verbot weiterer Emissionen nach Erreichen des ordnungsrechtlichen Bereichs den Markteintritt von neuen, effizienteren Unternehmen verhindern.

Das Gerechtigkeits- und das Effizienzziel würden hingegen zugleich erreicht, wenn statt der Umweltsteuern eine Variante dieses dreistufigen Ansatzes eingesetzt würde: handelbare Umweltzertifikate. Werden Märkte für diese Zertifikate eingerichtet, so können zunächst die Zertifikate innerhalb des Bereichs nicht messbarer Schäden kostenfrei ausgegeben werden. Nach Überschreiten der Schwelle messbarer Schäden können weitere Zertifikate auf dem offenen Markt zum Kauf angeboten werden, wobei die insgesamt verbriefte Emissionsmenge jedoch unter der Menge liegen muss, ab der irreversible Schäden bzw. der ordnungsrechtliche Bereich erreicht werden. Nach Erreichen dieses letzteren Bereichs werden keine weiteren Umweltzertifikate ausgegeben. Die ökonomische Effizienz ergibt sich bei diesem Instrument automatisch aufgrund des sich auf dem Zertifikatemarkt bildenden Gleichgewichtspreises.

Die Begrenzung der Gesamtmenge der zertifizierten Emissionen auf ein ökologisch sicheres Niveau stellt mithin die beste Kombination der Merkmale des ordnungsrechtlichen und anreizbasierten ökonomischen Ansatzes dar. Die Möglichkeit des Verkaufs von Emissionszertifikaten auf Wettbewerbsmärkten führt automatisch zum Entstehen neuer und technologisch effizienter Unternehmen und zum Verschwinden von Unternehmen mit hohen Emissionen, da diesen gegenüber den effizienten Unternehmen höhere Kosten entstehen. Der Verkauf und Handel von Zertifikaten würde ferner automatisch eine Inflationsanpassung bewirken, während bei einer Pigou-Steuer zusätzliche administrative Maßnahmen nötig wären, um auf Preisniveauänderungen effizient zu reagieren. Handelbare Emissionszertifikate haben in allen Bereichen Vorteile gegenüber Abgaben, die auf den Anreizbereich beschränkt sind: Neuen, effizienten Emittenten ist es möglich, Zertifikate zu erwerben; zudem müssen alle Emittenten den gleichen Preis für eine Emissionseinheit zahlen. Im Vergleich dazu ist bei den hier vorgeschlagenen Umweltabgaben der Markteintritt neuer, effizienter Emittenten stark erschwert, wenn die Obergrenze des Anreizbereiches bereits überschritten wird und damit keine weiteren Emissionen mehr erlaubt werden, während die alten Unternehmen jedoch ihre Rechte behalten.

Implementations- und Verfahrensfragen

Die Implementation dieser Vorschläge ist mit verschiedenen praktischen Problemen verbunden, u. a. aufgrund der unterschiedlichen lokalen Gegebenheiten. Die Ableitung der Schadens- und Vermeidungskostenfunktionen ist, abhängig von der Verfügbarkeit von Daten und Kenntnissen, mit schwierigen Entscheidungen hinsichtlich der Zahl der

Schadstoffe, der Zahl der betroffenen Arten und der Zahl der rechtlichen Zuständigkeitsbereiche verbunden. Tietenberg hat beispielsweise ein Verfahren beschrieben, das mehrere Emissionsquellen und mehrere Emissionsgeschädigte berücksichtigt (1988). Zur Anpassung an die räumlichen und zeitlichen Gegebenheiten sind für die verschiedenen Schadstoffe unterschiedliche Steuersätze erforderlich, was wiederum von der Datenlage und dem wissenschaftlichen Erkenntnisstand abhängt. Angesichts der beschränkten wissenschaftlichen Kenntnisse und des Ausmaßes der Unsicherheit ist ein pragmatischer Ansatz erforderlich, der auf einem wissenschaftlichen Konsens auf Grundlage der aktuell verfügbaren Informationen beruht. Angesichts der Schwierigkeiten bei der Bestimmung der spezifischen Auswirkungen und Synergien zwischen den verschiedenen Schadstoffen müssen einfache Schätzungen der relativen Toxizität herangezogen und weitere Daten gesammelt werden, um die Höhe der Emissionssteuern bzw. Zertifikatpreise festzulegen. Überprüfung und Durchsetzung sind dabei von wesentlicher Bedeutung. Es ist jedoch darauf hinzuweisen, dass dies für alle umweltpolitischen Ansätze gilt, nicht nur für den hier besprochenen.

Einige Elemente dieses Vorschlags können an bestimmten Orten, an denen die Schadstoffe bereits messbare Schäden angerichtet haben, nicht angewandt werden. Leider ist das bereits in weiten Teilen der Welt der Fall. In diesen Fällen ist eine Vergabe privater Eigentums- und Verfügungsrechte (vgl. Abb. 4.2) nicht problemlösend, und alle Emissionen sind mit Emissionssteuern zu belegen. Die Steuersätze könnten im Laufe der Zeit erhöht werden, um die Schäden innerhalb des Anreizbereiches zu halten und den Übergang in den nichtnachhaltigen Schadensbereich zu verhindern. In denjenigen Fällen, in denen bereits nichtnachhaltige Schäden vorliegen, sind durchgreifende ordnungs- und strafrechtliche Maßnahmen (negative Anreize) gerechtfertigt. Beispiele hierfür sind die Straf- und Schadensersatzurteile zu Öltankerunfällen und die Schadensersatzzahlungen für Giftmülldeponierung im Rahmen des *Superfund*-Programms der USA (Kopp und Smith 1993).

Eine Variante dieses Ansatzes ist in der Niederlanden bereits implementiert (Anderson et al. 1991). Jeder Landwirt darf pro Hektar und Jahr eine Güllemenge entsprechend dem Äquivalent von 125 kg Phosphat steuerfrei ausbringen. Jenseits dieser Grenze wird im Bereich von 125-200 kg eine Abgabe in der Höhe von 0,1 Euro pro kg erhoben. Ab einer Menge von über 200 kg steigt die Abgabe progressiv auf 0,2 Euro pro kg pro Hektar und Jahr an. Die Durchschnittsbelastung eines Landwirts liegt bei etwa 730 Euro jährlich. Dieses innovative umweltpolitische Instrument ähnelt in vielerlei Hinsicht dem oben beschriebenen dreistufigen Ansatz mit dem Unterschied, dass anstatt der ordnungsrechtlichen Stufe mit Höchstemissionsmengen eine Stufe mit erhöhten Emissionssteuern besteht, auf der die Steuern doppelt so hoch wie auf der von uns als „Anreizbereich" bezeichneten Stufe ausfallen. Beide Ansätze können einander angeglichen werden, indem die Emissionssteuern im Bereich inakzeptabel hoher Schäden auf ein prohibitives Niveau angehoben werden. Ähnlich wie die hier beschriebenen Vorschläge erfüllt auch das praktizierte Gesetz in den Niederlanden aufgrund von Gerechtigkeitserwägungen im Hinblick auf die Emittenten nicht das Kriterium der strengen Effizienz, da nicht jede Emissionseinheit mit dem gleichen Steuersatz belegt wird.

4.5 Angemessene Politikstrategien, Instrumente und Institutionen auf den verschiedenen räumlichen Ebenen

Die lokale Ebene

Auch wenn die rechtlichen und institutionellen Rahmenbedingungen der Umweltpolitik in der Regel auf der nationalen Ebene festgelegt werden und sich die Verantwortlichkeiten in einigen Bereichen langsam auf die internationale Ebene verlagern, finden die einzelnen Maßnahmen, welche die Umweltqualität letztlich bestimmen, auf der lokalen Ebene ihren Ausgangspunkt. Beispiele sind die Umwandlung von natürlichen Lebensräumen in landwirtschaftliche Flächen, die Aufteilung der Flächen in Siedlungs-, Gewerbe- oder Industrieflächen, der Bau von Fabriken und die Deponierung von Abfällen. Die wichtigsten Entscheidungen auf lokaler Ebene betreffen die Nutzung der Flächen und Böden. Die Art der Flächennutzung beeinflusst das gesamte Spektrum der Umweltprobleme – sei es im menschlichen Siedlungsraum oder in geschützten Gebieten. Das grundlegende Problem besteht darin, dass die Marktprozesse nicht unbedingt zu einer Nutzungsdichte führen, die der lokalen Tragfähigkeit oder einem nachhaltigen Wachstum der ökologisch relevanten Größenordnung der Wirtschaft entspricht.

Ebenso wie für die überwiegende Zahl der politischen Themen gilt auch für die Ursachen der meisten Umweltwirkungen, dass sie letztlich lokaler Natur sind (Tip O'Neill). Die allgemeine Umweltpolitik sollte daher zwar auf höheren Ebenen koordiniert werden, der Kampf für eine ökologische Nachhaltigkeit wird letztlich jedoch auf lokaler Ebene gewonnen oder verloren. Lokale Widerstände – wie die sog. NIMBY-Reaktion („Not in my Back Yard"; dt. „Nicht-in-meinem-Hinterhof") auf Bedrohungen durch die lokale wirtschaftliche Entwicklung[20] – werden zwar von den Wachs-

---

[20] Wenn in diesem Zusammenhang von „lokaler" bzw. „regionaler wirtschaftlicher Entwicklung" gesprochen wird, ist dieser Terminus nicht gleichzusetzen mit dem Verständnis von „Entwicklung" wie es diesem Buch (z. B.

tumsjüngern missbilligt, doch diese Art lokaler Feedbacks liefert wertvolle Informationen, die bei den Planungs- und Entscheidungsprozessen Beachtung finden sollten. Eine NIMBY-Position gegenüber lokalen ökologischen Bedrohungen kann völlig rational und auf lokaler Ebene durchaus verantwortungsbewusst sein. Planer und Entscheidungsträger beginnen allmählich, sie in den Politik- und Verwaltungsprozess einzubinden, denn anhand lokaler Reaktionen wird ersichtlich, wer akut von negativen externen Effekte betroffen ist. Ein aktuelles Beispiel ist die Entscheidung von Disney, nach heftigem Widerstand von Historikern und örtlichen Bürgern den Plan aufzugeben, bei Washington, DC, in der Nähe der Bürgerkriegsschlachtfelder und angrenzend an ländliche Regionen für viele Millionen Dollar einen Vergnügungspark zu bauen. Aus diesen Erfahrungen kann die Lehre gezogen werden, dass sich die Planer und Wirtschaftspolitiker in der Regel durchsetzen (da sie mit finanziellen Mitteln ausgestattet sind und die rechtlichen und politischen Fallstricke des Entwicklungsprozesses kennen, die sie genau für diesen Zweck so gestaltet haben), es aber durchaus Ausnahmefälle gibt, in denen Umweltschützer alle Kräfte mobilisieren, die nötig sind, um die rechtlichen, planerischen, werbemäßigen und sonstige Fähigkeiten zu organisieren, damit sie ihre Rechte und die Umwelt verteidigen können (van Dyne, 1995). Unglücklicherweise verfügen nur wenige Gemeinden über die nötigen Mittel und Entschlusskraft. Viele Umweltaktivisten beschränken deshalb ihre Bemühungen auf ihre nächste Umgebung. Daher besteht die dringende Notwendigkeit, dass die NGOs ihre Erfahrungen und Kenntnisse für lokale Initiativen auf Gemeindeebene zugänglich machen (vgl. Box 29, Anm. d. Hrsg.).

Box 29: **Lokale Agenda 21**

Stefan Kuhn

Auftrag

Lokale Agenda 21 ist die Bezeichnung für einen von Kommunalverwaltung und -politik zusammen mit der örtlichen Bürgerschaft erstellten Aktionsplan für eine nachhaltige Stadt- bzw. Gemeindeentwicklung.

.../

Kap. 3.3) zugrunde liegt und das sich vor allem auf die Verbesserung der sozialen Nettowohlfahrt bei Vermeidung wachsender Ressourcenströme bezieht.

Das Mandat zur Aufstellung solcher Aktionspläne erhielten die Kommunen der Erde durch das 28. Kapitel der auf der UN-Konferenz über Umwelt und Entwicklung (UNCED) 1992 in Rio de Janeiro verabschiedeten „Agenda 21", des weltweiten Aktionsprogramms für eine nachhaltige Entwicklung. Über den „Internationalen Rat für Kommunale Umweltinitiativen" (ICLEI) hatten die Kommunen dieses Mandat selbst in die Agenda 21 eingebracht.

„Jede Kommunalverwaltung soll in einen Dialog mit ihren Bürgern, örtlichen Organisationen und der Privatwirtschaft eintreten und eine „Lokale Agenda 21" beschließen. Durch Konsultation und Herstellung eines Konsenses würden die Kommunen von ihren Bürgern (...) lernen und für die Formulierung der am besten geeigneten Strategien die erforderlichen Informationen erlangen. Durch den Konsultationsprozess würde das Bewusstsein der einzelnen Haushalte für Fragen der nachhaltigen Entwicklung geschärft." (Agenda 21, 28.3)

Nachhaltige Entwicklung

Nachhaltige Entwicklung bezieht sich auf das Verhältnis zwischen menschlichem Wirtschaften, dem dafür erforderlichen Verbrauch natürlicher Ressourcen und der dadurch erreichten Lebensqualität: Derzeit sind weltweit ca. 20 % der Bevölkerung, im Wesentlichen die westlichen Industriegesellschaften, für ca. 80 % des Ressourcenverbrauchs verantwortlich. Gleich-zeitig stellen die Entwicklungsbestrebungen in den ärmeren Regionen der Erde Ansprüche an die Nutzung des Naturhaushaltes, die mittelfristig dessen Zusammenbruch bedeuten.

Nachhaltige Entwicklung bedeutet demnach in Europa, Wirtschaftsweisen zu entwickeln, die die von den Menschen gewünschte Lebensqualität mit (langfristig) nur etwa einem Fünftel des derzeitigen Ressourcenverbrauchs realisieren können. Gleichzeitig soll so ein alternatives Modell für sich entwickelnde Länder entstehen.

Verfahren

Eine solche Entwicklung erfordert, alle Bürgerinnen und Bürger anzusprechen als wirtschaftende Akteure in ihrem jeweiligen Verantwortungsbereich: in Unternehmen, Verwaltungen, politischen Gremien, Vereinen oder Privathaushalten. Gemeinsam sollen sie einen Bewusstseinswandel vollziehen, der Verhaltensänderungen nach sich zieht: Wie kann eine gerechte Verteilung der erwünschten Lebensqualität erreicht werden bei gleichzeitig rückläufiger Inanspruchnahme natürlicher Ressourcen? Der direkte Dialog hierüber kann, so die Argumentation für die Lokale Agenda 21, am ehesten auf der kommunalen Ebene erreicht werden.

„Als Politik- und Verwaltungsebene, die den Bürgern am Nächsten ist, spielen Kommunen eine entscheidende Rolle bei der Informierung und Mobilisierung der Öffentlichkeit und ihrer Sensibilisierung für eine nachhaltige Entwicklung." (Agenda 21, 28.1.)

.../

> Zur Aufstellung einer Lokalen Agenda werden seit 1992 in europäischen Kommunen zunehmend thematische Arbeitsgruppen eingerichtet, in denen (im Idealfall) VertreterInnen aus Verwaltung, Politik, Wirtschaftsunternehmen, Verbänden und Privathaushalten gemeinsam Ziele und Maßnahmenvorschläge für die Zukunft der Kommune erarbeiten. Diese werden zusammengeführt zum eigentlichen Aktionsplan und nachfolgend – ebenfalls von den beteiligten Akteuren gemeinsam – umgesetzt. Ausschlaggebend für ein brauchbares Ergebnis ist dabei die professionelle Moderation der Arbeitsgruppen, ein kompetentes Prozessmanagement durch die Kommunalverwaltung sowie die kontinuierliche Einbindung des Kommunalparlaments.
>
> **Ergebnisse**
>
> Zu Beginn des 21. Jahrhunderts haben sich in Europa nach Schätzung des ICLEI mehr als 4.000 Kommunen in einen solchen lokalen Agenda-21-Prozess begeben. Die Ergebnisse und Umsetzungsstrategien, die aus diesen Prozessen erwachsen, sind jedoch unterschiedlich. So werden in manchen Kommunen Pläne nach dem Vorbild etwa der deutschen Stadtentwicklungspläne erstellt, die anschließend umgesetzt werden sollen, jedoch freilich vor dem bereits von anderen Plänen bekannten Umsetzungsdefizit nicht geschützt sind. Aus diesem Grund setzen andere Kommunen ausschließlich auf ein „Patchwork" von Projekten, die direkt mit den am Dialog Beteiligten entwickelt und realisiert werden. Diese Form der Lokalen Agenda 21 wird vor allem in den deutschsprachigen Ländern Europas und in Skandinavien favorisiert, Ländern also mit bereits weit entwickelten Planungsroutinen und Erfahrungen mit Bürgerbeteiligung. Kritik gegenüber diesem stark aktionsbezogenen Weg bezieht sich auf dessen „Strohfeuer"-Charakter: Langfristige, strukturelle Veränderungen mögen durch Projekte allein nicht einzuleiten sein. Um dem entgegen zu wirken, haben einige Kommunen zusätzlich begonnen, ihre Verwaltungs- und Planungsverfahren auf eine nachhaltige Entwicklung hin zu optimieren, um so strategisch umzusteuern. Innovationen beziehen sich vor allem auf die Bereiche Bürgerbeteiligung, bereichsübergreifende Zusammenarbeit, public-private-partnerships, Nachhaltigkeitskriterien für Beschaffung und Vergabe sowie die Einführung einer Naturhaushaltswirtschaft.

In diesem Abschnitt liegt das Hauptinteresse zwar auf den Instrumenten der Politik, aber er schließt auch einige Bemerkungen zu den Interessengruppen ein, die ihre Gestaltung beeinflussen, den Behörden, die sie anwenden, und den Verfahren, mit denen sie implementiert werden.

Wie die Erfahrungen auf lokaler Ebene deutlich machen, besteht ein Haupthindernis für den Umweltschutz in der einseitigen Ausrichtung der wirtschaftlichen und politischen Kräfte auf quantitatives Wachstum, gleichzeitig dominieren Vorbehalte gegen den Umweltschutz. Dafür gibt es viele Ursachen (vgl. auch Box 23, Anm. d. Hrsg.):

- Die lokalen wirtschaftspolitischen Entscheidungen beruhen in der Regel auf privaten Kosten- und Nutzenerwägungen, weniger auf Überlegungen hinsichtlich sozialer Kosten und Erträge.

- Der wirtschaftliche Nutzen einzelner Entwicklungsprojekte wird nach kurzer Zeit in Form von quantitativen Größen sichtbar und ist in Geldgrößen messbar. Dagegen ist der Nutzen des Umweltschutzes oft qualitativer Natur, tritt in der Zukunft auf und wird daher stark diskontiert.

- Die Gruppe der Nutznießer der wirtschaftlichen Entwicklung ist in der Regel klein und hat Zugriff auf finanzielle Mittel, um die besten und politisch einflussreichsten Anwälte einzustellen. Sie kontrolliert die wirtschaftliche Entwicklung und kann so lange durchhalten, bis sie ihre Ziele verwirklicht habt. Die wirtschaftliche und politische Macht des Establishments institutionalisiert sich in den Gesetzen und Bestimmungen zur Flächennutzung und zum Umweltschutz.

- Die lokalen wirtschaftspolitischen Kräfte bewirken oft suboptimale Ergebnisse, wenn sie untereinander in einem Wachstumswettbewerb stehen und dabei ineffizientes, nichtnachhaltiges Wachstum subventionieren.

- Auch wenn der Gesamtnutzen einer Entscheidung zugunsten des Umweltschutzes deutlich größer ist als der Nutzen weiteren Wachstums, so sind die Nutznießer des Umweltschutzes schwieriger feststellbar, stärker vereinzelt und dazu gezwungen, ihre Interessen durch freiwillige Teilzeitkräfte vertreten zu lassen, sofern sie nicht die wenigen Umweltorganisationen für ihre Ziele mobilisieren können.

- Die diffuse Natur des Nutzens und der öffentliche Gutscharakter des Umweltschutzes verleitet viele potenzielle Nutznießer des Umweltschutzes dazu, als „Free-Rider" („Schwarzfahrer") an den Erfolgen der wenigen Umweltaktivisten zu partizipieren, sodass die gesamte sichtbare Vertretung von Umweltinteressen geringer ausfällt, als sie eigentlich gesellschaftlich sein müsste.

- Subventionen aller staatlichen Ebenen für den Verkehr, für verbilligte Energie und den Bau von Infrastruktur (vgl. Box 33, Anm. d. Hrsg.) verstärken die Tendenz zu übermäßigem lokalen Wirtschaftswachstum.

All diese Faktoren tragen zu dem gegenwärtigen Problem eines tendenziell zu hohen, ökologisch nichtnachhaltigen lokalen Wirtschaftswachstums bei. Das Problem wird durch die Bemühungen lokaler Behörden noch verschärft, die positiven externen Effekte des Gemeineigentums zu privatisieren wie beispielsweise Flußmündungen, öffentliche Wasserstraßen, Feuchtgebiete, Wälder, Kulturlandschaften, Naturparks und andere Bestände des Naturkapitals, sodass wirtschaftliches Wachstum allzu oft in den ökologisch empfindlichsten Regionen stattfindet.

Infolge der Wachstumsorientierung und der Privatisierung des Naturkapitals trat seit Beginn der 1970er Jahre eine inakzeptabel hohe Verschmutzung von Luft, Wasser und Böden zu Tage. Die Notwendigkeit, einige der Wachstumsexzesse zu korrigieren, wurde immer deutlicher. So können Nichtregierungsorganisationen (NGOs) beim Umweltschutz, z. B. im Kampf gegen wichtige Schadstoffemittenten ein wichtige Rolle spielen. Dies ist besonders dann von Bedeutung, wenn die staatlichen Behörden von den Kräften korrumpiert werden, die sie eigentlich kontrollieren sollen und die Behörden ihre Verpflichtung gegenüber den Interessen der Allgemeinheit faktisch nicht mehr erfüllen.

Die Fixierung der Behörden auf lokales Wirtschaftswachstum hat verschiedentlich zu übermäßigem Wirtschaftswachstum geführt. Außerdem konzentrierte sich dieses Wachstum oft auf ökologisch empfindliche Regionen. Das verspätete Erkennen dieses Konflikts hat Politikinstrumente hervorgebracht, die die Probleme kontrollieren sollten, wozu sie aber meist ungeeignet sind.

Flächennutzungsplanung ist in den USA und in anderen Industrieländern ein Hauptinstrument der Flächennutzungs- und Wirtschaftspolitik. Dies ist ein ordnungsrechtliches Verfahren, dessen Ergebnisse die Verteilung der lokalen politischen und wirtschaftlichen Macht in der Regel recht genau widerspiegeln. Somit werden die lokalen Flächennutzungsentscheidungen häufig nicht auf der Basis gemeinschaftlicher, sondern privater Nutzen- und Kostenerwägungen getroffen. Folgende Faktoren sollten erfüllt sein, um eine Verbesserung der lokalen Flächennutzung zu erreichen:

- Die sozialen Wohlfahrtsgewinne sollten Vorrang vor den privaten (Netto-) Gewinnen haben.

- Eine nachhaltige Entwicklung bedarf der Bewertung, des Schutzes und des Managements der lokalen ökologischen Ressourcen auf wissenschaftlicher Basis.

- Alle betroffenen Gruppen sollten am Entscheidungsprozess gleichberechtigt beteiligt werden.

- Durch Überwachung und Kontrolle durch höhere staatliche Ebenen könnte vermieden werden, dass der interregionale Wachstumswettbewerb nicht in einen Wettbewerb um das Opfern von Naturkapital und schutzwürdigen Gebieten degeneriert.

Diese Ziele können nur mit spezifischen Politikinstrumenten erreicht werden. Statt der gegenwärtigen Politik der Subventionierung von übermäßigem Wirtschaftswachstum, sind Instrumente erforderlich, welche Planer und Politiker mit den gesamten ökonomischen und sozialen Kosten des Wachstums konfrontieren. Ein Beispiel hierfür ist die Gesamtkostenrechnung für lokale Verwaltungsdienste – zunächst jedoch einige Anmerkungen zum direkten Kauf von ökologisch sensiblen Flächen.

Landkauf und Entschädigungszahlungen

Ein weiteres alternatives Instrument für die Flächennutzungspolitik und den Schutz empfindlicher Ökosysteme ist der direkte Kauf dieser Gebiete durch staatliche Behörden, Bürger, Umweltschutzinstitutionen oder andere NGOs. Bevor eine Fläche als Gewerbe- oder Siedlungsfläche ausgewiesen wird, sollte sie hinsichtlich Bodentyp, Hydrologie, Lebensraum, archäologischer Bedeutung und anderer wissenschaftlicher Kriterien bewertet werden. Die Stärkung der lokalen Flächennutzungsplanung durch die Erkenntnisse transdisziplinärer Wissenschaften ist für eine nachhaltige Flächennutzung unabdingbar. Bevor Flächen erschlossen werden, sollten sie auf ihre Eignung als Gewerbe- oder Siedlungsfläche geprüft werden. Ein solches Verfahren hätte den Bewohnern von Los Angeles, um nur ein Beispiel anzuführen, Schäden in Höhe von einigen Milliarden DM erspart, die durch Feuersbrünste, Überschwemmungen, Erdrutsche und Erdbeben entstanden sind. Ein Großteil der Schäden wird von der Allgemeinheit getragen, indem sie über öffentliche Subventionen Entschädigungen und oft später den Wiederaufbau in den gleichen Katastrophengebieten finanziert. Die tödliche Kombination von staatlich subventionierten Versicherungen und einer inkompetenten, wachstumsorientierten lokalen Flächennutzungsplanung hat nicht nur in Kalifornien private und gesellschaftliche Schäden in Höhe von einigen Milliarden Dollar verursacht, sondern auch in den Überschwemmungsgebieten des Mississippi und den Tornadogebieten im amerikanischen Südosten.

Wenn Flächen enteignet werden oder jegliche Nutzung aus ökologischen, wissenschaftlichen oder anderen öffentlichen Interessen ausgeschlossen wird, sind im Hinblick auf Fairness und Pareto-Gerechtigkeit zur Entschädigung Kompensationszahlungen als geeignetes Politikinstrument in Erwägung zu ziehen. Dies gilt jedoch nicht, wenn auf Kosten des Gemeinwohls Grundstücksspekulationen durchgeführt werden. Denn auch der Immobilienhandel sollte als eine Tätigkeit angesehen werden, die mit Gewinnen *und* Verlusten einhergehen kann. Entschädigungen sind auch dann kaum angebracht, wenn es zu Wertverlusten in der Flächennutzung durch die allgemeine Gesetzgebung oder Raumordnung auf Bundes-, Landes- oder lokaler Ebene kommt. Dies ist durch die Gerichte weitestgehend bestätigt worden. Die irreführend als „wise use" bezeichnete Bewegung in den USA, die Umweltgesetze blockieren will, indem sie Entschädigungsansprüche für den Fall der Ausübung legitimer Regierungsfunktionen androht, stellt einen Versuch dar, das Entschädigungsprinzip weit über vernünftige Grenzen hinaus auszudehnen und damit den Umweltschutz einzuschränken.

Vollkostenrechnung

Die lokalen Steuern, Gebühren und Preise für öffentliche Dienstleistungen sollten die gesamten gesellschaftlichen Kosten für zusätzliches Wachstum von Wohngebieten, Gewerbe und Industrie widerspiegeln und zwar sowohl während der Erstellung als auch während der Lebensdauer des jeweiligen Projekts. Zu den nichtbepreisten sozialen Kosten des Siedlungs- und Gewerbeflächenwachstums gehören u. a. die Umweltwirkungen von Abwässern, allgemeine Schlamm- und Sedimentablagerungen nach Unwettern, Belastungen durch Rasen- und Gartenchemikalien oder der Verlust von Freiflächen. Solange diese Kosten in den lokalen Bodenpreisen und den Steuern keinen Niederschlag finden, verursacht die sich ergebende Subventionierung des Immobiliensektors und der vom Wachstum profitierenden Wirtschaftsunternehmen eine zu hohe Siedlungs- und Gewerbedichte und eine Fehlallokation von Ressourcen.

Da in der Regel keine Vollkostenpreise verlangt werden, wird das Wachstum durch die ansässigen Bewohner subventioniert. Eine Variante des Vollkostenansatzes besteht in der Erhebung von Steuern, die sich an den Folgewirkungen der jeweiligen Umwelteingriffe orientierten. Zusätzlich zu einer anfänglichen Steuer bei neuen Ansiedlungen sollten kontinuierliche monatliche Abgaben auferlegt werden, die so hoch sind, dass die gesamten Kosten eines nachhaltigen Umweltschutzes gedeckt werden. Eine Vollkostenpolitik genügt nicht, um eine nachhaltige Entwicklung zu erreichen, doch sie ist eine notwendige Bedingung, um Regionalentwicklern und -planern die sozialen Kosten ihrer Handlungen aufzuzeigen und Käufern die richtigen Signale im Hinblick auf die sozialen Kosten zu geben, z. B. jene, die mit dem Umzug in ökologisch empfindliche Gebiete einhergehen. Ökonomisch effiziente Instrumente dieses Typs können dazu beitragen, die Bevölkerungsdichte zu begrenzen und eine Überlastung der lokalen Umwelt zu vermeiden.

Die Einführung richtiger Preise mag als eher einfaches Instrument für die zahlreichen Ziele der Flächennutzungspolitik erscheinen. Es ist klar, dass dieses Instrument der Ergänzung durch andere ordnungsrechtliche Instrumente bedarf, wie z. B. eine Regionalplanung beim Wasserschutz, der Luftreinhaltung und dem Naturschutz. Die Berücksichtigung der gesamten sozialen und ökologischen Kosten bei den Bodenpreisen kann ein wirksames Mittel sein, um ökologisch verantwortliche Entscheidungen in Forschung und Entwicklung zu fördern. In dem Maße, in dem die Konsumentensouveränität erhalten werden kann, ist eine Korrektur der Preise eine notwendige Bedingung dafür, dass auf den Märkten Entscheidungen getroffen werden, die dem Gemeinwohl dienen. In den meisten entwickelten Gesellschaften wurde frühzeitig erkannt, dass Flächennutzungsentscheidungen nicht nur dem Markt überlassen bleiben dürfen, sondern eine Flächennutzungsplanung eingeführt werden muss, um positive externe Effekte auszunutzen und die Kosten negativer externer Effekte zu vermeiden.

Box 30: **Nachhaltige Regionalentwicklung**

Harald Spehl

Bei der *nachhaltigen Entwicklung* handelt es sich um eine *regulative Idee, ein Leitbild*, die auf die Verwirklichung intra- und intergenerativer Gerechtigkeit zielt, d. h. auf eine als gerecht angesehene Verteilung der Möglichkeiten der Lebensgestaltung zwischen den heute lebenden Menschen sowie der heutigen und den zukünftigen Generationen.

Die Realisierung dieses Leitbildes muss auf allen räumlichen Ebenen erfolgen, dabei spielt neben der nationalen und der internationalen Ebene auch die *regionale Ebene* eine wesentliche Rolle. Ein integriertes Konzept nachhaltiger Regionalentwicklung ist umso eher zu realisieren, je mehr seine Notwendigkeit, aber auch seine Auswirkungen für den Einzelnen nachvollziehbar, spürbar und beeinflussbar sind. Nur im überschaubaren Raum ist der Einzelne fähig und willens, Verantwortung für die Um- bzw. Mitwelt zu tragen, da die Ergebnisse des eigenen Handelns unmittelbar erfahrbar sind. Wenn nationale und internationale Strategien einer nachhaltigen Entwicklung durch Anonymität, diffuse Wirkungsverläufe und fehlende Verantwortung ihre Grenzen finden, entstehen durch Dezentralisierung und Konfrontation des Einzelnen mit den Folgen des eigenen Tuns positive Handlungsanreize. Neben diesen mehr sozio-politischen Gründen für eine nachhaltige Regionalentwicklung lassen sich ökologische und ökonomische Erwägungen, wie regionale Stoffkreisläufe, Transport- und Energiekosten sowie interregionale Spillovers als Begründung regionaler Strategien nennen. Die Theorie des Föderalismus und das Konzept von eigenständiger Regionalentwicklung untermauern die Bedeutung der Region als wichtige Wirkungs- und Handlungsebene.

Damit erfordert die nachhaltige Regionalentwicklung eine ressortübergreifende *Politikkonzeption* mittels der Integration von ökologischen, sozialen und ökonomischen Komponenten, die zu einer steigenden Bedeutung und langfristigen Neuausrichtung der Regionalpolitik führt und über die Zielsetzung des Abbaus interregionaler Disparitäten hinausweist.
.../

Eine nachhaltige Regionalpolitik muss auf die dauerhafte Funktionsfähigkeit der ökonomischen, sozialen und ökologischen Teilsysteme ausgerichtet werden und dabei neben den regionalen auch die interregionalen Austauschprozesse einbeziehen und entsprechende Entwicklungspotenziale für zukünftige Generationen sichern. Damit wird auch die Verbindung zu den theoretischen Grundlagen solcher Politikveränderungen deutlich, die eine Überwindung der Isolierung der sozialwissenschaftlichen Disziplinen (Ökonomie, Soziologie, Politikwissenschaft, Sozialpsychologie) und den Austausch zwischen Ökonomie und Ökologie bedingen wie er im Konzept der ökologischen Ökonomie angelegt ist.

In allen Bereichen, in denen lokale und regionale Aktionen intraregionale Wirkungen aufweisen, bieten sich *Strategien der nachhaltigen Regionalentwicklung* an. In den Bereichen, in denen interregionale Spillovers und Verflechtungen bestehen, ergibt sich die schwierige Aufgabe, diese zu erfassen, im Sinne einer nachhaltigen Entwicklung zu bewerten und zielgerecht zu verändern. Die Einbettung in lokale, regionale, nationale und internationale Strategien ist notwendig. In den vergangenen Jahren wurden vielerorts theoretische Konzepte für eine nachhaltige Regionalentwicklung erarbeitet und praktische Umsetzungen dieser Konzeption erprobt. Es kann kein für alle Regionen gültiges Konzept geben, denn die Leitidee der nachhaltigen Entwicklung muss entsprechend den regionalen Spezifika von den relevanten und interessierten Akteuren der jeweiligen Region in partizipativer Weise umgesetzt werden.

Dazu gehören die Erarbeitung eines Leitbildes für die nachhaltige Entwicklung der Region, eine breite Beteiligung der Akteure und Betroffenen, der Aufbau regionaler Informationsnetzwerke, z. B. Produktions- und Produzentenbörsen oder die Förderung regionaler Produktionsnetzwerke und regionaler Vermarktungsstrukturen. Dabei kommt dem *Austausch zwischen den Regionen* eine wesentliche Bedeutung zu. Die Förderung solcher Vorhaben erfolgt bisher jedoch eher punktuell und kasuistisch. Die Festlegung der nachhaltigen Entwicklung als Leitbild für die Raumordnung und regionale Entwicklungspolitik in Deutschland und der Europäischen Union ermöglicht konkrete Schritte in diese Richtung. Das entspricht dem Interesse der Regionen und dem Subsidiaritätsprinzip. Neben notwendigen Weiterentwicklungen der theoretischen Grundlagen stehen bisher Partikularinteressen der Akteure, Ressortzuständigkeiten auf allen politischen Ebenen und die Unsicherheit darüber, ob nachhaltige Regionalentwicklung mehr als ein neues Schlagwort für alte Sachverhalte ist, einer schnelleren Umsetzung in praktische Politik entgegen.

Literatur: **Hübler**, K.-H.; **Kaether**, J. (Hg.) (1999): Nachhaltige Raum- und Regionalentwicklung - wo bleibt sie?, Berlin; **Schleicher-Tappeser**, R., Strati, F., **Thierstein**, A., **Walser**, M. (1997): Sustainable Regional Development. A comprehensive approach, Freiburg; **Spehl**, H. (1998): Nachhaltige Entwicklung als Herausforderung für Raumordnung, Landes- und Regionalplanung, in: Akademie für Raumforschung und Landesplanung (Hg.): Nachhaltige Raumentwicklung, Hannover, S. 19-23

Die regionale Ebene: Verminderung des kontraproduktiven interregionalen Wachstumswettbewerbs

In diesem Abschnitt sollen jene Politikstrategien behandelt werden, die durch politische Institutionen auf regionaler Ebene erfolgen können, um eine nachhaltige Entwicklung zu unterstützen. Dabei ist jedoch zu beachten, dass überwiegend die nationalen Regierungen die Spielregeln für den interregionalen Wettbewerb festlegen und dass sie damit die Verantwortung für eine nachhaltige Entwicklung tragen. Das Ziel der nationalen Politik sollte darin bestehen, dass die Länder und Kommunen die im interregionalen Wettbewerb verwendeten Mittel auf konstruktive Weise zur Verbesserung der qualitativen Entwicklung investieren, nicht aber zur konkurrierenden Subvention des quantitativen Wachstums. Anreize für einen Wettbewerb zwischen den Regionen, der zu niedrigeren Standards führt, sollten vermieden werden – was auch für die internationale Ebene gilt. Das Problem der sinkenden Standards und konkurrierenden Subventionen tritt besonders dann auf, wenn sich die Länder an einem (Standort-)Wettbewerb um die Ansiedlung von Fabriken, Sportstätten, Themenparks, Gewerb-egebieten, Siedlungsflächen, Einkaufszentren und großindustriellen Niederlassungen beteiligen. Die heute üblichen Anreize für solche Projekte sind Steuererleichterungen, die Lockerung von Boden- und Umweltschutzstandards, Subventionierung von Zugangsstraßen und öffentlichen Einrichtungen sowie der ansonsten abgelehnte Transfer von Finanzmitteln durch die Ausgabe von steuerfreien öffentlichen Anleihen (Herzog und Schlottman 1991 und vgl. auch Box 31, Anm. d. Hrsg.).

Box 31:   Föderalismus, Subsidiarität und Nachhaltigkeit

Thiemo W. Eser

Im Gegensatz zur Idee des Einheitsstaates sollte ein *föderalistischer* Staat aus eigenständigen Einzelstaaten bestehen, die in einem Bundesstaat miteinander verbunden sind. Die Vorteile des Föderalismus werden zum einen in einer vertikalen Gewaltenteilung zwischen verschiedenen staatlichen Ebenen gesehen; zum anderen erlaubt der Föderalismus die Zuweisung von staatlichen Aufgaben an unterschiedliche Ebenen, da nicht grundsätzlich jede Ebene für alle Aufgaben in gleicher Weise geeignet ist. Die Gefahren des Föderalismus sind in der Zersplitterung und Verflechtung von Kompetenzen zwischen staatlichen Ebenen zu suchen, die zur Handlungsunfähigkeit führen kann, wenn die Ebenen sich aufgrund ungeeigneter Abstimmungs- und Entscheidungsverfahren gegenseitig blockieren (sog. Politikverflechtungsfalle).

.../

Die These, dass nicht jede staatliche Ebene in gleicher Weise für jede Aufgabe geeignet ist, führt zur Frage nach einem Entscheidungskriterium - einer „regulativen Idee" - für eine solche Zuordnung. Ein allgemein akzeptiertes Kriterium stellt das aus der katholischen Soziallehre stammende, mit dem Maastrichter Vertrag zur Europäischen Union zur Bekanntheit gelangte Prinzip der *Subsidiarität* dar. Ausgehend von einer vollständig dezentralen Aufgabenverteilung soll eine übergeordnete staatliche Ebene nur dann Aufgaben übernehmen, wenn eine untergeordnete Ebene in eigenständiger Weise dazu nicht in der Lage ist. Zu prüfen ist jedoch, ob die eigenständige Wahrnehmung der unteren Ebene auch durch gezielte, punktuelle Hilfestellungen unterstützt werden kann. Der Ausgangspunkt der katholischen Soziallehre war darüber hinaus, dass gesellschaftliche Institutionen nur dann tätig werden sollten, wenn die Individuen nicht in der Lage sind, die Aufgaben zur Sicherung ihres Daseins eigenständig wahrzunehmen.

Andere normative Ansätze stoßen in eine ähnliche Richtung. Nach der *ökonomische Theorie des Föderalismus* ist die Selbstbestimmung des Individuums bzw. untergeordneter Einheiten solange zu vorzuziehen, wie keine negativen über den Wirkungskreis dieser jeweiligen Einheit ausgehenden (externen) Effekte erkennbar sind. Beim *Funktionalismus* orientiert sich die Zuordnung von Funktionen zu staatlichen Ebenen entsprechend ihrem Einzugs- und Wirkungsbereich.

In der Diskussion um *nachhaltige Entwicklung* sind diese Ansätze von Bedeutung, denn es zeigt sich ein Spannungsfeld, einerseits zwischen der Freiheit kleiner Einheiten und daraus resultierenden negativen externen Effekten über ihren eigenen Kreis hinaus und andererseits dem Vermögen dieser Einheiten, auf diese Effekte (politischen) Einfluss zu nehmen. Das lässt sich anhand der ökonomischen, ökologischen und sozialen/politischen *Dimension der Nachhaltigkeit* aufzeigen.

Die ökologische Dimension: Ökosysteme reichen von globalen Ökosystemen bis zu Mikrokosmen mit sehr unterschiedlicher räumlicher Ausdehnung. Die Nutzung und die Pflege von Ökosystemen gelingt in der Regel dann am besten, wenn diejenige gesellschaftliche Einheit/Ebene dafür verantwortlich zeichnet, die auch in räumlicher Hinsicht den gleichen Verantwortungsraum umschließt. Dennoch sind Ökosysteme auf allen Ebenen miteinander verflochten, sodass eine Koordinierung der Pflege zwischen den entsprechenden politischen Ebenen notwendig ist.

Die ökonomische Dimension: Auch das Wirtschaften und seine Folgen in Form von (nicht nachhaltigem) Ressourcenverzehr für Produktion findet im Raum statt. So wird ein einzelner Staat durch seine rein nationalen Bemühungen zur Reduktion des weltweit flüchtigen CO_2 wirtschaftliche Nachteile zu verzeichnen haben, da sich die positiven Effekte weltweit im Raum gleichmäßig verteilen. Die Ablagerung von Abfall hingegen lässt sich leichter auf regionaler oder lokaler Ebene kontrollieren, vorausgesetzt ein Export der Abfälle aus der Region findet nicht statt.

Die soziale/politische Dimension: Im Hinblick auf die Verwirklichung von Nachhaltigkeit wird der *Partizipation* der Beteiligten, der Übernahme von *Verantwortung* sowie der Lösung von Verteilungsfragen ein hoher Stellenwert eingeräumt.

.../

> Auf diese Weise soll der bewusste Umgang mit Ressourcen und eine gesellschaftlich konsensuale Vorgehensweise bei Identität von Nutznießern und Geschägten herbeigeführt werden.
>
> Insofern gibt der *Föderalismus prinzipiell die Möglichkeit*, staatliche Aufgaben auf unterschiedliche Ebenen im weitesten Sinne von Weltebene zur lokalen *Ebene mittels des Kriteriums der Subsidiarität optimal* zu verteilen und damit einen *Beitrag zur Nachhaltigkeit* zu leisten.
>
> *Literatur:* **Eser**, T. W. (1996): Ökonomische Theorie der Subsidiarität und Evaluation der Regionalpolitik. Baden-Baden; **Junkernheinrich**, M. (1995): Föderalismus und Umweltschutz. In: Junkernheinrich M./ Klemmer P./ Wagner G.R.: Handbuch zur Umweltökonomie. Berlin S. 42-46; **Enquete-Kommission** (1998): Schutz des Menschen und der Umwelt - Ziele und Rahmenbedingungen einer nachhaltig zukunftsverträglichen Entwicklung des 13. Deutschen Bundestages: Konzept Nachhaltigkeit. Vom Leitbild zur Umsetzung. Hrsg.: Deutscher Bundestag, Referat Öffentlichkeitsarbeit

Diese Arten der Subventionierung regionalen Wachstums haben so weite Verbreitung gefunden, dass sie fast als allgemeingültig angesehen werden. Sie schaden jedoch dem Gemeinwohl, da sie die Prinzipien der Effizienz, Gerechtigkeit und Nachhaltigkeit in vielerlei Hinsicht verletzen. Sie sind ineffizient, weil ökonomisch sinnvolle Projekte ohnehin auch dann durchgeführt werden, wenn sie keine staatlichen Subventionen erhalten. Aus nationaler Perspektive sind Subventionen nicht notwendig und stellen nur ungerechtfertigte Transfers von Steuermitteln an private Unternehmen dar. Der Wettbewerb unter den Ländern *kann* Einfluss darauf haben, wo eine Ansiedlung letztlich stattfindet. Doch dies muss nicht so sein, da staatliche Subventionen nur ein Faktor sind und in der Kosten-Nutzen-Analyse von Unternehmen gewöhnlich nur eine zweitrangige Bedeutung haben. In solchen Fällen stellen Subventionen einen unnötigen Transfer von der Allgemeinheit zu Privaten dar, und zwar aus regionaler als auch aus nationaler Perspektive. Wenn eine Ansiedlung aufgrund fehlender Subventionen nicht stattfindet, deutet dies darauf hin, dass der Investor nicht in der Lage oder willens ist, seinen Anteil an den öffentlichen Leistungen zu übernehmen, und dass damit die Ansiedlung vermutlich erst gar nicht stattfinden sollte.

Im besten Falle kann eine Region tatsächlich Vorteile aus einer erfolgreichen Anwerbepolitik ziehen. Ein Beispiel dafür ist ein Themenpark, für den eine typische Kosten-Nutzen-Analyse ergeben hat, dass der ökonomische Nutzen für den Staat die gesamten staatlichen Kosten einschließlich der Subventionskosten übersteigt. Wenn die für die Finanzierung erforderlichen Mittel zur Verfügung stehen, sollte vor jedem größeren lokalen Entwicklungsprojekt eine professionelle Kosten-Nutzen-Analyse durchgeführt werden. Kosten-Nutzen-Analysen untersuchen in der Regel jedoch nur Gesamtbeträge, befassen sich nur selten mit den Themen Umwelt, Verteilung und Gerechtigkeit und beantworten kaum die Frage, welche Gruppen profitieren, bzw. welche tatsächlich die Kosten tragen. In der Regel werden die versprochenen neuen Arbeitsplätze von Zuwanderern aus anderen Regionen besetzt, und die versprochenen Steuererleichterungen werden zu Steuererhöhungen, um die neuen sozialen Leistungen zu finanzieren, die mit der Ansiedlung einhergehen. Die Nutznießer des Wachstums sind offensichtlich das wirtschaftliche Establishment, die Tourismusbranche und die damit verbundenen Branchen. Diese Gruppen haben natürlich ökonomische und politische Gründe, die Raumordnung und die Wirtschaftspolitik zu beeinflussen. Den möglichen wirtschaftlichen Vorteilen für diese Gruppen stehen die beträchtlichen wirtschaftlichen und sonstigen Kosten entgegen, die Steuerzahler, die Wohnbevölkerung und die Pendler zu tragen haben. Denn letztere sind von den zahlreichen externen Effekten auf die Umwelt betroffen, die mit starkem Wirtschaftswachstum einhergehen. Jedes wirtschaftliche Wachstum vergrößert die Stoffströme, beschleunigt die Entropie und gefährdet eine nachhaltige Entwicklung.

Obwohl die Subventionierung von Ansiedlungen (die *irgendwo* auf jeden Fall stattfinden) aus nationaler Sicht faktisch ein Nullsummenspiel darstellt, existieren durchaus konstruktive Formen des interregionalen Wettbewerbs, die den konkurrierenden Regionen und der gesamten Gesellschaft zugute kommen können. Die Länder und Regionen können um die Verbesserung der öffentlichen Dienstleistungen wetteifern, z. B. in den Bereichen Bildung und Umweltpolitik. Dadurch erhöhen sie die Attraktivität ihrer Regionen für innovative Unternehmen, die vor Ort vor allem gut ausgebildete, hoch bezahlte und mobile Arbeitskräfte benötigen (Cumberland und van Beek 1967). Dies kann als „standarderhöhender" Wettbewerb charakterisiert werden, der im Gegensatz zu dem standardsenkenden Wettbewerb steht, durch den Steuern sinken, Regulierungen abgebaut werden usw.

Statt beim interregionalen Wettbewerb durch die Subventionierung des wirtschaftlichen Wachstums ökonomische Ineffizienzen, eine ungerechte Verteilung und Umweltschäden zu fördern, sollten nationale Regierungen den interregionalen Wettbewerb im Hinblick auf eine *qualitative Entwicklung* fördern. Dabei sollten Subventionen seitens der Landes- und Kommunalbehörden zugunsten privater Unternehmen weitgehend abgebaut werden. Hierfür bedarf es z. T. nur weniger Änderungen interner Verwaltungsvorschriften.

Die nationale Ebene: Informationsrechte, Umweltzeichen und andere Instrumente

Öffentliche Informationsrechte am Beispiel der Giftstoffemissionsregister

Als Instrument zur Verbesserung von Umweltpolitik und -management erweist sich das schwer erkämpfte demokratische Recht der Informationsfreiheit als besonders wertvoll (Sarokin und Schulkin 1991). Insbesondere die Sammlung und Veröffentlichung von Umweltdaten über Emissionen könnten bei intensiverer Nutzung ein sehr wirkungsvolles umweltpolitisches Instrument darstellen. Beispiel USA: Hier wurde als erster, vielversprechender Schritt auf dem Wege zu einer Stoffstrom- und Emissionsrechnung ein Giftstoffemissionsregister durch die US-Umweltbehörde EPA eingerichtet (*Toxic Release Inventory* – TRI). Nach der Katastrophe im indischen Bhopal im Jahre 1984, als aufgrund eines Giftstoffunfalls in einer Pestizidfabrik der Firma *Union Carbide* 2000 Menschen starben und etwa 500.000 Menschen verletzt wurden, begann die US-Umweltbehörde damit, Chemieunternehmen der USA dazu zu verpflichten, jährliche Berichte über die Freisetzung von toxischen Substanzen in Luft, Wasser und Boden zu erstellen. Im Jahre 1986 wurde trotz der Kritik von Wirtschaftsverbänden und der Reagan-Administration das Gesetz über Notfallplanung und Informationsrecht („Emergency Planning and Right to Know Legislation") verabschiedet. Es verpflichtet etwa 24.000 chemische Betriebe in den USA dazu, die Freisetzung von giftigen chemischen Stoffen zu veröffentlichen (Young 1994).

Die mögliche, politische Hebelwirkungen dieses Instruments wird durch eine kürzlich erschienene Veröffentlichung illustriert: Regelmäßig werden in Presseartikeln die zehn saubersten US-Unternehmen, die zehn am stärksten verbesserten und die zehn „Nachzügler" mit einer Analyse ihre umweltpolitischen Strategien namentlich aufgeführt (z. B. Rice 1993). Auch wenn nicht der gesamte Rückgang der Giftstoffemissionen seit Einführung dieser Regelung im Jahre 1986 auf diesen einen Faktor zurückgeführt werden kann, belegt der Rückgang in Höhe von 30 % deutlich den Public-Relations-Effekt dieser Regelung.[21]

---

[21] Würde das Giftstoffemissionsregister TRI auf alle bestehenden Stoffproduzenten ausgedehnt und obligatorisch bei der Einführung neuer Verfahren angewendet, könnten umfassende Informationen über die gesamten Stoffströme gesammelt und in das verbesserte System zur Sozialproduktberechnung integriert werden, das an anderer Stelle dieses Buches bereits beschreiben wurde; Anm. d. Hrsg.

Ökologische Kennzeichnungen – Öko-Labelling

Nach langanhaltendem Widerstand der Nahrungsmittelindustrie haben die USA (wie auch schon die EU, Anm. d. Hrsg.) jüngst damit begonnen, Nahrungsmittel zu kennzeichnen. Angegeben werden müssen der Nährgehalt und andere Inhaltsstoffe. So bekommen die Konsumenten/innen dringend benötigte Informationen. Verschärft wurde die Dringlichkeit dieser Informationen durch die Milliarden von Dollar, welche die Nahrungsmittelindustrie jährlich für das Werbebombardement auf die Konsumenten ausgibt, in dem teilweise sittenwidrig falsche und irreführende Informationen verbreitet wurden.

Im Interesse einer auf wahren Aussagen beruhende Werbung könnten nach dem Vorbild der Nahrungsmittelkennzeichnungspflicht für viele Güter und Dienstleistungen Umweltzeichen eingeführt werden. Mögliche wichtige Informationen, die auf einem Umweltzeichen für eine Produkteinheit verzeichnet sein sollten, sind der Energieeinsatz, der Anteil der recycelten Stoffe im Verhältnis zur Menge der (erstmalig) eigesetzten Rohmaterialien, die Menge und die Art der Giftstoffe und anderer Abfälle, die bei der Produktion des Produkts und seinem Verbrauch anfallen, die Menge der verwendeten nichterneuerbaren und erneuerbaren Ressourcen und weitere Informationen dieser Art (z. B. über die allgemeine Materialintensität, vgl. Box 12, Anm. d. Hrsg.). Solche Umweltzeichen können ein wirksames Instrument für die Information der Konsumenten sein, Produzenten zu Produktinnovationen anzuregen oder zur Auszeichnung vorbildlicher Verfahren und Produkte herangezogen werden.

Weitere Instrumente auf nationaler Ebene

Um die Bedeutung ökonomischer Anreizeffekte zu unterstreichen, ist bislang strikt zwischen anreizbasierten und ordnungsrechtlichen nationalen Politikinstrumenten unterschieden worden. In der Realität gibt es viele Instrumente, die sowohl ordnungsrechtliche als auch anreizorientierte Elemente aufweisen. Darüber hinaus gibt es noch weitere, ganz andersartige Ansätze. So kann Umweltpolitik auch durch direkte staatliche Käufe oder vorbildliches Verhalten staatlicher Institutionen forciert werden, da öffentliche Aufträge für viele Märkte und Produkte eine große Bedeutung haben. Als Beispiele für Einflussmöglichkeiten der öffentlichen Hand seien genannt:

- der Kauf von recyceltem Papier und anderen Produkten,
- die Ausstattung des Fahrzeugparks mit Fahrzeugen, die mit Erdgas oder anderen alternativen Brennstoffen angetrieben werden,

- der Bau von energiesparenden öffentlichen Gebäuden,
- Abfallmanagement, -beseitigung und -vorbeugung in militärischen und zivilen staatlichen Einrichtungen.

Box 32:   Ökologische Steuerreformen (ÖSR) in Europa

Kai Schlegelmilch

Historischer Abriss

Die Anfänge der ÖSR reichen weit zurück. Von Arthur Cecil Pigou wurden 1920 die theoretischen Grundlagen für Ökosteuern gelegt. Der Schweizer Wirtschaftsprofessor H. C. Binswanger hat diese Ende der 70er Jahre in das Konzept einer aufkommensneutralen ÖSR mit gleichzeitiger Senkung anderer Abgaben eingebettet. Im Zentrum steht – bis heute – die Erhebung einer Energiesteuer bei gleichzeitiger Senkung der Lohnnebenkosten bzw. der Sozialversicherungsbeiträge. Seit Mitte der 80er Jahre werden sie verstärkt im wissenschaftlichen und politischen Raum diskutiert. Die Umsetzung begann Anfang der 90er Jahre in den nordischen Staaten und den Niederlanden. Ende der 90er Jahre zogen schließlich auch die großen EU-Mitgliedstaaten – bis auf Spanien – nach. Wesentliche Motive sind die Notwendigkeit, CO_2-Emissionen und Energieverbrauch zu senken, sowie das bisherige Scheitern einer EU-weiten Energiebesteuerung. So legte die Europäische Kommission – nach 1992 und 1995 – 1997 den dritten Vorschlag vor, der aber aufgrund notwendiger Einstimmigkeit zumindest bis Anfang des Jahres 2001 nicht verabschiedet wurde.

Stand der Umsetzung in europäischen Staaten

Die skandinavischen Staaten und die Niederlande haben als erste europäische Staaten begonnen, ihre Steuersysteme systematisch zu ökologisieren. 1990 führte Finnland weltweit die erste CO_2-Steuer ein, Schweden und Norwegen folgten 1991. Dänemark hat die 1992 eingeführte CO_2-Steuer 1993 auch auf die Industrie ausgedehnt. 1993 führte Großbritannien eine automatische Erhöhung der Mineralölsteuer auf Kraftstoffe ein sowie 1996 eine Steuer auf Deponieabfälle. Interessanterweise stehen aufgrund schlechter Hausisolierungen und des britischen Wetters die Sorgen um soziale Auswirkungen im Vordergrund. Daher wird ab 1.4.2001 allein auf den industriellen Energieverbrauch eine Steuer eingeführt. Das Aufkommen – wie bei der Abfallsteuer – wird dazu verwendet, die Arbeitgeberbeiträge zu senken.

Dies steht den sonstigen Konzeptionen in Europa diametral entgegen, bei denen die Industrie in der Regel niedrigere Belastungen als der Verkehr und die Haushalte zu tragen hat. Die britische Vorgehensweise wird aber bedeutsam sein, um auch in anderen Staaten eine höhere Besteuerung der Industrie durchzusetzen.   .../

Die Schweiz hat 1997 eine so genannte „subsidiäre" CO_2-Abgabe beschlossen. Sie soll erst 2005 in Kraft treten, wenn das nationale CO_2-Ziel nicht durch Umweltvereinbarungen mit der Industrie u. a. erreicht wird. Italien hat als erster südeuropäischer Staat 1999 eine ÖSR eingeführt und damit demonstriert, dass auch im Süden solche Konzepte realisiert werden können. Frankreich hat 1998 begonnen, seine Dieselsteuern jährlich zu steigern. Zudem wurden verschiedene kleinere Ökosteuern in einer „taxe generale sur des activités pollutants" (TGAP) zusammengeführt. Ab dem Jahr 2001 sollte letztere auch eine Energiesteuer für die Industrie umfassen, um die Abgaben auf Arbeit zu reduzieren, sofern die 35-Stunden-Woche eingeführt wird.

Schließlich hat Deutschland seit April 1999 – bis mindestens 2003 – eine ÖSR eingeführt. Vom Ausland wird es als ein sehr wichtiges Signal gesehen. Die Niederlande und Dänemark haben ihre Steuern auf Kraftstoffe zeitgleich erhöht und werden dies weiterhin tun, sofern Deutschland als zentrale Wirtschaftsmacht diesen Weg weitergeht.

Auch einige mittel- und osteuropäische (MOE) Staaten haben die Chancen einer ÖSR erkannt, nicht zuletzt, um das zum Zeitpunkt des Beitritts gültige EU-Recht zu erfüllen. Dazu zählen heute schon Mindeststeuersätze auf Mineralöle und (im Falle eines Konsenses der EU 15) auch auf andere Energieprodukte. Slowenien führte 1997 als erster MOE-Staat eine CO_2-Steuer ein und verdreifachte bereits 1998 die Sätze. Ungarn, Polen und die Tschechische Republik haben zahlreiche Umwelt-, meist Produkt- und Schadstoffabgaben, die jedoch vom Volumen her gering sind. Trotz zahlreicher Umsetzungsprobleme stellen sie größtenteils sicher, dass Umweltschutzinvestitionen vorgenommen werden.

Aussicht

Angesichts der Dynamik der Umsetzung von Elementen der ÖSR, der zahlreichen auch steuersystematischen Vorteile sowie der internationalen Verpflichtungen, Treibhausgasemissionen zu reduzieren, werden letztlich die allermeisten Staaten in Europa ähnliche und auch weiter gehende Schritte als bisher gehen. Dies wird vermutlich auch von Staaten auf anderen Kontinenten aufgegriffen werden. Initiativen dazu gibt es in Kanada, den USA, Japan, einigen südamerikanischen und asiatischen Staaten. Auch die OECD ermuntert ihre Mitgliedsstaaten zur Einführung einer ÖSR.

Die nächsten, sich abzeichnenden Schritte in Europa umfassen die:

- Einbeziehung von ökologisch kontraproduktiven Subventionen über Energie hinausgehende Einbeziehung ökologisch schädlicher Steuerbemessungsgrundlagen wie Rohstoffe, Bodennutzung, Abfall, stärkere Besteuerung der Industrie z. B. in Abhängigkeit von Energieaudits oder alternativ die Einführung von Zertifikatshandel, insbesondere für energieintensive Industrien,
- stärkere Förderung von Umweltschutzmaßnahmen,
- stärkere Einbettung in Maßnahmenbündel, .../

- Herausbildung einer Gruppe gleich gesinnter Staaten, die eine weitere Ökologisierung der öffentlichen Haushalte stärker koordinieren.
- gemeinsame Verhandlung mit anderen Steuerthemen auf EU-Ebene
- Einführung eines „EU-Verhaltenskodex" gegen unfaire Steuerpraktiken (wie auch bei der Unternehmensbesteuerung)

Literatur: **European Environment Agency** (1996): Environmental Taxes. Implementation and Effectiveness, EEA: Copenhagen 1996 and update 2000, http://themes.eea.eu.int/toc.php/improvement/policy; **OECD** (1999): Economic Instruments for Pollution Control and Natural Resources Management, in OECD Countries: A Survey, OECD: Paris, http://www.oecd.org/env/policies; **Schlegelmilch**, K. (Hg.) (1999): Green Budget Reform in Europe. Countries at the Forefront., Springer: Berlin, Heidelberg, New York; **Schlegelmilch**, K. (1998): Energy Taxation in the EU and its Member States: Looking for Opportunities Ahead., Studie für die Heinrich Böll-Stiftung, Büro Brüssel, and update 2000

Außer der Nutzung der staatlichen Kaufkraft für ökologische Zwecke (vgl. Box 32, Anm. d. Hrsg.) können die Regierungen direkte Maßnahmen ergreifen, z. B. Subventionen für die Umstellung von nichterneuerbaren zu erneuerbaren Energiequellen oder für Forschung und Entwicklung im Bereich nachhaltiger Technologien. Neben der Konzeption kosteneffizienter neuer umweltpolitischer Strategien könnten viele Staaten auf effiziente und nahezu kostenlose Weise Umweltverbesserungen erreichen: durch das Streichen von Subventionen und anderen überholten, die Umwelt schädigenden Programmen. Das sogenannte staatliche „Interventionsversagen" resultiert aus mit Bedacht eingesetzten staatlichen Maßnahmen, die absichtlich oder unabsichtlich Umweltschäden nach sich ziehen. Beispiele dafür sind (vgl. Box 33, Anm. d. Hrsg.).

- zu niedrige Preise für Holz aus staatlichem Eigentum,
- zu niedrige Preise für Flächen aus staatlichem Eigentum, die zum Bergbau zur Verfügung gestellt werden,
- Subventionierung des Baus von Straßen für private Holzfirmen in Staatswäldern,
- Subventionierung von Wasser zur Bewässerung von landwirtschaftlichen Flächen ,
- Subventionierung der Überproduktion landwirtschaftlicher Erzeugnisse (vgl. z. B. die EU-Agrarpolitik) oder Förderung des Anbaus von Pflanzen, die die menschliche Gesundheit schädigen (z. B. Tabak),
- Subventionierung von Technologien hoher Entropie, für die kein allgemein akzeptiertes Verfahren der Abfallbeseitigung verfügbar ist und die von privaten Versicherungsunternehmen als zu gefährlich für eine Versicherung angesehen werden, (z. B. Atomenergie),

- Subventionierung des Abbaus von Ressourcen und Benachteiligung des Recyclings,
- Subventionierung des Baus von teuren und umweltschädigenden Staudämmen, Deichen und Bewässerungsprojekten.

> **Box 33: Merkantilistische Wirtschaftspolitik und Umweltzerstörung**
>
> *Jürg Minsch*
>
> Die Forderung nach billigen Zentralressourcen und ihre Befriedigung durch die Wirtschaftspolitik haben eine lange Tradition. Sie reichen zurück in die Zeit des Merkantilismus. Allgemeines Ziel war es, durch Erhöhung der einheimischen Produktion – insbesondere beim Gewerbe und bei den Manufakturen – das eigene Land vom Import wichtiger Manufakturwaren unabhängig zu machen (Issing 1984: 35 ff.). Neben einer protektionistischen Politik der aktiven Handelsbilanz existierte immer auch, und zunehmend erfolgreicher, eine Politik der billigen Produktionsfaktoren. Sie sollte die Wettbewerbsfähigkeit der Exportgüter auf den internationalen Märkten gewährleisten. Zentral war die Forderung nach einem möglichst niedrigen Lohnniveau, das durch eine Politik der Arbeitsdisziplinierung und der Bevölkerungsvermehrung angestrebt wurde. Ergänzt wurde diese „Ökonomie der niedrigen Löhne" (Heckscher 1932: 130 ff. insbes. S. 150), die den Reichtum des Staates auf der Armut des Volkes aufbaute, durch Verbilligungsstrategien bei den Lebensmitteln, aber auch bei anderen Gütern. Dies erlaubte es, die Löhne tief und die Armut in gewissen Grenzen zu halten.
>
> Im Laufe der Zeit eröffnete sich ein neues Feld merkantilistischer Verbilligungsstrategien: Der Energieträger und Rohstoff Holz. Die Holzpolitik an der Schwelle zur Industriellen Revolution ist das paradigmatische Vorbild der heutigen Politik der Verbilligung von Zentralressourcen. Im 18. Jahrhundert wurde die damals zentrale Ressource Holz zunehmend knapp, was sich in steigenden Holzpreisen bemerkbar machte. Man schritt daher zu einer dirigistischen Zuteilung, die das Holzangebot für die strategisch wichtigen Erwerbszweige erhöhte (und damit verbilligte) bei gleichzeitiger Einschränkung des Holzangebots (und strikter Reglementierung der Holzverwendung) für nichtprivilegierte Wirtschaftsbereiche. Diese Strategie überwand nicht die Knappheit an sich, sondern verschob sie zu den Unterprivilegierten, wo sie sich zu einer eigentlichen Holzkrise verschärfte. Das Unterfangen musste längerfristig scheitern. Die weiterhin zunehmende Holzknappheit erzwang – in England früher als auf dem Kontinent – einen Anstieg der Holzpreise und bewirkte Sparanstrengungen sowie den vermehrten Einsatz des damaligen alternativen Energieträgers Kohle: des „unterirdischen Waldes" (Sieferle 1982).
>
> *.../*

> Beides, die Verbilligungsstrategie und die Bekämpfung ihrer Nachteile durch Reglementismus sind in ähnlicher Weise auch die Merkmale der heutigen „Arbeitsteilung" zwischen einer nach wie vor merkantilistisch fundierten Wirtschaftspolitik und einer nachträglich korrigierenden, feinsteuernden Umweltpolitik. Der moderne Staat hat das merkantilistische Rezept der Verbilligung von Zentralressourcen aufgenommen, instrumentell verfeinert, verallgemeinert und demokratisiert. An die Stelle privilegierter Zuweisung der Zentralressourcen an die exportorientierten Wirtschaftszweige ist eine Politik der möglichst ungehinderten Naturbeanspruchung durch alle getreten (Minsch et al. 1996). Konkret angesprochen sind: die Politik der billigen Energie, die Politik der billigen Rohstoffe und der billigen Abfall- und Abwasserentsorgung, die Politik der billigen Mobilität, die Politik der unbeschränkten Raumerschliessung und schliesslich die Politik der billigen technologischen Grossrisiken (Haftungsbeschränkung).
>
> Vor diesem Hintergrund ist eine Umweltpolitik der „ökologischen Feinsteuerung", wie sie heute mehrheitlich betrieben wird, systematisch überfordert. Sie ist selbst Symptom der ökologischen – und ökonomisch-ordnungspolitischen – Krise: Ihre ökologischen Erfolge bleiben punktuell und vorübergehend, und ihre inkrementalistische Grundausrichtung unterhöhlt das marktwirtschaftliche Ordnungssystem.
>
> Die Lösung liegt nicht in einem Mehr an feinsteuernder Umweltpolitik. Auch ihre instrumentelle Modernisierung (vermehrt marktwirtschaftliche Instrumente) bei unveränderter inkrementalistischer Einsatzdoktrin greift in einer „full world economy" (Daly 1992) zu kurz. Ebenso wie die Politik des billigen Holzes letztlich an den ökologischen (absoluten) Knappheiten scheiterte und eine nachhaltige Waldbewirtschaftung erzwang, stösst heute die Politik der billigen Naturzufuhr an ihre Grenzen. Die Herausforderung ist jedoch anspruchsvoller. Denn Ursachenorientierung im wörtlichen Sinne empfiehlt eine „ökologische Grobsteuerung", die alle oben identifizierten Politikfelder (mit ihren Akteuren in Wirtschaft und Politik) in die Pflicht nimmt und ökologische Problemverschiebungen, wie der Übergang zur Nutzung des „unterirdischen Waldes" eine war, ausschliesst. „Naturdienste" steht als ideen- und handlungsleitendes Stichwort über diesem Projekt. Konkreter: „Energiedienste" statt billige Energie, „Materialdienste" statt billige Rohstoffe und Billigentsorgung, „Mobilitätsdienste" statt billiger Verkehr, „Raumdienste" statt ungezügelte Raumerschliessung und schliesslich „Vermeidung von Grossrisiken".
>
> *Literatur:* **Daly**, H. E. (1992): Steady-State Economics, GAIA 1 (6), S. 333; **Heckscher**, E. F. (1932): Der Merkantilismus, erster Band., Jena; **Issing**, O. (1984): Geschichte der Nationalökonomie., München; **Minsch**, J., **Eberle**, A., **Meier**, B., **Schneidewind**, U. (1996): Mut zum ökologischen Umbau. Innovationsstrategien für Unternehmen, Politik und Akteurnetze. Basel / Boston / Berlin; **Sieferle**, R. P. (1982): Der unterirdische Wald – Energiekrise und Industrielle Revolution, München.

Bestimmte Interessengruppen, allen voran subventionierte umweltschädigende Unternehmen, ziehen großen Nutzen aus staatlichen Unterstützungsprogrammen. Diese Subventionen können jedoch nicht mehr mit der Anwendung staatlicher Prinzipien gerechtfertigt werden. Die Besteuerung der Bürger und die Verwendung der eingenommen Mittel für die Subventionierung von Unternehmen, welche die Umwelt beeinträchtigen, ist ein doppelter Affront. Eine politisch unwahrscheinliche, aber völlige rationale Allianz aus Konservativen, die sich für die Verkleinerung des Staatsapparates einsetzen, und Umweltschützern, welche die staatlich geförderte Umweltzerstörung bekämpfen, beginnt in den USA langsam unter dem Banner der „grünen Schere" („green scissors") zu entstehen. Das beschriebene Versagen und weitere Interventionsfehler werden von den Anhängern dieser Bewegung als selbstverursachte ökologische Wunden angesehen. Ein frühes Beenden solcher Praktiken hätte unmittelbar positive Wirkungen für den Umweltschutz und das Gemeinwohl. Interventionsfehler haben besonders auf regionaler Ebene weitreichende Folgen, wenn ganze Ökosysteme geschädigt werden.

Box 34: **Umweltpolitik in der Europäischen Union (EU)**

Thomas Döring

Entwicklung, Rechtsgrundlagen und Ziele

Als Beginn einer europäischen Umweltpolitik wird in der Regel auf die Verabschiedung des ersten Aktionsprogramms der EU zum Schutz der Umwelt 1973 verwiesen. Jedoch erst mit der Einheitlichen Europäischen Akte (1987) wurden jene Rechtsgrundlagen für ein eigenständiges umweltpolitisches Handeln geschaffen, die auch heute noch das Erscheinungsbild der europäischen Umweltpolitik prägen. Danach können umweltpolitische Maßnahmen, wenn sie für die Funktionsfähigkeit des Binnenmarktes notwendig sind, im Rahmen von Art. 95 EG-Vertrag ergriffen werden. Dies betrifft vor allem umweltrelevante Produkt- und Anlagenstandards. Demgegenüber legitimiert Art. 174 EG-Vertrag eine vom Binnenmarkt unabhängige Umweltpolitik. Sie umfasst die Definition von Umweltqualitätsnormen sowie die Ableitung von Zielen und Grundsätzen der Umwelt- und Naturschutzpolitik. Während mit dem Maastrichter Vertrag 1992 in erster Linie die umweltpolitischen Entscheidungsverfahren reformiert wurden, sind mit dem Inkrafttreten des Amsterdamer Vertrages 1999 auch die Ziele der europäischen Umweltpolitik neu definiert worden. So enthalten die Präambel des EU-Vertrages, Art. 2 EU-Vertrag sowie Art. 2 EG-Vertrag die Forderung, eine „ausgewogene und nachhaltige Entwicklung" bei der Verfolgung gemeinschaftlicher Ziele herbeizuführen. Darüber hinaus zählt es zu den Aufgaben der EU, ein „hohes Maß an Umweltschutz und an Verbesserung der Qualität der Umwelt" (Art. 2 EG-Vertrag) zu fördern. Dies schließt mit ein, dass die Erfordernisse des Umweltschutzes auch bei Maßnahmen in allen übrigen Politikbereichen der EU zu berücksichtigen sind (Art. 6 EG-Vertrag).
.../

Aufgabenfelder, Grundsätze und Instrumente

Der EG-Vertrag enthält keinerlei Zuständigkeitsbegrenzungen der europäischen Umweltpolitik. So können Maßnahmen der EU neben grenzüberschreitenden und internationalen Umweltbeeinträchtigungen auch Umweltprobleme innerhalb einzelner Mitgliedstaaten zum Gegenstand haben. Entsprechend sind im Verlauf der Jahre die umweltpolitischen Aufgabenfelder der EU stetig gewachsen. Sie umfassen aktuell vor allem Maßnahmen in den Bereichen der Luftreinhaltung und des Klimaschutzes, des Gewässerschutzes, des Boden- und Landschaftsschutzes, der Abfallwirtschaft, der Sicherung von Lebensräumen und Artenvielfalt, der Umweltrisikopolitik sowie der Umweltinformationspolitik. Diese stetige Kompetenzerweiterung, die auf eine Optimierung des Umweltschutzes zielt, wird bisweilen allerdings auch als problematisch bewertet, da sie die Gefahr einer Überzentralisierung der europäischen Umweltpolitik birgt. Als Grundsätze umweltpolitischen Handelns benennt der EG-Vertrag das Vorsorge- und das Verursacherprinzip (Art. 174 EG-Vertrag). Demnach sollen Umweltbelastungen, anstatt sie nachträglich zu beseitigen, möglichst schon an der Quelle vermieden werden. Die Kosten der Beseitigung und der Vermeidung von Umweltbelastungen sind dabei grundsätzlich dem Verursacher zuzurechnen. Zur Verwirklichung ihrer umweltpolitischen Ziele und Grundsätze werden von der EU vor allem Instrumente einer „command and controll policy" bevorzugt. Diese basiert darauf, dass den Mitgliedstaaten Umweltschutzmaßnahmen mehr oder weniger detailliert vorgeschrieben werden. Dabei dominiert neben Umweltbeihilfen und Instrumenten des planenden Umweltschutzes die Vorgabe von Immissionsstandards, Emissionsgrenzwerten, Verfahrensstandards sowie Standards, die das betriebliche Umweltmanagement normieren. Ökonomischen Anreizinstrumenten (Umweltabgaben, Umweltzertifikate) kommt demgegenüber eine bislang untergeordnete Rolle zu.

Zukünftige Entwicklung

Die Ausweitung der Aufgabenfelder sowie der Abbau von Hürden bei der Entscheidungsfindung sprechen dafür, dass die europäische Umweltpolitik in Zukunft noch an Bedeutung gewinnen wird. Dies scheint angesichts der umweltpolitischen Herausforderungen allerdings auch notwendig zu sein: So bedürfen der Zustand der europäischen Umwelt, die anstehende Erweiterung der EU um die mittel- und osteuropäischen Staaten sowie die internationale Bekämpfung globaler Umweltprobleme erheblicher Anstrengungen. Inwieweit hierbei die europäische Umweltpolitik über den dafür notwendigen Handlungsspielraum gegenüber dem nach wie vor im Zentrum der EU stehenden wirtschaftlichen Integrationsanliegen verfügt, muss sich in der Praxis erst noch zeigen.

Literatur: **Döring**, T. (1998): Europäische Umweltpolitik nach Amsterdam, in: Wirtschaftsdienst, Jg. 78, S. 169-176; **Döring**, T. (1997): Subsidiarität und Umweltpolitik in der Europäischen Union, Ökologie und Wirtschaftsforschung, Bd. 25, Marburg; **Karl**, H. (1998): Umweltpolitik, in: Klemmer, P. (Hg.): Handbuch der Europäischen Wirtschaftspolitik, München, S. 1001-1149; **Weidenfeld**, W./ **Wessels**, W.(Hg.): Jahrbuch der Europäischen Integration, (Teil: Umwelt), Bonn, verschiedene Jahrgänge.

Die internationale Ebene und die sog. „Dritte" Welt

Das Ende des Kalten Krieges und die Reduktion der Ausgaben für Massenvernichtungswaffen schufen einen Rahmen, vernachlässigte internationalen Umweltfragen, die fast ein halbes Jahrhundert vom Rüstungswettlauf in die Ecke gedrängt wurden, größere Aufmerksamkeit zu geben. Einer der weitreichendsten Vorschläge für ein weltweites Programm stammt vom ehemaligen US-amerikanischen Vizepräsidenten Al Gore. Dieser Vorschlag – vor Gores Amtszeit formuliert – sieht einen *globalen Marshall-Plan* vor. Vorbild ist das gleichnamige Programm der USA nach dem Zweiten Weltkrieg, welches den wirtschaftlichen Wiederaufbau der Alliierten und ihrer Kriegsgegner sehr erfolgreich unterstützte. Die Analogie ist zwar nicht perfekt, doch der gleiche Geist eines gemeinsamen Ziels und die wachsende Erkenntnis, dass sich der Schwerpunkt der heute verfolgten Politik von der Zerstörung unseres Lebensraums auf die Verlängerung der menschlichen Ära auf dieser Erde verlagern sollte, könnten den Idealismus und die Großzügigkeit reaktivieren, die nach der historischen Katastrophe des Zweiten Weltkriegs eine Hauptquelle des aufgeklärten Selbstinteresses in den USA waren. Wir haben vorgeschlagen, dass sich die internationale Umweltschutzpolitik durch ein System von Pigou-Steuern selbst finanzieren sollte (Cumberland 1974). Eine bescheidene *internationale Steuer auf Kohlendioxidemissionen*, mit der begonnen werden könnte, wiese viele der Vorteile auf, die in den Abschnitten über ökonomische Effizienz beschrieben wurden. Es würden positive finanzielle Anreize für die Staaten und Unternehmen entstehen, Emissionen zu reduzieren, sanftere Technologien zu entwickeln und Ressourcen zu schonen. Das Abgabenaufkommen könnte für Forschung, Verwaltung und Entschädigungen (in Härtefällen) verwendet werden. Die globale Bedrohung durch den Klimawandel würde verringert. In Härtefällen und für Entwicklungsländer könnten aus Gerechtigkeitserwägungen Anpassungen vorgenommen werden (vgl. Box 35, Anm. d. Hrsg.).

Ferner werden die Bedürfnisse der Entwicklungsländer durch die Möglichkeit berücksichtigt, *„Schulden-gegen-Natur"* zu tauschen (*„dept-for-nature swaps"*). Unglücklicherweise haben viele Länder so hohe Kredite aufgenommen, dass die steigende Schuldenlast sie dazu zwingt, ihr Umweltkapital so rücksichtslos auszubeuten, dass sich die negativen Auswirkungen teilweise weltweit bemerkbar machen (z. B. Amazonas-Becken). Ein Beweis dafür, dass diese Schulden zu hoch sind, liefert der Zinsabschlag, mit dem diese Schulden auf den internationalen Kapitalmärkten gehandelt werden. Inzwischen erklären sich jedoch Gläubiger der Entwicklungsländer bereit, die Schulden zu recht geringen Kosten zu übernehmen und zu erlassen, während als Gegenleistung vom Schuldnerland die Zusage verlangt wird, bestimmte Umweltprojekte durchzuführen. Auch wenn eine Überschuldung nicht unterstützt werden sollte, stellt der Tausch „Schulden-gegen-Natur" ein konstruktives Politikinstrument für die Umwandlung alter Fehler in ökologischen Nutzen dar.

Ökonomische Anreize durch eine *Stärkung der Eigentumsrechte* können insbesondere in den Entwicklungsländern den Umweltschutz fördern; dazu sind Eigentumsrechte zu formulieren, durchzusetzen und handelbar zu gestalten. Eine Schwierigkeit der Entwicklungsländer, die alle grundlegenden Ziele der Nachhaltigkeit, Gerechtigkeit und Effizienz gefährdet, ist die Zerstörung der Regenwälder und anderer Lebensräume, wodurch nicht nur die einheimischen Kulturen geschädigt, sondern auch gefährdete Arten ausgerottet werden. In einigen Fällen können Regenwälder höhere wirtschaftliche Erträge leisten, wenn sie in ihrem natürlichen Zustand belassen werden, als wenn sie aufgrund von Holzeinschlag oder zur Gewinnung von Weideland zerstört werden. Regenwälder werden heute als großes Reservoir potenziell lebensrettender Arzneien und nachhaltiger Nichtholzprodukte betrachtet. Doch solange keine Eigentumsrechte für diese Produkte festgelegt sind, bleiben die Anreize zu ihrer Entdeckung und Kultivierung im Vergleich zum Abholzen der Wälder zu klein.

Für die Eindämmung dieser „tragedy of the commons" („Tragödie der Kollektivgüter") stehen verschiedene Politikinstrumente zur Verfügung. Eine der besten Möglichkeiten zum Schutz der Regenwälder und anderer vitaler Lebensräume besteht in Zuweisung und dem Schutz von Eigentumsrechten an den nachhaltigen Erträgen, welche diese Ressourcensysteme in ihrem natürlichen Zustand kontinuierlich hervorbringen. Dadurch wird vermieden, dass sie für nichtnachhaltige kurzfristige Profite einfach abgeholzt werden.

Die Zuweisung von Eigentumsrechten kann in Form von Patenten, Lizenzgebühren und Forschungsrechten erfolgen. Diese sollten von den entwickelten Nationen finanziert werden, damit Anreize in den Entwicklungsländern geschaffen werden, die Ressourcen zu schützen und zu nutzen, statt sie zugunsten kurzfristiger Erträge für immer zu zerstören. Ein anderer vielversprechender Ansatz wird in Costa Rica verfolgt. Dort hat die Regierung mit dem Chemiekonzern Merck eine „Schürfgebühr" ausgehandelt. Das Unternehmen erhielt dabei das Recht, die Produkte des Waldes zwei Jahre auf wertvolle Arzneien hin zu untersuchen. Im Gegenzug hat das Land zugestimmt, die riesige Fläche von einem Viertel der gesamten Landesfläche unter Schutz zu stellen. Die potenziellen Erträge sind für beide Vertragsparteien hoch. Costa Rica hat durch diese Aktion im Kampf um eine nachhaltige Entwicklung eine Vorreiterrolle eingenommen. Andere Staaten mit ähnlichen Bedingungen könnten von einer vergleichbaren Initiative ebenfalls profitieren.

So innovativ die Vereinbarung in Costa Rica auch sein mag, es bestehen für solche internationalen Maßnahmen noch viele Möglichkeiten zur Verbesserung, wie Durning vom Worldwatch-Institut betont (Brown 1997a). Wichtig sei, dass die Umweltpolitik auf sicheren Eigentumsrechten basiere: Die Zuweisung dieser Rechte durch staatliche Behörden sei ein erster Schritt zur Überwindung der „tragedy of the commons". Allerdings müssen dabei die Rechte der Eingeborenenstämme beachtet werden, um diese Menschen nicht unfair und gar menschenrechtswidrig zu behandeln und um ihr traditionelles Wissen zu schützen. Dieses Wissen stellt häufig die Basis für einen nachhaltigen Umgang mit lokalen Ressourcen und Voraussetzung für ihre nachhaltige Nutzung dar, die medizinische und andere Nutzungen einschließt. Nach unserer Auffassung könnte die Vergabe von sicheren Eigentumsrechten an die Eingeborenen hinsichtlich des Managements der Wälder, Fischgründe und anderer Umweltressourcen gemäß aller unserer Kriterien wie Größenordnung, Gerechtigkeit, Effizienz, Akzeptanz und Nachhaltigkeit zu großen Verbesserungen führen.

Box 35: **Nord-Süd-Verteilungskonflikte und das Konzept ökologischer Nachhaltigkeit**

Mohssen Massarrat

Der Schutz natürlicher Ressourcen (des Naturkapitals) durch Senkung des Ressourcenverbrauchs ist im Sinne intergenerativer Gerechtigkeit ein unverzichtbares Ziel der Nachhaltigkeit. Die Erreichung dieses Ziels ruft bei vielen Ländern des Südens aller Wahrscheinlichkeit nach schwer zu beherrschende soziale und politische Kettenreaktionen hervor, die die ökologischen Ziele konterkarieren.

Die Ökonomien von mindestens 79 Ländern des Südens sind monostrukturell ausgerichtet. Diese Länder bestreiten ihre Deviseneinnahmen aus dem Export von wenigen Rohstoffen, in vielen Fällen sogar eines einzigen Rohstoffes (näheres vgl. Massarrat 1988). Die einseitige Reduzierung des Ressourcenverbrauchs durch gezielte Maßnahmen der Nachfrageseite (also in den Industrieländern, wo ca. 80 % der Ressourcen verbraucht werden), verursacht auf der Anbieterseite Einnahmensenkungen, die für den Fortbestand der Sozialsysteme existenziell sein können. Dies gilt insbesondere für diejenigen Länder, die aufgrund ihrer eindimensionalen Produktions- und Exportstrukturen nicht in der Lage sind, ihre Ökonomien aus eigener Kraft umzustellen.

Die Reduzierung des Ölverbrauchs im Interesse einer ökologisch nachhaltigen Klimaschutzstrategie – um das Dilemma bei dem gegenwärtig wichtigsten Rohstoff exemplarisch zu beschreiben – führt zunächst zur Einnahmensenkung bei allen ölexportierenden Staaten.

.../

Für die wenigen ölreichen, finanzstarken und bevölkerungsarmen Staaten, wie Saudi Arabien, Arabische Emirate und Kuwait mit ca. 20 Millionen Einwohnern, sind sie unschwer zu verkraften. Für die übrigen vergleichsweise ölarmen, finanzschwachen, in der Regel hoch verschuldeten und bevölkerungsreichen Staaten, wie Iran, Irak, Algerien, Nigeria, Indonesien, Venezuela, Mexiko mit über 500 Mio. Einwohnern, können sinkende Öleinnahmen jedoch unübersehbare soziale und ökonomische Folgen haben: Industrialisierungsprojekte werden gestoppt, sozialpolitisch sinnvolle Subventionen werden gestrichen, die in der Regel soziale Unruhen, politische Krisen und ethnisch gefärbte Konflikte auslösen. Die Versuchung einzelner ölexportierende Staaten ist oft groß, ihre rückläufigen Exporteinnahmen durch Produktionssteigerung und Überausbeutung ihrer erschöpfbaren Ressourcen zu kompensieren. Diese Strategie geht einerseits mit einem Vordringen in neue ökologisch sensible Regionen wie Offshores (Mexiko, Persischer Golf, Kaspisches Meer) oder Regenwälder (Ecuador) und mit der Vertreibung von indigenen Völkern (Nigeria, Ecuador) einher. Andererseits setzt sie einen Prozess der zunehmenden Konkurrenz um Marktanteile, folglich der Überproduktion und der Preissenkung in Gang, der den weltweiten Energieverbrauch und steigenden CO_2-Emissionen neuen Auftrieb gibt: Eine derart sozial, ökonomisch und ökologisch schädliche Kettenreaktion ist durchaus keine Konstruktion, sie ist historisch belegt (vgl. dazu Massarrat 2000).

Die Folgen einer einseitigen, auf ökologische Nachhaltigkeit gerichtete Strategie, wie sie oben exemplarisch dargestellt wurde, sind auch bei mineralischen Rohstoffen sowie bei Ländern, die existenziell von den jeweiligen Rohstoffeinnahmen abhängig sind, in gleicher oder ähnlicher Form zu erwarten. Aus diesem hier beschriebenen Dilemma folgt jedoch keineswegs, die bisherigen Trends des Ressourcenverbrauchs fortzusetzen. Vielmehr muss die Perspektive der Nachfrageseite um die Perspektive der Anbieterseite erweitert, die ökologische Dimension der Nachhaltigkeit um die sozialen und ökonomischen Dimensionen ergänzt und schließlich das Ziel der ökologischen Gerechtigkeit im Interesse künftiger Generationen, mit dem Ziel sozialer Gerechtigkeit zwischen und innerhalb der heute lebenden Generationen verknüpft werden. Mit anderen Worten ist ökologische Nachhaltigkeit ohne soziale und ökonomische Nachhaltigkeit nicht zu erreichen. Folglich sind die Schranken der eindimensionalen Nachhaltigkeitsstategien durch mehrdimensionale (integrative) Nachhaltigkeit zu überwinden. Dabei stößt die ökologische Ökonomie als Wissenschaft allerdings an ihre Erkenntnisgrenzen, sie muss um die soziale Dimension erweitert und zur umfassenderen Wissenschaftsdisziplin der sozialökologischen Ökonomie weiterentwickelt werden. (näheres dazu vgl. Massarrat 2000: 20 f.).

Literatur: **Massarrat**, M. (1988): Rohstoffpreise und monostrukturelle Ökonomien, in: Nord-Süd aktuell, Nr. 4 1988, S. 463-477; **Massarrat**, M. (2000): Das Dilemma der ökologischen Steuerreform. Plädoyer für eine nachhaltige Klimaschutzpolitik durch Mengenregulierung und neue globale Allianzen, Marburg.

Die globale Ebene

In zunehmendem Maße überschreiten die Umweltprobleme die nationalen Grenzen. Sie stellen jedoch nicht nur ein grenzüberschreitendes Phänomen dar, sondern bedrohen die gesamte Welt. Aufgrund der immer ausgeprägteren globalen Dimension der Umweltschäden sind internationale Vereinbarungen erforderlich. Ein Vorschlag besteht darin, wie oben bereits beschrieben, die internationalen Institutionen, etwa die OECD und die Vereinten Nationen, zu stärken, sodass sie Emissionsabgaben auf grenzüberschreitende Schadstoffe erheben können. Die daraus resultierenden Einnahmen könnten für die Überwachung und Durchsetzung dieser Politik und für weitere Forschung verwendet werden (Cumberland 1974).

Eines der ernsthaftesten globalen Umweltprobleme ist der Klimawandel. Die Klimawissenschaften sind zwar noch nicht zu sicheren Ergebnissen gelangt, doch exisiert ein weitgehender Konsens, dass die seit der industriellen Revolution ansteigende Konzentration von Kohlendioxid und anderen Treibgasen in der Atmosphäre bei der gegenwärtigen Akkumulationsrate schließlich zu einem globalen Temperaturanstieg führen wird. Die Freisetzung von anderen Gasen wie den Fluorkohlenwasserstoffen (FCKW) zerstört das die Erde schützende Ozon in der Atmosphäre. Die Ozonschicht weist inzwischen temporäre und permanente Löcher auf. Die voraussichtlichen Folgen sind ein vermehrtes Auftreten von Hautkrebserkrankungen sowie Schädigungen des menschlichen Immunsystems, von Meerestieren und Pflanzenkeimlingen. Durch das beschleunigte Abschmelzen der Gletscher und der Polareiskappen könnte der Meeresspiegel in der ganzen Welt steigen, was zu Überschwemmungen der tiefer liegenden Küstenregionen und Städten führen würde.

Da die atmosphärischen Emissionen sich letztlich über die ganze Erde verteilen und alle Nationen betreffen – nicht nur zwei und mehrere Länder –, ist eine Verringerung der Schädigungen in der Atmosphäre letztlich noch schwieriger als andere grenzüberschreitende Umweltprobleme zu erreichen. Darüber hinaus ist die Atmosphäre ein echtes öffentliches Gut, da nur ein kleiner Teil des Einsatzes zu ihrem Schutz denjenigen Nationen zugute kommt, welche tatsächlich Schutzmaßnahmen durchführen. Dies zeigt die klassische Situation, in der ein suboptimales Ergebnis praktisch garantiert ist, sofern keine internationalen Maßnahmen ergriffen werden (Cumberland, Hibbs und Hoch 1982).

Wie sich auf der Konferenz der Vereinten Nationen 1992 in Rio gezeigt hat, sind internationale Bestrebungen zum Schutz der Erdatmosphäre mit zahlreichen Schwierigkeiten verbunden. Neben der wissenschaftlichen Unsicherheit beruhen die größten

Probleme auf nationalen Sonderinteressen, Nord-Süd-Konflikten und Bevölkerungsfragen. Das „Montreal-Protokoll zum Schutz der Ozonschicht", das für alle Vertragspartner eine schrittweise Verringerung der Emissionsmengen von FCKWs vorsieht, war ein Schritt in die richtige Richtung. Für einen umfassenden Schutz der Ozonschicht, der Atmosphäre und des Klimas werden in Zukunft jedoch weit größere Anstrengungen nötig sein. Wie in diesem Buch mehrfach angesprochen wurde, muss eine erfolgreiche Politik mehrere Kriterien erfüllen: wissenschaftliche Gültigkeit, interregionale und intergenerative Gerechtigkeit, politische Akzeptanz und ökonomische Effizienz. Richard E. Schuler (1994) hat einen vielversprechenden Ansatz entwickelt, wie diese Probleme im Rahmen des Umweltprogramms der Vereinten Nationen (UNEP) angegangen und die Kriterien erfüllt werden können.

Dieser UNEP-Vorschlag versucht das Thema Gerechtigkeit in der Weise aufzunehmen, dass die Interessen aller Betroffenen in den Entwicklungs- und den Industrienationen beachtet werden. Der Vorschlag berücksichtigt das Problem der nationalen Souveränität, indem die Programme auf freiwilliger Basis angeboten und die Emissionsrechte unter allen Unterzeichnerländern aufgeteilt werden. Dabei finden auch die beiden grundlegenden Fakten hoher Emissionen in den Industrienationen und einer wachsenden Bevölkerung in der Dritten Welt Berücksichtigung. Dies wird dadurch erreicht, dass die durchschnittliche Pro-Kopf-Emission in den fünf fortgeschrittensten Industrienationen errechnet werden und den Nationen entsprechende Emissionsrechte auf der Grundlage der aktuellen (nicht der zukünftigen) Bevölkerungsgröße zugeschrieben werden. Ökonomische Effizienz wird erreicht, indem die Emissionsrechte handelbar sind. Die Entwicklungsländer würden davon profitieren, dass sie zwar große, auf ihre Bevölkerungszahlen bezogene Kontingente an Rechten erhalten, diese jedoch derzeit nicht nutzen. Diese könnten sie entweder für eine künftige Industrialisierung aufbewahren oder verkaufen, um aus den Einnahmen in unterschiedlicher Weise Profit und andere Potenziale zu ziehen. Darüber hinaus könnten diese Länder zusätzliche Emissionsrechte erhalten, wenn sie Wälder oder Steppenlandschaften schützen, die den Treibhauseffekt mildern. Damit könnten sie sich selbst und andere Nationen besser stellen und hätten Anreize zu einer sinnvollen Bevölkerungs- und Wachstumspolitik. Jede Nation hätte also die Wahl unter verschiedenen Entwicklungsstrategien. Der Marktwert der Emissionsrechte würde außerdem die Versuchung der Entwicklungsländer vermindern, die Ausgangsverteilung der Emmisionsrechte auf ein Niveau zu drücken, das den Industrieländern Probleme bereiten würde.

Die Industrieländer ihrerseits würden davon profitieren, dass ihnen alternative Möglichkeiten zur Reduzierung der Emissionen offen stünden. Je nach der spezifischen Situation könnten sie zur Kostenminimierung Emissionsrechte verkaufen oder zusätzliche Emissionsrechte von anderen Ländern erwerben. Die Entscheidungsfreiheit und Anreize des Marktes würden die ökonomische Effizienz und den technischen Fortschritt fördern. Der Druck der Industrienationen, für sich einen höheren Anteil der anfänglich ausgegebenen Rechte zu fordern, würde durch das Bewusstsein vermindert, dass zu viele Emissionsrechte zu einer globalen Bedrohung werden könnten. Denn das irdische Ökosystem würde gefährdet, wenn zu irgendeinem zukünftigen Zeitpunkt eine höhere Zahl von Emissionsrechten gleichzeitig genutzt würde.

Um ökologische Ziele zu verfolgen, könnte die Zahl der Emissionsrechte für jede einzelne Nation schrittweise um den gleichen Prozentsatz reduziert werden. Diese Reduktion wäre dann wissenschaftlich valide, wenn die regelmäßigen Änderungen der Zahl der Emissionsrechte aufgrund des besten verfügbaren, transdisziplinären Konsenses vorgenommen würden.

Dieser Ansatz kann in vielerlei Hinsicht verfeinert werden; z. B. durch die Einführung einer Art von Zentralbank, mit deren Hilfe die Vereinten Nationen oder andere internationale Organisationen einen Markt für den Kauf und Verkauf von Emissionsrechten einrichten könnten. Das Konzept könnte noch weiter getrieben werden, indem den Nationen erlaubt würde, Emissionsrechte der Zukunft für den gegenwärtigen Gebrauch zu leihen. Dies würde jedoch die Gefahr der intergenerativen Ungerechtigkeit erhöhen, da die aktuelle Generation die Möglichkeit hätte, die Umwelt auf Kosten der noch ungeborenen künftigen Generationen zu schädigen, die an der Entscheidungsfindung nicht beteiligt wären, obwohl sie von den Folgen betroffen sind.

Schulers Artikel (1994) schließt mit der Bemerkung, dass eine wesentliche Voraussetzung für die Umsetzung dieses Verfahrens eine Schätzung des heutigen und des künftigen Risikos der globalen Klimaveränderungen ist. Wir sind der Auffassung, dass im Rahmen der Ökologischen Ökonomik ein transdisziplinäres Forschungsprogramm durchgeführt werden sollte, um die mit diesem Vorschlag verbundenen komplexen Fragen beantworten zu können. Dieses Forschungsprogramm könnte Modellcharakter haben und Vorbild sein für die Behandlung von anderen globalen Umweltproblemen (vgl. zur Klimapolitik Box 36, Anm. d. Hrsg.).

Box 36: Globale Klimapolitik

Axel Michaelowa

Durch die Emissionen von Treibhausgasen (CO_2, Methan und andere Spurengase) verändert der Mensch aller Wahrscheinlichkeit nach das globale Klima mit möglicherweise katastrophalen Folgen. Die Treibhausgasemissionen sind weltweit höchst unterschiedlich verteilt. Generell lässt sich eine Korrelation zwischen Einkommen und Emission feststellen, wenn auch bei Ländern gleichen Einkommens erhebliche Unterschiede bestehen können. Da viele Treibhausgase auf lokaler und regionaler Ebene keine direkten Umweltschäden verursachen und die Erdatmosphäre als globales öffentliches Gut von allen Staaten kostenlos genutzt werden kann, gab es bislang keine Anreize zur Emissionsverringerung. Aufgrund des globalen und zeitlich verzögerten Auftretens möglicher Schäden ist außerdem die Zurechnung nach dem Verursacherprinzip unmöglich. Ein Trittbrettfahrerverhalten einzelner Staaten ist nicht auszuschließen. Klimapolitik bedarf daher internationaler Abstimmung, die in zunehmendem Maße erfolgt.[22] 1992 wurde auf der UN-Konferenz für Umwelt und Entwicklung eine Klimarahmenkonvention mit dem langfristigen Ziel verabschiedet, die Treibhausgaskonzentration in der Atmosphäre zu stabilisieren. 1997 wurde das Kyoto-Protokoll beschlossen, das bindende Emissionsziele für die Industrieländer im Zeitraum 2008-2012 festlegt. Gleichzeitig wurde eine Reihe von Flexibilisierungsinstrumenten zugelassen, die die Anrechnung von im Ausland erbrachten Emissionsverringerungen auf das nationale Emissionsziel ermöglichen sollen (*Kyoto-Mechanismen*). (Auf der Nachfolgekonferenz in Den Haag 2000 konnte sich die internationale Staatengemeinschaft noch nicht auf die konkrete Ausgestaltung der Kyoto-Mechanismen einigen; Anm. d. Hrsg.).

Das UN-Klimasekretariat listet knapp 1000 verschiedene Instrumente und Maßnahmen der Klimapolitik auf. Hier soll nur auf Emissionsteuern und handelbare Emissionsrechte eingegangen werden. Eine Emissionsteuer ist ökonomisch effizient, da sie es den Emittenten überlässt, die für sie kostengünstigste Kombination von emissionssparenden Produktionsverfahren und Steuerzahlungen für die nicht vermiedenen Emissionen zu wählen. Emissionssteuern müssen aber justiert werden, um ein Emissionsziel zu erreichen. CO_2-Emissionssteuern werden derzeit in einigen Ländern, aber nicht auf Weltebene, erhoben bzw. zur Einführung erwogen. Es gab eine intensive Diskussion, ob die Erhebung einer Emissionsteuer zu Effizienzgewinnen führt, wenn ihre Einnahmen verwendet werden, um andere verzerrende Steuern zu verringern („doppelte Dividende"). Allerdings hängen die Modellergebnisse sehr stark von den verwendeten Annahmen ab.

Der Emissionsrechtshandel ist ebenfalls grundsätzlich effizient, wenn man davon ausgehen kann, dass sich für die ausgegebenen Zertifikate ein wettbewerblicher Markt bildet. Zertifikatsmodelle haben den Vorteil, dass ein Mengenziel im Gegensatz zur Emissionsteuer sicher erreicht werden kann. .../

---

[22] Vgl. zur Entwicklung der internationalen Umweltpolitik auch Box 21, Anm. d. Hrsg.

> Ein internationales System handelbarer Emissionsrechte, wie es nach Kyoto für den Klimaschutz erwogen wird, kann auf nationaler Ebene mit allen Instrumenten der Klimapolitik verknüpft werden. Das Hauptproblem ist die Anfangsausstattung mit Emissionsrechten – auf nationaler Ebene kostenlose Verteilung an die bisherigen Emittenten („*Grandfathering*") oder Versteigerung und auf internationaler Ebene Verteilung proportional zur Bevölkerungszahl oder zur Wirtschaftsleistung? Eine Kompromisslösung wäre eine Erstzuteilung der Emissionsrechte anhand der bisherigen Emissionen, während Neuzuteilungen nach einer Übergangsperiode von der Bevölkerungszahl abhingen.
>
> Die Interessengruppen der Schwerindustrie und fossilen Energieerzeuger, die anfänglich von der schnellen Entwicklung der Klimapolitik überrumpelt worden waren, blockieren in den meisten Ländern die Einführung wirksamer nationaler Instrumente der Klimapolitik und setzen stattdessen auf Selbstverpflichtungen, die nicht über die autonome Energieeffizienzsteigerung der entsprechenden Branchen hinausgehen. Jedoch gewinnen die Interessengruppen der Klimaschutzindustrien (erneuerbare Energien etc.) zunehmend an Bedeutung und können Gegendruck aufbauen.
>
> *Literatur*: **Brockmann**, K., **Stronzik**, M., **Bergmann**, H. (1999): Emissionsrechtehandel - eine neue Perspektive für die deutsche Klimapolitik nach Kioto, Heidelberg; **Grubb**, M., **Vrolijk**, C., **Brack**, D. (1999): The Kyoto Protocol, London; **Halsnaes**, K., **Callaway**, J., **Meyer**, H. (1998): Economics of greenhouse gas limitations. Main reports - methodological guidelines, UNEP, Roskilde; **Intergovernmental Panel on Climate Change** (1996): Climate Change 1995, The Economic and Social Dimensions of Climate Change, Cambridge; UN-Klimasekretariat: http://www.unfccc.de.

Eine ernste Bedrohung der Umwelt stellen die militärischen Waffenarsenale, insbesondere die Massenvernichtungswaffen dar. Deutlich wurde dies durch die Angriffe der USA auf die Ölfelder Kuwaits im Rahmen der Aktion „Desert Storm" im Jahre 1991. Eine von vielen ökologischen Schädigungen während und nach diesem Krieg war z. B. die Entwässerung von Sumpfgebieten durch die Iraker, um die seit biblischen Zeiten dort lebenden Menschen zu vertreiben – ein Präzidenzfall, bei dem ökologische Anfälligkeit für einen ökologischen Genozid ausgenutzt wurde.

Auch stellt die Akkumulation von atomaren Abfällen, die bei der Waffenproduktion und bei Waffentests während des Kalten Kriegs entstanden sind, ein tödliches Erbe dar, das einige Tausend Jahre lang einer kostspieligen Überwachung bedarf – ein Zeitrahmen, der größer ist als die Dauer jeder menschlichen Zivilisation. Selbst für die mit der friedvollen Nutzung der Atomenergie verbundenen Belastungen sind noch keine akzeptablen Lösungen gefunden worden. Wir fordern die Entwicklung eines politischen Instrumentatiums, das in der Lage ist, diese globalen Probleme anzugehen und dabei von den oben genannten Kriterien der Gerechtigkeit, Effizienz und wissenschaftlichen Plausibilität geleitet und unterstützt wird.

5. Schlussfolgerungen

Zusammenfassend können einige Schlussfolgerungen hinsichtlich der Bemühungen der Menschen, unseren globalen Lebensraum zu gestalten, gezogen werden. Die Einführung der industriellen Technologien hat den Konsumappetit der Menschen nicht nur befriedigt, sondern aufgrund einer positiven Rückkopplung auch erhöht. Dadurch entstanden Material- und Energieströme, die weit über die nachhaltigen Assimilationskapazitäten des irdischen Ökosystems hinausgehen. Das exponentielle Wachstum der menschlichen Bevölkerung hat andere Tier- und Pflanzenarten verdrängt. Das 40 Jahre anhaltende Wettrüsten während des Kalten Kriegs absorbierte einerseits Ressourcen, die für den Umweltschutz hätten genutzt werden können. Andererseits verhinderte es die nötige Entschlossenheit, um die in den letzten Jahrhunderten entstandenen u. v. a. gegenwärtigen Schädigungen des globalen Lebensraums rückgängig zu machen. Der Kalte Krieg hat ein Erbe atomarer und toxischer Abfälle hinterlassen, das viele Gebiete in Ost und West gefährdet oder gar unbewohnbar macht.

Das Ende des Kalten Kriegs hat aber auch die historisch einmalige Chance eröffnet, die Plünderung des Planeten zu stoppen und die Ressourcen für den Wiederaufbau eines nachhaltigen Lebensraums für die Menschen zu nutzen. Der frühere globale Wettbewerb um die politische Vorherrschaft verhinderte ernsthafte Bemühungen, das wirtschaftliche Wachstum durch eine nachhaltige Entwicklung zu ersetzen (i. S. von qualitativen Verbesserungen ohne erhöhte Stoff- und Energieströme). Hindernisse bei Verwirklichung einer nachhaltigen Entwicklung bestehen u. a. in dem festverankertem Materialismus der Konsumenten in den Industrieländern und dem verständlichen Bestreben der „Dritten Welt", den Industrieländern und deren materiellen Überfluss nachzueifern. Wenn diese Hindernisse erkannt und überwunden werden sollen, müssen wir aus der Geschichte lernen, Fehler der Vergangenheit vermeiden und innovative Lösungen für die Zukunft finden. In der Vergangenheit haben wir zugelassen, dass unser intuitives Wissen über die notwendigen Bedingungen einer nachhaltigen Entwicklung durch unseren Appetit auf materiellen Konsum vernebelt wurde. Das darf nicht weiter geschehen. Im Hinblick auf das Bevölkerungswachstum müssen wir die Lehre ziehen, dass eine positive exponentielle Wachstumsrate einer Variable in einem geschlossenen System (z. B. die Bevölkerung im geschlossenen System Erde), so klein die Wachstumsrate auch sein mag, zwangsläufig zu einer Überlastung des Systems führt und nicht aufrechterhalten werden kann. Auf dem Höhepunkt des Zweiten Weltkriegs erkannte Kenneth Boulding, dass die Bürger aller Nationen Passagiere auf demselben, begrenzten Raumschiff Erde sind, dessen weitere Existenz von einer besseren Kenntnis der Bedienungsanleitung abhängt. Zu den wichtigsten Elementen der Bedienungsanleitung für die Erde gehören das politische Instrumentarium, das wir als Werkzeug für die Wartung, sichere Funktionsweise und Reparatur verwenden. In der Vergangenheit haben wir versucht, mit Werkzeugen zurechtzukommen, die unzureichend und fehlerhaft waren.

Die Werkzeuge und Instrumente für die Bedienung unseres Raumschiffs wurden zu sehr auf verwaltungstechnische Bedürfnisse zugeschnitten. Es wurde festgelegt, was aus den Schornsteinen herauskommen darf, aber es wurde zu wenig auf ökonomische Anreize geachtet, um die Energie- und Stoffströme auf ein nachhaltiges Maß zu begrenzen. Die Politik für unseren Lebensraum beruht zu sehr auf die hoch entropische Umwandlung von Böden, Wäldern und Wasserressourcen, die auf nichtnachhaltige Weise ausgebeutet werden, und zu wenig auf einem wissenschaftlichen Verständnis der Komplexität der ökologischen Zusammenhänge. Die Politik zum Schutz der Artenvielfalt war stärker von profitorientierter Ausbeutung frei zugänglicher Ressourcen bestimmt als von einer verantwortungsvollen Lenkung unseres gemeinsamen Erbes und der Infrastruktur. Die Debatte über das Wachstum der menschlichen Bevölkerung wurde stärker von doktrinären ideologischen Konfrontationen und der Bewahrung männlicher Machtstrukturen bestimmt als vom Streben nach einer gemeinsamen Basis. Die Energiepolitik wurde zu sehr von kurzfristigen Gewinnüberlegungen und starker Diskontierung der Interessen der künftigen Generationen bestimmt und zu wenig von einem Gefühl für inter- und intragenerative Gerechtigkeit.

Kurz, die historische Entwicklung zeigt, dass unsere Bemühungen für den Schutz der Umwelt unzureichend waren, was das wissenschaftliche Verständnis, die ökonomische Effizienz und die Gerechtigkeit zwischen den Individuen, Regionen und Generationen betrifft. Die Frühwarnindikatoren und ihre Entwicklung, wie sie von Rachel Carson, Kenneth Boulding und anderen wahrgenommen wurden, weisen darauf hin, dass eine Fortsetzung der naiven Wachstumsgläubigkeit voraussichtlich dazu führen würde, dass wir die Grenzen verletzen und einen Zusammenbruch katastrophalen Ausmaßes erleiden werden. Wir können wählen, ob wir unsere Bildungseinrichtungen und demokratischen Institutionen nutzen wollen, um Akzeptanz für konsensfähige Lösungen zu schaffen, oder ob wir solange weitermachen wollen, bis es zur Katastrophe und zum sozialen Chaos kommt, was die demokratischen Institutionen wohl kaum überleben würden. Es ist dringend geboten, neue Politikstrategien und -instrumente zu entwickeln, welche diese Herausforderungen annehmen. Wir sind Teilnehmer eines Wettlaufs: Auf der einen Seite muss die Funktionsweise unseres Planeten verstanden und müssen Folgerungen für seine Erhaltung gezogen werden, während auf der anderen Seite der Zerstörungsprozess voranschreitet. Letzterer wird durch Handlungen vorangetrieben, die durch Gier und Hybris gekennzeichnet sind, vor denen der bessere Teil des menschlichen Geistes seit den antiken Griechen gewarnt hat. Die Entwicklung von neuen Politikstrategien und Werkzeugen, die diesen neuen Herausforderungen gewachsen sind, ist nur möglich, wenn eine Wissenschaft über komplexe Systeme entsteht, eine echte ökonomische Suffizienz angestrebt wird, welche die Natur als gleichberechtigten Partner akzeptiert und faire und partizipative demokratische Prozesse aufgebaut werden; all diese Punkte haben wir in unserer Arbeit herausgestellt.

Um es noch einmal deutlich zu machen, um auf den Pfad einer nachhaltigen Entwicklung zu gelangen, sind so gewaltige Anpassungen erforderlich, dass eine globale Verpflichtung aller Nationen der Welt erforderlich ist. Daly hat beschrieben, welche Chancen ein globaler Sozialvertrag zwischen Nord und Süd eröffnen würde. Der Norden, der für den Großteil der weltweiten Stoff- und Energieströme verantwortlich ist, sollte das kopflose Streben nach quantitativem Wachstum aufgeben und statt dessen eine nachhaltige qualitative Entwicklung anstreben. Der Norden sollte sich ferner für eine intragenerative Verteilungsgerechtigkeit einsetzen und den Süden dabei unterstützen, ein Wohlfahrtsniveau zu erreichen, welches den Übergang zu stabilen Bevölkerungszahlen erlaubt. Und er sollte intergenerative Gerechtigkeit anstreben, indem der Bestand des Naturkapitals wiederaufgebaut wird. Der Süden sollte als Reaktion darauf die Bevölkerung stabilisieren und dauerhafte Naturschutzgebiete einrichten, um die Artenvielfalt zu erhalten.

Der Übergang von der gegenwärtig verfolgten Strategie der nichtnachhaltigen Ausbeutung der Erde zu einem nachhaltigen Entwicklungspfad ist derzeit die größte Herausforderung der Menschheit. Sie kann jedoch bewältigt werden, wenn aus den Fehlern der Vergangenheit gelernt wird und die Mängel beseitigt werden, die wir in diesem Buch untersucht haben. Auch wenn viele unserer Institutionen gute Dienste geleistet haben, müssen wir damit fortfahren, Marktversagen zu beheben, Interventionsfehler des Staates zu vermeiden und auch die Fehler der Nicht-Regierungs-Organisationen zu vermeiden, die wir geschaffen haben, um die Mängel der Märkte und des Staates zu beseitigen. Vor allem aber müssen wir – und das ist in vielerlei Hinsicht die schwierigste Aufgabe – unsere *persönlichen Versäumnisse* in unserem individuellen Verhalten beseitigen, was Konsum, Lebensstil, Wohnung und Arbeitsstil betrifft. Und wir müssen erkennen, dass es diese Entscheidungen sind, die letztlich die Umweltqualität bestimmen. Darüber hinaus gilt: Je größer unser Wohlstand und unsere Bildung ist, in deren privilegierten Genuss wir kommen, desto größer werden unsere Möglichkeiten und auch unsere moralische Verantwortung, persönliche Entscheidungen zu treffen, die im Hinblick auf eine nachhaltigen Gesellschaft auf diesem Planeten Konsistenz beweisen.

Die neue transdisziplinäre Wissenschaft der Ökologischen Ökonomik versucht, aus der Vergangenheit zu lernen; mit ihrer Hilfe sollen die kommenden Generationen durch die Bereitstellung geeigneter Navigationsinstrumente in die Lage versetzt werden, ihre Vorstellungen einer wünschenswerten und nachhaltigen Zukunft zu entwickeln.

Über die Autoren

Robert Costanza ist Direktor des *Institute for Ecological Economics* (IEE), *University of Maryland*, und Professor am *Center for Environmental and Estuarine Studies*, Solomons, sowie am Fachbereich Zoologie in *College Park*. Im Jahre 1979 erhielt er an der *University of Florida* den Doktortitel für eine Arbeit im Bereich der Systemökologie (NebenfachWirtschaftswissenschaften). Darüber hinaus hat er an der University of Florida das Studium der Architektur und der Stadt- und Regionalplanung mit dem Master abgeschlossen. Bevor er im Jahre 1988 nach Maryland kam, arbeitete er an der Fakultät des Instituts für Küstenökologie und am Fachbereich der Meereswissenschaften an der *Lousiana State University* in Baton Rouge, Louisiana. Dr. Costanza ist Mitbegründer der *International Society for Ecological Economics* (ISEE) und Hauptherausgeber der Fachzeitschrift dieser Gesellschaft, *Ecological Economics*.

John Cumberland ist emeritierter Professor der *University of Maryland*, wo er als Professor der Wirtschaftswissenschaften und Direktor des *Bureau of Business and Economic Research* tätig war. Er hat sich in Lehre und Forschung sowie in seinen Publikationen vor allem dem Thema der Umwelt- und Ressourcenökonomie gewidmet. Derzeit ist er Senior Fellow am *University of Maryland Institute for Ecological Economics* (IEE).

Herman Daly ist Autor vieler Arbeiten zur Ökologischen Ökonomie, u.a. *Steady State Economics* (1974). Die jüngste Erweiterung seiner Gedanken veröffentlichte er zusammen mit John Cobb in *For the Common Good* (1989). Er ist stellvertretender Direktor am *Institute for Ecological Economics* (IEE), *University of Maryland*, und Senior Research Professor an der *School of Public Affairs, College Park*. Er ist Mitbegründer der *International Society for Ecological Economics* und Mitherausgeber der Zeitschrift *Ecological Economics*. Für seine Pionierarbeiten in der neuen Disziplin der Ökologischen Ökonomie erhielt er 1996 die Auszeichnung der Königlichen Niederländischen Akademie und den alternativen Nobelpreis.

Robert Goodland ist als Umweltberater der Weltbank in Washington, DC tätig und hat zahlreiche Bücher veröffentlicht, vor allem über die Ökologie der Tropen, darunter *Race to Save the Tropics* (1990) und zusammen mit Herman Daly und S. El Serafy *Population, Technology, and Lifestyle: The Transition to Sustainability* (1992). Er war Vorstandsmitglied der *Ecological Society of America* (Metropolitan) und Präsident der *International Association of Impact Assessment*.

Richard Norgaard erhielt den Doktortitel in Wirtschaftswissenschaften an der *University of Chicago* bevor er die Umweltprobleme durch die Ölförderung in Alaska, die Wasserkraftwerke in Kalifornien, die Verwendung von Pestiziden in der modernen Landwirtschaft und die Vernichtung des Regenwaldes im Amazonasgebiet untersuchte. Seit 1970 ist er Mitglied des Lehrkörpers der *University of California*, Berkeley, wo er derzeit Professor für Energie und Ressourcen ist. Dr. Norgaard ist seit 1998 Präsident der *International Society for Ecological Economics* (ISEE).

Über die Herausgeber

Dr. Thiemo W. Eser, Dipl.-Volkswirt, wissenschaftlicher Assistent am Lehrstuhl für Volkswirtschaftslehre sowie Stadt- und Regionalökonomie an der Universität Trier, Mitglied der Geschäftsführung im TAURUS Institut an der Universität Trier, Forschungs- und Lehrschwerpunkte: Regionalpolitik von der EU bis zur kommunalen Ebene, Ökologische Ökonomik und Europäische Raumentwicklung.

Jan A. Schwaab, Diplom-Volkswirt, Wissenschaftlicher Mitarbeiter am Lehrstuhl für Volkswirtschaftstheorie (Prof. Dr. Hermann Bartmann †) sowie Umweltökonomie und ökologische Ökonomie an der Johannes Gutenberg-Universität Mainz. Wirtschafts- und umweltpolitischer Berater. Forschungsschwerpunkte: Ökologische Ökonomik, internationale Wirtschaftsbeziehungen.

Dr. Irmi Seidl, Maître dès sciences économiques, Wissenschaftliche Mitarbeiterin am Institut für Umweltwissenschaften der Universität Zürich. Forschungsschwerpunkte: Ökologische und Umweltökonomie, Naturschutzökonomie, Nachhaltigkeit, Vorsorgendes Wirtschaften.

Marcus Stewen, Dipl.-Volkswirt, Wissenschaftlicher Mitarbeiter am Lehrstuhl für Volkswirtschaftslehre, insbesondere Wirtschaftspolitik an der Johannes Gutenberg-Universität Mainz. Mitglied des Sustainable Europe Research Institute Wien (SERI). Forschungsschwerpunkte: Wirtschafts- und Ordnungspolitik, Ökologische Wirtschaftspolitik, Nachhaltige Entwicklung, Inputorientierte Umweltpolitik (Ökonomik der Stoffströme).

Die Autorinnen und Autoren der Boxenbeiträge

Bartmann, Hermann (†)   Johannes Gutenberg-Universität Mainz; Prof. für Volkswirtschaftslehre und Umweltökonomik

Beisheim, Marianne   Deutscher Bundestag: Sekretariat der Enquete-Kommission „Globalisierung der Weltwirtschaft"

Benz, Lisa   Prognos Köln, Bereich Städte und Regionen

Binswanger, Hans C.   Universität St. Gallen, Prof. em. für Volkswirtschaftslehre, Institut für Wirtschaft und Ökologie

Bleischwitz, Raimund   Wuppertal Institut für Klima, Umwelt, Energie; Leiter der Forschungsstelle „Faktor 4"

Busch, Andreas A.   Johannes Gutenberg-Universität Mainz, Wiss. Mitarbeiter am Lehrstuhl für Volkswirtschaftstheorie (Prof. Bartmann)

Döring, Thomas   Universität Marburg; wiss. Assistent, Abteilung für Finanzwissenschaft

Eser, Thiemo W.   Universität Trier; wiss. Assistent am Lehrstuhl für Volkswirtschaftslehre, insbes. Stadt- und Regionalökonomie, Vorstandsmitglied des TAURUS Institut an der Universität Trier

Hinterberger, Friedrich   Sustainable Europe Research Institute Wien (SERI)

Junkernheinrich, Martin   Universität Trier; Prof. für Volkswirtschaftslehre insbes. Kommunalwirtschaft und Kommunalfinanzen

Kubeczko, Klaus   Institut f. interdizsiplinäre Forschung und Fortbildung (IFF) in Wien, Abt. Soziale Ökologie

Kuhn, Stefan   Internationaler Rat für Kommunale Umweltinitiativen (ICLEI), Freiburg i. Breisgau

Kulessa, Margareta E.	Johannes Gutenberg-Universität Mainz; wiss. Assistentin; Wiss. Beirat Globale Umweltveränderungen (WBGU)
Lang, Eva	Universität der Bundeswehr München, Prof. für Politische Ökonomie
Luks, Fred	Fernfachhochschule Hamburg; Sustainable Europe Research Institute Wien (SERI)
Maier-Rigaud, Gerhard	Institute for Advanced Speculative Knowledge (Iask), Bonn
Massarrat, Mohssen	Universität Osnabrück, Prof. für Politikwissenschaft
Michaelowa, Axel	HWWA-Institut, Hamburg
Minsch, Jörg	Universität für Bodenkultur Wien, Prof. für Nachhaltige Entwicklung
Nutzinger, Hans G.	Universität GH Kassel, Prof. für Theorie öffentlicher und privater Unternehmen
Sandhövel, Armin	Rat von Sachverständigen für Umweltfragen, Wiesbaden
Schäfer, Dieter	Statistisches Bundesamt Wiesbaden
Scherhorn, Gerhard	Wuppertal Institut für Klima, Umwelt und Energie, Leiter der Abteilung „Wohlstandsmodelle", Prof. em. für Konsumtheorie und Verbraucherpolitik, Universität Stuttgart Hohenheim
Schlegelmilch, Kai	Bundesministerium für Umwelt, Naturschutz und Reaktorsicherheit (BMU); Berlin
Schoer, Karl	Statistisches Bundesamt Wiesbaden; Leiter der Gruppe „Umweltökonomische Gesamtrechnungen"
Schwaab, Jan A.	Johannes Gutenberg-Universität Mainz, Wiss. Mitarbeiter am Lehrstuhl für Volkswirtschaftstheorie (Prof. Bartmann)

Seidl, Irmi	Universität Zürich; Wiss. Mitarbeiterin am Institut für Umweltwissenschaften
Spehl, Harald	Universität Trier, Prof. für Volkswirtschaftslehre insbesondere Stadt- und Regionalökonomie; Vorsitzender des TAURUS-Instituts an der Universität Trier.
Steppacher, Rolf	Institut Universitaire d'Etudes du Développement, Genf, chargé de cours
Stewen, Marcus	Johannes Gutenberg-Universität Mainz, Wiss. Mitarbeiter am Lehrstuhl für Wirtschaftspolitik
Weizsäcker, Ernst U.	MdB; ehem. Präsident des Wuppertal Instituts für Klima, Umwelt und Energie; Vorsitzender der Enquete-Kommission „Globalisierung der Weltwirtschaft"
Wiggering, Hubert	Rat von Sachverständigen für Umweltfragen, Wiesbaden; Generalsekretär
Zohlnhöfer, Werner	Johannes Gutenberg-Universität Mainz; Prof. em. für Volkswirtschaftslehre, insbes. Wirtschaftspolitik

Literaturverzeichnis

AGENDA 21 (1992): *United Nations Environment Program.* New York: United Nations.

Ahmad, Y. J., S. El Serafy, E. Lutz (1989): *Environmental accounting for sustainable development.* A UNEP-World Bank Symposium. Washington, DC: The World Bank.

Alice, W. C., A. E. Emerson, O. Park, T. Park, K. P. Schmidt (1949): *Principles of animal ecology.* Philadelphia: Saunders.

Alien, T. F. H., T. B. Starr (1982): *Hierarchy: Perspectives for ecological complexity.* Chicago: University of Chicago Press.

Anderson, R. C., L. A. Hermann, M. Rusin (1991): *The use of economic incentive mechanisms in environmental management.* Research Paper #051. Washington, DC: American Petroleum Institute Research.

Andrewartha, H. G., L. C. Birch (1954): *The distribution and abundance of animals.* Chicago: University of Chicago Press.

Arrhenius, E., T. W. Waltz (1990): *The greenhouse effect: Implications for economic development.* Discussion Paper 78. Washington DC: The World Bank.

Arrow, K. (1962): The economic implications of learning by doing. *Review of Economic Studies* 29, S. 155-173.

Arthur, W. B. (1988): Self-reinforcing mechanisms in economics. In P. W. Anderson, K. J. Arrow und D. Pines (Hg.): *The economy as an evolving complex system.* S. 9-31. Redwood City, CA: Addison Wesley.

Ayres, R. U., A. V. Kneese (1969): Production, consumption, and externalities. *American Economic Review* 54(3).

Ayres, R. U (1978): *Resources, environment, and economics: Applications of the materials/energy balance principle.* New York: John Wiley and Sons.

Barbier, E. B., J. C. Burgess, C. Folke (1994): *Paradise lost? The ecological economics of biodiversity.* London: Earthscan.

Barnett, H. J., C. Morse (1963): *Scarcity and growth: The economics of natural resource availability.* Baltimore: Johns Hopkins.

Bator, F. (1957): The simple analytics of welfare maximization. *American Economic Review* 47, S. 22-59.

Baumol, W. J. (1971): *Environmental protection, international spillovers, and trade.* Stockholm: Almqvist and Wicksell.

Baumol, W. J., W. E. Oates (1975): *The theory of environmental policy.* Cambridge: Cambridge University Press.

Bellah, R. N., R. Madsen, W. M. Sullivan, A. Swidler, Steven M. Tipton (1991): *The good society.* New York: Alfred A. Knopf.

Belt, M van den., L. Deutsch, A. Jansson (1997): A consensus-based simulation model for management in the Patagonia Coastal Zone. *Ecological Modeling* (in press).

Berkes, F. (Hg.) (1989): *Common property resources: Ecology and community-based sustainable development.* London: Bellhaven Press.

Berkes, R., C. Folke (1994): Investing in cultural capital for sustainable use of natural capital. In: A. M. Jansson, M. Hammer, C. Folke und R. Costanza (Hg.): *Investing in natural capital: The ecological economics approach to sustainability.* S. 128-149. Washington, DC: Island Press.

Bertalanffy, L. von (1950): An outline of general system theory. *Brit. J. Philos. Sci.* 1, S. 139-164.

Bertalanffy, L. von (1968): *General system theory: Foundations, development, applications.* New York: George Braziller.

Bishop, R. C. (1978): Endangered species and uncertainty: The economics of a safe minimum standard. *American Journal of Agricultural Economics* 60, S. 10-18.

Bishop, R. C. (1993): Economic efficiency, sustainability, and biodiversity. *Ambio* 22, S. 69-73.

Blaikie, P. (1985): *The political economy of soil degradation in developing countries.* London: Longman.

Blaikie, P., H. Brookfield (1987): *Land degradation and society.* London: Metheun.

Bick, H. (1989): *Ökologie.* 1. Aufl., Stuttgart/New York.

Bockstael, N., R. Costanza, I. Strand, W. Boynton, K. Bell, L. Wainger (1995): Ecological economic modeling and valuation of ecosystems. *Ecological Economics* 14, S. 143-159.

Bodansky, D. (1991): Scientific uncertainty and the precautionary principle. *Environment* 33, S. 4-44.

Boserup, E. (1965 [1974]): *The conditions of agricultural growth.* Chicago: Aldine.

Botkin, D. B. (1990): *Discordant harmonies: A new ecology for the twenty-first century.* Berkeley: University of California Press.

Boulding, K. E. (1966): The economics of the coming Spaceship Earth. In: H. Jarrett (Hg.): *Environmental quality in a growing economy.* S. 3-14. Baltimore, MD: Resources for the Future/Johns Hopkins University Press.

Boulding, K. E. (1978): *Ecodynamics: A new theory of societal evolution.* Beverly Hills, CA: Sage Publications.

Boulding, K. E. (1981): *Evolutionary economics.* Beverly Hills, CA: Sage Publications.

Boulding, K. E. (1985): *The world as a total system.* Beverly Hills, CA: Sage Publications.

Boyd, R., P. J. Richerson (1985): *Culture and the evolutionary process.* Chicago: University of Chicago Press.

Brady, G. L., R. D. Cunningham (1981): The economics of pollution control in the U.S. *Ambio* 10, S. 171-175.

Brockner, J., J. Z. Rubin (1985): *Entrapment in escalating conflicts: A social psychological analysis.* New York: Springer-Verlag.

Brown, H. (1954): *The challenge of man's future: An inquiry concerning the condition of man during the years that lie ahead.* New York: Viking.

Brown, L. R. (1997a): *State of the world.* Washington, DC: Worldwatch Institute (annual).

Brown, L. R. (1997b): *Vital signs.* Washington, DC: Worldwatch Institute (annual).

Buchanan, J M. (1987): The constitution of economic policy. *American Economic Review* 177, S. 243-290.

Button, D. (1996): Interview with Frances Moore Lappe and Paul Martin DuBois. *Ecological Economics Bulletin* 1(1), S. 10-11, 14, 28-29.

Cairns, J., J. R. Pratt (1995): The relationship between ecosystem health and delivery of ecosystem services. In: D. J. Rapport, C. L. Gaudet, P. Calow (Hg.): *Evaluating and monitoring the health of large-scale ecosystems.* S. 63-93. New York: Springer-Verlag.

Caldwell, L. K. (1984): *International environmental policy: Emergence and dimensions.* Durham, NC: Duke University Press.

Cameron, J., J. Abouchar (1991): The precautionary principle: A fundamental principle of law and policy for the protection of the global environment. *Boston College International and Comparative Law Review* 14, S. 1-27.

Canterbury, E. R. (1987): *The making of economics*. 3. Aufl., Belmont, CA: Wadsworth.

Capper, J., G. Power, F. R. Shivers (1983): *Chesapeake waters, pollution, public health, and public opinion.* Centreville, MD: Tidewater Publishers.

Ciriacy-Wantrup, S. v. (1952): *Resource conservation: Economics and politics.* Berkeley, CA: Agricultural Experiment Station, University of California.

Coase, R. H. (1960): The Problem of Social Cost. *Journal of Law and Economics* 3

Culbertson, J. M. (1971): *Economic development: An ecological approach.* New York: Alfred A. Knopf.

Cumberland, J. H. (1971): *Regional development: Experiences and prospects in the United States of America.* Paris: Mouton, United Nations Research Institute for Social Development.

Cumberland, J. H. (1974): Establishment of international environmental standards - some economic and related aspects. *Problems in Transfrontier Pollution,* S. 213-229. Paris: OECD.

Cumberland, J. H. (1990a): Public choice and the improvement of policy instruments for environmental management. *Ecological Economics* 2, S. 149-162.

Cumberland, J. H. (1990b): Public choice and the management of regional resource systems: The case of the Chesapeake Bay. In: M. Chatterji, R. E. Kuenne (Hg.): *Dynamics and conflict in regional structural change, essays in honour of Walter Isard.* 2. Aufl., S. 227-242. London: Macmillan.

Cumberland, J. H. (1991): Intergenerational transfers and ecological sustainability. In: R. Costanza (Hg.): *Ecological economics: The science and management of sustainability.* S. 355-366. New York: Columbia University Press.

Cumberland, J. H. (1994): Ecology, economic incentives und public policy in the design of a transdisciplinary pollution control instrument. In: J. C. J. M. van den Bergh, J. van der Straaten (Hg.): *Toward sustainable development: Concepts, methods and policy.* Washington, DC: Island Press.

Cumberland, J. H., J. R. Hibbs, I. Hoch (Hg.) (1982): *Tlie economics of managing chlorofluorocarbons, stratospheric ozone and climate issues.* Washington, DC: Resources for the Future, Inc.

Cumberland, J. H., F. van Beek (1967): Regional economic development objectives and subsidization of local industry. *Land Economics* 4, S. 253-264.

Daly, H. E. (1968): On economics as a life science. *Journal of Political Economy* 76, S. 392-406.

Daly, H. E. (1973): The steady state economy: Toward a political economy of biophysical equilibrium and moral growth. In: H. E. Daly (Hg.): *Toward a steady state economy.* S. 149-174. San Francisco: W. H. Freeman.

Daly, H. E. (1977): *Steady state economics.* San Francisco: W. H. Freeman.

Daly, H. E. (1990a): Boundless bull. *Gannett Center Journal* 4(3), S. 113-118.

Daly, H. E. (1990b): Toward some operational principles of sustainable development. *Ecological Economics* 2, S. 1-6.

Daly, H. E. (1991a): Ecological economics and sustainable development. In C. Rossi, E. Tiezzi (Hg.): *Ecological physical chemistry,* S. 185-201. Amsterdam: Elsevier.

Daly, H. E. (1991b): Elements of environmental macroeconomics. In R. Costanza (Hg.): *Ecological economics: The science and management of sustainability,* S. 32-46. New York: Columbia Press.

Daly, H. E. (1991c): Sustainable development: From conceptual theory towards operational principles. *Population and Development Review* 16: supplement.

Daly, H. E. (1991d): *Steady-state economics.* 2. Aufl., Washington, DC: Island Press.

Daly, H. E. (1992): Allocation, distribution, and scale: Toward an economics that is efficient, just, and sustainable. *Ecological Economics* 6, S. 185-194.

Daly, H. E. (1993). The perils of free trade. *Scientific American*, November, S. 50-57.

Daly, H. E., J. Cobb (1989): *For the common good: Redirecting the economy towards community, the environment, and a sustainable future.* Boston: Beacon Press.

Daly, H. E., R. Goodland (1994): An ecological-economic assessment of deregulation of international commerce under GATT. *Environment* 15, S. 399-127, 477-503.

Darwin, C. (1859 [1972]): *The origin of species by means of natural selection: Or, the preservation of favored races in the struggle for life.* Ams Press.

Day, R. H. (1989): *Dynamical systems, adaptation and economic evolution.* MRG Working Paper No. M8908, University of Southern California.

Day, R. H., T. Groves (Hg.). (1975): *Adaptive economic models.* New York: Academic Press.

de Groot, R. S. (1992): *Functions of nature.* Groningen, the Netherlands: Wolters Noordhoff BV.

Demeny, P. (1988): Demography and the limits to growth. In: M. S. Teitelbaum, J. M. Winter (Hg.): *Population and resources in Western intellectual traditions.* S. 213-244. Supplement to Vol. 14 of Population and Development Review (winter).

Durham, W. H. (1991): *Coevolution: Genes, culture, and human diversity.* Stanford, CA: Stanford University Press.

Durning, A. T. (1992): *How much is enough? The consumer society and the future of the earth.* New York: Norton.

Dyne, L. van (1995): The gang that beat Disney. *Washingtonian* 30(4), S. 58-63, 114-127.

Eckstein, O. (1983): The NIPA accounts: A user's view. In: M. F. Foss (Hg.): *The U.S. National Income and Public Accounts.* Chicago: University of Chicago Press.

Edney, J. J., C. Harper (1978): The effects of information in a resource management problem: A social trap analog. *Human Ecology* 6, S. 387-395.

Ehrenfeld, D. (1978): *The arrogance of humanism.* Oxford: Oxford University Press.

Ehrlich, P. (1989): The limits to substitution: Metaresource depletion and a new economic-ecologic paradigm. *Ecological Economics* 1(1), S. 9-16.

Ehrlich, P., A. Ehrlich (1990): *The population explosion.* New York: Simon and Schuster.

Ehrlich, P. R., A. E. Ehrlich (1992): The value of biodiversity. *Ambio* 21, S. 219-226.

Ehrlich, P. R., J. P. Holdren (1988): *The Cassandra conference: Resources and the human predicament.* College Station, TX: Texas A & M University Press.

Ehrlich, P. R., H. A. Mooney (1983): Extinction, substitution and ecosystem services. *BioScience* 33, S. 248-254.

Ehrlich, P. R., P. H. Raven (1964): Butterflys and plants: A study in coevolution. *Evolution* 18, S. 586-608.

Ekins, P. (1992): A four-capital model of wealth creation. In: P. Ekins, M. Max-Neef (Hg.): *Real-life economics: Understanding wealth creation.* S. 147-155. London: Routledge.

El Serafy, S. (1988): The proper calculation of income from depletable natural resources. In: E. Lutz, S. El Serafy (Hg.): *Environmental and resource accounting and their relevance to the measurement of sustainable income.* Washington, DC: World Bank.

El Serafy, S. (1991): The environment as capital. In: R. Costanza (Hg.): *Ecological economics: The science and management of sustainability.* S. 168-175. New York: Columbia Press.

England, R. W. (Hg.). (1949): *Evolutionary concepts in contemporary economics.* Ann Arbor, MI: University of Michigan Press.

Etzioni, A. (1993): *The spirit of community: The reinvention of American society.* New York: Simon and Schuster.

Faber, M., R. Manstetten, J. Proops (1996): *Ecological economics: Concepts and methods.* Cheltenham, U.K.: Edward Elgar.

Feshbach, M., A. Friendly, Jr. (1992): *Ecocide in the USSR: Health and nature under siege.* New York: Basic Books.

Fisher, A. C., M. Hanemann (1985): Endangered species: The economics of irrevesible damage. In: D. O. Hall, N. Myers, N. S. Margaris (Hg.): *Economics of ecosystem management.* Dordrecht: W. Junk Publishers.

Fisher, I. (1906): *The nature of capital and income.* London: Macmillan.

Fogleman, V. M. (1987): Worst case analysis: A continued requirement under the National Environmental Policy Act? *Columbia Journal of Environmental Law* 13, S. 53.

Folke, C. (1991): Socioeconomic dependence on the life-supporting environment. In: C. Folke, T. Kaberger (Hg.): *Linking the natural environment and the economy: Essays from the Eco-Eco group.* S. 77-94. Dordrecht, the Netherlands: Kluwer Academic Publishers.

Forrester, J. W. (1961): *Industrial dynamics.* Cambridge, MA: MIT Press.

Funtowicz, S. O., J. R. Ravetz (1991): A new scientific methodology for global environmental problems. In: R. Costanza (Hg.): *Ecological economics: the science and management of sustainability.* S. 137-152. New York: Columbia University Press.

Georgescu-Roegen, N. (1971): *The entropy law and the economic process.* Cambridge, MA: Harvard University Press.

Gever, J., R. Kaufmann, D. Skole, C. Vorosmarty (1986): *Beyond oil.* Cambridge, MA: Ballinger.

Giddens, A. (1990): *The consequences of modernity*. Stanford, CA: Stanford University Press.

Goodland, R. (1975): The tropical origin of ecology. *Oikos* 26, S. 240-245.

Goodland, R. (1991): Tropical deforestation: Solutions, ethics and religion. *Environment Department Working Paper* 43. Washington, DC: The World Bank.

Goodland, R. (1995): The concept of environmental sustainability. *Annals of Ecology & Systematics* 26, S. 1-24.

Goodland, R., H. E. Daly (1996): Environmental ability: Universal and non-negotiable. *Ecological Applications* 6, S. 1002-1017.

Goodland, R., H. E. Daly, S. El Serafy (1992): *Population, technology, and lifestyle*. Washington, DC: Island Press.

Gordon, H. S. (1954): The economic theory of a common property resource. *Journal of Political Economy* 62, S. 124-142.

Gore, A. (1992): *Earth in the balance: Ecology and the human spirit*. New York: Houghton Mifflin Co.

Gowdy, J. M. (1994): *Coevolutionary economics: The economy, society and the environment*. Dordrecht: Kluwer.

Gunderson, L., C. S. Holling, S. Light (Hg.) (1995*): Barriers and bridges to the renewal of ecosystems and institutions*. New York: Columbia University Press.

Günther, R., C. Folke (1993): Characteristics of nested living systems. *Journal of Biological Systems*.

Haeckel, E. (1866): *Generelle Morphologie der Organismen*. Berlin.

Hall, C. A. S., C. J. Cleveland, R. Kaufman (1986): *Energy and resource quality: The ecology of the economic process*. New York: John Wiley and Sons.

Hanemann, M. (1988): Economics and the preservation of biodiversity. In: E. O. Wilson (Hg.): *Biodiversity*. S. 193-199. Washington, DC: National Academy Press.

Hanna, S., M. Munasinghe (Hg.) (1995a): *Property rights and the environment: social and ecological issues*. Washington, DC: The Beijer Institute of Ecological Economics and The World Bank.

Hanna, S., M. Munasinghe (Hg.) (1995b): *Property rights in a social and ecological context: Case studies and design applications*. Washington, DC: The Beijer Institute of Ecological Economics and The World Bank.

Hannon, B. (1973): The structure of ecosystems. *Journal of Theoretical Biology* 41, S. 535-546.

Hardin, G. (1968): The tragedy of the commons. *Science* 162, S. 1243-1248.

Hawken, P. (1993): *The ecology of commerce: A declaration of sustainability.* New York: Harper Business.

Heiner, R. (1983): The origin of predictable behavior. *American Economic Review* 73, S. 560-595.

Herzog, H. W. Jr., A. M. Schlottman (1991): *Industry location and public policy.* Knoxville, TN: University of Tennessee Press.

Hicks, J. R. (1948): *Value and capital.* 2. Aufl., Oxford: Clarendon.

Hinterberger, F., W. R. Stahel (1996): *Eco-efficient services.* Boston: Kluwer.

Holling, C. S. (Hg.) (1978): *Adaptive environmental assessment and management.* Chichester: Wiley.

Holling, C. S. (1987): Simplifying the complex: The paradigms of ecological function and structure. *European Journal of Operational Research* 30, S. 139-146.

Holling, C. S., D. W. Schindler, B. H. Walker, J. Roughgarden (1995): Biodiversity in the functioning of ecosystems: An ecological synthesis. In: C. A. Perrings, K.-G. Maler, C. Folke, C. S. Holling, B.-O. Jansson (Hg.): *Biodiversity loss: Ecological and economic issue.* S. 44-83. Cambridge, U.K.: Cambridge University Press.

Hotelling, H. (1931): The economics of exhaustible resources. *Journal of Political Economy* 39, S. 137-175.

Howarth, R. B. (1992): Intergenerational justice and the chain of obligation. *Environmental Values* 1, S. 133-140.

Howarth, R. B., R. B. Norgaard (1992): Environmental valuation under sustainable development. *American Economic Review* 82, S. 473-477.

Hueting, R. (1980): *New scarcity and economic growth.* Amsterdam: North Holland.

Hueting, R. (1990): The Brundtland report: A matter of conflicting goals. *Ecological Economics* 2(2), S. 109-118.

Innis, G. (1978): *Grassland simulation model, ecology studies No. 26.* New York: Springer-Verlag.

Jansson, A.-M. (Hg.) (1984): *Integration of economy and ecology: An outlook for the eighties.* Proceedings from the Wallenburg Symposia. Stockholm: Sundt Offset.

Jansson, A.-M., M. Hammer, C. Folke, R. Costanza (Hg.) (1994): *Investing in natural capital: The ecological economics approach to sustainability.* Washington, DC : Island Press.

Jaszi, G. (1973): Comment. In: M. Moss (Hg.): *The measurement of economic and social performance.* New York: National Bureau of Economic Research, Columbia University Press.

Jevons, W. S. (1865): *The coal question: An inquiry concerning the progress of the nation, and the probable exhaustion of our coal-mines.* London: Macmillan.

Jevons, W. S. (1871): *The theory of political economy.* London: Macmillan.

Jevons, W. S. (1874): *The principles of science: A treatise on logic and scientific method.* London: Macmillan.

Kaitala, V., M. Pohjola (1988): Optimal recovery of a shared resource stock: A differential game model with efficient memory equilibria. *Natural Resource Modeling* 3, S. 91-119.

Kay, J. J. (1991): A nonequilibrium thermodynamic framework for discussing ecosystem integrity. *Environmental Management* 15, S. 483-495.

Kendall, H. W., D. Pimentel (1994): Constraints on the expansion of the global food supply. *Ambio* 23, S. 198-216.

Kingsland, S. E. (1985): *Modeling nature: Episodes in the history of population ecology.* Chicago: Chicago University Press.

Knight, F. H. (1956): Statistics and dynamics: Some queries regarding the mechanical analogy in economics. In: *On the history and method of economics.* Chicago: University of Chicago Press.

Knowlton, N. (1992): Thresholds and multiple stable states in coral reef community dynamics. *American Zoologist* 32, S. 674-682.

Kopp, R. J., V. Kerry Smith (Hg.) (1993): *Valuing natural assets, the economics of natural resource damage assessment.* Washington, DC: Resources for the Future.

Lappe, F. M., R. Schurman (1988): *The missing piece in the population puzzle.* San Francisco: Institute for Food and Development Policy.

Lee, K. (1993): *Compass and the gyroscope: Integrating science and politics for the environment.* Washington, DC: Island Press.

Leontief, W. (1941): *The structure of American economy 1919-1939.* New York: Oxford University Press.

Lindgren, K. (1991): Evolutionary phenomena in simple dynamics. In: C. G. Langton, C. Taylor, J. D. Farmer, S. Rasmussen: *Artificial life, SFI studies in the sciences of complexity.* Vol. X, S. 295-312. Redwood City, CA: Addison-Wesley.

Lotka, A. J. (1956 [1925]): *Elements of mathematical biology.* New York: Dover.

Lovins, A. B. (1977): *Soft energy paths.* Friends of the Earth International. Cambridge, MA: Ballanger.

Lovins, A. B. (1996): Megawatts - Twelve transitions, eight improvements and one distraction. *Energy Policy* 24(4), S. 331-343.

Lovins, A. B., L. H. Lovins (1987): Energy: The avoidable oil crisis. *The Atlantic* December, S. 22-30.

Ludwig, D., R. Hilborn, C. Walters (1993): Uncertainty, resource exploitation, and conservation: Lessons from history. *Science* 260, S. 17, 36.

Lux, K. (1990): *Adam Smith's mistake: How a moral philosopher invented economics and ended morality.* Boston: Shambhala.

MacNeill, J. (1989): Strategies for sustainable development. *Scientific American* 261(3), S. 154-165.

MacNeil, J. (1990): Sustainable development, economics, and the growth imperative. *Workshop on the Economics of Sustainable Development, Background Paper* No. 3, Washington, DC.

Mageau, M., R. Costanza, R. E. Ulanowicz (1995): The development, testing, and application of a quantitative assessment of ecosystem health. *Ecosystem Health* 1, S. 201-213.

Malthus, T. (1963 [1798]): *Principles of population.* Homewood, IL: Richard D. Irwin.

Marglin, S. A. (1963): The social rate of discount and the optimal rate of investment. *Quarterly Journal of Economics* 77, S. 95-112.

o-Alier, J. (1987): *Ecological economics: Energy, environment, and society.* Cambridge, MA: Blackwell.

Martinez-Alier, J., M. O'Connor (1996): Ecological and economic distribution conflicts. In: R. Costanza, O. Segura, J. Martinez-Alier (Hg.): *Getting down to earth: Practical applications of ecological economics.* S. 153-183. Washington, DC: Island Press.

Marx, K. (1859): *Grundrisse: Foundations of the critique of political economy.* Penguin Books.

Max-Neef, M. (1992): Development and human needs. In: P. Ekins, M. Max-Neef (Hg.): *Real-life economics: Understanding wealth creation.* S. 197-213. London: Routledge.

Max-Neef, M. (1995): Economic growth and the quality of life: A threshold hypothesis. *Ecological Economics* 15, S. 115-118

Maxwell, T., R. Costanza (1993): An approach to modeling the dynamics of evolutionary self organization. *Ecological Modeling* 69, S. 149-161.

May, P. H. (Hg.) (1995): *Economia ecologica: Applicacoes no Brasil.* Rio de Janeiro: Editora Campus.

McIntosh, R. P. (1985): *The background of ecology: concept and theory.* Cambridge: Cambridge University Press.

McNeely, J. A. (1988): *Economics and biological diversity: Developing and using economic incentives to conserve biological resources.* Gland, Switzerland: International Union for the Conservation of Nature and Natural Resources.

Meadows, D. H. (1996): Envisioning a sustainable world. In: R. Costanza, O. Segura, J. Martinez-Alier (Hg.): *Getting down to earth: Practical applications of ecological economics.* S. 117-126. Washington, DC: Island Press..

Meadows, D. H., D. L. Meadows, J. Randers (1992): *Beyond the limits: Confronting global collapse, envisioning a sustainable future.* Post Mills, VT: Chelsea Green.

Meadows, D. H., D. L. Meadows, J. Randers, W. W. Behrens (1972): *The limits to growth.* New York: Universe.

Meffe, G. K. (1992): Techno-arrogance and halfway technologies: Salmon hatcheries on the Pacific Coast of North America. *Conservation Biology* 6(3), S. 350-354.

Mesarovic, M., E. Pestel (1974): *Mankind at the turning point: The second report to the club of Rome.* New York: Dutton.

Mitchell, R. C., R. T. Carson (1989): *Using surveys to value public goods: The contingent valuation method.* Washington, DC: Resources for the Future.

Naeem, S., L. J. Thompson, S. P. Lawler, J. H. Lawton; R. M. Woodfin (1994): Declining biodiversity can alter the performance of ecosystems. *Nature* 368, S. 734-737.

Nagpal, T., C. Foltz (1995): *Choosing our future: Visions of a sustainable world.* Washington, DC: World Resources Institute.

Nelson, R. R., S. Winter (1974): Neoclassical vs. evolutionary theories of economic growth: Critique and prospectus. *Economic Journal* 84, S. 886-905.

Nelson, R. H. (1991): *Reaching for heaven on earth: The theological meaning of economics*. Savage, MD: Rowman and Littlefield.

Neumann, J. von, O. Morgenstern (1953): *Theory of games and economic behavior*. Princeton, NJ: Princeton University Press.

Nordhaus, W., J. Tobin (1972): Is growth obsolete? *Economic growth*. National Bureau of Economic Research General Series #96E. New York: Columbia University Press.

Norgaard, R. B. (1981): Sociosystem and ecosystem coevolution in the Amazon. *Journal of Environmental Economics and Management* 8, S. 238-254.

Norgaard, R. B. (1989): The case for methodological pluralism. *Ecological Economics* 1, S. 37-57.

Norgaard, R. B. (1992): Environmental science as a social process. *Environmental Monitoring and Assessment* 20, S. 95-110.

Norgaard, R. B. (1994): *Development betrayed: The end of progress and a coevolutionary revisioning of the future*. London: Routledge.

Norton, B. G. (Hg.) (1986): *The preservation of species: The value of biological diversity*. Princeton, NJ: Princeton University Press.

Nutzinger, H. G. (1999): Rezension zu R. Constanza et al. (1997): An Introduction to ecological economics. In: J. Meyerhoff u. a. (Hg.) (1999): *Jahrbuch Ökologische Ökonomik 1: Zwei Sichtweisen auf das Umweltproblem: Neoklassische versus Ökologische Ökonomik*. S. 453-462, Marburg: Metropolis.

O'Connor, M. (Hg.) (1995): Is *capitalism sustainable: Political economy and the politics of ecology*. New York: Guilford Press.

O'Connor, M., S. Faucheux, G. Froger, S. Funtowicz, G. Munda (1996): Emergent complexity and procedural rationality: post-normal science for sustainability. In: R. Costanza, O: Segura, J. Martinez-Alier (Hg.): *Getting down to earth: practical applications of ecological economics*. S. 223-248. Washington, DC: Island Press.

O'Neill, R. V., D. L. DeAngelis, J. B. Waide, T. F. H. Alien (1986): A *hierarchical concept of ecosystems*. Princeton, NJ: Princeton University Press.

Odum, E. P. (1953): *Fundamentals of ecology*. Philadelphia: Saunders.

Odum, E. P. (1989): *Ecology and our endangered life-support systems*. Sunderland, MA: Sinauer Associates.

Odum, H. T. (1957): Trophic structure and productivity of Silver Springs, Florida. *Ecological Monographs* 27, S. 55-112.

Odum, H. T. (1971): *Environment, power and society.* New York: John Wiley.

Odum, H. T., E. C. Odum (1976): *Energy basis for man and nature.* New York: McGraw-Hill.

Odum, H. T., R. C. Pinkerton (1955): Time's speed regulator: The optimum efficiency for maximum power output in physical and biological systems. *American Scientist* 43, S. 331-343.

OECD (Organisation for Economic Co-operation and Development) (1991): *Environmental indicators.* Paris: OECD.

Oltmans, W. L. (1974): *On growth.* New York: Capricorn.

OTA (1991): *Energy in developing countries.* Washington, DC: U.S. Congress, Office of Technology Assessment.

Page, T. (1977): *Conservation and economic efficiency.* Baltimore, MD: Johns Hopkins University Press.

Page, T. (1995): Harmony and pathology. *Ecological Economics* 15, S. 141-144.

Pareto, V. (1927): *Manuel d'economie politiaue.* 2. Aufl., Paris: Girard.

Patten, B. C. (1971-1976): *Systems analyses and simulation in ecology,* Vols. 1-4. New York: Academic Press.

Pearce, D. W., R. K. Turner (1989): *Economics of natural resources and the environment.* Brighton: Wheatsheaf.

Peet, J. (1992): *Energy and the ecological economics of sustainability.* Washington, DC: Island Press.

Perrings, C. (1991): Reserved rationality and the precautionary principle: Technological change, time and uncertainty in environmental decision making. In: R. Costanza (Hg.): *Ecological economics: the science and management of sustainability.* S. 153-166. New York: Columbia University Press.

Perrings, C. A., K.-G. Maler, C. Foike, C. S. Holling, B.-O. Jansson. (Hg.) (1995): *Biodiversity loss: Ecological and economic issues.* Cambridge, U.K.: Cambridge University Press.

Perrings, C., B. H. Walker (1995): Biodiversity loss and the economics of discontinuous change in semi-arid rangelands. In: C. A. Perrings, K.-G. Maler, C. Folke,

C. S. Holling, B.-O. Jansson (Hg.): *Biodiversity loss: Ecological and economic issues.* S. 190-210. Cambridge, U.K.: Cambridge University Press.

Peskin, H. M. (1991): Alternative environmental and resource accounting approaches. In: R. Costanza (Hg.): *Ecological economics: The science and management of sustainability.* S. 176-193. New York: Columbia University Press.

Pestel, E. (1989): *Beyond the limits to growth: A report to the club of Rome.* New York: Universe Books.

Pezzey, J. (1989): Economic analysis of sustainable growth and sustainable development. *Environment department working paper* No. 15. Washington, DC: The World Bank.

Pigou, A. C. (1920): *The economics of welfare.* London: Macmillan.

Pigou, A. C. (1979): Divergenzen zwischen sozialem und privatem Nettogrenzprodukt [Anmerkung: Es handelt sich um eine Übersetzung von Teilen von Pigou 1920]. In: H. Siebert (Hg.): *Umwelt und wirtschaftliche Entwicklung.* Darmstadt.

Pimentel, D., et al (1987): World agriculture and soil erosion. *BioScience* 37(4), S. 277-283.

Platt, J. (1973): Social traps. *American Psychologist* 28, S. 642-651.

PRC Environmental Management (1986): *Performance bonding. A final report prepared for the U.S. Environmental Protection Agency.* Office of Waste Programs and Enforcement, Washington, DC.

Prugh, T., R. Costanza, J. H. Cumberland, H. Daly, R. Goodland, R. B. Norgaard (1995): *Natural capital and human economic survival.* Solomons, MD: ISEE Press.

Randall, A. (1987): *Resource economics.* 2. Aufl., New York: John Wiley and Sons.

Randall, A. (1988): What mainstream economists have to say about the value of biodiversity. In: E. O. Wilson (Hg.): *Biodiversity.* S. 217-223. Washington, DC: National Academy Press.

Rapport, D. (1995): Editorial: More than a metaphor. *Ecosystem Health* 1, S. 197.

Rawls, J. (1987): The idea of an overlapping consensus. *Oxford Journal of Legal Studies* 7, S. 1-25.

Redclift, M. (1984): *Development and the environmental crisis: Red or green alternatives.* London: Metheun.

Repetto, R. (1987): Creating incentives for sustainable forest development. *Ambio* 16(2-3), S. 94-99.

Repetto, R., R. C. Dower, R. Jenkins, J. Geoghegan (1992): *Green fees: How a tax shift can work for the environment and economy.* Washington, DC: World Resources Institute.

Reutter, M. (1988): *Sparrow's Point, making steel - the rise and ruin of American industrial might.* New York: Summit Books.

Ricardo, D. (1926): *Principles of political economy and taxation.* London: Everyman.

Rice, F. (1993): Who serves best on environment? *Fortune* June26, S. 114-122.

Roedel, P. M. (Hg.) (1975): *Optimum sustainable yield as a concept in fisheries management.* Special Publication No. 9. Washington, DC: American Fisheries Society.

Sagoff, M. (1988): *The economy of the earth.* Cambridge: Cambridge University Press.

Sarokin, D., J. Schulkin (1991): Environmentalism and the right to know: Expanding the practice of democracy. *Ecological Economics* 4(3), S. 175-189.

Scheffer, M., S. H. Hosper, M.-L. Meyjer, B. Moss, E. Jeppsen (1993): Alternative equilibria in shallow lakes. *Trends in Ecology and Evolution* 8, S. 275-285.

Schneider, E., J. J. Kay (1994): Complexity and thermodynamics: Towards a new ecology. *Futures* 24, S. 626-647.

Schuler, R. E. (1994): *International mechanisms to achieve voluntary reductions in atmospheric concentrations of greenhouse gases.* Paper presented at the meetings of the Allied Social Science Association, Peace Science Session, Boston.

Schumpeter, J. A. (1950): *Capitalism, socialism and democracy.* New York: Harper & Row. (deutsch: Kapitalismus, Sozialismus und Demokratie. München:Francke.).

Science Advisory Board (1990): *Reducing risk: setting priorities and strategies for environmental protection.* SAB-EC-90-021. Washington, DC: U.S. EPA.

Sen, A. K. (1979): *Collective choice and social welfare.* Amsterdam: North-Holland.

Sherman, H. J. (1966): *Elementary aggregate economics.* Meredith, NY: Appleton-Century-Crofts.

Shubik, M. (1971): The dollar auction game: A paradox in noncooperative behavior and escalation. *Journal of Conflict Resolution* 15, S. 109-111.

Simon, J. L. (1981): *The ultimate resource.* Princeton: Princeton University Press.

Solbrig, O. T. (1993): Plant traits and adaptive strategies: Their role in ecosystem function. In: E. D. Schulze, H. A. Mooney (Hg.): *Biodiversity and ecosystem function.* S. 97-116. Heidelberg: Springer-Verlag.

Solow, R. M. (1993): Sustainability: An economist's perspective. In: R. Dorfman, N. Dorfman (Hg.): *Economics of the environment: Selected readings.* S. 179-187. New York: W.W. Norton and Company.

Stokes, K. M. (1992): *Man and the biosphere: Toward a coevolutionary political economy.* Armonk, NY: M. E. Sharpe.

Teger, A. I. (1980): *Too much invested to quit.* New York: Pergamon.

Thompson, P. B. (1986): Uncertainty arguments in environmental issues. *Environmental Ethics* 8, S. 59-76.

Tietenberg, T. (1988): *Environmental and natural resource economics.* 2.Aufl., Glenville, IL: Scott Foresman and Company.

Tilman, D., J. A. Downing (1994): Biodiversity and stability in grasslands. *Nature* 367, S. 363-365.

Tinbergen, J., R. Hueting (1991): GNP and market prices: Wrong signals for sustainable economic development that disguise environmental destruction. In: R. Goodland, H. Daly, S. El Serafy (Hg.): *Population, technology, and lifestyle: The transition to sustainability.* S. 52-62. Washington, DC: IslandPress.

Ulanowicz, R. E. (1980): An hypothesis on the development of natural communities. *Journal of Theoretical Biology* 85, S. 223-245.

Ulanowicz, R. E. (1986): *Growth and development: Ecosystems phenomenology.* New York: Springer-Verlag.

U.S. Environmental Protection Agency (1994): *The toxic release inventory.* Washington, DC: Author.

Vitousek, P. M., et al (1986): Human appropriation of the products of photosynthesis. *BioScience* 34(6), S. 368-373.

Wachtel, P. L. (1983): *The poverty of affluence: A psychological portrait of the American way of life.* New York: Free Press.

Walters, C. J. (1986): *Adaptive environmental management of renewable resources.* New York: McGraw-Hill.

WCED (1987): *Our common future.* World Commission on Environment and Development (The Brundtland Report). Oxford: Oxford University Press.

Weinberg, A. M. (19859: Science and its limits: The regulator's dilemma. *Issues in Science and Technology* 2, S. 59-73.

Weiner, N. (1948): *Cybernetics: Or control and communication in the animal and the machine.* Cambridge, MA: MIT Press.

Weisbord, M. (Hg.) (1992): *Discovering common ground.* San Francisco: Berrett-Koehler.

Weisbord, M., S. Janoff (1995): *Future search: An action guide to finding common ground in organizations and communities.* San Francisco: Berrett-Koehler.

Weiss, E. B. (1989): *In fairness to future generations: International law, common patrimony, and Intergenerational equity.* Ardsley-on-Hudson, NY: Transnational Publishers.

Weitzman, M. (1995): Diversity functions. In: C. Perrings, K. Goran-Maler, C. Folke, C. S. Rolling, B.-O. Jansson (Hg.): *Biodiversity loss: Economic and ecological issues.* Cambridge: Cambridge University Press.

Weizsäcker, E. U. von, J. Jesinghaus (1992): *Ecological tax reform: a policy proposal.*

Whitehead, A. N. (1925): *Science and the modern world.* New York: Macmillan.

Whitehead, A. N. (1984): *Wissenschaft und moderne Welt.* Frankfurt: Suhrkamp.

Young, J. E. (1994): Using computers for the environment. In: L. R. Brown (Hg.): *State of the world.* S. 99-116. New York: World Watch Institute.

Young, M. D. (1992): *Sustainable investment and resource use: Equity, environmental integrity and economic efficiency.* Park Ridge, NJ: Parthenon.

Zoltas, X. (1981): *Economic growth and declining social welfare.*

Weiterführende Literatur zur Ökologischen Ökonomik (Auswahl)

Allgemeine Lehrbücher

Bartmann, H. (1996): *Umweltökonomie - ökologische Ökonomie*. Stuttgart u.a.: Kohlhammer. (umfasst sowohl die traditionelle Umweltökonomik als auch Ansätze der Ökologischen Ökonomik)

Bartel, R., F. Hackl (Hg.) (1994): *Einführung in die Umweltpolitik*. München: Oldenbourg. (Überblicksartige Aufsatzsammlung)

Bringezu, S. (1997): *Umweltpolitik*. München: Oldenbourg. (umfasst neuere Ansätze nachhaltiger Entwicklung)

Cansier, D. (1996): *Umweltökonomie*. 2. Aufl., Stuttgart/Jena: G. Fischer. (traditionelles Lehrbuch der Umweltökonomik)

Frey, B. (1992): *Umweltökonomie*. 3. Aufl., Göttingen: V&R. (Lehrbuch mit Schwerpunkt Neue Politische Ökonomie)

Hinterberger, F., F. Luks, M. Stewen (1996): *Ökologische Wirtschaftspolitik - Zwischen Ökodiktatur und Umweltkatastrophe*. Basel u.a. (Einführung in neuere Ansätze der Stoffstromökonomik)

Hobbensiefken, G. (1991): *Ökologieorientierte Volkswirtschaftslehre*. München/Wien: Oldenbourg. (Integration der Ökologie in ein VWL-Lehrbuch)

Kooten C. van, E. H. Bulte (1999): *The economics of nature*. Oxford: Blackwell Publisher. (nach dem ökonomischen Prinzip werden sehr weitgehend Naturpotentiale diskutiert und bewertet, eher für Fortgeschrittene)

Rogall, H. (2000): *Bausteine einer zukünftigen Umwelt- und Wirtschaftpolitik*. Berlin: Duncker und Humbold. (beschreibt eine Fülle an politischen Programmen, Instrumenten und Maßnahmen der Politik in Deutschland)

Rao, P. K. (2000): *Sustainable Development*. Oxford: Blackwell Publisher. (Englischsprachige Einführung in die Umweltökonomie unter Nachhaltigkeitsgesichtspunkten),

Stephan, G., M. Ahlheim (1996): *Ökonomische Ökologie*. Springer: Heidelberg. (Analyse ökologischer Probleme aus ökonomischer Perspektive)

Turner, R. K., D. Pearce, I. Bateman (1994): *Environmental Economics*. New York et a.: Havester Wheatsheaf. (gut lesbarer Überblick über die Grundlagen der Umwelt- und Resourcenökonomie)

Weimann, J. (1995): *Umweltökonomie - Eine theorieorientierte Einführung*. 3. Aufl., Berlin u.a.: Springer. (theoretische, z.T. spieltheoretische orientierte Einführung)

Wicke, L. (1993): *Umweltökonomie*. 4. Aufl., München. (Klassiker der traditionellen Umweltökonomik)

Grundlagenliteratur

Adriaanse, A., S. Bringezu, A. Hammond, Y. Moriguchi, E. Rodenburg, D. Rogich, H. Schütz (1998): *Stoffströme: Die materielle Basis von Industriegesellschaften*. Berlin/ Basel/ Boston: Birkhäuser.

Ayres, R. U., U. E. Simonis (Hg.) (1994): *Industrial Metabolism - Restructuring for Sustainable Development*. Tokyo u. a.: UN University Press.

Ayres, R. U. (1998): *Turning Point - The End of the Growth Paradigm*. London: Earthscan.

Barbier, E. B., J. C. Burgess und C. Folke. (1994): *Paradise lost? The ecological economics of biodiversity*. London: Earthscan.

Beckenbach, F. (Hg.) (1992): *Die ökologische Herausforderung für die ökonomische Theorie*. Marburg: Metropolis.

Beckenbach, F., H. Diefenbacher (Hg) (1994): *Zwischen Entropie und Selbstorganisation - Perspektiven einer ökologischen Ökonomie*. Marburg: Metropolis.

Bergh, J. van den, M. W. Hofkes (Hg.) (1998): *Theory and implementation of economic models for sustainable development*. Dordrecht et al.: Kluwer.

Bergh, J. C. J. M van den., J. van der Straaten (Hg.). (1994): *Toward sustainable development: Concepts, methods, and policy*. Washington, DC: Island Press.

Binder, K. G. (1999): *Grundzüge der Umweltökonomie*. Vahlen: München.

Binswanger, H. C., H. Frisch, H. G. Nutzinger u. a. (1988): *Arbeit ohne Umweltzerstörung. Strategien für eine neue Wirtschaftspolitik*. Frankfurt a.M.: Fischer.

Bleischwitz, R. (1998*): Ressourcenproduktivität – Innovationen für Umwelt und Beschäftigung*. Berlin u. a.: Springer.

Bonus, H. (1979): Über Schattenpreise von Umweltressourcen. In: H. Siebert (Hg.) (1979): *Umwelt und wirtschaftliche Entwicklung*. Darmstadt.

Boulding, K. (1985): *The world as a total system*. Sage Publications.

Bringezu, S. (Hg.) (1995): *Neue Ansätze der Umweltstatistik*. Berlin u. a.: Birkhäuser, S. 26-54.

Bruns, H. (1995): *Neoklassische Umweltökonomie auf Irrwegen - Eine exemplarische Untersuchung der neoklassischen Methode und ihrer geistesgeschichtlichen Hintergründe*. Marburg: Metropolis.

BUND/Misereor (Hg.) (1996): *Zukunftsfähiges Deutschland - Ein Beitrag zu einer global nachhaltigen Entwicklung*. Basel/Boston/Berlin: Birkhäuser.

Bundesministerium für Umwelt, Naturschutz und Reaktorsicherheit (1998): *Nachhaltige Entwicklung in Deutschland - Entwurf eines umweltpolitischen Schwerpunktprogramms*. Bonn: BMU.

Cairncross, F. (1991): *Costing the Earth: The challenge for governments, the opportunities for business*. Boston: Harvard Business School Press.

Cassel, S. (1998): Direkte Demokratie, Bürgerpräferenzen und die Rolle von Politikberatung. In: A. Renner, F. Hinterberger (Hg.): *Zukunftsfähigkeit und Neoliberalismus*. Baden-Baden: Nomos, S. 465-483.

Costanza, R. (Hg.). (1991): *Ecological economics: The science and management of sustainability*. New York: Columbia University Press.

Costanza, R., B. G. Norton und B. D. Haskell (Hg.). (1992): *Ecosystem health: New goals for environmental management*. Washington, DC: Island Press.

Costanza, R., C. Perrings und C. J. Cleveland. (1997): *The development of ecological economics*. Cheltenham, U.K.: Edward Elgar.

Costanza, R., O. Segura und J. Martinez-Alier (Hg.). (1996): *Getting down to earth: Practical applications of ecological economics*. Washington, DC: Island Press.

Culbertson, J. M.: *Economic development: An ecological approach*. Knopf.

Daily, G. C. (1997): *Nature's services: Societal dependence on natural ecosystems*. Washington, DC: Island Press.

Daly, H. E. (1995): Ökologische Ökonomie: Konzepte, Fragen, Folgerungen. In: G. Altner (u. a.): *Jahrbuch Ökologie 1995*. München: Beck, S. 147-161.

Daly, H. E. (1996): *Beyond growth: The economics of sustainable development*. Beacon Press.

Daly, H. E. und J. B. Cobb, Jr. (1994): *For the common good: Redirecting the economy toward community, the environment, and a sustainable future*. Beacon Press.

Eisenberg, W., K. Vogelsang (Hg.) (1997): *Nachhaltigkeit leben - Orientierung und Bibliographie*. Frankfurt/M.: Peter Lang.

Enquete-Kommission „Schutz des Menschen und der Umwelt" des 12. Deutschen Bundestages (1994): *Die Industriegesellschaft gestalten – Perspektiven für einen nachhaltigen Umgang mit Stoff- und Materialströmen*. Bonn: Economica.

Enquete-Kommission „Schutz des Menschen und der Umwelt" des 13. Deutschen Bundestages (1998): *Konzept Nachhaltigkeit – Vom Leitbild zur Umsetzung. Abschlußbericht*. Drucksache 13/11200. Bonn: Deutscher Bundestag.

Ewringmann, D. (Hg.) (1995): *Ökologische Steuerreform: Steuern in der Flächennutzung*. Berlin, S. 137-179.

Faber, M., R. Manstetten, J. Proops (1996): *Ecological economics - concepts and methods*. Cheltenham, U.K.: Edward Elgar.

Factor 10 Club (1995): *Carnoules Declarations*. Wuppertal: Factor 10 Club.

Faucheux, S., D. Pearce und J. Proops. (1996): *Models of sustainable development*. Cheltenham, U.K.: Edward Elgar.

Feess, E. (1998): *Umweltökonomie und Umweltpolitik*. 2. Aufl., Vahlen: München

Feser, H.-D., M. von Hauff (Hg.) (1997): *Neuere Entwicklungen in der Umweltökonomie und -politik*. Regensburg: Transfer Verlag.

Folke, C., T. Kaberger (Hg.). (1991): *Linking the natural environment and the economy: Essays from the Eco-Eco group*. Dordrecht: Kluwer Academic Publishers.

Friege, H., C. Engelhardt, K.-O. Henseling (Hg.) (1998): *Das Management von Stoffströmen*. Berlin/Heidelberg/New York: Springer.

Fussler, C. (1999): *Die Ökoinnovation - Wie Unternehmen profitabel und umweltfreundlich sein können*. Stuttgart/Leipzig: Hirzel.

Gawel, E. (1994): Ökonomie der Umwelt – ein Überblick über neuere Entwicklungen. *Zeitschrift für Angewandte Umweltforschung*, Jg. 7, S. 37-83.

Gawel, E., F. Schneider (1996): *Umsetzungsprobleme ökologisch orientierter Steuerpolitik: Eine polit-ökonomische Analyse*. Arbeitspapier Nr. 9621. Linz: Johannes-Kepler-Universität.

Gerken, L. (Hg.) (1996): *Ordnungspolitische Grundfragen einer Politik der Nachhaltigkeit*. Baden-Baden: Nomos, S. 229-280.

Gerken, L., A. Renner (1996): *Nachhaltigkeit durch Wettbewerb*. Tübingen: J.C.B. Mohr (Paul Siebeck).

Gijsel, P. de u. a. (Hg.): *Ökonomie und Gesellschaft, Jahrbuch 14: Nachhaltigkeit in der ökonomischen Theorie.* Frankfurt/ New York: Campus.

Görres, A., H. Ehringhaus, E. U. v. Weizsäcker (1994): *Der Weg zur Ökologischen Steuerreform.* München.

Greenpeace / DIW (Deutsches Institut f. Wirtschaftsforschung) (1994): *Ökosteuer - Sackgasse oder Königsweg? Wirtschaftliche Auswirkungen einer ökologischen Steuerreform.* Berlin.

Greenpeace / DIW (Deutsches Institut f. Wirtschaftsforschung) (1999): *Wirtschaft ohne Wachstum? Denkanstöße, Handlungskonzepte, Strategien.* Wiesbaden: Gabler.

Gowdy, J. (1994): *Coevolutionary economics: The economy, society and the environment.* Boston: Kluwer Academic Publishers.

Gunderson, L. H., C. S. Holling und S. S. Light (Hg.) (1995): *Barriers and bridges to the renewal of ecosystems and institutions.* New York: Columbia University Press.

Hampicke, U. (1992): *Ökologische Ökonomie. Individuum und Natur in der Neoklassik.* Opladen: Westdt. Verlag.

Hansmeyer, K.-H., H. K. Schneider (1992): *Umweltpolitik – Ihre Fortentwicklung unter marktsteuernden Aspekten.* 2. Aufl., Göttingen: V&R.

Horbach, J. (1992): *Neue Politische Ökonomie und Umweltpolitik.* Frankfurt/New York: Campus.

Huber, J. (1995): *Nachhaltige Entwicklung.* Berlin: Sigma.

IFOK (Institut für Organisationskommunikation) (Hg.) (1997): *Bausteine für ein zukunftsfähiges Deutschland.* Wiesbaden: Gabler.

Institut für sozial-ökologische Forschung /Milieudefensie (1994): *Sustainable Netherlands. Aktionsplan für eine nachhaltige Entwicklung der Niederlande.* Frankfurt/M.: ISOE.

Jackson, T. (Hg.): *Clean production strategies: Developing preventive environmental management in the industrial economy.* London: Lewis Publishers.

Jänicke, M., H. Mönch, M. Binder (1992): *Umweltentlastung durch industriellen Strukturwandel?* Berlin: Sigma.

Jänicke, M. (Hg.) (1996): *Umweltpolitik der Industrieländer - Entwicklung - Bilanz - Erfolgsbedingungen.* Berlin: Sigma.

Jansson, A.-M., M. Hammer, C. Folke und R. Costanza (Hg.): *Investing in natural capital.* Washington. DC: Island Press.

Junkernheinrich, M., P. Klemmer, G. R. Wagner (Hg.) (1995): *Handbuch zur Umweltökonomie.* Berlin: Analytica.

Kapp, K. W. (1950): *Social costs of private enterprise.* Cambridge, Mass.: Harvard Univ. Press. (deutsch: Soziale Kosten der Marktwirtschaft. Frankfurt/ M.: Fischer 1979).

Klemmer, P., F. Hinterberger (Hg.) (1999): *Ökoeffiziente Dienstleistungen.* Berlin u. a.: Birkhäuser.

Klostermann, J. E. M., A. Tukker (Hg.) (1998): *Product Innovation and Eco-Efficiency - Twenty-three industry efforts to reach the Factor 4.* Dordrecht u. a.: Kluwer.

Knight, R. L., S. F. Bates (Hg.). (1995): A *new century for natural resources management.* Washington, DC: Island Press.

Köhn, J., J. Gowdy, F. Hinterberger, J. von der Straaten(Hg.) (1999): *Sustainability in Question. The search for a conceptual framework.* Cheltenham: Edward Elgar.

Köhn, J., M. J. Welfens (Hg.) (1996): *Neue Ansätze in der Umweltökonomie.* Marburg.

Kuhn, M., W. Rademacher, C. Stahmer (1994): *Umweltökonomische Trends 1960 bis 1990.* Wirtschaft und Statistik 8/1994, S. 658-677.

Kurz, R., J. Volkert (1997): *Konzeption und Durchsetzungschancen einer ordnungskonformen Politik der Nachhaltigkeit.* Tübingen/Basel: Francke.

Luks, F. (2000): *Postmoderne Umweltpolitik? Sustainable Development, Steady State und die „Entmachtung der Ökonomik".* Marburg: Metropolis.

Luks, F., M. Stewen (1999): Why biophysical assessments will bring distribution issues on the top of the agenda. *Ecological Economics* Vol. 29, S. 33-35.

Maier-Rigaud, G. (1997): *Schritte zur Ökologischen Marktwirtschaft.* Marburg: Metropolis.

Meadows, D. H., D. L. Meadows und J. Randers (1993): *Beyond the limits: Confronting global collapse, envisioning a sustainable future.* Chelsea Green.

Meyerhoff, J. u. a. (Hg.) (1999): *Jahrbuch Ökologische Ökonomik 1: Zwei Sichtweisen auf das Umweltproblem: Neoklassische versus Ökologische Ökonomik.* Marburg: Metropolis.

Minsch, J. (1992): Grundlagen und Ansatzpunkte einer ökologischen Wirtschaftspolitik. In: H. Glauber, R. Pfriem (Hg.): *Ökologisch Wirtschaften - Erfahrungen, Strategien, Modelle.* Frankfurt/M: Fischer., S. 55-73.

Minsch, J., A. Eberle, B. Meier, U. Schneidewind (1996): *Mut zum ökologischen Umbau - Innovationsstrategien für Unternehmen, Politik und Akteurnetze.* Basel et al.: Birkhäuser.

Minsch, J., P.-H. Feindt, H. P. Meister, U. Schneidewind, T. Schulz (1998): *Institutionelle Reformen für eine Politik der Nachhaltigkeit.* Heidelberg: Springer.

Myers, N. (1993): *Ultimate security: The environmental basis of political stability.* New York: W. W. Norton & Co.

Prugh, T., R. Costanza, J. H. Cumberland, H. Daly, R. Goodland, R. B. Norgaard (1995): *Natural capital and human economic survival.* Solomons, MD: ISEE Press.

Rat von Sachverständigen für Umweltfragen, Umweltgutachten, verschiedene Jahrgänge. Bonn: Deutscher Bundestag.

Renner, A., F. Hinterberger (Hg.) (1998): *Zukunftsfähigkeit und Neoliberalismus.* Baden-Baden: Nomos.

Rennings, K. (1994): *Indikatoren für eine dauerhaft-umweltgerechte Entwicklung.* Stuttgart: Metzler-Poeschel.

Rennings, K., K. L. Brockmann, H. Koschel, H. Bergmann, I. Kühn (1997): *Nachhaltigkeit, Ordnungspolitik und freiwillige Selbstverpflichtung*: Heidelberg: Physica.

Sachs, W. (Hg.) (1994): *Der Planet als Patient - Über die Widersprüche globaler Umweltpolitik.* Berlin u. a.: Birkhäuser.

Schmidheiny, S. (1992): *Changing course: A global business perspective on development and the environment.* Cambridge, MA: MIT Press.

Schmidt-Bleek, F. (1994): *Wieviel Umwelt braucht der Mensch?* Basel et al.: Birkhäuser.

Schulze, P. C. (1996): *Engineering within ecological constraints.* Washington, DC: National Academy Press.

Seel, A. (1993): *Zur Effizienz der Umweltpolitik: Die Sicht der Neuen Politischen Ökonomie.* München.

Siebert, H. (1978): *Ökonomische Theorie der Umwelt.* Tübingen: Mohr.

Simonis, U. E. (Hg.) (1988): *Präventive Umweltpolitik.* Frankfurt/M u. a.: Campus.

Spangenberg, J. (Hg.) (1995) (Hg.): *Towards Sustainable Europe.* Brüssel: Friends of the Earth.

Stahel, W. (1991): *Langlebigkeit und Materialrecycling.* Essen.

Stewen, M. (1998): The interdependence of allocation, distribution, scale, and stability - A comment on Herman E. Daly's vision of an economics that is efficient, just, and sustainable. *Ecological Economics* Vol. 27, S. 119-130 (mit Erwiderung von Daly in: Ecological Economics Vol. 30 (1999), S. 1-2)

Umweltbundesamt (1997): *Nachhaltiges Deutschland - Wege zu einer dauerhaft-umwelt-gerechten Entwicklung.* Berlin: Erich Schmidt.

Weizsäcker, E. U. von (1990): *Erdpolitik.* Darmstadt: Wiss. Buchgesellschaft.

Weizsäcker, E. U. von (1994): *Umweltstandort Deutschland - Argumente gegen die ökologische Phantasielosigkeit.* Berlin u. a.: Birkhäuser.

Weizsäcker, E. U. von, J. Jesinghaus, S. P. Mauch, R. Iten (1992): *Ökologische Steuerreform.* Zürich: Rüegger.

Weizsäcker, E. U. von, A. B. Lovins, L. H. Lovins (1995): *Faktor Vier. Doppelter Wohlstand - halbierter Naturverbrauch.* München: Droemer Knaur.

Weltkommission für Umwelt und Entwicklung (1987): *Unsere Gemeinsame Zukunft - Der Brundtland-Bericht.* hrsg. von V. Hauff, Greven: Eggenkamp.

Wissenschaftlicher Beirat Globale Umweltveränderungen (WBGU): *Jahresgutachten.* Verschiedene Jahrgänge.

Zukunftskommission (Zukunftskommission der Friedrich-Ebert-Stiftung) (1998): *Wirtschaftliche Leistungsfähigkeit, sozialer Zusammenhalt, ökologische Nachhaltigkeit. Drei Ziele – ein Weg.* Bonn: Dietz.

Register

Abfälle 8, 9, 129, 293, 295
Abschreibungen 112, 136, 139
Absorptionsfähigkeit 13, 118
Abwasser 216
Agenda 21 siehe Rio-Konferenz
-, lokale 278 ff. (siehe auch Ebene, lokale)
Aktionsprogramm der EU zum Schutz der Umwelt 298
Allokation(seffizienz) 37, 39, 74, 95, 96 ff, 270
Allokationstheorie 96
Alpen 221
Amazonas 41
Anreize, ökonomische 135, 178 f., 187, 230, 240, 249 ff, 252 ff, 272 ff (siehe auch Instrumente, anreizbasierte; Effizienz)
Anthropozentrismus 15
Arbeitsproduktivität 107
Armut 15 f., 40, 131f.
Artensterben 3, 13, 15, 54, 64
Atomenergie/Atomkraft 9, 220, 221, 232, 295, 308
Atwood-Maschine 72
Aufklärung 21
Auflagen siehe Ordnungsrecht
Aufträge, öffentliche 295
Ausbeutung 113
Außenwirtschaftstheorie 198f.
Ayres, R. U. 222

Bacon, F. 21
Bau 266 f.
Baumol, W. J. 256
Bedürfnisse (materielle/ immaterielle) 16, 18, 40, 148, 160, 210 f.
Bertalanffy, L. v. 62f.
Beschäftigung 106ff, 190f., 203
Bevölkerungspolitik 16, 109
Bevölkerungswachstum 15f., 17, 20, 29 f., 44, 129ff, 199, 206, 296, 310 f.
Beweislast 175, 189
Bewertung 48, 164 ff., 262 (siehe auch Kosten-Nutzen-Analyse)
Bildung 16, 177, 229
Binnenmarkt (EU) 298
Binswanger, H. G. 100 f., 292
Biodiversität 3, 15f., 45, 54, 65, 78, 112 ff
Biodiversitätskonvention 218
Biologie 44 (siehe auch Ökologie)
Biomasse 9
Biosphäre 104
Böden/Boden(schutz) 3, 14 f., 26, 31, 161, 220, 277
Boulding, K. E. 74f., 102, 309
Brundtland-Bericht 17f., 109, 124, 144, 148, 214, 218
Bruttoinlandsprodukt (BIP) 1, 97
Bruttonationaleinkommen 137
Bruttosozialprodukt (BSP) 133 ff, 136 ff, 149 ff
Buchanan, J. M. 228, 230
Bürgerbeteiligung 280
Bürokratie 229 f.
Bundes-Immissionsschutzgesetz 219
„Business as usual" 11

Carnot, S. 32
Carson, R. 217
Chemie 44
China 16
Ciriacy-Wantrup, S. v. 55
Clausius, R. 32
Clean Air Act 245, 268
Club of Rome siehe Wachstum, Grenzen des
CO_2
-, -Abgabe siehe Ökologische Steuerreform
-, -Emissionen siehe Treibhausgase
Coase, R. 47, 85 f.
Coase-Theorem 85 f.
Command-and-Control siehe Ordnungsrecht
Computermodelle 63

Costa Rica 104, 301
CSD (Commission for Sustainable Development) 162

Dänemark 294
Daly, H. E. 37, 38 f., 74, 270, 311 (siehe auch Steady-State-Ökonomie)
Dampfkesselemissionsgesetz 220
Darwin, C. 30, 33 ff
Debt-for-Nature-Swaps siehe Tauch „Schulden gegen Natur"
Defensive Ausgaben 150 f.
Degradierung von Stoffen 69
Dematerialisierung 86 f., 88 f., 106 f., 215
Demokratie 84, 127, 209, 227 (siehe auch Direktdemokratie)
Denkweise, mechanistische 27
Dept-for-nature swaps 300
Desertifikation 219
Deutschland (siehe Umweltpolitik, deutsche)
Dezentralisierung 285
Dienstleistungen 19, 107, 297
Differentialrente 32
Diktatur 166
Direktdemokratie 228
dismal science 32
Diskontierung 51 f., 145 ff, 250, 310
Disney 278
Dissipation 72
Disziplinen, wissenschaftliche 94
„Dritte" Welt siehe "Entwicklungsländer"
Dollar-Auktions-Spiel 179 f.
Donau 220
Downs, A. 227
Durchsatz, stofflicher siehe Stoff- und Energieströme
Durchsetzbarkeit, politische 263
Dynamik, nichtlineare 44, 61 f.

Ebenen
-, globale 304 ff.
-, lokale 277 ff.
-, internationale 300 ff.
-, nationale 291 ff.
-, räumliche 192, 277 ff, 297
-, regionale siehe Regionalentwicklung
economies of scale 97
Effizienz 72 f., 89, 222 f., 235, 240, 249 f., 256 f., 259, 265, 274 (siehe auch Anreize, ökonomische)
EG-Vertrag 298 f.
Ehrlich, P. 76, 82, 84 ff, 130 f.
Eigentums- und Verfügungsrechte („property rights") 37f., 47, 99, 234, 250, 272, 301
Einheitliche Europäische Akte 298
Einkommen 99, 128, 136
-, Hicks'sches 128, 136, 141 ff,
Einkommenssteuer 270
Ekins, P. 163
El Serafy, S. 145
Emissionen 251, 272
Emissionsabgaben/ -steuern siehe Steuern, auf Emissionen
Empirismus 21
„End-of-the-Pipe" Lösungen 2, 50, 89
Energetik 68 f.
Energie 9, 15, 68 ff, 72 ff, 106, 296, 297
- abnehmende Verfügbarkeit von - 69, 303
-, erneuerbare 12, 69, 112, 220
-, materialisierte 97
Energieeffizienz 72, 87, 124
Energieerhaltungsgesetz 106
Energiekrise 86
Energiepolitik 310
Energiesparen 295
Energiesteuer siehe Ökologische Steuerreform
Energieströme siehe Stoff- und Energieströme
Energieverbrauch (pro Kopf) 12, 16, 293
Enquete-Kommission 215
Entnahme, nachhaltige 129
Entropie/-gesetz 3, 32, 68 ff, 97, 233

Entscheidungen 164 ff, 170 ff
Entscheidungsprozess, gesellschaft-
  licher/ politischer 83, 98, 128, 165 f.,
  227 f., 263 (siehe auch Neue Politi-
  sche Ökonomik)
Entsorgung, nachhaltige 129, 297
Entwicklung 123 ff, 132
-, nachhaltige siehe Nachhaltigkeit
-, qualitative 16, 17, 290
-, zukunftsfähige siehe Nachhaltigkeit
Entwicklungsbanken 108 (siehe auch
  Weltbank)
"Entwicklungsländer" 15, 19, 300 ff,
  302 f., 311
Entwicklungspolitik 40, 108, 112
Epistemologie siehe Umweltepistemo-
  logie
Erdöl 303
Erhaltung ("conservation") 113
Erkenntnistheorie 90 f.
Erosion siehe Boden
Erwartungen 35, 51, 168 ff
Ethik 22, 24, 28, 99, 166
Europäische Union (EU) siehe Um-
  weltpolitik, europäische
Eutrophierung 114, 120 f.
Evolution 33 ff., 70, 77, 176
-, biologische 34
-, genetische 35
-, kulturelle 34 f.
-, ökonomische 34
Externalitäten/ Externe Effekte 45 ff,
  66 f., 191 f., 195, 197, 222, 250, 264,
  281

Fairness 269
Faktor Zehn 87, 88, 107, 262
Familienplanung siehe Bevölkerungs-
  politik
FCKW 8, 10, 12 f., 304 f.
Fehlerfreundlichkeit 241
Fischerei 65, 100
Fisher, I. 139
Fitness 117, 176 (siehe auch Evolution)

Flächen(nutzung) 277, 282 f.
Flüchtlinge 11
Föderalismus 285, 287 f.
Forrester, J.W. 63
Forschung und Entwicklung 295
Forschungsmethoden, partizipative 84
Fortschritt
-, moralischer 23
-, technischer 35
Fortschrittsoptimismus 23, 69, 77,
  172 ff
Frankreich 293
Freihandel 182 ff., 191 ff, 195 ff, 197
  (siehe auch Handel, internationaler)
Freisetzung ("release") 113
Freizeit 140, 150, 160

Galilei, G. 21
Gandhi, M. 1
GATT (General Agreement on Tariffs
  and Trade) /WTO 180 f., 195, 296
Geldwirtschaft 100 f.
Gemeinbesitz 64
Gemeinlastprinzip 242
Gemeinschaft ("community") 98, 180
  ff, 185 ff, 200
Gentechnik 110 f.
George, H. 270
Georgescu-Roegen, N. 67 f., 102, 223,
  233 (siehe auch Thermodynamik)
Gerechtigkeit 3, 40, 234 f., 274 (siehe
  auch Verteilung)
-, intergenerative 3, 82, 127, 185 ff,
  234 f., 303
-, internationale 82 f.
Gesellschaft, nachhaltige 95
Gesetz der maximalen Energie 72
Gewässer 4, 221, 257
Giftmüll siehe Sonderabfall
Giftstoffe 121, 255, 263, 291
Gleichgewichte 34, 83
Gleichgewichtstheorie, allgemei-
  ne 57 ff, 85
Globalisierung 188 ff, 191, 195 f.

Gordon, H. S. 65 f.
Gore, A. 237, 300
Grenznutzentheorie 42
Grenzschadenskosten 254, 272, 275
Grobsteuerung, ökologische 297
Größenordnung ("scale") 3, 6, 12, 38 f., 95, 96 ff, 165, 204 f., 244, 259, 270
Großbritannien 293
Grüner Punkt 220, 248
Grüne Schere 298
Grundbedürfnisse siehe Bedürfnisse
Grundgesetz 220
Güter
-, freie 105
-, kollektive siehe Kollektivgüter
-, öffentliche 64, 227, 235, 281

Haeckel, E. 42 f.
Haftungsregelungen siehe Umwelthaftung
Handel 180 ff, 204, 269
-, freier siehe Freihandel
-, internationaler 195 f., 271
Hardin, G. 64, 66, 176
Harrod, R. F. 212
Hautkrebs 13
Hayek, F.A. 190, 256
Hicks, J. R. 136, 141 f.
Holling, C. S. 113 ff.
Holz 296
Homo Oeconomicus 98, 183 f., 201
Hotelling, H. 47, 51, 75
Humankapital 54, 102 f., 121 ff, 126, 217

Index of Sustainable Economic Welfare (ISEW) 1, 153 ff
Indien 1, 291
Indikatoren,
-,Nachhaltigkeits- 161 f.
-, soziale 134
-, Wohlfahrts- siehe Wohlfahrtsindikatoren
Individualismus 28, 98, 183
Industrialisierung 190

Informationsrechte, öffentliche 291 f.
Infrastruktur, biophysische („Infra-Infrastruktur") 109
Innovationen 262
Inputorientierung siehe Dematerialisierung
Input-Output-Analyse 63, 68, 73
Institutionen 64, 95, 96, 192 ff, 226, 277
-, unabhängige 228
Institutionenökonomik 84 ff
Instrumente 95, 98, 216 ff., 237 ff, 260, 277, 292 ff, 310
-, anreizbasierte 239, 249 ff, 252 ff, 257 ff, 299
-, Bewertungskriterien für- 239 ff
-, ordnungsrechtliche siehe Ordnungsrecht
-, umweltpolitische 50, 237 ff, 247 ff
Interdisziplinarität 93 ff (siehe auch Transdisziplinarität)
Interessengruppen 84, 127, 227 f.
Internalisierung 47, 197, 247, 284 f. (siehe auch Externalitäten)
International Institute for Applied Systems Analysis (IIASA) 75
International Society for Ecological Economics (ISEE) 60
Interventionsversagen 295
Investition/en 51, 136
-, in Infrastruktur 109, 111
-, in Naturkapital 110
Irak 303, 308
Irreversibilitäten 96
ISEW siehe Index of Sustainable Economic Welfare

Jevons, W. S. 42, 57

Kapital 128, 139
-, anthropogenes siehe Humankapital, Substituierbarkeit
-, natürliches siehe Naturkapital
Kapitalismus 37, 91, 202 f.
Kapitalmärkte 53, 203, 300

Kapitalverkehr, internationaler 181, 202
Kapp, K. W. 66 f.
Kauf, direkter 283
Kennzeichnungen, ökologische 87, 89, 292
Kernkraft siehe Atomkraft
Kepler, J. 21
Keynes, J. M. 30, 58
Klagenfurter Faktor 4+ Messe 108
Klima/ Klimawandel 1 f., 10 f., 218, 304
Klimapolitik, globale 219, 307 f. (siehe auch Umweltpolitik, internationale)
Klimarahmenkonvention 231, 307
Knappheit 42, 45, 103
Kneese 222
Knight, F. H. 21
Koevolution 76 ff
Kohle 42, 224f., 296
Kohlendioxid siehe CO_2
Kohlenfeuerung 4
Kollektiveigentum 188
Kollektivgüter 4, 64, 175 ff, 301 (siehe auch Güter, öffentliche)
Kommunen 279 ff (siehe auch Ebene, lokale)
Komparative Kostenvorteile, Theorie der 198 f.
Kompensationszahlungen 239, 276, 283 f.
Komplementarität 103 ff, 121 ff, 125, 146 f.
Komplexität 44, 58, 61 ff, 188 ff
Konsum 4, 96, 31 ff, 131 f., 138 ff, 185 ff
Konsumentensouveränität 165 f.
Konsumsteuer siehe Steuer auf Konsum
Konzentration der Eigentums- und Kontrollrechte siehe Machtverteilung
Kooperationslösungen 248
Kooperationsprinzip 242
Kopernikus, W. 21

Kosten-Nutzen-Analyse 83, 282, 289
Kreisläufe 120
Kreislaufwirtschafts- und Abfallgesetz 220, 248
Künftige Generationen siehe Gerechtigkeit, intergenerative
Kuhn, T. S. 103
Kuwait 303, 308
Kybernetik 63
Kyoto-Konferenz 307

Lärm 219, 220
Landwirtschaft 6, 11, 14, 26, 78, 216, 221, 276
Lebensdauer 117
Lebenserwartung 1
Lebensqualität 95 (siehe auch Wohlfahrtsindikatoren)
Lebensstil siehe Wohlstandsmodelle
Leistung 72
Leitbild 95, 210 ff, 285
Leontief, W. 63, 103
Lobby siehe Interessengruppen
Locke, J. 21, 182
„Lock-in"-Situation 34
Lokale Ebene siehe Ebene, lokale
Lotka, A. J. 44 f., 62
Lovins, A. 87
Luft(reinhaltung) 4, 8, 219, 220, 224 f.

Maastrichter Vertag 298
Macht(verteilung) 41, 82, 83, 382
Malaysia 104
Malthus, R. 29 f., 32
Managementregeln 129
Marktsystem/ -wirtschaft 28, 36, 45 ff, 49 f., 78, 83, 96, 99 f., 105, 188 ff, 190 ff., 265
Marktversagen 45 ff, 49 f., 247, 252, 259
Marshall, A. 110
Marshall-Plan, globaler 300
Marx, K. 30, 39 ff, 91

Massenerhaltungssatz siehe Thermodynamik
Materialintensität 87, 89, 292
Materialismus 28, 309
Material- und Energieströme siehe Stoff- und Energieströme
Max-Neef, M. 156, 160
Meadows, D. 210 f.
Measure of Economic Welfare (MEW) 149 ff, 155
Meere 2, 8
Mehrheitswahlen 127 (siehe auch Demokratie)
Menger, C. 57
Menschenbild siehe Homo Oeconomicus
Merkantilismus 296
Messung 262
Methan 10
Methodologischer Pluralismus siehe Pluralismus, Methodologischer
MEW siehe Measure of Economic Welfare
Mill, J. S. 36 f.
Miller-Gesetz 266
Mindeststandard, materieller 16
MIPS („material input per service unit") 87 (siehe auch Dematerialisierung)
Modelle 73, 163 f., 272, 306 (siehe auch Computermodelle; Neoklassik)
Montreal-Protokoll 305 (siehe auch Ozonschicht)
Moore 221
Moralphilosophie 22
Morgenstern, O. 63
Myopie 250

Nachhaltigkeit 3, 16, 18 f., 26, 81 f., 127 ff, 141 ff, 144 ff, 174 f., 185 ff, 191, 204, 210 ff, 214 f., 234, 260, 279, 303
-, ökologische 117 ff, 120 ff, 302 f.
Nachhaltigkeitsindikatoren siehe Indikatoren
Nachhaltigkeitskriterien 129, 280
NAFTA (North American Free Trade Agreement) 180
Nahrungsmittelproduktion 14, 292
Naturbeherrschung 23, 101
Naturgesetz 76
Naturhaushaltswirtschaft 280
Naturkapital 54 f., 58, 104, 105 ff, 121 ff, 126 ff, 261, 281 f.
-, kultiviertes 126
Naturkapitalverbrauchssteuer 261, 269
Naturrecht 25
Naturschutz 54, 90, 234 f., 283 f.
Naturwissenschaften 19 ff, 25 ff.
Neoklassik 37, 58, 81 ff, 84 ff, 103, 122
Nettoprimärproduktion 103
Nettosozialprodukt (NSP) 136
Neue Politische Ökonomie (engl. Public-Choice) 227 ff., 230, 235
Neue Wohlstandsmodelle 211 f.
Neumann, J. v. 63
Newton, I. 19, 21
NGO siehe Nichtregierungsorganisationen
Nichtlinearitäten 44, 61 f.
Nichtmarktaktivitäten 137 ff, 141
Nicht-Regierungs-Organisationen (NGOs) 226, 229 ff, 236, 278, 282
Niederlande 214, 293
NIMBY (engl.: Not in my Back Yard) 277
Nordhaus, W. 149 ff
Norwegen 293
NRO siehe Nichtregierungsorganisationen
Nuklearenergie siehe Atomenergie
Nutzen- und Kostenanalyse siehe Kosten-/ Nutzen-Analyse
Nutzungsintensität 110
Nutzungsrechte siehe Eigentumsrechte

Oates, W. E. 256
Odum, E.P. 43, 44, 56, 71 f.
Odum, H.T. 44, 68 ff

OECD 218, 294, 304
Öko-Audit 221
Öko-Bonus 221
Öko-Effizienz 106
Öko-Labelling siehe Kennzeichnungen
Ökologie 19, 22, 25, 42 ff, 56 f., 59 f.
-, politische 91
Ökologische Ökonomik 59 ff, 92, 93 ff, 303
Ökologische Steuerreform 220, 248, 269 f., 293 f., 300
Ökonomik 19, 21 ff, 25 ff, 55 ff, 59 ff, 95, 172 f.
-, konstitutionelle 228
-, ökologische siehe Ökologische Ökonomik
Ökosozialprodukt 161
Ökosteuer siehe Ökologische Steuerreform
Ökosysteme 6 ff, 61, 112 ff, 120 ff, 166 ff, 176
-, Gesundheit von ~en 89 ff
-, Integrität von ~en 90
Ökozölle siehe Zölle
Öltankerunfälle 276
Österreich siehe Umweltpolitik, österreichische
Opportunitätskosten 98
Optimismus, technologischer siehe Fortschrittsoptimismus
Optionswerte 55
Ordnungspolitik 49 f., 190 f., 195 f.
Ordnungsrecht 222, 239, 245 ff, 248 f., 272 f., 276, 299
Ozon 220
Ozonschicht 11, 12 f., 128, 218, 305

Page, T. 270
Paradigma 103
-, evolutionäres siehe Evolution
Pareto-Kriterium 83, 236, 252 f., 283
Parteienwettbewerb 228 (siehe auch neue Politische Ökonomie)
Partikularinteressen 286

Partizipation 288
Patente 301
Pfadabhängigkeit 34 (siehe auch Evolution)
Pfandsysteme 265 f., 266
Photosynthese 9, 102, 112, 120
Physik 19, 44, 56
-, newtonsche siehe Newton
Physiokraten 25 f.
Pigou, A.C. 45, 64, 222, 251, 292
Pigou-Steuer 250 f., 270, 274, 293, 300
Planck, M. 103
Planungsverfahren 280
Pluralismus, Methodologischer 60, 81, 95
Polen 294
Politikverflechtungsfalle 287
Politischer Entscheidungsprozess siehe Entscheidungsprozeß
Post Normal Science siehe Wissenschaft, postnormale
Präferenzen 58, 96, 165 f.
Preis, gerechter 60
Preissystem siehe Marktsystem
Privatisierung 282
Produktionsfaktoren 56
Produktionstheorie, neoklassische 55, 122
Produktivität siehe Arbeitsproduktivität, Ressourcenproduktivität
Profit 136
Property Rights siehe Eigentumsrechte
Prozess, irreversibler siehe Irreversibilitäten
Prozessmanagement 280
Public Choice siehe neue Politische Ökonomie

Rationalität 58, 84 f.
Rat v. Sachverständigen für Umweltfragen 219
Raum siehe Ebene, räumliche
Raumordnung 283

Raumschiffökonomie 74 f. (siehe auch Boulding)
Raven, P. 76
Rawls 127, 228
Recycling 120, 292, 296
Reduktionismus 61 f.
Regeln, soziale 178
Regenwälder 301 (siehe auch Waldökosysteme)
Regionalentwicklung, nachhaltige 285 f., 287 ff
Regionalplanung 284, 285 ff.
Religion 178
Renten 31
Reparaturausgaben 142
Resilienz 15, 113
Ressourcen,
-, erneuerbare- 129, 145 f. (siehe auch Energien, erneuerbare)
-, natürliche- 102, 104, 296
Ressourcenallokation siehe Allokation
Ressourceneffizienz siehe Ressourcenproduktivität
Ressourcenökonomik 51 ff, 54, 60
Ressourcenproduktivität 17 f., 86 ff, 105 ff, 124, 262
Ressourcenströme siehe Ressourcenverbrauch, Stoffströme
Ressourcenverbrauch 6, 17, 18, 31, 42, 50, 51 f., 64, 69, 88 f., 102, 109, 194, 243, 270
Revolution, industrielle 4
Ricardo, D. 30 ff
Rio-Konferenz 41, 218, 231, 268, 269, 280, 304, 307
Risiko 164 ff, 168
Rucksäcke, ökologische 88, 106
Rückkopplung, komplexe 61
Rüstung 225, 300, 308
Ruhrgebiet 219, 224 f.

Safe minimum standards 55
Scale siehe Größenordnung
Schadensersatz siehe Kompensationszahlungen
Schmidt-Bleek, F. 87, 88 f., 106
Scholastiker 99
Schulden 300
Schumpeter, J. A. 74
Schweden 293
Schweiz siehe Umweltpolitik, schweizerische
Selbstinteresse 27 (siehe auch Anreize)
Selbstorganisation 114
Selbstverpflichtung 248
Sen, A. 209
Sicherheit 264 (siehe auch Unsicherheit)
Skeptiker 172 f., 262
Skeptizismus, besonnener siehe Skeptiker
Slowenien 293
Smith, A. 22, 27 f., 182, 251
Smog 4
Solow, R. 261
Sonderabfall 8, 220, 276
Sonnenenergie 69, 112 (siehe auch Energien, erneuerbare)
Soziale Fallen 175 f.
Soziale Marktwirtschaft 50, 190
Sozialverträglichkeit 241
Spanien 293
Spezialisierung 55, 56, 193
Spieltheorie 174
Stabilitätskrise 202
Stadtentwicklungspläne 280
Standard-Preis-Ansatz 256 f.
Standortwettbewerb 287
„stationärer Zustand" siehe „Steady-State"-Ökonomie
„Steady-State"-Ökonomie 36 ff, 74 f.
Steuer (siehe auch Instrumente, anreizorientierte)
-, auf Energie siehe Ökologische Steuerreform
-, auf Emissionen 250, 251 ff, 256 f., 272, 307
-, auf Konsum 270

-, auf Kohlenstoffdioxid-
emissionen siehe Ökologische Steuer-
reform
-, Pigou- siehe Pigousteuer
-, auf Verbrauch von Naturkapital 261,
269
Steuerreform, Ökologische siehe Öko-
logische Steuerreform
Stickoxide 10
Stoffbilanz 234
Stoffdurchsatz siehe Stoffströme
Stoffkreisläufe, regionale 285
Stoff- und Energieströme 3, 7, 12, 17 f.,
37 f., 87 f., 89 f., 95, 106 f., 161, 222,
262, 270, 291, 309
Strahlenschutz 219
Subsidiaritätsprinzip 240, 286, 287 f.
Substituierbarkeit 58, 103 ff, 108,
121 ff, 125, 146 f.
Subsystem 77
-, ökonomisches 6 ff., 8, 95
Subventionen (siehe auch Instrumente,
anreizorientierte) 248, 249, 251 ff,
281, 283, 289 f., 295 f., 298
Süden siehe „Entwicklungsländer"
Suffizienz 148
Sukzession 119
Swaps siehe Tausch „Schulden gegen
Natur"
Systeme 61, 68 f., 117 ff
-, dynamische 73
-, geschlossene 71
-, gesellschaftliche 61
-, komplexe 34, 62
-, natürliche siehe Ökosystem
-, nicht materiell wachsende 95 (siehe
auch Steady-State)
-, thermodynamische siehe Thermodynamik
Systemtheorie und -analyse 44 f., 61 f.

Tausch 182
-,„Schulden gegen Natur" 300 f.
Technikfolgenabschätzung 232 f.

Technologie 105, 132, 172, 295, 232 f.
Technologiepolitik 233 f.
Theorie der komparativen Kosten-
vorteile 198 f.
Thermodynamik 18, 32 f., 44, 69, 71,
95 (siehe auch Entropie)
Tobin, J. 149 ff
Tragedy of the commons siehe Kollek-
tivgüter
Tragfähigkeit 3, 8, 69, 97, 103, 116,
129 f., 205
Transaktionskosten 84 f., 191 f.
Transdisziplinarität 21, 61, 93 ff, 272
Transfer, intergenerativer 234 f.
Treibhauseffekt siehe Klima/ Klima-
wandel
Treibhausgase 8, 10f., 304, 307
Trugschluss der unzutreffenden Kon-
kretheit 98, 134, 184
Tschechische Republik 294

Umverteilung 17 (siehe auch Vertei-
lung)
Umweltbundesamt 215, 219
Umweltepistemologie 90 f.
Umweltethik siehe Ethik
Umweltfonds, globale 112
Umweltgesetzbuch 220
Umwelthaftungsrecht 85, 242, 248,
265, 268
Umweltmanagement 75 f., 185 f.
-, adaptives 75 f.
Umweltökonomik 22, 60, 223, 235
(siehe auch Neoklassik)
Umweltökonomische Gesamtrech-
nungen (UGR) 161
Umweltorganisationen 181 (siehe auch
NGOs)
Umweltplan 214, 221
Umweltpolitik 88 f., 218 ff., 227 f., 297
-, amerikanische 216 ff, 238 f., 245
-, deutsche 215, 219, 224 f., 293
-, europäische 219, 293 ff, 298 ff
-, Geschichte der- 216 ff

-, inputorientierte 88 f., 270 (siehe auch Dematerialisierung)
-, internationale 192 ff, 218 ff, 300 ff, 304 ff (siehe auch Klimapolitik)
-, österreichische 108, 220
-, schweizerische 221, 293
Umweltraum 215
Umweltschäden siehe Umweltzerstörung
Umweltversicherungsanleihe 246, 262, 265
Umweltverträglichkeitsprüfung 219, 221
Umweltzeichen siehe Kennzeichnungen
Umweltzerstörung 2, 3, 217, 218, 251, 270, 296 f.
Umweltzertifikate siehe Zertifikate
Umweltziele 215 (siehe auch Umweltplan)
Ungarn 294
Ungerechtigkeit, wirtschaftliche siehe Gerechtigkeit
United Nations Environmental Program (UNEP) 112, 218, 305
UN-Konferenz für Umwelt und Entwicklung siehe Rio-Konferenz
Unsicherheit 88, 96, 164 ff, 168 ff, 237, 244, 255, 263, 276
„Unsichtbare Hand" siehe Smith
USA siehe Umweltpolitik, amerikanische

Verantwortung 185, 288
Vereinte Nationen (UN) 108, 218, 304, 307 (siehe auch United Nations Environmental Program)
Verhalten, moralisches 28
Verkehr 221, 281, 297
Vermeidungskosten 162, 257, 272, 275
Verpackungsverordnung 220, 248
Versicherungsanleihen siehe Umweltversicherungsanleihe

Verteilung (siehe auch Gerechtigkeit) 17, 37, 39, 42, 82 f., 88, 95, 96 ff, 198, 228, 259, 270, 302 f.
Verursacherprinzip siehe Vorsorge- und Verursachungsprinzip (VVP)
Vitousek, P. M. 9, 102
Volkswirtschaftliche Gesamtrechnung (VGR) 97, 110 f., 128, 137 ff
Vollkostenrechnung 284
Voraussicht siehe Unsicherheit, Erwartungen
Vorsichtsprinzip siehe Vorsorge- und Verursachungsprinzip (VVP)
Vorsorge- und Verursachungsprinzip (VVP) 55, 128, 170, 220, 242 f., 257, 261, 263 f., 268

Wachstum 6, 18, 100 f., 102, 123 ff, 152 f., 196, 203, 212, 257, 280, 282, 287 ff, 309
-, der Stoffströme siehe Stoffströme
-, Grenzen des Wachstums 8, 63, 123 f., 173
Waffen siehe Rüstung
Waldökosysteme 114, 218, 221
Wallace, A. R. 30
Walras, L. 57 f.
Wantrup siehe Ciriacy-Wantrup
Warming, E. 42
Weizsäcker, E. U. v. 88, 106 ff,
Welt, leere/ volle 5, 6 ff, 101 f., 102, 105, 297
Weltbank 52, 108, 112, 132
Weltwirtschaftsordnung 195 f.
Wertschöpfung 137
Wettbewerb, interregionaler 287 ff, 290
Whitehead, A. N. siehe Trugschluss der unzutreffenden Konkretheit
Widerstandsfähigkeit („resilience") 113
Wirtschaft, stationäre siehe Steady-State
Wirtschaftsordnung, marktwirtschaftliche siehe Marktwirtschaft
Wirtschaftspolitik 102, 227ff
-, merkantilistische 296 ff.

Wirtschaftsstruktur 30 f.
Wirtschaftswissenschaft siehe Ökonomik
Wissenschaft 93, 94
-, Fragmentierung der 19
-, „postnormale" 171
-, „triste" 32
Wohlfahrt 1, 23, 133 ff., 137, 141 ff, 211 f.
Wohlstandsindikatoren 1, 133 ff, 136 ff, 138, 149 ff, 159 ff
Wohlstandsmodelle, Neue 211 f., 215
World Business Council for Sustainable Development (WBCSD) 108
Worldwatch-Institut 134, 302
WTO (World Trade Organization) siehe GATT/WTO
Wuppertaler Ansatz siehe Dematerialisierung
Wuppertal Institut 87 ff, 215

Zahlungsbereitschaft 98
Zeit 71, 212
Zertifikate 250, 253 f., 258, 265, 268, 272, 275, 306
Zinssatz, erwarteter siehe Diskontierung
Zölle 261, 263, 269
Zukunftserwartungen siehe Erwartungen

Außenwirtschaft

Von Horst Siebert
2000. 7. völlig überarb. Aufl.
XVI, 420 S., 185 Schaubilder und 43 Tab. kt. DM 59,- / sFr 53,50.
ISBN 3-8282-0150-4. (UTB Große Reihe 8081)

Dieses erfolgreiche Lehrbuch vermittelt Studierenden das Grundlagenwissen der modernen Außenwirtschaftstheorie. In der komplett überarbeiteten 7. Auflage wird den Finanzmärkten, dem Überschießen des Wechselkurses, und – in einem neuen Kapitel – den Währungskrisen und spekulativen Blasen besondere Bedeutung beigemessen. Das Kapitel über die Zahlungsbilanz ist neu gefaßt worden ebenso die Erklärungsansätze des Güteraustausches bei unvollständigem Wettbewerb. Ein neues Kapitel beschäftigt sich mit empirischen Überprüfungsansätze. Die Darstellung wird durch zahlreiche empirische Fallbeispiele unterstützt und verstärkt.

Internationales Management

Von Manfred Perlitz
2000. 4. neu bearb. Aufl. XXIV/724 S., 177 Abb., 66 Tab.
kt. DM 58,-/ sFr 52,50. ISBN 3-8282-0138-5
(Grundw. Ökonomik BWL) (UTB 1560, ISBN 3-8252-1560-1)

Das sehr gut eingeführte Lehrbuch behandelt die Probleme der Internationalisierung von Volkswirtschaften, Branchen und Unternehmen ebenso wie die grundlegenden Begriffe des Internationalen Managements und die Bedeutung der Internationalisierung für die strategische Planung von Unternehmen. Die vorliegende 4. Auflage wurde aktualisiert und überarbeitet und um Harmonisierung der internationalen Rechnungslegung und um internationales Logistik- und Kooperationsmanagement ergänzt.

Wirtschaftlicher Systemvergleich Deutschland – USA
anhand ausgewählter Ordnungsbereiche

Hrsg. von Bettina Wentzel und Dirk Wentzel
2000. X/336 S. kt. DM 34,80 / sFr 32,50. ISBN 3-8282-0118-0
UTB 2121 (ISBN 3-8252-2121-0)

In nahezu allen Diskussionen über notwendige wirtschaftliche und gesellschaftliche Reformvorhaben wird auf die Verhältnisse in den Vereinigten Staaten Bezug genommen. Entweder dienen die USA als besonders positives Beispiel für die Reformfreudigkeit und Innovationskraft einer Gesellschaft, oder aber es wird die „Amerikanisierung" - etwa der politischen Auseinandersetzung in den Medien oder der Verhältnisse am Arbeitsmarkt - kritisiert. Die Autoren stellen die Unterschiede, positive wie negative, anhand bestimmter Themenkreise dar, wie z. B. das unterschiedliche Staatsverständnis, den Umweltschutz, die Hochschulsysteme, die Systeme der Alterssicherung, die Arbeitsmärkte. Alle Themen werden knapp und übersichtlich anhand aktueller Daten behandelt.

Umweltpolitik
Daten · Fakten · Konzepte für die Praxis
von Prof. Dr. Jörn Altmann, Bochum

1997. XXVIII, 410 S., 132 Abb., DM 44,80/sFr 41,50
(ISBN 3-8282-0015-X) (UTB 1958, ISBN 3-8252-1958-5)

Dieses Buch versucht, einen Überblick zu geben fast über die ganze Skala der Umweltprobleme und der Umweltpolitik. Alle diese Stichworte – und noch viele andere – werden in den folgenden Schwerpunkten behandelt:
Dimensionen der Umweltbelastung, Zielkonflikte in der Umweltpolitik: Ökologie versus Ökonomie, Umweltpolitische Instrumente, Umweltpolitik auf Unternehmensebene, Wichtige Felder der Umweltpolitik, Umweltrecht, Internationale Umweltabkommen und -konventionen, Internationale Harmonisierung des Umweltrechts.
In anschaulicher Darstellung, unterstützt durch viele aktuelle konkrete Beispiele, bietet das Buch eine solide Orientierung zu diesem zentralen Gebiet moderner Industriegesellschaften.

Wirtschaftspolitik
Eine praxisbezogene Einführung
Von Prof. Dr. Jörn Altmann, Bochum

7., erw. u. völlig überarb. A.
2000. XXXII/692 S., 371 Abb. kt. DM 39,80 / sFr 37,-.
(ISBN 3-8282-0127-X) (UTB 1317, ISBN 3-8252-1317-X)

Diese bewährte Einführung informiert umfassend und übersichtlich über die grundlegenden Zusammenhänge der Wirtschaftspolitik. In der Neuauflage wurden die Vereinigung der beiden deutschen Staaten, die Beilegung des Ost-West-Konfliktes mit den daraus resultierenden Konsequenzen sowie die Realisierung des EG-Binnenmarktes berücksichtigt.
Sehr zahlreiche Abbildungen, wie sie in der Tagespresse laufend publiziert werden, erleichtern das Verständnis, ergänzt durch reichhaltiges, aktuelles Zahlenmaterial.

Umweltschutz, nachhaltige Entwicklung und Freihandel
WTO und NAFTA im Vergleich

Von A. Knorr, Bayreuth

1997. XII/180 S. kt. DM 49,- / sFr 45,50. (ISBN 3-8282-0035-4)
(Schriften zu Ordnungsfragen d. Wirtschaft, Bd. 54)

Standort-Marketing
von Prof. Dr. Ingo Balderjahn, Potsdam

2000. X/159 S., gb. DM 48,-/ sFr 44,50. ISBN 3-8282-0125-3

Das Buch liefert in gut strukturierter Form grundlegende Hinweise zur Entwicklung einer Standortmarketing-Konzeption. Dazu gehört eine umfassende Standortanalyse, die Formulierung von Leitlinien und Zielen der Standortentwicklung sowie die Implementierung von Strategien zur Profilierung eines Standortes und die Durchführung geeigneter Maßnahmen.

Yield-Management als Verkehrskonzept
von Prof. Dr. Holger Meister und Prof. Dr. Ulla Meister

2000. XI/212 S., 21 Abb., gb. DM 54,- / sFr 49,-. ISBN 3-8282-0129-6

Mit keinem der gegenwärtig diskutierten Verkehrskonzepte wird das gesamtwirtschaftliche Ziel erreicht, die vorhandene Straßenkapazität optimal zu nutzen. Deshalb schlagen die Autoren vor, das Road Pricing zu einem Markt für Mobilitätsleistungen als verderbliche Ware mit dem Regulativ des Preises weiterzuentwickeln. Im Mittelpunkt steht dabei das Yield Management als System zur Verkehrsoptimierung. Es berücksichtigt die Schwankungen der Nachfrage ebenso wie die Bedürfnisstrukturen der einzelnen Gruppen an Verkehrsteilnehmern. Hiernach werden alle Alternativen der Raumüberwindung als knappes Gut zu zeitlich und regional unterschiedlichen Preisen angeboten, um eine Überlastung des jeweiligen Verkehrsträgers zu verhindern.

Umweltökonomie
Von Prof. Dr. D. Cansier, Tübingen

2., neu bearb. A..

1996. X/399 S., 73 Abb., 9 Tab., kt. DM 42,80 / sFr 39,50. ISBN 3-8282-0003-6
UTB 1749 (ISBN 3-8252-1749-3)

Als junge, dynamische Disziplin ist die Umweltökonomie gegenwärtig dabei, Bewegung in den konventionellen Fächerkanon der Ökonomie zu bringen. Anfänge der Einführung als Studien- und Prüfungsfach sind - nach gut einem Vierteljahrhundert moderner Forschung - gemacht. Umweltfragen werden für die wirtschaftswissenschaftliche Ausbildung immer wichtiger. Auch andere Wissenschaftsdisziplinen beginnen, sich für die ökonomische Umweltforschung zu interessieren.

Das Buch gibt einen breiten Überblick über die volkswirtschaftlichen Aspekte des Umweltschutzes. Für den Ökonomen ist die Umwelt ein knappes Gut, das es "zu hegen und zu pflegen" gilt. Kernthema ist für ihn deshalb die ökonomisch effiziente Ausgestaltung der Umweltpolitik sowie die Auswirkungen auf die Gesamtwirtschaft. Aus dieser Zweiteilung der Umweltökonomie leiten sich die zentralen Themen ab: die Einbindung der Ökonomie in die Natur, der Umweltschutz als staatliche Aufgabe, Methoden der Bewertung von Umweltschäden, das Instrumentarium der Umweltpolitik und die Auswirkungen umweltpolitischer Maßnahmen auf wirtschaftliche Stabilität und Wirtschaftswachstum.